수학을 제대로 공부하는 방법

방법1 개념원리 X RPM 조합으로 공부하기

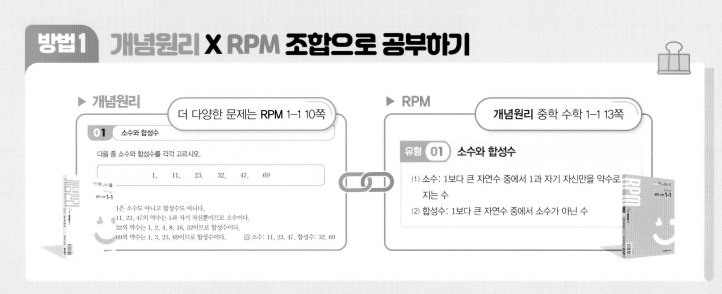

개념원리 와 RPM 에 있는 링크를 통해 개념과 유형의 **학습 효율 최대화!**

방법2 RPM 전 문항 무료 강의 활용하기

RPM 전 문항 무료 강의는 2022 개정부터 적용됩니다.

RPM **무료 해설 강의**로 모든 유형을 확실하게!

학생 모두가 수학을 쉽게 배울 수 있는 환경이 조성될 때까지
개념원리의 노력은 계속됩니다.

개념원리 RPM 중학 수학 **2-1**

발행일	2024년 7월 1일 (1판 1쇄)
기획 및 집필	이홍섭, 개념원리 수학연구소
콘텐츠 개발 총괄	한소영
콘텐츠 개발 책임	오지애, 오서희, 김경숙, 모규리, 김현진, 오영석
사업 책임	정현호
마케팅 책임	권가민, 이미혜, 정성훈
제작/유통 책임	이건호
영업 책임	정현호
디자인	(주)이츠북스, 스튜디오 에딩크
펴낸이	고사무열
펴낸곳	(주)개념원리
등록번호	제 22-2381호
주소	서울시 강남구 테헤란로 8길 37, 7층(한동빌딩) 06239
고객센터	1644-1248

RPM

유형의 완성 RPM

중학 수학 **2-1**

구성과 특징

핵심 개념 정리 & 교과서문제 정복하기

● 핵심 개념 정리

교과서에 나오는 꼭 필요한 핵심 개념만을 모아 알차게 정리하였습니다. 추가 설명이 필요한 개념은 예 와 주의, 참고를 구성하여 개념 이해를 돕도록 하였습니다.

● 교과서문제 정복하기

개념과 공식을 바로 적용해 보는 교과서 기본 문제를 충분히 구성하여 개념을 확실히 익힐 수 있습니다.

유형 & 유형 UP 익히기

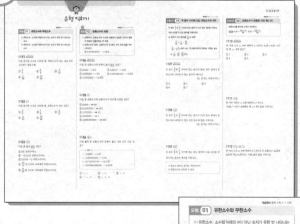

● 유형 익히기

모든 수학 문제를 개념&공식/해결 방법/문제 형태로 유형화하고 유형별 핵심 공략법을 제시하여 문제해결력을 키울 수 있습니다.
필수 유형은 중요로 표시하였고, 유형 내에서는 난이도 순으로 문제를 구성하여 자연스럽게 유형별 완전 학습이 이루어지도록 하였습니다. 또한 중요한 고난도 유형은 유형 익히기 마지막에 유형UP을 별도로 구성하여 단계별 학습이 가능합니다.

● 개념원리 연계 링크

각 유형에 대한 기본 개념의 원리와 공식의 적용 방법을 더 자세히 학습할 수 있는 개념원리 기본서 쪽수를 제시하였습니다.

시험에 꼭 나오는 문제

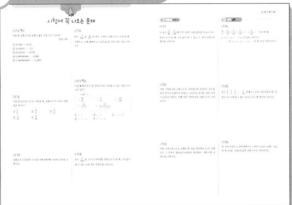

● **시험에 꼭 나오는 문제**

시험에 꼭 나오는 문제를 선별하여 유형별로 골고루 구성하고, 특히 출제율이 높은 문제는 로 표시하였습니다.

또한 시험에 자주 출제되는 서술형 문제와 고난도 문제도 서술형 **주관식** / 실력 **UP**으로 구성하여 실전에도 완벽하게 대비할 수 있습니다.

대표문제 다시 풀기

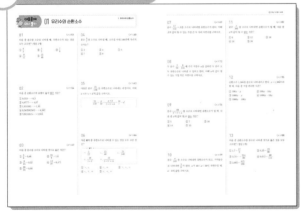

● **대표문제 다시 풀기**

각 유형 대표문제의 쌍둥이 문제를 제공하여 유형별 점검이 가능합니다. 문제에 제시된 번호를 따라가면 대표문제 및 유형별 복습을 원활히 할 수 있습니다.

RPM 유형 완성 Check List

매일매일 꾸준히 풀어서 **RPM** 유형 학습을 완성해 보세요.

1. 각 코너별로 학습할 문제 수를 확인하고 학습 기간을 정하세요.

2. 학습 후 맞힌 문제 수를 성취도 칸에 적고, My Log에 '**칭찬할 점**'과 '**개선할 점**'을 스스로 정리해 보세요.

단원명		교과서 문제	유형 익히기	시험에 꼭!	대표문제 다시 풀기 (부록)	My Log
01 유리수와 순환소수	학습 계획	3/1~3/2				
	성취도	/50	/62	/24	/20	
02 단항식의 계산	학습 계획					
	성취도	/56	/60	/25	/16	
03 다항식의 계산	학습 계획					
	성취도	/26	/50	/18	/13	
04 일차부등식	학습 계획					
	성취도	/51	/51	/19	/14	
05 일차부등식의 활용	학습 계획					
	성취도	/15	/49	/18	/14	
06 연립일차방정식	학습 계획					
	성취도	/34	/70	/24	/20	
07 연립일차방정식의 활용	학습 계획					
	성취도	/14	/60	/21	/18	
08 일차함수와 그 그래프 (1)	학습 계획					
	성취도	/38	/47	/18	/13	
09 일차함수와 그 그래프 (2)	학습 계획					
	성취도	/19	/51	/24	/16	
10 일차함수와 일차방정식의 관계	학습 계획					
	성취도	/32	/53	/20	/15	

● 매일매일 학습한 문제 수에 맞게 색칠하면 조금씩 성장하는 나를 확인할 수 있어요!

Goal 1258Q

| 0 | 100 | 200 | 300 | 400 | 500 | 600 | 700 | 800 | 900 | 1000 | 1100 | 1200 |

어제보다 나은 **오늘의 나**

오늘보다 나은 **내일의 나**

조금씩 조금씩 **성장하는 나**

I

유리수와 순환소수

01 유리수와 순환소수

01-1 유리수와 소수

(1) **유리수**: a, b가 정수이고 $b \neq 0$일 때, 분수 $\dfrac{a}{b}$의 꼴로 나타낼 수 있는 수

$$
\text{유리수} \begin{cases} \text{정수} \begin{cases} \text{양의 정수(자연수): } 1, 2, 3, \cdots \\ 0 \\ \text{음의 정수: } -1, -2, -3, \cdots \end{cases} \\ \text{정수가 아닌 유리수: } \dfrac{2}{3}, -\dfrac{4}{7}, 0.8, -2.6, \cdots \end{cases}
$$

(2) **소수의 분류**
  ① **유한소수**: 소수점 아래의 0이 아닌 숫자가 유한 번 나타나는 소수
   예 -1.5, 0.38
  ② **무한소수**: 소수점 아래의 0이 아닌 숫자가 무한 번 나타나는 소수
   예 $0.777\cdots$, $1.234\cdots$
  참고 정수가 아닌 유리수는 유한소수 또는 무한소수로 나타낼 수 있다.

개념플러스

$(\text{유리수}) = \dfrac{(\text{정수})}{(0\text{이 아닌 정수})}$

01-2 순환소수

(1) **순환소수**: 무한소수 중에서 소수점 아래의 어떤 지리에서부터 일정한 숫자의 배열이 한없이 되풀이되는 소수
(2) **순환마디**: 순환소수의 소수점 아래에서 일정한 숫자의 배열이 한없이 되풀이되는 한 부분
(3) **순환소수의 표현**: 순환마디의 양 끝의 숫자 위에 점을 찍어 나타낸다.

예

순환소수	순환마디	순환소수의 표현
$0.777\cdots$	7	$0.\dot{7}$
$0.252525\cdots$	25	$0.\dot{2}\dot{5}$
$0.3567567567\cdots$	567	$0.3\dot{5}6\dot{7}$

순환마디는 소수점 아래에서 처음으로 반복되는 부분을 찾는다.
예 $1.321321321\cdots$
→ $1.\dot{3}\dot{2}$ (×)
$1.\dot{3}2\dot{1}$ (○)

01-3 유한소수로 나타낼 수 있는 분수

(1) 유한소수는 분모가 10의 거듭제곱인 분수로 나타낼 수 있다.
  이때 분모를 소인수분해 하면 분모의 소인수가 2 또는 5뿐임을 알 수 있다.
(2) 정수가 아닌 유리수를 기약분수로 나타내었을 때 분모의 소인수가 2 또는 5뿐이면 그 분수는 유한소수로 나타낼 수 있다.
  예 $\dfrac{9}{60} = \dfrac{3}{20} = \dfrac{3}{2^2 \times 5}$ ← 분모의 소인수가 2 또는 5뿐이므로 유한소수이다.
(3) 정수가 아닌 유리수를 기약분수로 나타내었을 때 분모가 2와 5 이외의 소인수를 가지면 그 분수는 순환소수로 나타낼 수 있다.
  예 $\dfrac{28}{120} = \dfrac{7}{30} = \dfrac{7}{2 \times 3 \times 5}$ ← 분모가 2와 5 이외의 소인수 3을 가지므로 순환소수이다.

정수가 아닌 유리수 중에서 유한소수로 나타낼 수 없는 것은 모두 순환소수로 나타낼 수 있다.

교과서문제 정복하기

01-1 유리수와 소수

[0001~0006] 다음 분수를 소수로 나타내고, 유한소수인지 무한소수인지 말하시오.

0001 $\dfrac{1}{3}$

0002 $\dfrac{7}{5}$

0003 $-\dfrac{3}{8}$

0004 $\dfrac{5}{12}$

0005 $\dfrac{13}{25}$

0006 $\dfrac{8}{33}$

01-2 순환소수

[0007~0012] 다음 순환소수의 순환마디를 구하고, 순환마디에 점을 찍어 간단히 나타내시오.

0007 $0.666\cdots$

0008 $1.43222\cdots$

0009 $0.050505\cdots$

0010 $3.0121212\cdots$

0011 $2.584584584\cdots$

0012 $0.2361361361\cdots$

[0013~0016] 다음 분수를 소수로 나타낼 때, 순환마디를 이용하여 간단히 나타내시오.

0013 $\dfrac{4}{9}$

0014 $\dfrac{5}{6}$

0015 $\dfrac{2}{11}$

0016 $\dfrac{40}{27}$

01-3 유한소수로 나타낼 수 있는 분수

[0017~0020] 다음은 기약분수의 분모를 10의 거듭제곱으로 고쳐서 유한소수로 나타내는 과정이다. ㈎, ㈏, ㈐에 알맞은 수를 구하시오.

0017 $\dfrac{1}{4}=\dfrac{1\times \boxed{㈎}}{2^2\times \boxed{㈎}}=\dfrac{25}{\boxed{㈏}}=\boxed{㈐}$

0018 $\dfrac{9}{40}=\dfrac{9}{2^3\times 5}=\dfrac{9\times \boxed{㈎}}{2^3\times 5\times \boxed{㈎}}=\dfrac{\boxed{㈏}}{1000}=\boxed{㈐}$

0019 $\dfrac{17}{50}=\dfrac{17}{2\times 5^2}=\dfrac{17\times \boxed{㈎}}{2\times 5^2\times \boxed{㈎}}=\dfrac{\boxed{㈏}}{100}=\boxed{㈐}$

0020 $\dfrac{43}{250}=\dfrac{43}{2\times 5^3}=\dfrac{43\times \boxed{㈎}}{2\times 5^3\times \boxed{㈎}}=\dfrac{172}{\boxed{㈏}}=\boxed{㈐}$

[0021~0024] 다음 분수 중 유한소수로 나타낼 수 있는 것은 ○, 유한소수로 나타낼 수 없는 것은 ×를 ( ) 안에 써넣으시오.

0021 $\dfrac{33}{2^2\times 11}$ ( )

0022 $\dfrac{4}{2\times 3\times 5^2}$ ( )

0023 $\dfrac{21}{2\times 3\times 7^2}$ ( )

0024 $\dfrac{42}{2^2\times 5\times 7}$ ( )

[0025~0030] 다음 분수 중 유한소수로 나타낼 수 있는 것은 ○, 유한소수로 나타낼 수 없는 것은 ×를 ( ) 안에 써넣으시오.

0025 $\dfrac{5}{16}$ ( ) **0026** $\dfrac{7}{24}$ ( )

0027 $\dfrac{10}{56}$ ( ) **0028** $\dfrac{36}{90}$ ( )

0029 $\dfrac{91}{130}$ ( ) **0030** $\dfrac{18}{300}$ ( )

01-4 순환소수를 분수로 나타내기

개념플러스 ⊘

순환소수는 다음과 같은 방법으로 분수로 나타낼 수 있다.

방법① 10의 거듭제곱 이용

❶ 순환소수를 x로 놓는다.

❷ 양변에 10의 거듭제곱을 곱하여 소수점 아래의 부분이 같은 두 식을 만든다.

❸ ❷의 두 식을 변끼리 빼서 x의 값을 구한다.

◁예▷ 순환소수 $0.18\dot{5}$를 분수로 나타내어 보자.

> 소수점 아래의 부분이 같은 두 순환소수의 차는 정수이다.

    ❶ $0.18\dot{5}$를 x라 하면

        $x = 0.18585\cdots$ …… ㉠

    ❷ ㉠의 양변에 1000을 곱하면

        $1000x = 185.8585\cdots$ …… ㉡

        ㉠의 양변에 10을 곱하면

        $10x = 1.8585\cdots$ …… ㉢

    ❸ ㉡－㉢을 하면

        $990x = 184$ $\therefore x = \dfrac{184}{990} = \dfrac{92}{495}$

방법② 공식 이용

(1) 소수점 아래 바로 순환마디가 오는 경우

  ① 분모: 순환마디를 이루는 숫자의 개수만큼 9를 쓴다.

  ② 분자: (전체의 수)－(순환하지 않는 부분의 수)

  ◁예▷ $2.\dot{6}\dot{3} = \dfrac{263-2}{99} = \dfrac{261}{99} = \dfrac{29}{11}$

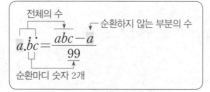

(2) 소수점 아래 바로 순환마디가 오지 않는 경우

  ① 분모: 순환마디를 이루는 숫자의 개수만큼 9를 쓰고, 그 뒤에 소수점 아래 순환마디에 포함되지 않는 숫자의 개수만큼 0을 쓴다.

  ② 분자: (전체의 수)－(순환하지 않는 부분의 수)

  ◁예▷ $3.1\dot{7}\dot{8} = \dfrac{3178-31}{990} = \dfrac{3147}{990} = \dfrac{1049}{330}$

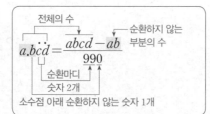

01-5 유리수와 소수의 관계

(1) 정수가 아닌 유리수는 유한소수 또는 순환소수로 나타낼 수 있다.

(2) 유한소수와 순환소수는 모두 유리수이다.

> 유한소수와 순환소수는 분수로 나타낼 수 있으므로 모두 유리수이다.

$$\text{소수} \begin{cases} \text{유한소수:} -0.4, \ 3.72 \\ \text{무한소수} \begin{cases} \text{순환소수:} \ 0.666\cdots, \ 0.123123\cdots \\ \text{순환소수가 아닌 무한소수:} \ \pi, \ 0.010010001\cdots \end{cases} \end{cases}$$

유리수

유리수가 아니다.

교과서문제 정복하기

01-4 순환소수를 분수로 나타내기

[0031~0035] 다음은 순환소수를 기약분수로 나타내는 과정이다. (가), (나), (다)에 알맞은 수를 구하시오.

0031 $x=0.\dot{5}$

$$\boxed{\text{(가)}}\,x=5.555\cdots$$
$$-)\qquad x=0.555\cdots$$
$$\boxed{\text{(나)}}\,x=5$$
$$\therefore x=\boxed{\text{(다)}}$$

0032 $x=2.\dot{4}\dot{9}$

$$\boxed{\text{(가)}}\,x=249.4949\cdots$$
$$-)\qquad x=\ \ 2.4949\cdots$$
$$\boxed{\text{(나)}}\,x=247$$
$$\therefore x=\boxed{\text{(다)}}$$

0033 $x=1.3\dot{8}$

$$100x=138.888\cdots$$
$$-)\,\boxed{\text{(가)}}\,x=\ \ 13.888\cdots$$
$$\boxed{\text{(나)}}\,x=125$$
$$\therefore x=\boxed{\text{(다)}}$$

0034 $x=0.12\dot{4}$

$$\boxed{\text{(가)}}\,x=124.2424\cdots$$
$$-)\qquad 10x=\ \ 1.2424\cdots$$
$$\boxed{\text{(나)}}\,x=123$$
$$\therefore x=\boxed{\text{(다)}}$$

0035 $x=3.49\dot{2}$

$$1000x=3492.222\cdots$$
$$-)\,\boxed{\text{(가)}}\,x=\ \ 349.222\cdots$$
$$\boxed{\text{(나)}}\,x=3143$$
$$\therefore x=\boxed{\text{(다)}}$$

[0036~0040] 다음은 순환소수를 분수로 나타내는 과정이다. □ 안에 알맞은 수를 써넣으시오.

0036 $0.\dot{2}=\dfrac{2}{\boxed{}}$

0037 $0.\dot{2}\dot{6}=\dfrac{\boxed{}}{99}$

0038 $0.\dot{6}1\dot{7}=\dfrac{617}{\boxed{}}$

0039 $1.5\dot{1}=\dfrac{\boxed{}-15}{90}$

0040 $3.2\dot{4}\dot{1}=\dfrac{3241-32}{\boxed{}}$

[0041~0046] 다음 순환소수를 기약분수로 나타내시오.

0041 $3.\dot{7}$ 　　　　**0042** $0.\dot{3}\dot{6}$

0043 $0.\dot{4}0\dot{2}$ 　　　**0044** $2.6\dot{1}$

0045 $0.14\dot{5}$ 　　　**0046** $1.07\dot{3}$

01-5 유리수와 소수의 관계

[0047~0050] 다음 중 옳은 것은 ○, 옳지 않은 것은 ×를 ( ) 안에 써넣으시오.

0047 모든 유한소수는 분수로 나타낼 수 있다. (　　)

0048 모든 유한소수는 유리수이다. 　　　　(　)

0049 모든 무한소수는 유리수이다. 　　　　(　)

0050 무한소수 중에는 순환소수가 아닌 것도 있다.

(　)

유형 익히기

유형 01 유한소수와 무한소수

(1) 유한소수: 소수점 아래의 0이 아닌 숫자가 유한 번 나타나는 소수
(2) 무한소수: 소수점 아래의 0이 아닌 숫자가 무한 번 나타나는 소수

0051 대표문제

다음 분수를 소수로 나타낼 때, 무한소수가 되는 것을 모두 고르면? (정답 2개)

① $\dfrac{3}{4}$ ② $\dfrac{8}{9}$ ③ $\dfrac{9}{16}$

④ $\dfrac{7}{30}$ ⑤ $\dfrac{11}{50}$

0052 하

다음 분수를 소수로 나타낼 때, 유한소수가 되는 것은?

① $\dfrac{2}{3}$ ② $\dfrac{7}{6}$ ③ $\dfrac{6}{11}$

④ $\dfrac{8}{15}$ ⑤ $\dfrac{19}{40}$

0053 중하

다음 중 옳지 않은 것은?

① 0은 유리수이다.
② -0.111은 유한소수이다.
③ $3.1212\cdots$는 무한소수이다.
④ $\dfrac{13}{8}$을 소수로 나타내면 무한소수이다.
⑤ $\dfrac{9}{22}$를 소수로 나타내면 무한소수이다.

중요 유형 02 순환소수의 표현

(1) 순환마디: 순환소수의 소수점 아래에서 일정한 숫자의 배열이 한없이 되풀이되는 한 부분
(2) 순환소수의 표현: 순환마디의 양 끝의 숫자 위에 점을 찍어 나타낸다.

  예 $3.2576576576\cdots=3.2\dot{5}7\dot{6}$

0054 대표문제

다음 중 순환소수의 표현이 옳지 않은 것은?

① $0.555\cdots=0.\dot{5}$ ② $3.0111\cdots=3.0\dot{1}$
③ $2.828282\cdots=\dot{2}.\dot{8}$ ④ $0.345345345\cdots=0.\dot{3}4\dot{5}$
⑤ $4.2535353\cdots=4.2\dot{5}\dot{3}$

0055 하

다음 중 순환소수와 순환마디가 바르게 연결된 것은?

① $0.888\cdots \Rightarrow 88$
② $0.3757575\cdots \Rightarrow 375$
③ $1.212121\cdots \Rightarrow 12$
④ $0.070707\cdots \Rightarrow 7$
⑤ $5.0691691691\cdots \Rightarrow 691$

0056 중하

다음 보기 중 순환소수의 표현이 옳은 것을 모두 고른 것은?

  ┤ 보기 ├
  ㄱ. $2.5333\cdots=2.5\dot{3}$
  ㄴ. $1.451451451\cdots=\dot{1}.4\dot{5}$
  ㄷ. $0.1742742742\cdots=0.1\dot{7}4\dot{2}$
  ㄹ. $0.632063206320\cdots=0.\dot{6}32\dot{0}$

① ㄱ, ㄴ ② ㄱ, ㄷ ③ ㄱ, ㄹ
④ ㄱ, ㄴ, ㄷ ⑤ ㄴ, ㄷ, ㄹ

정답 및 풀이 4쪽

유형 03 분수를 순환소수로 나타내기

분수를 순환소수로 나타낼 때에는 분자를 분모로 나누어 소수점 아래에서 한없이 되풀이되는 일정한 숫자의 배열을 찾는다.

0057 대표문제

다음 중 분수를 소수로 나타낸 것으로 옳은 것은?

① $\dfrac{13}{9} = 1.\dot{3}$　　　　② $\dfrac{7}{12} = 0.58\dot{6}$

③ $\dfrac{11}{18} = 0.\dot{6}\dot{1}$　　　　④ $\dfrac{3}{22} = 0.1\dot{3}\dot{5}$

⑤ $\dfrac{10}{37} = 0.\dot{2}7\dot{0}$

0058 주

다음 분수를 소수로 나타낼 때, 순환마디를 이루는 숫자의 개수가 가장 많은 것은?

① $\dfrac{7}{3}$　　　② $\dfrac{1}{6}$　　　③ $\dfrac{3}{11}$

④ $\dfrac{14}{27}$　　　⑤ $\dfrac{8}{55}$

0059 주 서술형

두 분수 $\dfrac{2}{7}$와 $\dfrac{49}{33}$를 소수로 나타낼 때, 순환마디를 이루는 숫자의 개수를 각각 x, y라 하자. 이때 $x+y$의 값을 구하시오.

유형 04 소수점 아래 n번째 자리의 숫자 구하기

소수점 아래 n번째 자리의 숫자는 다음과 같은 순서로 구한다.
❶ 순환마디를 이루는 숫자의 개수를 구한다.
❷ 규칙을 찾는다.
　➡ n을 순환마디를 이루는 숫자의 개수로 나눈 후 나머지에 따라 순환마디의 순서를 생각하여 소수점 아래 n번째 자리의 숫자를 구한다.

0060 대표문제

분수 $\dfrac{7}{13}$을 소수로 나타낼 때, 소수점 아래 80번째 자리의 숫자는?

① 3　　　　② 4　　　　③ 5
④ 6　　　　⑤ 8

0061 주

순환소수 $0.1\dot{1}3\dot{6}$의 소수점 아래 50번째 자리의 숫자를 구하시오.

0062 주 서술형

분수 $\dfrac{25}{37}$를 소수로 나타낼 때, 소수점 아래 20번째 자리의 숫자를 x, 소수점 아래 45번째 자리의 숫자를 y라 하자. 이때 $x-y$의 값을 구하시오.

유형 05 10의 거듭제곱을 이용하여 분수를 유한소수로 나타내기

기약분수의 분모의 소인수가 2 또는 5뿐이면 분모를 10의 거듭제곱으로 고쳐서 유한소수로 나타낼 수 있다.

➡ 분모의 소인수 2와 5의 지수가 같아지도록 분모, 분자에 2 또는 5의 거듭제곱을 곱한다.

0063 대표문제

다음은 분수 $\dfrac{9}{75}$ 를 유한소수로 나타내는 과정이다. 이때 $a+b+c+d$의 값을 구하시오.

$$\frac{9}{75}=\frac{a}{25}=\frac{a\times b}{5^2\times b}=\frac{12}{c}=d$$

0064 중하

다음은 분수 $\dfrac{63}{140}$ 을 유한소수로 나타내는 과정이다. (가)~(라)에 알맞은 수를 구하시오.

$$\frac{63}{140}=\frac{\boxed{(가)}}{20}=\frac{\boxed{(가)}\times\boxed{(나)}}{2^2\times5\times\boxed{(나)}}=\frac{\boxed{(다)}}{100}=\boxed{(라)}$$

0065 중

분수 $\dfrac{7}{40}$ 을 $\dfrac{n}{10^m}$ 의 꼴로 고쳐서 유한소수로 나타낼 때, 자연수 m, n에 대하여 $m+n$의 값 중 가장 작은 것은?

① 172 ② 175 ③ 178
④ 181 ⑤ 184

유형 06 유한소수로 나타낼 수 있는 분수

주어진 분수를 기약분수로 나타낸 후 분모를 소인수분해 했을 때

① 분모의 소인수가 2 또는 5뿐이면 ➡ 유한소수

② 분모에 2와 5 이외의 소인수가 있으면 ➡ 순환소수

0066 대표문제

다음 분수 중 유한소수로 나타낼 수 있는 것을 모두 고르면? (정답 2개)

① $\dfrac{13}{18}$ ② $\dfrac{9}{24}$ ③ $\dfrac{7}{98}$

④ $\dfrac{10}{3\times5^2}$ ⑤ $\dfrac{14}{2^2\times5^2\times7}$

0067 중하

다음 분수 중 유한소수로 나타낼 수 있는 것은?

① $\dfrac{1}{3}$ ② $\dfrac{2}{9}$ ③ $\dfrac{8}{15}$

④ $\dfrac{7}{22}$ ⑤ $\dfrac{11}{32}$

0068 중

다음 분수 중 순환소수로 나타낼 수 있는 것은?

① $\dfrac{13}{20}$ ② $\dfrac{27}{90}$ ③ $\dfrac{35}{280}$

④ $\dfrac{21}{2\times3^2\times7}$ ⑤ $\dfrac{63}{2\times3^2\times5^3}$

유형 07 $\dfrac{B}{A} \times x$가 유한소수가 되도록 하는 x의 값 구하기

$\dfrac{B}{A} \times x$가 유한소수가 되도록 하는 x의 값은 다음과 같은 순서로 구한다.

❶ $\dfrac{B}{A}$를 기약분수로 나타낸다.

❷ ❶의 분모를 소인수분해 한다.

➡ x는 ❷의 분모의 소인수 중 2와 5를 제외한 소인수들의 곱의 배수이다.

0069 대표문제

분수 $\dfrac{11}{420} \times A$를 소수로 나타내면 유한소수가 된다. 이때 A의 값이 될 수 있는 가장 큰 두 자리 자연수를 구하시오.

0070 중하

분수 $\dfrac{a}{2^2 \times 5 \times 7}$를 소수로 나타내면 유한소수가 될 때, 다음 중 a의 값이 될 수 있는 것은?

① 4   ② 5   ③ 12

④ 14   ⑤ 20

0071 중

분수 $\dfrac{a}{90}$를 소수로 나타내면 유한소수가 될 때, 50 미만의 자연수 a의 개수를 구하시오.

0072 중

분수 $\dfrac{21}{495} \times A$를 소수로 나타내면 유한소수가 될 때, A의 값이 될 수 있는 가장 작은 세 자리 자연수를 구하시오.

유형 08 두 분수가 모두 유한소수가 되도록 하는 값 구하기

두 분수가 모두 유한소수가 되도록 곱하는 어떤 자연수는 다음과 같은 순서로 구한다.

❶ 주어진 두 분수를 각각 기약분수로 나타낸다.

❷ ❶의 분모를 각각 소인수분해 한다.

➡ 어떤 자연수는 ❷의 두 분모의 소인수 중 2와 5를 제외한 소인수들의 공배수이다.

0073 대표문제

두 분수 $\dfrac{11}{154}$, $\dfrac{3}{130}$에 각각 자연수 n을 곱하면 두 분수 모두 유한소수로 나타낼 수 있다고 한다. 이때 n의 값이 될 수 있는 가장 작은 자연수를 구하시오.

0074 중

두 분수 $\dfrac{11}{60}$, $\dfrac{13}{28}$에 각각 자연수 A를 곱하면 두 분수 모두 유한소수가 될 때, A의 값이 될 수 있는 가장 작은 자연수는?

① 3   ② 7   ③ 15

④ 18   ⑤ 21

0075 상중 서술형

두 분수 $\dfrac{15}{140} \times A$, $\dfrac{21}{270} \times A$를 소수로 나타내었더니 모두 유한소수가 되었다. 이때 A의 값이 될 수 있는 가장 작은 세 자리 자연수를 구하시오.

유형 09 $\dfrac{B}{A \times x}$가 유한소수가 되도록 하는 x의 값 구하기

$\dfrac{B}{A \times x}$가 유한소수가 되도록 하는 x의 값은 다음과 같은 순서로 구한다.

❶ $\dfrac{B}{A}$를 기약분수로 나타낸다.

❷ ❶의 분모를 소인수분해 한다.

➡ x는 소인수가 2 또는 5뿐인 수 또는 분자의 약수 또는 이들의 곱으로 이루어진 수이다.

0076 대표문제

분수 $\dfrac{18}{3 \times 5 \times x}$을 소수로 나타내면 유한소수가 될 때, 다음 중 x의 값이 될 수 없는 것은?

① 6 ② 8 ③ 15

④ 18 ⑤ 24

0077 중

분수 $\dfrac{9}{2^2 \times x}$를 소수로 나타내면 유한소수가 될 때, 한 자리 자연수 x의 개수는?

① 4 ② 5 ③ 6

④ 7 ⑤ 8

0078 상중

분수 $\dfrac{28}{35 \times x}$을 소수로 나타내면 유한소수가 될 때, x의 값이 될 수 있는 가장 큰 두 자리 자연수를 구하시오.

유형 10 유한소수가 되도록 하는 미지수의 값과 기약분수

$\dfrac{a}{70} = \dfrac{a}{2 \times 5 \times 7}$가 유한소수가 되려면 a는 7의 배수이어야 한다.

➡ a는 7, 14, 21, $\cdots$

또 $a = 7$일 때 기약분수로 나타내면 $\dfrac{7}{70} = \dfrac{1}{10}$이다.

0079 대표문제

분수 $\dfrac{a}{72}$를 소수로 나타내면 유한소수가 되고, 기약분수로 나타내면 $\dfrac{1}{b}$이 된다. a가 $10 < a < 20$인 자연수일 때, $a + b$의 값은?

① 20 ② 22 ③ 24

④ 26 ⑤ 28

0080 중

분수 $\dfrac{x}{280}$를 소수로 나타내면 유한소수가 되고, 기약분수로 나타내면 $\dfrac{9}{y}$가 된다. x가 $60 < x < 70$인 자연수일 때, x, y의 값을 구하시오.

0081 상중 서술형

분수 $\dfrac{a}{150}$를 소수로 나타내면 유한소수가 되고, 기약분수로 나타내면 $\dfrac{11}{b}$이 된다. a가 $30 < a < 40$인 자연수일 때, $b - a$의 값을 구하시오.

유형 11 순환소수가 되도록 하는 미지수의 값 구하기

분수를 소수로 나타내면 순환소수가 된다.
➡ 분수를 기약분수로 나타내었을 때 분모에 2와 5 이외의 소인수가 있다.

0082 대표문제

분수 $\dfrac{x}{270}$를 소수로 나타내면 순환소수가 될 때, 다음 중 x의 값이 될 수 **없는** 것은?

① 9 ② 12 ③ 18
④ 27 ⑤ 36

0083 중

분수 $\dfrac{21}{2^3 \times x}$을 소수로 나타내면 순환소수가 된다. 이때 x의 값이 될 수 있는 가장 작은 자연수를 구하시오.

0084 중

분수 $\dfrac{x}{450}$를 소수로 나타내면 순환소수가 될 때, 다음 중 x의 값이 될 수 있는 것을 모두 고르면? (정답 2개)

① 18 ② 27 ③ 30
④ 36 ⑤ 42

유형 12 순환소수를 분수로 나타내기 ; 10의 거듭제곱 이용

❶ 순환소수를 x로 놓는다.
❷ 양변에 10의 거듭제곱을 곱하여 소수점 아래의 부분이 같은 두 식을 만든다.
❸ ❷의 두 식을 변끼리 빼서 x의 값을 구한다.

0085 대표문제

순환소수 $1.5\dot{3}\dot{7}$을 분수로 나타내려고 한다. $x = 1.5\dot{3}\dot{7}$이라 할 때, 다음 중 가장 편리한 식은?

① $100x - x$ ② $100x - 10x$
③ $1000x - x$ ④ $1000x - 10x$
⑤ $1000x - 100x$

0086 중하

다음은 순환소수 $0.70\dot{5}$를 분수로 나타내는 과정이다. ㈎~㈐에 알맞은 수를 구하시오.

$x = 0.70\dot{5} = 0.70555\cdots$라 하면

$\boxed{㈎}\, x = 705.555\cdots$ …… ㉠

$\boxed{㈏}\, x = 70.555\cdots$ …… ㉡

㉠－㉡을 하면

$\boxed{㈐}\, x = \boxed{㈑}$ $\therefore x = \boxed{㈒}$

0087 중

다음 **보기** 중 순환소수를 분수로 나타내려고 할 때, 가장 편리한 식을 바르게 연결한 것을 모두 고른 것은?

┃ 보기 ┃

ㄱ. $x = 2.\dot{8}$ ➡ $10x - x$
ㄴ. $x = 0.0\dot{4}$ ➡ $100x - 10x$
ㄷ. $x = 5.00\dot{3}$ ➡ $1000x - 10x$

① ㄱ ② ㄱ, ㄴ ③ ㄱ, ㄷ
④ ㄴ, ㄷ ⑤ ㄱ, ㄴ, ㄷ

유형 13 순환소수를 분수로 나타내기; 공식 이용

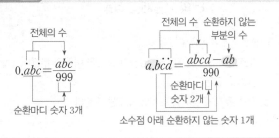

0088 대표문제

다음 중 순환소수를 분수로 나타낸 것으로 옳은 것은?

① $1.\dot{4} = \dfrac{14}{9}$

② $0.4\dot{7} = \dfrac{47}{90}$

③ $1.\dot{8}\dot{9} = \dfrac{188}{99}$

④ $0.\dot{3}4\dot{5} = \dfrac{115}{303}$

⑤ $1.2\dot{3}\dot{5} = \dfrac{617}{495}$

0089 중

다음 중 순환소수 $x = 0.3252525\cdots$에 대한 설명으로 옳지 않은 것은?

① 순환마디는 25이다.

② $x = 0.3\dot{2}\dot{5}$로 나타낼 수 있다.

③ $x = \dfrac{325 - 3}{999}$

④ x는 유리수이다.

⑤ $1000x - 10x$를 이용하여 분수로 나타낼 수 있다.

0090 상중

다음을 계산하여 기약분수로 나타내시오.

$$0.6 + 0.03 + 0.008 + 0.0008 + 0.00008 + \cdots$$

유형 14 순환소수에 적당한 수를 곱하여 유한소수 만들기

순환소수가 유한소수가 되도록 곱하는 어떤 자연수는 다음과 같은 순서로 구한다.

❶ 주어진 순환소수를 기약분수로 나타낸다.

❷ ❶의 분모를 소인수분해 한다.

➡ 어떤 자연수는 ❷의 분모의 소인수 중 2와 5를 제외한 소인수들의 곱의 배수이다.

0091 대표문제

순환소수 $0.12\dot{6}$에 어떤 자연수 x를 곱하면 유한소수가 된다. 다음 중 x의 값이 될 수 없는 것을 모두 고르면?

(정답 2개)

① 3 　　　　② 5 　　　　③ 9

④ 15 　　　　⑤ 20

0092 중 서술형

순환소수 $1.9\dot{4}$에 어떤 자연수 x를 곱하면 유한소수가 된다. x의 값이 될 수 있는 가장 작은 자연수를 a, 가장 큰 두 자리 자연수를 b라 할 때, $\dfrac{b}{a}$의 값을 구하시오.

0093 중

순환소수 $0.2\dot{3}\dot{6}$에 어떤 자연수 x를 곱하면 유한소수가 된다. 이때 x의 값이 될 수 있는 가장 큰 두 자리 자연수를 구하시오.

개념원리 중학 수학 2-1 25쪽

유형 15 기약분수의 분모, 분자를 잘못 보고 소수로 나타낸 경우

기약분수를 소수로 나타내는데
① 분모를 잘못 보았다. ➡ 분자는 제대로 보았다.
② 분자를 잘못 보았다. ➡ 분모는 제대로 보았다.

0094 대표문제

어떤 기약분수를 순환소수로 나타내는데 이서는 분모를 잘못 보아서 $1.\dot{1}$로 나타내었고, 지애는 분자를 잘못 보아서 $0.\dot{1}\dot{3}$으로 나타내었다. 이때 처음 기약분수를 순환소수로 나타내면?

① $0.\dot{1}$ ② $0.0\dot{1}$ ③ $0.\dot{0}\dot{1}$
④ $0.\dot{1}\dot{0}$ ⑤ $0.\dot{1}0\dot{1}$

0095 중

어떤 기약분수 $\dfrac{a}{b}$를 순환소수로 나타내는데 민구는 분모를 잘못 보아서 $2.\dot{1}\dot{3}$으로 나타내었고, 가은이는 분자를 잘못 보아서 $0.5\dot{4}$로 나타내었다. 이때 $\dfrac{a}{b}$를 순환소수로 나타내시오.

0096 중

효상이는 기약분수를 순환소수로 나타내는 문제를 푸는데 처음에는 분자를 잘못 보아서 $0.38\dot{1}$로 나타내었고, 다음에는 분모를 잘못 보아서 $0.38\dot{3}$으로 나타내었다. 처음 기약분수를 순환소수로 나타내시오.

개념원리 중학 수학 2-1 25쪽

유형 16 순환소수가 포함된 식의 계산 (1)

순환소수가 포함된 식의 덧셈, 뺄셈, 곱셈, 나눗셈은 순환소수를 분수로 나타낸 후 계산한다.

0097 대표문제

$7.\dot{8}+3.\dot{4}$를 계산한 값을 기약분수로 나타내면 $\dfrac{b}{a}$일 때, 자연수 a, b에 대하여 $a+b$의 값을 구하시오.

0098 중하

$0.\dot{5}2\dot{3}=523\times\square$에서 $\square$ 안에 알맞은 수는?

① $0.\dot{1}$ ② $0.0\dot{1}$ ③ $0.00\dot{1}$
④ $0.0\dot{0}\dot{1}$ ⑤ $0.00\dot{1}$

0099 중

$\dfrac{7}{30}=x+0.04\dot{i}$일 때, x를 순환소수로 나타내면?

① $0.\dot{1}$ ② $0.1\dot{3}$ ③ $0.\dot{1}\dot{3}$
④ $0.1\dot{8}$ ⑤ $0.\dot{1}\dot{8}$

0100 중 서술형

$0.\dot{5}=5\times a$, $0.\dot{2}\dot{8}=b\times0.\dot{0}\dot{1}$일 때, ab의 값을 순환소수로 나타내시오.

유형 17 순환소수의 대소 관계

순환소수의 대소는 다음과 같은 두 가지 방법으로 비교할 수 있다.

방법 ① 순환소수를 분수로 나타내어 대소를 비교한다.

방법 ② 순환소수를 풀어 쓰고 각 자리의 숫자를 비교한다.

0101 대표문제

다음 중 두 수의 대소 관계가 옳은 것을 모두 고르면?

(정답 2개)

① $0.\dot{7} < \dfrac{7}{10}$

② $0.8\dot{5} < \dfrac{13}{15}$

③ $2.\dot{5} < \dfrac{229}{90}$

④ $4.\dot{1} > 4.0\dot{1}$

⑤ $0.37\dot{4} > 0.3\dot{7}\dot{4}$

0102 중하

다음 중 가장 큰 수는?

① 0.152

② $0.15\dot{2}$

③ $0.1\dot{5}\dot{2}$

④ $0.\dot{1}5\dot{2}$

⑤ $0.1\dot{5}2\dot{3}$

0103 중

$\dfrac{1}{4} < 0.\dot{x} < \dfrac{5}{6}$ 를 만족시키는 한 자리 자연수 x의 개수를 구하시오.

유형 18 유리수와 소수의 관계

소수 ─┬─ 유한소수 ──────────┐
      │   ├─ 유리수
      └─ 무한소수 ┬─ 순환소수 ──┘
                  └─ 순환소수가 아닌 무한소수 ─ 유리수가 아니다.

0104 대표문제

다음 중 옳지 <u>않은</u> 것은?

① 모든 순환소수는 유리수이다.

② 모든 유한소수는 기약분수로 나타낼 수 있다.

③ 모든 순환소수는 무한소수이다.

④ 모든 무한소수는 유리수가 아니다.

⑤ 유한소수는 분모가 10의 거듭제곱인 분수로 나타낼 수 있다.

0105 중하

두 정수 a, b $(b \neq 0)$에 대하여 a를 b로 나눌 때, 다음 중 그 계산 결과가 될 수 <u>없는</u> 것은?

① 자연수

② 정수

③ 유한소수

④ 순환소수

⑤ 순환소수가 아닌 무한소수

0106 중

다음 **보기** 중 옳은 것을 모두 고른 것은?

보기

ㄱ. 모든 순환소수는 분수로 나타낼 수 있다.

ㄴ. 정수가 아닌 유리수는 유한소수 또는 순환소수로 나타낼 수 있다.

ㄷ. 유리수 중 무한소수는 모두 순환소수이다.

① ㄴ

② ㄱ, ㄴ

③ ㄱ, ㄷ

④ ㄴ, ㄷ

⑤ ㄱ, ㄴ, ㄷ

유형UP 19 두 분수 사이에 있는 유한소수의 개수

두 분수 $\frac{1}{7}$과 $\frac{4}{5}$ 사이에 있는 분모가 35인 분수 중에서 유한소수로 나타낼 수 있는 분수를 구해 보자.

➡ 분모가 35인 분수를 $\frac{a}{35}$라 하면

$$\frac{5}{35} < \frac{a}{35} < \frac{28}{35}$$

$\frac{a}{35} = \frac{a}{5 \times 7}$에서 a는 7의 배수이어야 하므로 구하는 분수는 $\frac{7}{35}$, $\frac{14}{35}$, $\frac{21}{35}$이다.

0107 대표문제

두 분수 $\frac{2}{5}$와 $\frac{5}{6}$ 사이에 있는 분모가 30인 분수 중에서 유한소수로 나타낼 수 있는 분수의 개수는?

(단, 분자는 자연수이다.)

① 3　　　　② 4　　　　③ 5
④ 6　　　　⑤ 7

0108 상중

두 분수 $\frac{1}{3}$과 $\frac{4}{5}$ 사이에 있는 분모가 15인 분수 중에서 유한소수로 나타낼 수 있는 모든 분수의 합을 구하시오.

(단, 분자는 자연수이다.)

0109 상중

두 분수 $\frac{1}{7}$과 $\frac{7}{8}$ 사이에 있는 분수 중에서 다음 조건을 만족시키는 분수의 개수를 구하시오.

㈎ 분모는 56이고 분자는 자연수이다.
㈏ 유한소수로 나타낼 수 있다.

유형UP 20 순환소수가 포함된 식의 계산 (2)

순환소수를 분수로 고쳐서 계산한다.

참고 $0.\dot{a}\dot{b} = \frac{10a+b}{99}$, $0.\dot{b}\dot{a} = \frac{10b+a}{99}$

0110 대표문제

한 자리 소수 a, b에 대하여 $a > b$이고 $0.\dot{a}\dot{b} + 0.\dot{b}\dot{a} = 0.\dot{7}$일 때, $a - b$의 값은?

① 1　　　　② 2　　　　③ 3
④ 4　　　　⑤ 5

0111 상중

한 자리 자연수 a, b에 대하여 $a > b$이고 $(0.0\dot{a})^2 = 0.\dot{4} \times 0.00\dot{b}$일 때, $a + b$의 값을 구하시오.

0112 상중 서술형

한 자리 소수 a, b에 대하여 $a < b$이고 두 순환소수 $0.\dot{a}\dot{b}$와 $0.\dot{b}\dot{a}$의 차는 $0.\dot{4}\dot{5}$이다. 이때 ab의 값을 구하시오.

시험에 꼭 나오는 문제

0113 중요

다음 중 순환소수의 표현이 옳은 것을 모두 고르면?

(정답 2개)

① $0.7444\cdots=0.7\dot{4}$

② $1.616161\cdots=1.\dot{6}$

③ $0.525252\cdots=0.5\dot{2}\dot{5}$

④ $0.380380380\cdots=0.\dot{3}8\dot{0}$

⑤ $3.1062062062\cdots=3.1\dot{0}6\dot{2}$

0114

다음 중 분수를 소수로 나타낼 때, 순환마디가 나머지 넷과 다른 하나는?

① $\dfrac{5}{3}$

② $\dfrac{13}{6}$

③ $\dfrac{11}{12}$

④ $\dfrac{2}{15}$

⑤ $\dfrac{17}{30}$

0115

순환소수 $1.2\dot{3}4\dot{5}$의 소수점 아래 99번째 자리의 숫자를 구하시오.

0116

분수 $\dfrac{3}{250}$을 $\dfrac{a}{10^n}$의 꼴로 고쳐서 유한소수로 나타낼 때, 자연수 a, n에 대하여 $a+n$의 값 중 가장 작은 것을 구하시오.

0117 중요

다음 보기의 분수 중 유한소수로 나타낼 수 있는 것을 모두 고른 것은?

> 보기
>
> ㄱ. $\dfrac{28}{12}$ ㄴ. $\dfrac{6}{75}$ ㄷ. $\dfrac{49}{140}$
>
> ㄹ. $\dfrac{15}{3\times5^2}$ ㅁ. $\dfrac{22}{5^2\times7\times11}$

① ㄱ, ㄴ ② ㄴ, ㄷ ③ ㄱ, ㄹ, ㅁ

④ ㄴ, ㄷ, ㄹ ⑤ ㄷ, ㄹ, ㅁ

0118

분수 $\dfrac{x}{104}$를 소수로 나타내면 유한소수가 될 때, x의 값이 될 수 있는 가장 작은 자연수를 구하시오.

0119

분수 $\dfrac{9}{2 \times 3^2 \times a}$ 를 소수로 나타내면 유한소수가 될 때, 다음 중 a의 값이 될 수 없는 것은?

① 2   ② 4   ③ 6

④ 8   ⑤ 10

0120 중요

분수 $\dfrac{a}{360}$ 를 소수로 나타내면 유한소수가 되고, 기약분수로 나타내면 $\dfrac{7}{b}$ 이 된다. a가 100 이하의 자연수일 때, $a-b$의 값은?

① 19   ② 23   ③ 27

④ 31   ⑤ 35

0121

분수 $\dfrac{7}{50 \times x}$ 을 소수로 나타내면 순환소수가 된다. x가 한 자리 자연수일 때, 모든 x의 값의 합을 구하시오.

0122

다음 중 순환소수를 분수로 나타내려고 할 때, 가장 편리한 식을 연결한 것으로 옳지 <u>않은</u> 것은?

① $x = 1.\dot{7}$ ➡ $10x - x$

② $x = 0.\dot{3}\dot{8}$ ➡ $100x - x$

③ $x = 4.5\dot{1}$ ➡ $100x - 10x$

④ $x = 0.\dot{6}1\dot{2}$ ➡ $1000x - x$

⑤ $x = 2.1\dot{0}\dot{8}$ ➡ $1000x - 100x$

0123 중요

다음 중 순환소수 $x = 1.12333\cdots$ 에 대한 설명으로 옳은 것을 모두 고르면? (정답 2개)

① $x = 1.\dot{1}2\dot{3}$ 으로 나타낼 수 있다.

② 분수로 나타낼 때 가장 편리한 식은 $1000x - 10x$이다.

③ $x = \dfrac{1123 - 112}{900}$

④ x는 유리수가 아니다.

⑤ 순환마디는 3이다.

0124

$\dfrac{1}{3} \times \left(\dfrac{1}{10} + \dfrac{1}{100} + \dfrac{1}{1000} + \cdots \right) = \dfrac{1}{a}$ 일 때, a의 값을 구하시오.

0125

순환소수 $0.\dot{2}\dot{7}$에 x를 곱한 결과가 자연수일 때, x의 값이 될 수 있는 두 자리 자연수의 개수는?

① 6   ② 7   ③ 8
④ 9   ⑤ 10

0126 중요

$0.\dot{1}00\dot{2}=1002 \times A$일 때, A의 값은?

① $0.\dot{0}00\dot{1}$ ② $0.0\dot{0}0\dot{1}$ ③ $0.00\dot{0}\dot{1}$
④ $0.0\dot{0}\dot{1}$ ⑤ $0.0\dot{0}\dot{1}$

0127

서로소인 두 자연수 m, n에 대하여 $2.0\dot{6} \times \dfrac{n}{m} = 0.0\dot{4}$일 때, $m+n$의 값을 구하시오.

0128

다음 수를 크기가 작은 것부터 차례대로 나열할 때, 두 번째에 오는 수의 소수점 아래 35번째 자리의 숫자를 구하시오.

$$1.6\dot{3}, \quad 1.63\dot{8}, \quad 1.6\dot{3}\dot{8}, \quad 1.\dot{6}3\dot{8}$$

0129

$\dfrac{2}{5} < 0.\dot{x} < \dfrac{3}{4}$을 만족시키는 한 자리 자연수 x 중 가장 큰 수를 구하시오.

0130 중요

다음 중 옳지 <u>않은</u> 것을 모두 고르면? (정답 2개)

① 0은 유리수이다.
② 순환소수 중에는 유리수가 아닌 것도 있다.
③ 분모의 소인수에 7이 있는 기약분수는 유한소수로 나타낼 수 없다.
④ 정수가 아닌 유리수는 유한소수로만 나타낼 수 있다.
⑤ 순환소수가 아닌 무한소수는 분수로 나타낼 수 없다.

📑 서술형 주관식

0131

두 분수 $\dfrac{17}{60}$, $\dfrac{11}{140}$에 각각 자연수 a를 곱하면 두 분수 모두 유한소수가 될 때, a의 값이 될 수 있는 두 자리 자연수의 개수를 구하시오.

0132

어떤 기약분수를 순환소수로 나타내는데 우준이는 분모를 잘못 보아서 $0.5\dot{8}$이라 하였고, 수민이는 분자를 잘못 보아서 $0.\dot{8}\dot{2}$라 하였다. 이때 처음 기약분수를 순환소수로 나타내시오.

0133

어떤 자연수에 $3.\dot{1}$을 곱해야 할 것을 잘못하여 3.1을 곱했더니 그 결과가 정답보다 0.6만큼 작아졌다. 이때 어떤 자연수를 구하시오.

👍 실력 UP

0134

$\dfrac{6}{7} = \dfrac{x_1}{10} + \dfrac{x_2}{10^2} + \dfrac{x_3}{10^3} + \cdots + \dfrac{x_n}{10^n} + \cdots$이라 할 때, $x_1 + x_2 + x_3 + \cdots + x_{99}$의 값을 구하시오.
(단, x_1, x_2, x_3, $\cdots$, x_n, $\cdots$은 한 자리 자연수이다.)

0135

분수 $\dfrac{1}{2}$, $\dfrac{1}{3}$, $\dfrac{1}{4}$, $\cdots$, $\dfrac{1}{50}$ 중에서 소수로 나타내었을 때, 유한소수로 나타낼 수 없는 분수는 모두 몇 개인지 구하시오.

0136

한 자리 자연수 a, b에 대하여 $a > b$이고 $0.\dot{a}\dot{b} + 0.\dot{b}\dot{a} = 0.\dot{4}$일 때, $0.\dot{a}\dot{b} - 0.\dot{b}\dot{a}$의 값을 순환소수로 나타내시오.

공감 한 스푼

너의 자신감이
저푸른하늘까지
뿡뿡뿡
너의 발걸음도
여기저기동네방네
당당당

@ 서령(@seoryung_213)

II

식의 계산

02 단항식의 계산

02-1 지수법칙 (1)

m, n이 자연수일 때

$$a^m \times a^n = a^{m+n} \quad \leftarrow \text{지수끼리 더한다.}$$

예 $a^2 \times a^5 = (\underbrace{a \times a}_{2\text{개}}) \times (\underbrace{a \times a \times a \times a \times a}_{5\text{개}}) = a^7 \Rightarrow a^2 \times a^5 = a^{2+5} = a^7$

주의 $a^m \times a^n = a^{m \times n}$과 같이 계산하지 않는다.

> **개념플러스** ⌀
>
> 지수법칙 (1)은 셋 이상의 거듭제곱에 대해서도 성립한다.
> 즉 l, m, n이 자연수일 때
> $$a^l \times a^m \times a^n = a^{l+m+n}$$

02-2 지수법칙 (2)

m, n이 자연수일 때

$$(a^m)^n = a^{mn} \quad \leftarrow \text{지수끼리 곱한다.}$$

예 $(a^5)^3 = a^5 \times a^5 \times a^5 = a^{5+5+5} = a^{15} \Rightarrow (a^5)^3 = a^{5 \times 3} = a^{15}$

주의 $(a^m)^n = a^{m+n}$과 같이 계산하지 않는다.

> 지수법칙 (2)는 셋 이상의 거듭제곱에 대해서도 성립한다.
> 즉 l, m, n이 자연수일 때
> $$\{(a^l)^m\}^n = a^{lmn}$$

02-3 지수법칙 (3)

$a \neq 0$이고 m, n이 자연수일 때

① $m > n$이면 $a^m \div a^n = a^{m-n}$ $\leftarrow$ 지수끼리 뺀다.

② $m = n$이면 $a^m \div a^n = 1$

③ $m < n$이면 $a^m \div a^n = \dfrac{1}{a^{n-m}}$

예 ① $a^5 \div a^3 = \dfrac{a^5}{a^3} = \dfrac{\cancel{a} \times \cancel{a} \times \cancel{a} \times a \times a}{\cancel{a} \times \cancel{a} \times \cancel{a}} = a \times a = a^2 \Rightarrow a^5 \div a^3 = a^{5-3} = a^2$

     ② $a^4 \div a^4 = \dfrac{a^4}{a^4} = \dfrac{\cancel{a} \times \cancel{a} \times \cancel{a} \times \cancel{a}}{\cancel{a} \times \cancel{a} \times \cancel{a} \times \cancel{a}} = 1$

     ③ $a^3 \div a^5 = \dfrac{a^3}{a^5} = \dfrac{\cancel{a} \times \cancel{a} \times \cancel{a}}{\cancel{a} \times \cancel{a} \times \cancel{a} \times a \times a} = \dfrac{1}{a \times a} = \dfrac{1}{a^2} \Rightarrow a^3 \div a^5 = \dfrac{1}{a^{5-3}} = \dfrac{1}{a^2}$

주의 $a^m \div a^n = a^{m \div n}$, $a^m \div a^m = 0$과 같이 계산하지 않는다.

> $a^m \div a^n$을 계산할 때에는 먼저 m, n의 대소를 비교한다.

02-4 지수법칙 (4)

m이 자연수일 때

① $(ab)^m = a^m b^m$

② $\left(\dfrac{a}{b}\right)^m = \dfrac{a^m}{b^m}$ (단, $b \neq 0$)

예 ① $(ab)^3 = ab \times ab \times ab = (a \times a \times a) \times (b \times b \times b) = a^3 b^3$

     ② $\left(\dfrac{a}{b}\right)^4 = \dfrac{a}{b} \times \dfrac{a}{b} \times \dfrac{a}{b} \times \dfrac{a}{b} = \dfrac{a \times a \times a \times a}{b \times b \times b \times b} = \dfrac{a^4}{b^4}$

> $a > 0$일 때
> ① $(-a)^{\text{짝수}} = a^{\text{짝수}}$
> ② $(-a)^{\text{홀수}} = -a^{\text{홀수}}$

교과서문제 정복하기

02-1 지수법칙 (1)

[0137~0141] 다음 식을 간단히 하시오.

0137 $x \times x^8$

0138 $5^2 \times 5^4$

0139 $a \times a^3 \times a^7$

0140 $3^3 \times 3^4 \times 3^5$

0141 $a^4 \times b^2 \times a \times b^6$

[0142~0143] 다음 □ 안에 알맞은 수를 구하시오.

0142 $a^3 \times a^\square = a^9$

0143 $x^2 \times x^\square \times x^8 = x^{14}$

02-2 지수법칙 (2)

[0144~0147] 다음 식을 간단히 하시오.

0144 $(a^2)^4$

0145 $(2^4)^3$

0146 $(x^2)^6 \times (x^3)^5$

0147 $a^5 \times (a^3)^3 \times (a^5)^2$

[0148~0149] 다음 □ 안에 알맞은 수를 구하시오.

0148 $(a^3)^\square = a^{21}$

0149 $(x^\square)^2 \times x^3 = x^{13}$

02-3 지수법칙 (3)

[0150~0154] 다음 식을 간단히 하시오.

0150 $x^7 \div x^4$

0151 $7^8 \div 7^8$

0152 $a^4 \div a^{12}$

0153 $x^{10} \div x^5 \div x$

0154 $(a^5)^3 \div (a^2)^6 \div a^4$

[0155~0156] 다음 □ 안에 알맞은 수를 구하시오.

0155 $x^\square \div x^4 = x^6$

0156 $a^3 \div a^\square = \dfrac{1}{a^5}$

02-4 지수법칙 (4)

[0157~0162] 다음 식을 간단히 하시오.

0157 $(ab^2)^2$ **0158** $(x^3y^4)^5$

0159 $(-2a^4)^3$ **0160** $\left(\dfrac{y}{x^3}\right)^2$

0161 $\left(\dfrac{xy}{3}\right)^3$ **0162** $\left(-\dfrac{b^3}{2a}\right)^4$

[0163~0164] 다음 □ 안에 알맞은 수를 구하시오.

0163 $(x^\square y^2)^4 = x^{12}y^\square$

0164 $\left(\dfrac{y^\square}{x}\right)^5 = \dfrac{y^{10}}{x^\square}$

02 단항식의 계산

02-5 단항식의 곱셈

단항식의 곱셈은 다음과 같은 방법으로 계산한다.
① 계수는 계수끼리, 문자는 문자끼리 곱한다.
② 같은 문자끼리의 곱셈은 지수법칙을 이용하여 간단히 한다.

<예> $3a^2b \times (-4ab) = \{3 \times (-4)\} \times (a^2b \times ab) = -12a^3b^2$

<참고> 단항식의 곱셈에서 부호는 다음과 같이 결정된다.
① 음수가 홀수 개 ➡ −
② 음수가 짝수 개 ➡ +

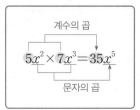

개념플러스 ∅

단항식의 곱셈은 곱셈의 교환법칙과 결합법칙을 이용하여 계수는 계수끼리, 문자는 문자끼리 곱하여 간단히 나타낼 수 있다.

02-6 단항식의 나눗셈

방법① 분수의 꼴로 바꾸어 계산한다.

➡ $A \div B = \dfrac{A}{B}$

방법② 나눗셈을 곱셈으로 바꾸어 계산한다.

➡ $A \div B = A \times \dfrac{1}{B} = \dfrac{A}{B}$

나눗셈을 곱셈으로 바꾸어 나타낼 때, 부호는 바뀌지 않음에 주의한다.

<예> **방법①** $15a^3b^2 \div 5ab = \dfrac{15a^3b^2}{5ab} = 3a^2b$

　　　방법② $15a^3b^2 \div 5ab = 15a^3b^2 \times \dfrac{1}{5ab} = \left(15 \times \dfrac{1}{5}\right) \times \left(a^3b^2 \times \dfrac{1}{ab}\right) = 3a^2b$

<참고> 나누는 식이 분수의 꼴일 때, **방법②**를 이용하는 것이 편리하다.

<예> $6a^2 \div \dfrac{3}{5}a = 6a^2 \times \dfrac{5}{3a} = 10a$

02-7 단항식의 곱셈과 나눗셈의 혼합 계산

단항식의 곱셈과 나눗셈의 혼합 계산은 다음과 같은 순서로 계산한다.
❶ 괄호가 있으면 지수법칙을 이용하여 괄호를 푼다.
❷ 나눗셈은 곱셈으로 바꾼다.
❸ 계수는 계수끼리, 문자는 문자끼리 계산한다.

곱셈과 나눗셈이 혼합된 식은 앞에서부터 차례대로 계산한다.

<예>
$12x^5y^4 \div 4x^4y^2 \times (-3xy)^2$

$= 12x^5y^4 \div 4x^4y^2 \times 9x^2y^2$ ⟵ 지수법칙을 이용하여 괄호 풀기

$= 12x^5y^4 \times \dfrac{1}{4x^4y^2} \times 9x^2y^2$ ⟵ 나눗셈은 곱셈으로 바꾸기

⟵ 계수는 계수끼리, 문자는 문자끼리 계산하기

$= \left(12 \times \dfrac{1}{4} \times 9\right) \times \left(x^5y^4 \times \dfrac{1}{x^4y^2} \times x^2y^2\right)$

$= 27x^3y^4$

02-5 단항식의 곱셈

[0165~0169] 다음 식을 계산하시오.

0165 $3a \times 2a^2$

0166 $9x^2 \times 4x^2y$

0167 $15a^4b \times \left(-\dfrac{1}{5}ab\right)$

0168 $\left(-\dfrac{1}{2}x^3y\right) \times (-10xy^2)$

0169 $(-a^2b) \times 4a \times 2ab^5$

[0170~0174] 다음 식을 계산하시오.

0170 $(-x)^3 \times 3x^2$

0171 $7ab \times (-2b)^2$

0172 $18x^2y \times \left(\dfrac{1}{3}xy\right)^2$

0173 $(-xy^2)^2 \times (2x^3y)^3$

0174 $(-a^2b)^3 \times \left(\dfrac{5a}{b^2}\right)^2 \times b$

02-6 단항식의 나눗셈

[0175~0178] 다음 식을 계산하시오.

0175 $10x^2 \div 5x$

0176 $6ab \div b^2$

0177 $35x^5y^3 \div (-7x^3y^2)$

0178 $(-56a^3b^4) \div (-8a^5b^4)$

[0179~0181] 다음 식을 계산하시오.

0179 $6a^5 \div \dfrac{3}{4}a^2$

0180 $(-15x^3y) \div \dfrac{5x}{y^2}$

0181 $\dfrac{1}{2}x^6y^4 \div \left(-\dfrac{1}{8}x^2y^2\right)$

[0182~0185] 다음 식을 계산하시오.

0182 $(-4ab)^2 \div 8ab$

0183 $(-3x)^3 \div \left(-\dfrac{9}{2}x^2\right)$

0184 $\dfrac{xy^3}{5} \div \left(-\dfrac{2}{5}x^2y\right)^2$

0185 $(2a^2b^3)^2 \div (-ab)^3 \div \dfrac{b}{2a}$

02-7 단항식의 곱셈과 나눗셈의 혼합 계산

[0186~0192] 다음 식을 계산하시오.

0186 $3x^2 \times 4x^3 \div 2x$

0187 $6ab^2 \times (-2a^2b) \div 4ab$

0188 $8x^2y \div \dfrac{4x^3}{y^3} \times 2y^3$

0189 $4x^4y^2 \div \left(-\dfrac{4}{3}x^2y\right) \times (-xy^3)$

0190 $(-2a)^3 \times 5a^2 \div (-4a^4)$

0191 $xy^2 \times \left(-\dfrac{4}{x}\right)^2 \div 8x^2y$

0192 $(-a^2b^3)^3 \div \dfrac{b^5}{a^2} \times (-5a)^2$

유형 익히기

유형 01 지수법칙 (1)

m, n이 자연수일 때

$a^m \times a^n = a^{m+n}$ → 지수의 합

예 $3^2 \times 3^4 = 3^{2+4} = 3^6$

0193 대표문제

$2^2 \times 2^3 \times 2^a = 256$일 때, 자연수 a의 값은?

① 1　　　　② 2　　　　③ 3
④ 4　　　　⑤ 5

0194 하

$a^3 \times b^2 \times a \times b^3$을 간단히 하면?

① $a^3 b^4$　　　② $a^3 b^5$　　　③ $a^4 b^4$
④ $a^4 b^5$　　　⑤ $a^4 b^6$

0195 중

자연수 x, y에 대하여 $x+y=4$이고 $a=3^x$, $b=3^y$일 때, ab의 값을 구하시오.

0196 상중

$2 \times 4 \times 6 \times 8 \times 10 \times 12 \times 14 = 2^a \times 3^b \times 5^c \times 7^d$일 때, 자연수 a, b, c, d에 대하여 $a+b+c+d$의 값은?

① 12　　　　② 13　　　　③ 14
④ 15　　　　⑤ 16

유형 02 지수법칙 (2)

m, n이 자연수일 때

$(a^m)^n = a^{mn}$ → 지수의 곱

예 $(3^2)^3 = 3^{2 \times 3} = 3^6$

0197 대표문제

$5^4 \times (5^x)^3 = 5^{16}$일 때, 자연수 x의 값을 구하시오.

0198 하

$(x^3)^2 \times y^3 \times x \times (y^2)^5$을 간단히 하면?

① $x^5 y^{10}$　　　② $x^6 y^{12}$　　　③ $x^6 y^{13}$
④ $x^7 y^{12}$　　　⑤ $x^7 y^{13}$

0199 중 서술형

$27^{2x-1} = 3^{11-x}$일 때, 자연수 x의 값을 구하시오.

0200 상중

다음 중 가장 큰 수는?

① 2^{40}　　　② 3^{30}　　　③ 4^{25}
④ 5^{20}　　　⑤ 18^{10}

▶ 정답 및 풀이 13쪽

중요

유형 03 지수법칙 (3)

$a \neq 0$이고 m, n이 자연수일 때

$$a^m \div a^n = \begin{cases} a^{m-n} & (m > n) \longrightarrow \text{지수의 차} \\ 1 & (m = n) \\ \dfrac{1}{a^{n-m}} & (m < n) \longrightarrow \text{지수의 차} \end{cases}$$

예 $x^6 \div x^2 = x^{6-2} = x^4$, $x^6 \div x^6 = 1$, $x^2 \div x^6 = \dfrac{1}{x^{6-2}} = \dfrac{1}{x^4}$

0201 **대표문제**

다음 중 옳은 것은?

① $a^9 \div a^3 = a^3$　　　　② $a^5 \div a^5 = 0$

③ $(a^3)^2 \div a^3 = a^2$　　　④ $a^2 \div a \div a^3 = \dfrac{1}{a^2}$

⑤ $a^5 \div a^4 \div a = a$

0202 **중하**

다음 중 계산 결과가 나머지 넷과 다른 하나는?

① $x^3 \times x^2$　　　　② $x^7 \div x^4 \times x^2$

③ $(x^2)^4 \div x^3$　　　④ $x^{10} \div x^4 \div x$

⑤ $x^7 \div (x^4 \div x)$

0203 **중**

$x^{10} \div x^\square \div (x^2)^3 = x$일 때, $\square$ 안에 알맞은 수를 구하시오.

0204 **중**

$8^3 \times 2^a \div 16^2 = 2^{15}$일 때, 자연수 a의 값을 구하시오.

유형 04 지수법칙 (4); 곱의 거듭제곱

m이 자연수일 때

$$(ab)^m = a^m b^m$$

예 $(ab)^4 = a^4 b^4$, $(2x^2 y)^3 = 8x^6 y^3$

0205 **대표문제**

$(-3x^3 y^a)^b = -27x^c y^9$일 때, 자연수 a, b, c에 대하여 $a - b + c$의 값은?

① 8　　　　② 9　　　　③ 10

④ 11　　　　⑤ 12

0206 **중**

다음 중 옳지 않은 것은?

① $(-x^2 y^3)^4 = x^8 y^{12}$　　　② $(-2a^2)^3 = -8a^6$

③ $(3a^2 b^3)^2 = 9a^4 b^6$　　　④ $(-x^2 y z^3)^5 = -x^{10} y^5 z^{15}$

⑤ $\left(\dfrac{1}{5}xy^2\right)^3 = \dfrac{1}{15}x^3 y^6$

0207 **중**

$(Ax^4 y^B z^3)^5 = -32x^C y^{10} z^D$일 때, 상수 A, B, C, D에 대하여 $A + B + C + D$의 값을 구하시오.

0208 **중** **서술형**

$216^3 = (2^3 \times 3^x)^3 = 2^9 \times 3^y$일 때, 자연수 x, y에 대하여 $y - x$의 값을 구하시오.

02 단항식의 계산

유형 05 지수법칙 (4); 몫의 거듭제곱

m이 자연수일 때

$$\left(\frac{a}{b}\right)^m=\frac{a^m}{b^m} \text{ (단, } b\neq0)$$

예 $\left(\dfrac{x}{y}\right)^2=\dfrac{x^2}{y^2}$, $\left(\dfrac{b^2}{a^3}\right)^4=\dfrac{b^8}{a^{12}}$

0209 대표문제

$\left(\dfrac{2x^a}{y^2}\right)^4=\dfrac{bx^8}{y^c}$ 일 때, 자연수 a, b, c에 대하여 $a+b-c$의 값은?

① 6 　　　　② 8 　　　　③ 10

④ 12 　　　　⑤ 14

0210 중

다음 중 옳은 것은?

① $(ab^2)^3=ab^6$ 　　　② $(-10a)^2=20a^2$

③ $\left(\dfrac{b^3}{a^2}\right)^2=\dfrac{b^6}{a^2}$ 　　　④ $\left(-\dfrac{a}{2}\right)^3=-\dfrac{a^3}{6}$

⑤ $\left(-\dfrac{b}{3a}\right)^4=\dfrac{b^4}{81a^4}$

0211 중

$\left(\dfrac{az^2}{x^3y^b}\right)^3=-\dfrac{64z^6}{x^cy^9}$ 일 때, 상수 a, b, c에 대하여 $ab+c$의 값을 구하시오.

0212 중

$(x^5y^a)^2=x^{10}y^6$, $\left(\dfrac{y^4}{x^a}\right)^5=\dfrac{y^{20}}{x^b}$ 일 때, 자연수 a, b에 대하여 $b-a$의 값을 구하시오.

유형 06 지수법칙의 응용 (1)

같은 수의 덧셈은 곱셈으로 바꾸어 간단히 할 수 있다.

$$\Rightarrow \underbrace{a^m+a^m+a^m+\cdots+a^m}_{a\text{개}}=a\times a^m=a^{1+m}$$

예 $3^2+3^2+3^2=3\times3^2=3^{1+2}=3^3$

0213 대표문제

$2^{20}+2^{20}+2^{20}+2^{20}$을 간단히 하면?

① 2^{21} 　　　　② 2^{22} 　　　　③ 2^{80}

④ 4^{20} 　　　　⑤ 8^{20}

0214 중

다음 중 계산 결과가 나머지 넷과 다른 하나는?

① $3^4\times3^4\times3^4$ 　　　② $(3^6)^2$

③ $3^{11}+3^{11}+3^{11}$ 　　　④ $9^3\times9^3$

⑤ $9^8\div9^3$

0215 중 서술형

$7^2\times7^2\times7^2\times7^2=7^a$, $5^4+5^4+5^4+5^4+5^4=5^b$일 때, 자연수 a, b에 대하여 ab의 값을 구하시오.

0216 상중

$\dfrac{3^6+3^6+3^6}{4^6+4^6+4^6+4^6}\times\dfrac{2^6+2^6}{3^7}$을 간단히 하면?

① $\dfrac{1}{2^3}$ 　　　　② $\dfrac{1}{2^4}$ 　　　　③ $\dfrac{1}{2^5}$

④ $\dfrac{1}{2^6}$ 　　　　⑤ $\dfrac{1}{2^7}$

유형 07 지수법칙의 응용 (2)

주어진 조건과 밑이 같아지도록 변형한다.

예 $2^{10}=a$라 할 때, $\dfrac{1}{4^{10}}$을 a를 사용하여 나타내면

$$\frac{1}{4^{10}}=\frac{1}{(2^2)^{10}}=\frac{1}{2^{20}}=\frac{1}{(2^{10})^2}=\frac{1}{a^2}$$

0217 대표문제

$A=3^{x+1}$일 때, 81^x을 A를 사용하여 나타내면?

① A^4 ② $27A^3$ ③ $81A^4$
④ $\dfrac{A^3}{27}$ ⑤ $\dfrac{A^4}{81}$

0218 중

$2^4=A$라 할 때, $\dfrac{1}{32^4}$을 A를 사용하여 나타내시오.

0219 중

$2^3=A$, $3^2=B$라 할 때, 72^2을 A, B를 사용하여 나타내면?

① A^2B ② $3A^2B$ ③ A^2B^2
④ $2A^2B^2$ ⑤ $3A^3B^3$

0220 상중

$A=3^{x-1}$, $B=5^{x+1}$일 때, 15^x을 A, B를 사용하여 나타내면?

① $\dfrac{AB}{15}$ ② $\dfrac{3}{5}AB$ ③ $\dfrac{3}{2}AB$
④ $\dfrac{A^2B}{15}$ ⑤ $\dfrac{3}{5}A^2B$

중요

유형 08 자릿수 구하기

자연수 m, n에 대하여 $2^m \times 5^n$의 자릿수는 다음과 같은 방법으로 구한다.

① $2^m \times 5^n$을 $a \times 10^k$ (a, k는 자연수)의 꼴로 나타낸다.
② $a \times 10^k$의 자릿수는 (a의 자릿수)$+k$임을 이용한다.

예 $2^8 \times 5^9 = 5 \times (2^8 \times 5^8) = 5 \times (2 \times 5)^8$

$$= 5 \times 10^8 = \underbrace{500 \cdots 0}_{8개}$$

따라서 $2^8 \times 5^9$은 9자리 자연수이다.

0221 대표문제

$2^7 \times 5^{10}$이 n자리 자연수일 때, n의 값은?

① 7   ② 8   ③ 9
④ 10   ⑤ 11

0222 중

$2^6 \times 4^7 \times 25^8$은 몇 자리 자연수인지 구하시오.

0223 중 서술형

$2^{16} \times 3^3 \times 5^{14}$은 n자리 자연수이다. 각 자리의 숫자의 합을 p라 할 때, $n+p$의 값을 구하시오.

0224 상중

$\dfrac{2^{10} \times 15^8}{18^3}$이 n자리 자연수일 때, n의 값을 구하시오.

유형 09 지수법칙의 활용

거듭제곱으로 나타낼 수 있는 수의 계산은 지수법칙을 이용하면 편리하다.

0225 대표문제

어떤 박테리아는 1시간마다 그 수가 3배씩 증가한다. 이 박테리아 9마리가 7시간 후에 3^a마리가 된다고 할 때, 자연수 a의 값은?

① 7 　　　② 8 　　　③ 9
④ 10 　　　⑤ 11

0226 하

종이 한 장을 반으로 접으면 그 두께는 처음의 2배가 된다. 두께가 $0.4\,\text{mm}$인 종이 한 장을 반으로 6번 접었을 때 종이의 두께는 $(0.4 \times 2^a)\,\text{mm}$이다. 이때 자연수 a의 값을 구하시오.

0227 중

저장 매체의 저장 용량을 나타낼 때 다음 표와 같은 단위를 사용한다. 용량이 $16\,\text{GB}$인 메모리 카드에 용량이 $8\,\text{MB}$인 사진을 최대 몇 장까지 저장할 수 있는가?

단위	용량
KB (킬로바이트)	$2^{10}\,\text{B}$
MB (메가바이트)	$2^{20}\,\text{B}$
GB (기가바이트)	$2^{30}\,\text{B}$

① 2^7장 　　　② 2^9장 　　　③ 2^{11}장
④ 2^{13}장 　　　⑤ 2^{15}장

유형 10 단항식의 곱셈

① 계수는 계수끼리, 문자는 문자끼리 곱한다.
② 같은 문자끼리의 곱셈은 지수법칙을 이용하여 간단히 한다.

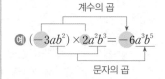

0228 대표문제

$(4x^5y)^3 \times \left(-\dfrac{3}{4}xy^3\right)^2 \times (-x^2y)^4$을 계산하면?

① $-36x^{25}y^{13}$ 　　　② $-27x^{23}y^{13}$ 　　　③ $16x^{25}y^{11}$
④ $27x^{23}y^{13}$ 　　　⑤ $36x^{25}y^{13}$

0229 하

$(-3a^2b)^3 \times \left(\dfrac{2}{3}b\right)^2$을 계산하면?

① $-12a^5b^6$ 　　　② $-12a^6b^5$ 　　　③ $-6a^5b^6$
④ $6a^6b^5$ 　　　⑤ $12a^6b^5$

0230 중 서술형

$9x^4y^2 \times (-2xy^2)^3 \times \left(-\dfrac{1}{6}x^2y^2\right)^2 = ax^by^c$일 때, 상수 a, b, c에 대하여 $a+b-c$의 값을 구하시오.

0231 상중

$(-5xy^3)^A \times x^5y^B = Cx^7y^9$일 때, 자연수 A, B, C에 대하여 $A+B+C$의 값을 구하시오.

유형 11 단항식의 나눗셈

방법① 분수의 꼴로 바꾸어 계산한다. ➡ $A \div B = \dfrac{A}{B}$

방법② 나눗셈을 곱셈으로 바꾸어 계산한다.

➡ $A \div B = A \times \dfrac{1}{B} = \dfrac{A}{B}$

0232 대표문제

$12x^8y^3 \div (-2x^3y^2)^2 \div \left(-\dfrac{1}{5}x^2y^4\right)$을 계산하면?

① $-\dfrac{15}{y^5}$ ② $-\dfrac{5}{xy^5}$ ③ $-\dfrac{3x}{5y^5}$

④ $\dfrac{5}{xy^5}$ ⑤ $\dfrac{15}{y^5}$

0233 하

$(-32a^7b^5) \div \left(-\dfrac{2a}{b}\right)^3$을 계산하시오.

0234 중

$(-x^2y^3)^5 \div \left(-\dfrac{2}{3}x^3y\right)^2 \div \dfrac{3}{8}y^4 = ax^by^c$일 때, 상수 a, b, c에 대하여 $a - b + c$의 값을 구하시오.

0235 상중 서술형

$(4x^2y^a)^b \div (2x^cy^3)^3 = \dfrac{2}{x^8y^3}$일 때, 자연수 a, b, c에 대하여 $a + bc$의 값을 구하시오.

유형 12 단항식의 곱셈과 나눗셈의 혼합 계산

❶ 지수법칙을 이용하여 괄호를 푼다.

❷ 나눗셈은 곱셈으로 바꾼다.

❸ 계수는 계수끼리, 문자는 문자끼리 계산한다.

0236 대표문제

$(-ab^2)^3 \times \left(-\dfrac{a}{b^2}\right)^2 \div (-a^2b)$를 계산하면?

① $-a^2b^3$ ② $-a^3b$ ③ $-\dfrac{a^3}{b^2}$

④ $\dfrac{a^3}{b^2}$ ⑤ a^3b

0237 중

다음 중 옳지 <u>않은</u> 것은?

① $2a \times (-3b^2)^2 = 18ab^4$

② $(-16ab) \div 2b^2 = -\dfrac{8a}{b}$

③ $6x^3y^3 \div (-2x^2y)^2 \times 8x^2y = 12xy^2$

④ $x^2y^5 \times (-3x)^3 \div 9x^3y^2 = -3x^2y^3$

⑤ $(-3x^2) \div \left(-\dfrac{1}{4}x^2\right)^2 \times x^5 = -48x^2$

0238 상중

$(-2x^3y)^A \div 4x^By \times 2x^5y^2 = Cx^2y^3$일 때, 자연수 A, B, C에 대하여 ABC의 값은?

① 24 ② 28 ③ 32

④ 36 ⑤ 40

유형 13 □ 안에 알맞은 식 구하기

(1) $A \times \square \div B = C \Rightarrow \square = \dfrac{1}{A} \times B \times C$

(2) $A \div \square \times B = C \Rightarrow \square = A \times B \times \dfrac{1}{C}$

0239 대표문제

$(-8x^3 y)^2 \div (4x^2 y)^2 \times \boxed{} = -20x^3 y^2$일 때, □ 안에 알맞은 식은?

① $-10x^2 y$ ② $-5x^2 y$ ③ $-5xy^2$

④ $5xy^2$ ⑤ $10xy^2$

0240 중

$9x^4 y^2 \times (-2xy^2)^3 \div \boxed{} = 12x^2 y$일 때, □ 안에 알맞은 식을 구하시오.

0241 중

어떤 식에 $-\dfrac{7y}{x^2}$를 곱했더니 $14x^3 y^4$이 되었다. 이때 어떤 식을 구하시오.

0242 중

$\left(-\dfrac{1}{2}x^2 y^3\right)^3 \div \boxed{} \div \left(-\dfrac{1}{3}x^2 y^3\right)^2 = -x^2 y$일 때, □ 안에 알맞은 식을 구하시오.

유형 14 단항식의 곱셈과 나눗셈의 활용

다음 공식을 이용하여 식을 세운다.

(1) (기둥의 부피) = (밑넓이) × (높이)

(2) (뿔의 부피) = $\dfrac{1}{3}$ × (밑넓이) × (높이)

(3) (구의 부피) = $\dfrac{4}{3}\pi$ × (반지름의 길이)^3

0243 대표문제

오른쪽 그림과 같이 밑면인 원의 반지름의 길이가 $2xy^5$, 높이가 $\dfrac{6x^3}{y}$인 원기둥의 부피를 구하시오.

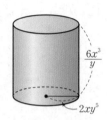

0244 중하

밑변의 길이가 $4a^2 b$이고 높이가 $3ab$인 삼각형의 넓이는?

① $3a^2 b$ ② $a^3 b^2$ ③ $4a^3 b^2$

④ $6a^3 b^2$ ⑤ $12a^3 b^3$

0245 중

오른쪽 그림과 같이 가로의 길이가 $5ab$이고 넓이가 $20a^3 b^2$인 직사각형의 세로의 길이를 구하시오.

0246 중 서술형

오른쪽 그림과 같이 밑면인 원의 지름의 길이가 $6a$인 원뿔의 부피가 $24\pi a^3$일 때, 이 원뿔의 높이를 구하시오.

유형UP 15 지수법칙의 응용 (3)

밑은 같고 지수가 다른 덧셈은 지수법칙과 분배법칙을 이용하여 식을 간단히 변형할 수 있다.

예 $5^{x+1}+5^x=5^x\times5+5^x=(5+1)\times5^x=6\times5^x$

0247 대표문제

$3^{x+2}+3^{x+1}+3^x=351$일 때, 자연수 x의 값은?

① 1   ② 2   ③ 3

④ 4   ⑤ 5

0248 상중

$2^{x+1}+2^x=192$일 때, 자연수 x의 값은?

① 3   ② 4   ③ 5

④ 6   ⑤ 7

0249 상

다음을 만족시키는 자연수 x의 값을 구하시오. (단, $x>1$)

$$7^{x+1}+7^x+7^{x-1}=20^2-1$$

유형UP 16 일의 자리의 숫자 구하기

지수법칙을 이용하여 주어진 수를 a^n의 꼴로 나타낸 후 a의 거듭제곱의 일의 자리의 숫자의 규칙을 찾는다.

0250 대표문제

$3^{20}\times9^{20}$의 일의 자리의 숫자는?

① 1   ② 3   ③ 5

④ 7   ⑤ 9

0251 상중 서술형

$(7^3)^5\times49^8$의 일의 자리의 숫자를 구하시오.

0252 상

$\dfrac{4^{29}+2^{58}}{16^3+8^4}$의 일의 자리의 숫자를 구하시오.

0253

$3^x \times 27 = 3^{10}$일 때, 자연수 x의 값은?

① 4 ② 5 ③ 6

④ 7 ⑤ 8

0254

$A = 2^{24}$, $B = 3^{18}$, $C = 5^{12}$일 때, 다음 중 A, B, C의 대소 관계로 옳은 것은?

① $A < B < C$ ② $A < C < B$

③ $B < A < C$ ④ $B < C < A$

⑤ $C < A < B$

0255 중요

다음 중 옳지 <u>않은</u> 것은?

① $x^8 \div x^2 = x^6$ ② $x^{11} \div x^4 \div x^7 = 1$

③ $x^5 \div (x^2)^4 = \dfrac{1}{x^3}$ ④ $(x^3)^3 \div x = x^8$

⑤ $(x^3)^4 \div (x^2)^3 = x^2$

0256

다음 두 식을 만족시키는 자연수 m, n에 대하여 mn의 값을 구하시오.

$$(a^4)^2 \times (a^2)^m = a^{20}, \quad (b^n)^4 \div b^5 = b^3$$

0257 중요

다음 중 □ 안에 알맞은 수가 나머지 넷과 <u>다른</u> 하나는?

① $a^{\square} \times a^4 = a^7$ ② $(a^6)^{\square} = a^{18}$

③ $a^9 \div a^{\square} = a^3$ ④ $(ab^2)^{\square} = a^3 b^6$

⑤ $\left(\dfrac{a^{\square}}{b}\right)^4 = \dfrac{a^{12}}{b^4}$

0258

$48^4 = (2^x \times 3)^4 = 2^y \times 3^4$일 때, 자연수 x, y에 대하여 $x + y$의 값은?

① 8 ② 12 ③ 16

④ 20 ⑤ 24

정답 및 풀이 17쪽

0259

$\left(\dfrac{2y^a z}{x^3}\right)^5 = \dfrac{cy^{10}z^5}{x^b}$일 때, 자연수 a, b, c에 대하여 $a+b-c$의 값은?

① -15 ② -10 ③ -5
④ 10 ⑤ 15

0260

$9^5 + 9^5 + 9^5 = 3^x$, $2^3 \times 2^3 \times 2^3 = 2^y$, $\{(5^2)^3\}^4 = 5^z$일 때, 자연수 x, y, z에 대하여 $x-y+z$의 값을 구하시오.

0261 중요

$a = 2^{x-1}$일 때, 8^x을 a를 사용하여 나타내면?

① $4a^2$ ② $4a^3$ ③ $8a^2$
④ $8a^3$ ⑤ $16a^4$

0262 중요

$\dfrac{2^6 \times 15^{13}}{45^6}$이 n자리 자연수일 때, n의 값은?

① 6 ② 7 ③ 8
④ 9 ⑤ 10

0263

어떤 박테리아는 30분마다 그 수가 2배씩 증가한다. 이 박테리아 4마리가 5시간 후에 2^n마리가 될 때, 자연수 n의 값을 구하시오.

0264

$\left(\dfrac{1}{4}x^2 y\right)^2 \times \left(-\dfrac{2y^2}{x}\right)^3 = ax^b y^c$일 때, 상수 a, b, c에 대하여 abc의 값은?

① -8 ② -4 ③ -2
④ 2 ⑤ 4

0265

$64x^{10}y^4 \div (-3xy)^2 \div \left(-\dfrac{4}{3}x^2y\right)^3$을 계산하면?

① $-\dfrac{3x^2}{y}$ ② $-\dfrac{x^2}{3y}$ ③ $-\dfrac{x^2}{y}$

④ $\dfrac{3x^2}{y}$ ⑤ $\dfrac{x^2}{3y}$

0266 중요

다음 중 옳지 <u>않은</u> 것은?

① $8x^2 \times (-3x^3) \div 6x^4 = -4x$

② $(-4x^5) \div 2x^4 \times 3x^3 = -6x^4$

③ $(-2x^3y)^3 \div 4x^2y^3 \div \left(-\dfrac{x^2}{y}\right)^2 = -2x^2y^2$

④ $(-4a^2b)^2 \times \left(-\dfrac{5}{2}ab^4\right) \div (-2ab)^3 = 5a^2b^3$

⑤ $\left(\dfrac{1}{2}x^2y\right)^3 \times 8xy^2 \div 6x^4y^3 = \dfrac{1}{6}x^3y^2$

0267

$\boxed{} \div (-5x^3y^4) \times (-2xy)^2 = \dfrac{8x}{y}$일 때, □ 안에 알맞은 식은?

① $-10xy$ ② $-10x^2y$ ③ $-5x^2y$
④ $5x^2y$ ⑤ $10x^3y^2$

0268

다음 계산 과정을 만족시키는 식 A, B, C를 구하시오.

$$\boxed{A} \xrightarrow{\div(-4x^4y^2)} \boxed{B} \xrightarrow{\times(-2x^2y)^3} \boxed{C} \xrightarrow{\div 6x^3y^2} \boxed{-x}$$

0269

어떤 식에 $-\dfrac{2}{3}a^2b$를 곱해야 하는데 잘못하여 나누었더니 $9a^4b^3$이 되었다. 이때 바르게 계산한 식을 구하시오.

0270 중요

오른쪽 그림과 같이 밑면은 한 변의 길이가 $2a^2b$인 정사각형이고, 부피가 $8a^5b^3$인 정사각뿔이 있다. 이 정사각뿔의 높이를 구하시오.

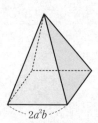

$2a^2b$

0271

$2^{x+2} + 2^{x+1} + 2^x = 224$일 때, 자연수 x의 값은?

① 3 ② 4 ③ 5
④ 6 ⑤ 7

서술형 주관식

0272

다음 조건을 만족시키는 자연수 x, y에 대하여 $y-x$의 값을 구하시오.

(가) $49^x \times 7^{2x-1} = 7^{15}$

(나) $2^{15} \times 5^{13}$은 y자리 자연수이다.

0273

$(-3x^3y^2)^A \div 6x^By \times 8x^5y^3 = Cx^2y^8$일 때, $\dfrac{AB}{C}$의 값을 구하시오. (단, A, B는 자연수, C는 정수이다.)

0274

다음 그림과 같이 반지름의 길이가 $2ab$인 구와 밑면의 반지름의 길이가 $2a$이고 높이가 ab^3인 원뿔이 있다. 이때 구의 부피는 원뿔의 부피의 몇 배인지 구하시오.

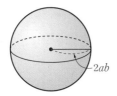

실력 UP

0275

$(x^ay^bz^c)^d = x^{30}y^{12}z^{24}$을 만족시키는 가장 큰 자연수 d에 대하여 $a+b-c-d$의 값을 구하시오.
(단, a, b, c는 자연수이다.)

0276

$\dfrac{5^5+5^5+5^5+5^5}{4^5+4^5+4^5} \times \dfrac{2^5+2^5+2^5}{3^5+3^5+3^5+3^5} = \left(\dfrac{a}{b}\right)^m$일 때, $m-a+b$의 값을 구하시오.
(단, $m \ne 1$인 자연수이고, a, b는 서로소인 자연수이다.)

0277

$<12>=2$, $<5\times7>=5$, $<6+7>=3$과 같이 자연수 A의 일의 자리의 숫자를 $<A>$라 하자. 이때 $<(3^7)^{10} \times 81^5>$의 값을 구하시오.

03 다항식의 계산

03-1 다항식의 덧셈과 뺄셈

(1) **다항식의 덧셈과 뺄셈**: 괄호를 풀고 동류항끼리 모아서 계산한다.

(2) **이차식**: 다항식의 각 항의 차수 중 가장 큰 차수가 2인 다항식

　예 x^2-4x+1, $-3x^2+x$ ➡ x에 대한 이차식

(3) **이차식의 덧셈과 뺄셈**: 괄호를 풀고 동류항끼리 모아서 계산한다.

참고 여러 가지 괄호가 있는 식은 (소괄호) → {중괄호} → [대괄호]의 순서로 괄호를 풀어서 계산한다.

개념플러스 ∅

괄호 푸는 방법
① 괄호 앞에 +가 있으면
　➡ 괄호 안의 각 항의 부호를 그대로
② 괄호 앞에 −가 있으면
　➡ 괄호 안의 각 항의 부호를 반대로

03-2 (단항식) × (다항식)의 계산

(1) **(단항식) × (다항식), (다항식) × (단항식)의 계산**
분배법칙을 이용하여 단항식을 다항식의 각 항에 곱한다.

(2) **전개와 전개식**

　① **전개**: 단항식과 다항식의 곱을 하나의 다항식으로 나타내는 것

　② **전개식**: 전개하여 얻은 다항식

　예 $3x(x+2y+4) = \underbrace{3x \times x + 3x \times 2y + 3x \times 4}_{전개} = \underbrace{3x^2+6xy+12x}_{전개식}$

03-3 (다항식) ÷ (단항식)의 계산

방법① 분수의 꼴로 바꾸어 분자의 각 항을 분모로 나눈다.

　➡ $(A+B) \div C = \dfrac{A+B}{C} = \dfrac{A}{C} + \dfrac{B}{C}$

방법② 나눗셈을 곱셈으로 바꾼 후 전개한다.

　➡ $(A+B) \div C = (A+B) \times \dfrac{1}{C} = A \times \dfrac{1}{C} + B \times \dfrac{1}{C}$

예 **방법①** $(4a^2+2a) \div a = \dfrac{4a^2+2a}{a} = \dfrac{4a^2}{a} + \dfrac{2a}{a} = 4a+2$

　　방법② $(4a^2+2a) \div a = (4a^2+2a) \times \dfrac{1}{a} = 4a^2 \times \dfrac{1}{a} + 2a \times \dfrac{1}{a} = 4a+2$

참고 덧셈, 뺄셈, 곱셈, 나눗셈이 혼합된 식은 다음과 같은 순서로 계산한다.

❶ 지수법칙을 이용하여 거듭제곱을 먼저 계산한다.

❷ 곱셈, 나눗셈을 계산한다.

❸ 동류항끼리 모아서 덧셈, 뺄셈을 계산한다.

나누는 식이 분수의 꼴일 때,
방법②를 이용하는 것이 편리하다.

예 $(3x^2+9x) \div \dfrac{3}{2}x$

$= (3x^2+9x) \times \dfrac{2}{3x}$

$= 2x+6$

03-4 식의 대입

식의 대입: 주어진 식의 문자 대신 그 문자를 나타내는 다른 식을 대입하는 것

　예 $b=a+2$일 때, $2a-b$를 a에 대한 식으로 나타내면

　　$2a-b = 2a-(a+2) = 2a-a-2 = a-2$

다항식을 대입할 때에는 괄호를 사용한다.

정답 및 풀이 20쪽

교과서문제 정복하기

03-1 다항식의 덧셈과 뺄셈

[0278~0281] 다음 식을 계산하시오.

0278 $(a+3b)+(3a-4b)$

0279 $(2x-5y+7)-(4x-y-2)$

0280 $\left(a-\dfrac{1}{3}b\right)+\left(\dfrac{1}{3}a+\dfrac{1}{2}b\right)$

0281 $\dfrac{x+y}{2}-\dfrac{3x-2y}{5}$

[0282~0285] 다음 식을 계산하시오.

0282 $(-3a^2+2a-1)+(a^2-a+7)$

0283 $(x^2-x-5)-(-2x^2+x-1)$

0284 $2(a^2+a)+3(a^2-a-1)$

0285 $(2x^2-3x+7)-2(3x^2-5x+1)$

[0286~0287] 다음 식을 계산하시오.

0286 $5a+\{2b-(3a-b)\}$

0287 $4x^2+x-\{7x^2-(2x^2+5x)\}$

03-2 (단항식)×(다항식)의 계산

[0288~0291] 다음 식을 전개하시오.

0288 $3a(4a-3)$

0289 $-4x(2x-y-3)$

0290 $(x^2-3x+1)\times 5x$

0291 $(2a+4b-6ab)\times\left(-\dfrac{b}{2}\right)$

03-3 (다항식)÷(단항식)의 계산

[0292~0295] 다음 식을 계산하시오.

0292 $(6x^2y+3xy)\div 3xy$

0293 $(21a^2-14ab+35a)\div(-7a)$

0294 $(8x^2-6x)\div\dfrac{2}{3}x$

0295 $(2a^2b+3ab^2-ab)\div\left(-\dfrac{1}{2}ab\right)$

[0296~0299] 다음 식을 계산하시오.

0296 $x(-x+1)+3x(x-4)$

0297 $\dfrac{8x^2+6x}{2x}-\dfrac{15x^2y-9xy}{3xy}$

0298 $\dfrac{x^3y-2x^2y^2}{x}-xy(x-y)$

0299 $2x(x+2y)+(x^3-4x^2y)\div\dfrac{x}{3}$

03-4 식의 대입

[0300~0301] $y=x-3$일 때, 다음 식을 x에 대한 식으로 나타내시오.

0300 $2x+3y$

0301 $x-4y-7$

[0302~0303] $A=x+2y$, $B=4x-y$일 때, 다음 식을 x, y에 대한 식으로 나타내시오.

0302 $-A+2B$

0303 $4A-3B$

유형 익히기

유형 01 다항식의 덧셈과 뺄셈

괄호를 풀고 동류항끼리 모아서 계산한다.
이때 뺄셈은 빼는 식의 각 항의 부호를 바꾸어 더한다.

0304 대표문제

$\left(\dfrac{1}{2}x - \dfrac{2}{3}y\right) - \left(\dfrac{3}{4}x - \dfrac{1}{6}y\right) = ax + by$일 때, 상수 a, b에 대하여 $b \div a$의 값을 구하시오.

0305 중하

$-2(3a - b + 3) + 3(2a - 3b + 4)$를 계산하면?

① $-7b - 6$ 　　　　② $-7b + 6$
③ $7b + 6$ 　　　　④ $-12a - 7b + 6$
⑤ $12a + 7b - 6$

0306 중하

$(x - 4y - 5) - 3(-3x + 4y + 1)$을 계산했을 때, x의 계수와 y의 계수의 합을 구하시오.

0307 중

$\dfrac{5x - 3y}{3} - \dfrac{x - 2y}{2} + x$를 계산하시오.

중요 유형 02 이차식의 덧셈과 뺄셈

(1) 이차식: 다항식의 각 항의 차수 중 가장 큰 차수가 2인 다항식
(2) 이차식의 덧셈과 뺄셈: 괄호를 풀고 동류항끼리 모아서 계산한다.

0308 대표문제

$(x^2 - 6x + 5) - (-4x^2 - x + 7)$을 계산했을 때, x^2의 계수와 상수항의 합은?

① -5 　　　　② -2 　　　　③ 3
④ 5 　　　　⑤ 7

0309 하

다음 중 이차식인 것을 모두 고르면? (정답 2개)

① $-4x^2 + 2x$ 　　　　② $5x - 4y + 1$
③ $\dfrac{1}{x^2} - 3$ 　　　　④ $x^2 + 7x - x^2$
⑤ $(x^2 + 2x) - (x + 1)$

0310 중하

$-5(2x^2 - x - 4) + 4(3x^2 + 2x - 6)$을 계산하시오.

0311 중 서술형

$(x^2 + x - 3) - 2\left(\dfrac{5}{2}x^2 - \dfrac{7}{2}x + 1\right) = ax^2 + bx + c$일 때, 상수 a, b, c에 대하여 $a + b + c$의 값을 구하시오.

⏵ 정답 및 풀이 21쪽

개념원리 중학 수학 2–1 63쪽

유형 03 괄호가 여러 개인 다항식의 덧셈과 뺄셈

(소괄호) ➡ {중괄호} ➡ [대괄호]의 순서로 괄호를 풀어서 계산한다.

예 $2x+y-\{x-(2x-y)\}=2x+y-(x-2x+y)$
$\qquad\qquad\qquad\quad =2x+y-(-x+y)$
$\qquad\qquad\qquad\quad =2x+y+x-y$
$\qquad\qquad\qquad\quad =3x$

0312 대표문제

$3x-[2y-x-\{4y-5(x+2y)\}-6]$을 계산하면?

① $-x-8y+6$ ② $-x+8y-6$
③ $3x-8y+6$ ④ $3x+8y-6$
⑤ $4x-8y+6$

0313 중하

$a+4b-\{6a-(a-b)\}$를 계산하시오.

0314 중

$7x-[2x-y-\{x+3y-(5x-4y)\}]=ax+by$일 때, 상수 a, b에 대하여 $a-b$의 값을 구하시오.

0315 중

다음 식을 계산하면?

$$5x^2-[x-2x^2-\{2x-3x^2+(-4x+2x^2)\}]$$

① x^2-2x ② $5x^2$ ③ $6x^2-3x$
④ $7x^2$ ⑤ $7x^2+3x$

개념원리 중학 수학 2–1 63쪽

유형 04 어떤 식 구하기

(1) $\square-A=B$ ➡ $\square=B+A$
(2) $\square+A=B$ ➡ $\square=B-A$

0316 대표문제

어떤 식에 $2x^2-x+7$을 더했더니 $-x^2+4x-2$가 되었다. 이때 어떤 식을 구하시오.

0317 중하

$\square-(5x+2y-3)=-3x-8y+4$일 때, $\square$ 안에 알맞은 식을 구하시오.

0318 중 서술형

$-a^2+2a-3$에 어떤 식 A를 더하면 a^2+4a-1이고, $3a^2+6a-5$에서 어떤 식 B를 빼면 $10a^2-a+3$이다. 이때 $A+B$를 계산하시오.

0319 상중

$x-[6x+3y-\{2x+3y-(y-\square)\}]=x+3y$일 때, $\square$ 안에 알맞은 식을 구하시오.

유형 05 바르게 계산한 식 구하기

❶ 어떤 식을 A라 하고 식을 세운다.
❷ A를 구한다.
❸ 바르게 계산한 식을 구한다.

0320 대표문제

어떤 식에 $3x^2-5x+1$을 더해야 할 것을 잘못하여 뺐더니 $6x^2+x-2$가 되었다. 이때 바르게 계산한 식은?

① $6x^2-9x+1$
② $9x^2-9x-2$
③ $9x^2-x+2$
④ $12x^2-9x$
⑤ $12x^2+8x-2$

0321 중

어떤 식에서 $-x+7y-3$을 빼야 할 것을 잘못하여 더했더니 $-5x-2y+1$이 되었다. 다음 물음에 답하시오.

(1) 어떤 식을 구하시오.
(2) 바르게 계산한 식을 구하시오.

0322 중 서술형

$4x^2-3x+6$에 어떤 식을 더해야 할 것을 잘못하여 뺐더니 $-2x^2+x-3$이 되었다. 바르게 계산한 식이 ax^2+bx+c일 때, 상수 a, b, c에 대하여 $a-b-c$의 값을 구하시오.

유형 06 (단항식)×(다항식)

분배법칙을 이용하여 단항식을 다항식의 각 항에 곱한다.

(1) $A(B+C)=AB+AC$

(2) $(A+B)C=AC+BC$

0323 대표문제

$-5xy(x-2y+4)$를 전개하면?

① $-5x^2y-10xy^2+20xy$
② $-5x^2y+10xy^2-20xy$
③ $-5x^2y^2+10xy^2-20xy$
④ $5x^2y-10xy^2+20xy$
⑤ $5x^2y^2+10xy^2-20xy$

0324 중

다음 중 옳지 않은 것은?

① $2x(x-5)=2x^2-10x$
② $3y(2x+7y)=6xy+21y^2$
③ $-xy(3x-y+2)=-3x^2y+xy^2-2xy$
④ $(6x-8y)\times\dfrac{1}{2}x=3x^2-4xy$
⑤ $(-x+4y-9)\times(-x^2)=-x^3-4x^2y+9x^2$

0325 중

$(21x^2+14x-35)\times\left(-\dfrac{2}{7}x\right)=ax^3+bx^2+cx$일 때, 상수 a, b, c에 대하여 $a+b-c$의 값을 구하시오.

▶ 정답 및 풀이 22쪽

유형 07 (다항식)÷(단항식)

방법 ① $(A+B)\div C=\dfrac{A+B}{C}=\dfrac{A}{C}+\dfrac{B}{C}$

분수의 꼴로 바꾼다.

방법 ② $(A+B)\div C=(A+B)\times\dfrac{1}{C}=A\times\dfrac{1}{C}+B\times\dfrac{1}{C}$

나눗셈을 곱셈으로 바꾼다.

0326 대표문제

$(6x^2y+12xy^2-8y^2)\div\dfrac{2}{3}y$를 계산하면?

① $4x^2-8xy^2+6y$ ② $4x^2y^2+8xy^3-6y^3$

③ $9x^2-18xy+12y$ ④ $9x^2+18xy-12y$

⑤ $9x^2y^2+18xy^2-12y^3$

0327 하

$(-12a^3+30a^2b)\div(-6a^2)$을 계산하시오.

0328 중

$\boxed{}\div\dfrac{3}{4}y=8x^2y^2+16x-36y$일 때, □ 안에 알맞은 식은?

① $3x^3y^2+12xy-y^2$ ② $3x^3y^3-12x^2y+27y$

③ $6x^2y^2+xy-3$ ④ $6x^2y^3-12x+25y^2$

⑤ $6x^2y^3+12xy-27y^2$

0329 중 서술형

$A=(16x^2-12xy)\div 4x$,

$B=(20x^2y-15xy^2)\div\left(-\dfrac{5}{4}xy\right)$일 때, $A+B$를 계산하시오.

중요

유형 08 덧셈, 뺄셈, 곱셈, 나눗셈이 혼합된 식의 계산

거듭제곱 → 곱셈, 나눗셈 → 덧셈, 뺄셈의 순서로 계산한다.

예 $(a+3b)\times a-(3a^2b^2-2a^3b)\div ab$

$=(a+3b)\times a-\dfrac{3a^2b^2-2a^3b}{ab}$

$=a^2+3ab-(3ab-2a^2)$

$=3a^2$

0330 대표문제

$2x(3x+7)-(27x^3-36x^2)\div(-9x)$를 계산하면?

① $3x^2-10x$ ② $3x^2+10x$ ③ $6x^2+18x$

④ $9x^2-10x$ ⑤ $9x^2+10x$

0331 중하

$a(2a-b)+3a(-a+4b)$를 계산하시오.

0332 중

$\dfrac{16x^2y-2xy^2}{4xy}-\dfrac{3xy-8x^2}{2x}$을 계산하면?

① $-8x+2y$ ② $-2y$ ③ $2y$

④ $8x-2y$ ⑤ $8x+2y$

0333 중

$\dfrac{2}{3}x(9x-3y)-\left(\dfrac{2}{3}x^2y-6xy\right)\div\dfrac{2}{3}x$를 계산했을 때, x^2의 계수를 a, xy의 계수를 b라 하자. 이때 ab의 값을 구하시오.

03

다항식의 계산

유형 09 **단항식과 다항식의 곱셈과 나눗셈의 활용**

다음 공식을 이용하여 식을 세운다.

(1) (기둥의 부피) = (밑넓이) × (높이)

(2) (뿔의 부피) = $\frac{1}{3}$ × (밑넓이) × (높이)

(3) (사다리꼴의 넓이)

= $\frac{1}{2}$ × {(윗변의 길이) + (아랫변의 길이)} × (높이)

0334 대표문제

오른쪽 그림과 같이 밑면의 가로의 길이가 $2a$, 세로의 길이가 $3b$인 직육면체의 부피가 $24a^2b - 6ab^3$일 때, 이 직육면체의 높이는?

① $a^2 - \dfrac{b}{6}$ ② $4a$

③ $4a - b^2$ ④ $4a^2 - b$

⑤ $6a^2 - b$

0335 종하

오른쪽 그림과 같이 윗변의 길이가 $a+b$, 아랫변의 길이가 $5b$, 높이가 $2ab$인 사다리꼴의 넓이를 구하시오.

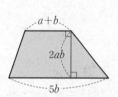

0336 종

오른쪽 그림과 같이 가로의 길이가 $4a$, 세로의 길이가 $3b$인 직사각형에서 색칠한 부분의 넓이는?

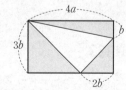

① $4a + 4b$ ② $ab - b^2$

③ $ab + b^2$ ④ $8ab - b^2$

⑤ $8ab + b^2$

0337 종

오른쪽 그림과 같이 밑면인 원의 반지름의 길이가 $3a$인 원뿔의 부피가 $24\pi a^3 b^3 - 18\pi a^2 b$일 때, 이 원뿔의 높이는?

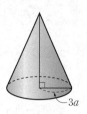

① $ab - 8$ ② $ab + b^3$

③ $a^2 b^2 - 4b$ ④ $8ab^3 - 6b$

⑤ $8a^3 b + b$

0338 종

오른쪽 그림과 같이 직사각형 모양의 꽃밭에 폭이 x로 일정한 길을 만들었다. 이때 남아 있는 꽃밭의 넓이는?

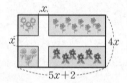

① $12x^2 + 3x$ ② $12x^2 + 6x$

③ $12x^2 + 6x + 2$ ④ $20x^2 + 6x$

⑤ $20x^2 + 6x + 2$

0339 상중 서술형

다음 그림과 같이 삼각기둥 모양의 그릇에 가득 들어 있는 물을 직육면체 모양의 그릇으로 옮기려고 한다. 직육면체 모양의 그릇에 물을 옮겼을 때, 물의 높이를 구하시오.
(단, 직육면체의 부피는 삼각기둥의 부피보다 크고 그릇의 두께는 생각하지 않는다.)

유형 10 식의 값 (1)

❶ 주어진 식을 계산한다.

❷ ❶의 식에 문자 대신 수를 대입하여 식의 값을 구한다.
이때 음수를 대입하는 경우 반드시 괄호를 사용한다.

0340 [대표문제]

$x=-1$, $y=2$일 때, $\dfrac{6x^2y-3xy^2}{3xy}-\dfrac{15y^2-10xy}{5y}$의 값은?

① -12 ② -8 ③ -4
④ 4 ⑤ 8

0341 [종하]

$x=-3$, $y=-\dfrac{1}{7}$일 때, $(18x^3y-42xy^2)\div6xy$의 값을 구하시오.

0342 [중]

$x=2$, $y=-3$일 때, $xy(x+y)-y(3xy+x^2)$의 값을 구하시오.

0343 [상중]

$x=\dfrac{1}{2}$, $y=-\dfrac{3}{4}$, $z=\dfrac{2}{3}$일 때, $\dfrac{8xy+20yz-12xz}{4xyz}$의 값을 구하시오.

유형 11 식의 대입

❶ 주어진 식을 간단히 한다.

❷ ❶의 식에 대입하는 식을 괄호를 사용하여 대입한다.

❸ 동류항끼리 모아서 계산한다.

0344 [대표문제]

$A=3x-4y$, $B=-x+2y$일 때,
$$-4A+2B-(B-2A)$$
를 x, y에 대한 식으로 나타내면?

① $-8x+6y$ ② $-7x+10y$ ③ $-6x+8y$
④ $6x+10y$ ⑤ $7x+8y$

0345 [종하]

$A=x-y$, $B=2x+y$일 때, $\dfrac{A}{3}+\dfrac{B}{2}$를 x, y에 대한 식으로 나타내시오.

0346 [중] [서술형]

$A=\dfrac{3x+y}{5}$, $B=\dfrac{x-2y}{7}$일 때, $3(3A-B)-4(A+B)$를 x, y에 대한 식으로 나타내시오.

0347 [중]

$A=-x+1$, $B=3x^2-1$, $C=x^2-4x+1$일 때, $5A+2\{B-(2A+C)\}$를 x에 대한 식으로 나타내면?

① $2x^2-6x-3$ ② $3x^2+6x+3$
③ $4x^2-3x-2$ ④ $4x^2+7x-3$
⑤ $5x^2+7x+3$

유형UP 12 규칙 찾기

주어진 규칙을 이용하여 빈칸에 알맞은 식을 구한다.

0348 대표문제

다음 표에서 가로, 세로에 있는 세 다항식의 합이 모두 같을 때, 다항식 ㈎를 구하시오.

a^2-3	$-a+5$	
$2a^2-a$	㈎	
$-a+1$		a^2+3a-2

0349 상중

다음은 오른쪽 그림과 같이 이웃한 두 칸의 식을 더하여 얻은 결과를 위의 칸에 쓴 것이다. 이때 $2A-B$를 계산하시오.

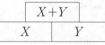

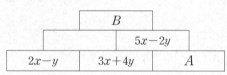

0350 상중

다음 그림을 전개도로 하는 직육면체에서 마주 보는 면에 적힌 두 다항식의 합이 모두 같을 때, 다항식 A를 구하시오.

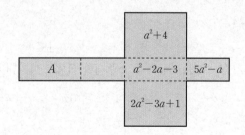

유형UP 13 식의 값 (2)

❶ 지수법칙을 이용하여 조건을 만족시키는 미지수의 값을 구한다.
❷ 주어진 식을 계산한다.
❸ ❷의 식에 ❶에서 구한 값을 대입한다.

0351 대표문제

$(-3x^a)^b=-27x^{12}$일 때, 다음 식의 값은? (단, a, b는 자연수이다.)

$$4a-[-a+2b-\{3a-(5a-b)\}]$$

① 7　② 9　③ 11
④ 13　⑤ 15

0352 상중

$(5x^a)^b=25x^6$일 때,
$(20a^3b^2-32a^2b^3)\div(-2ab)^2\times ab$
의 값을 구하시오. (단, a, b는 자연수이다.)

0353 상중

$(-2x^a)^3=bx^{15}$일 때, 다음 식의 값을 구하시오. (단, a는 자연수, b는 정수이다.)

$$(5ab-2a^2)\times\frac{3}{a}-(2ab-3b^2)\div\left(-\frac{1}{2}b\right)$$

시험에 꼭 나오는 문제

0354

$2(4x+3y-1)-3(-x+2y-2)$를 계산하면?

① $-11x+4$ 　　　 ② $-11x+6y-4$

③ $11x-6y+4$ 　　 ④ $11x+4$

⑤ $11x+12y-4$

0355

$\dfrac{2x^2-x}{3}-\dfrac{x^2+3x}{2}=ax^2+bx$일 때, 상수 a, b에 대하여 $a-b$의 값은?

① -2 　　　 ② $-\dfrac{5}{3}$ 　　　 ③ 1

④ $\dfrac{5}{3}$ 　　　 ⑤ 2

0356 중요

$3x^2+2-[2x^2+x-\{3x-(-x+5)\}]$를 계산하였을 때, x^2의 계수와 상수항의 곱을 구하시오.

0357

$-a+3b$의 2배에서 어떤 식 A를 빼면 $-8a+9b$가 된다고 한다. 이때 어떤 식 A를 구하시오.

0358 중요

$-x^2+5x+3$에서 어떤 식을 빼야 할 것을 잘못하여 더했더니 $2x^2-x-7$이 되었다. 이때 바르게 계산한 식은?

① $-4x^2-11x-7$ 　　 ② $-4x^2+11x+13$

③ $-2x^2+13x+10$ 　　 ④ $2x^2-13x-7$

⑤ $2x^2+11x+13$

0359

다음 중 옳은 것을 모두 고르면? (정답 2개)

① $3x(x+1)=3x^2+1$

② $x(-2x+y+1)=-2x^2+xy+1$

③ $-5xy(x-y^2)=-5x^2y+5xy^3$

④ $xy(2x+3y)=2x^2y+3xy^2$

⑤ $-y(x^2-2y+2)=x^2y-2y^2+2y$

0360

$(3a^2b+4a^2b^3-2ab) \div \boxed{} = \frac{1}{2}ab$일 때, $\boxed{}$ 안에 알맞은 식을 구하시오.

0361 중요

$\frac{1}{2}x(x+1)-\frac{2}{3}x(6x-9)-(-7x^2+x-1)$을 계산하면 Ax^2+Bx+C일 때, 상수 A, B, C에 대하여 $A+B-C$의 값은?

① -8 ② -4 ③ 4
④ 8 ⑤ 12

0362

$(10a^2b-8ab^2) \div (-2a)-(ab^2-b^3) \div \frac{1}{3}b$를 계산하면?

① $-8ab+4b^2$ ② $-8ab+7b^2$ ③ $-5ab+7b^2$
④ $5ab+7b^2$ ⑤ $8ab+4b^2$

0363 중요

오른쪽 그림과 같이 밑면인 원의 반지름의 길이가 $2a$인 원기둥의 부피가 $8\pi a^3-12\pi a^2b^2$일 때, 이 원기둥의 높이는?

① $a-2b^2$ ② $a+3b^3$
③ $2a-3b^3$ ④ $2a-3b^2$
⑤ $2a+3b^2$

0364

$A=2x+y$, $B=3x-y$일 때, $2(A-4B)+3A+5B$를 x, y에 대한 식으로 나타내면?

① $-19x-8y$ ② $-x-5y$ ③ $x-8y$
④ $x+8y$ ⑤ $19x+8y$

0365

다음 표에서 가로, 세로, 대각선에 있는 세 다항식의 합이 모두 $12x^2+3x-9$로 같을 때, $A-3B$를 계산하시오.

x^2-2x-6		B
A	$4x^2+x-3$	$2x^2-x-5$

정답 및 풀이 26쪽

서술형 주관식

0366

$2x^2-3x+1-(ax^2-5x+4)$를 계산하면
$4x^2+bx-3$일 때, 상수 a, b에 대하여 $a+b$의 값을 구하시오.

0367

어떤 식을 $-\dfrac{3}{2}ab$로 나누어야 할 것을 잘못하여 곱했더니
$-27a^2b^3+36a^3b^2-18a^2b^2$이 되었다. 이때 바르게 계산한 식을 구하시오.

0368

$x=-3$, $y=\dfrac{1}{6}$일 때,
$\dfrac{1}{3}x(12xy-9y)-(8x^2y^2-6xy^2)\div(-2y)$의 값을 구하시오.

실력 UP

0369

한 변의 길이가 $2x$인 정사각형 모양의 색종이 10장을 다음 그림과 같이 3의 폭만큼 풀로 이어 붙여서 직사각형 모양의 띠를 만들었다. 만들어진 직사각형 모양의 띠의 넓이를 x를 사용한 식으로 나타내시오.

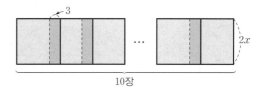

0370

세 다항식 A, B, C에 대하여
$A=\left(-4x^3y+\dfrac{1}{5}x^2y^2\right)\div\dfrac{2}{5}x^2y$, $B=\dfrac{4}{3}\left(6x-\dfrac{3}{4}y\right)$일 때,
$6A-(C-B)=-15x-y+5$를 만족시키는 다항식 C를 구하시오.

0371

$(-2x^a)^b=16x^8$일 때, 다음 식의 값을 구하시오.
(단, a, b는 자연수이다.)

$$\left\{(-10a^3+15a^2b)\div(-5a)+7ab\right\}\div\dfrac{1}{2}a$$

공감 ♥
한 스푼

꽃처럼
활짝 피어라!
길

Ⅲ

일차부등식

04 일차부등식

04-1 부등식

(1) **부등식**: 부등호 $>$, $<$, $\geq$, $\leq$를 사용하여 수 또는 식의 대소 관계를 나타낸 식

> **예** $9>5$, $x+1\leq7$

① 좌변: 부등식에서 부등호의 왼쪽 부분
② 우변: 부등식에서 부등호의 오른쪽 부분
③ 양변: 부등식의 좌변과 우변

$$\underset{\substack{\uparrow \\ \text{좌변}}}{3x-1} > \underset{\substack{\uparrow \\ \text{우변}}}{5}$$
부등식
양변

> **등식**: 등호 $=$를 사용하여 수 또는 식이 같음을 나타낸 식
> **예** $7-3=4$, $x+3=8$

(2) **부등식의 표현**

$a>b$	$a<b$	$a\geq b$	$a\leq b$
a는 b보다 크다.	a는 b보다 작다.	a는 b보다 크거나 같다.	a는 b보다 작거나 같다.
a는 b 초과이다.	a는 b 미만이다.	a는 b보다 작지 않다.	a는 b보다 크지 않다.
		a는 b 이상이다.	a는 b 이하이다.

> $a\geq b$는 '$a>b$ 또는 $a=b$'를 의미하고, $a\leq b$는 '$a<b$ 또는 $a=b$'를 의미한다.

04-2 부등식의 해

(1) **부등식의 해**: 부등식을 참이 되게 하는 미지수의 값
(2) **부등식을 푼다**: 부등식의 해를 모두 구하는 것

> **예** x의 값이 -1, 0, 1일 때, 부등식 $2x+2>1$을 풀어 보자.

x	좌변의 값	대소 비교	우변의 값	참, 거짓
-1	$2\times(-1)+2=0$	$<$	1	거짓
0	$2\times0+2=2$	$>$	1	참
1	$2\times1+2=4$	$>$	1	참

따라서 주어진 부등식의 해는 0, 1이다.

> **부등식의 참, 거짓**
> 부등식에서 미지수에 대입했을 때, 좌변과 우변의 값의 대소 관계가
> ① 주어진 부등호의 방향과 같은 경우 ➡ 참
> ② 주어진 부등호의 방향과 다른 경우 ➡ 거짓

04-3 부등식의 성질

(1) 부등식의 양변에 같은 수를 더하거나 양변에서 같은 수를 빼도 부등호의 방향은 바뀌지 않는다.
> ➡ $a<b$이면　$a+c<b+c$, $a-c<b-c$

(2) 부등식의 양변에 같은 양수를 곱하거나 양변을 같은 양수로 나누어도 부등호의 방향은 바뀌지 않는다.
> ➡ $a<b$, $c>0$이면　$ac<bc$, $\dfrac{a}{c}<\dfrac{b}{c}$

(3) 부등식의 양변에 같은 음수를 곱하거나 양변을 같은 음수로 나누면 부등호의 방향이 바뀐다.
> ➡ $a<b$, $c<0$이면　$ac>bc$, $\dfrac{a}{c}>\dfrac{b}{c}$

> 부등식의 성질은 $<$ 대신 $\leq$, $>$ 대신 $\geq$일 때에도 성립한다.

교과서문제 정복하기

04-1 부등식

[0372~0375] 다음 중 부등식인 것은 ◯, 부등식이 아닌 것은 ×를 ( ) 안에 써넣으시오.

0372 $-3 < 8$ ( )

0373 $5x - y + 7$ ( )

0374 $7 + 2 = 9$ ( )

0375 $4x - 1 \geq x + 5$ ( )

[0376~0380] 다음 문장을 부등식으로 나타내시오.

0376 x에서 5를 빼면 18보다 크다.

0377 x의 2배는 10보다 작거나 같다.

0378 x의 3배에 7을 더하면 25보다 작지 않다.

0379 300원짜리 사탕 3개와 500원짜리 껌 x개의 가격은 5000원 미만이다.

0380 한 개에 x원인 사과 8개를 500원짜리 바구니에 담으면 총가격은 20000원 이상이다.

04-2 부등식의 해

[0381~0384] 다음 부등식 중 $x = -1$이 해인 것은 ◯, 해가 아닌 것은 ×를 ( ) 안에 써넣으시오.

0381 $x + 2 < 0$ ( )

0382 $2x > -3$ ( )

0383 $3x + 4 \geq 1$ ( )

0384 $5 - x \leq 1 - 2x$ ( )

[0385~0386] x의 값이 -1, 0, 1, 2일 때, 다음 부등식을 푸시오.

0385 $4x - 1 > 2$

0386 $6x + 3 < 5$

04-3 부등식의 성질

[0387~0392] $a < b$일 때, 다음 □ 안에 알맞은 부등호를 써넣으시오.

0387 $a + 1 \ \square \ b + 1$

0388 $a - 3 \ \square \ b - 3$

0389 $5a \ \square \ 5b$

0390 $-7a \ \square \ -7b$

0391 $\dfrac{a}{8} \ \square \ \dfrac{b}{8}$

0392 $-\dfrac{a}{4} \ \square \ -\dfrac{b}{4}$

[0393~0397] 다음 □ 안에 알맞은 부등호를 써넣으시오.

0393 $a + 6 > b + 6$이면 $a \ \square \ b$이다.

0394 $a - 5 < b - 5$이면 $a \ \square \ b$이다.

0395 $\dfrac{a}{10} > \dfrac{b}{10}$이면 $a \ \square \ b$이다.

0396 $-2a \leq -2b$이면 $a \ \square \ b$이다.

0397 $-\dfrac{a}{3} \geq -\dfrac{b}{3}$이면 $a \ \square \ b$이다.

04 일차부등식

04-4 일차부등식

일차부등식: 부등식의 모든 항을 좌변으로 이항하여 정리한 식이

(일차식)>0, (일차식)<0, (일차식)≥0, (일차식)≤0

중 어느 하나의 꼴로 나타나는 부등식을 일차부등식이라 한다.

예 ① $3-x<1-2x$에서 $x+2<0$ ➡ 일차부등식이다.

② $5x+3>5x$에서 $3>0$ ➡ 일차부등식이 아니다.

참고 이항할 때, 부등호의 방향은 바뀌지 않는다.

개념플러스 ✏️

> **이항**: 부등식의 어느 한 변에 있는 항을 부호를 바꾸어 다른 변으로 옮기는 것

04-5 일차부등식의 풀이

(1) 일차부등식의 풀이

일차부등식은 다음과 같은 순서로 푼다.

❶ 미지수 x를 포함하는 항은 좌변으로, 상수항은 우변으로 이항한다.

❷ 양변을 정리하여 $ax>b$, $ax<b$, $ax≥b$, $ax≤b$ $(a≠0)$의 꼴로 나타낸다.

❸ 양변을 x의 계수 a로 나누어 $x>$(수), $x<$(수), $x≥$(수), $x≤$(수) 중 어느 하나의 꼴로 나타낸다. 이때 $a<0$이면 부등호의 방향이 바뀐다.

예 일차부등식 $4x-7<x+5$를 풀어 보자.

$4x-7<x+5$ ⎫ x를 좌변으로, -7을 우변으로 이항한다.

$4x-x<5+7$ ⎫ 양변을 정리하여 $ax<b$의 꼴로 나타낸다.

$3x<12$ ⎫ 양변을 x의 계수 3으로 나눈다.

$∴ x<4$

(2) 부등식의 해를 수직선 위에 나타내기

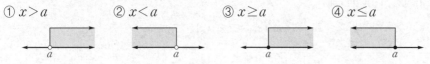

① $x>a$ ② $x<a$ ③ $x≥a$ ④ $x≤a$

> 수직선에서 ●에 대응하는 수는 부등식의 해에 포함되고, ○에 대응하는 수는 부등식의 해에 포함되지 않는다.

04-6 복잡한 일차부등식의 풀이

(1) 괄호가 있는 경우: 분배법칙을 이용하여 괄호를 풀고 동류항끼리 정리하여 푼다.

예 $4(x+2)>3-x$ ―괄호를 푼다.→ $4x+8>3-x$

(2) 계수가 소수인 경우: 양변에 10의 거듭제곱을 곱하여 계수를 정수로 고쳐서 푼다.

예 $0.1x+0.5≥0.3x-1.1$ ―양변에 10을 곱한다.→ $x+5≥3x-11$

> 양변에 수를 곱할 때에는 모든 항에 빠짐없이 곱해야 한다.

(3) 계수가 분수인 경우: 양변에 분모의 최소공배수를 곱하여 계수를 정수로 고쳐서 푼다.

예 $\dfrac{x}{2}-1≤\dfrac{2}{3}x$ ―양변에 6을 곱한다.→ $3x-6≤4x$

교과서문제 정복하기

04-4 일차부등식

[0398~0401] 다음 중 일차부등식인 것은 ○, 일차부등식이 아닌 것은 ×를 ( ) 안에 써넣으시오.

0398 $x^2-3x>-4$　　　　　(　)

0399 $2x<4x+1$　　　　　(　)

0400 $x-2\geq3+x$　　　　　(　)

0401 $5x-x^2\leq8-x^2$　　　　(　)

04-5 일차부등식의 풀이

[0402~0404] 다음 일차부등식을 푸시오.

0402 $x-3>1$

0403 $1-4x\leq-7$

0404 $3x+5<-2x$

[0405~0406] 다음 수직선 위에 나타내어진 x의 값의 범위를 부등식으로 나타내시오.

0405

0406

[0407~0410] 다음 일차부등식을 풀고, 그 해를 오른쪽 수직선 위에 나타내시오.

0407 $2x+1<x-1$

0408 $-x+4<x+2$

0409 $x-2\geq2x+3$

0410 $2x-3\leq5x+6$

04-6 복잡한 일차부등식의 풀이

[0411~0414] 다음 일차부등식을 푸시오.

0411 $2(x-1)>5x+1$

0412 $5x+6\leq3(x-2)$

0413 $2-3(x-1)<-2x$

0414 $4(x+3)\geq3(x+1)$

[0415~0418] 다음 일차부등식을 푸시오.

0415 $0.5x+1.6\leq0.3x$

0416 $0.01x>0.1x+0.18$

0417 $0.2-0.4x>0.3x+0.9$

0418 $0.7(x-1)\geq0.1x+0.5$

[0419~0422] 다음 일차부등식을 푸시오.

0419 $\dfrac{3}{4}x-1<\dfrac{3}{2}x$

0420 $\dfrac{x}{2}+\dfrac{1}{6}\geq\dfrac{x}{3}+1$

0421 $\dfrac{x+1}{6}\leq\dfrac{x-3}{4}$

0422 $\dfrac{x}{5}-1>\dfrac{x-5}{3}$

유형 익히기

유형 01 부등식의 뜻

부등식: 부등호 >, <, ≥, ≤를 사용하여 수 또는 식의 대소 관계를 나타낸 식

0423 대표문제

다음 중 부등식이 <u>아닌</u> 것을 모두 고르면? (정답 2개)

① $x-5=2$ ② $5-1>0$ ③ $x+4<2x$
④ $3x-(1-x)$ ⑤ $x\geq2(x-3)$

0424 (하)

다음 보기 중 부등식인 것은 모두 몇 개인가?

보기
ㄱ. $x-1\leq3$ ㄴ. $6x+2$
ㄷ. $3-9>-5$ ㄹ. $3\times2-1=7$
ㅁ. $3(x-2)<0$ ㅂ. $5x=10$

① 1개   ② 2개   ③ 3개
④ 4개   ⑤ 5개

0425 (중하)

다음 표에서 부등식이 있는 칸을 모두 색칠할 때, 나타나는 알파벳을 구하시오.

$-5<9$	$3x-1=8$	$x-2y$
$x+5>-1$	$-4x+1$	$8+7=15$
$4x\geq10-x$	$10-8<5$	$2x\leq8$

유형 02 부등식으로 나타내기

주어진 상황을 부등호를 사용하여 식으로 나타낸다.

0426 대표문제

다음 문장을 부등식으로 나타낸 것으로 옳지 <u>않은</u> 것은?

① x에서 5를 뺀 수는 15보다 작다. ➡ $x-5<15$
② x의 2배는 x에 7을 더한 수보다 작지 않다.
   ➡ $2x\geq x+7$
③ 한 자루에 800원인 볼펜 x자루의 가격은 4000원 이하이다. ➡ $800x\leq4000$
④ 가로의 길이가 10 cm, 세로의 길이가 x cm인 직사각형의 둘레의 길이는 35 cm 미만이다.
   ➡ $20+x<35$
⑤ 시속 6 km로 x시간 동안 간 거리는 20 km 초과이다.
   ➡ $6x>20$

0427 (하)

다음 문장을 부등식으로 나타내시오.

어떤 수 a에 3을 더한 수는 b의 5배보다 크지 않다.

0428 (중)

다음 문장을 부등식으로 나타낸 것으로 옳은 것을 모두 고르면? (정답 2개)

① x의 4배에서 9를 뺀 수는 10보다 크다. ➡ $4x-9>10$
② 현재 x살인 형우의 7년 후의 나이는 30살 미만이다.
   ➡ $x+7\leq30$
③ 한 변의 길이가 x cm인 정삼각형의 둘레의 길이는 25 cm 이상이다. ➡ $3x>25$
④ 전교생 300명 중에서 여학생이 x명일 때, 남학생은 150명보다 적다. ➡ $300-x<150$
⑤ 한 개에 500원인 귤 x개의 가격은 10000원을 넘지 않는다. ➡ $500x<10000$

개념원리 중학 수학 2-1 86쪽

유형 03 부등식의 해

(1) 부등식의 해: 부등식을 참이 되게 하는 미지수의 값

(2) 부등식에서 미지수에 대입했을 때, 좌변과 우변의 값의 대소 관계가 주어진 부등호의 방향과 일치하면 참인 부등식이고, 일치하지 않으면 거짓인 부등식이다.

0429 대표문제

다음 중 [ ] 안의 수가 주어진 부등식의 해가 <u>아닌</u> 것은?

① $x+2>3$ [2] ② $2x-1 \leq 10$ [5]

③ $3x>x+2$ [-1] ④ $-2x \leq x+6$ [-2]

⑤ $5x+8<2x+1$ [-3]

0430 하

다음 중 부등식 $4-x<2$의 해를 모두 고르면? (정답 2개)

① 0 ② 1 ③ 2

④ 3 ⑤ 4

0431 중하

다음 부등식 중 $x=3$을 해로 갖는 것은?

① $x+5>10$ ② $2x-7>0$

③ $2(x+1) \leq 7$ ④ $7-3x<-x$

⑤ $13-x \geq x+7$

0432 중

x의 값이 $-2, -1, 0, 1$일 때, 다음 부등식 중 해가 <u>없는</u> 것은?

① $2x>x-1$ ② $2-x>x+3$

③ $5x+6 \leq -4$ ④ $3(x+2)<5$

⑤ $\dfrac{x}{2}+1<x$

중요

개념원리 중학 수학 2-1 86, 87쪽

유형 04 부등식의 성질

(1) 부등식의 양변에 같은 수를 더하거나 양변에서 같은 수를 빼도 부등호의 방향은 바뀌지 않는다.

(2) 부등식의 양변에 같은 양수를 곱하거나 양변을 같은 양수로 나누어도 부등호의 방향은 바뀌지 않는다.

(3) 부등식의 양변에 같은 음수를 곱하거나 양변을 같은 음수로 나누면 부등호의 방향이 바뀐다.

0433 대표문제

$a>b$일 때, 다음 중 옳지 <u>않은</u> 것은?

① $a+7>b+7$ ② $-3a<-3b$

③ $\dfrac{a}{2}-4>\dfrac{b}{2}-4$ ④ $10-a>10-b$

⑤ $-5a-8<-5b-8$

0434 중하

$a<b$일 때, 다음 중 □ 안에 들어갈 부등호의 방향이 나머지 넷과 <u>다른</u> 하나는?

① $4+a$ □ $4+b$ ② $a-9$ □ $b-9$

③ $3-2a$ □ $3-2b$ ④ $\dfrac{2}{3}a+1$ □ $\dfrac{2}{3}b+1$

⑤ $-7+4a$ □ $-7+4b$

0435 중

$-5a-6<-5b-6$일 때, 다음 중 옳은 것은?

① $a<b$ ② $-8a>-8b$

③ $\dfrac{a}{6}<\dfrac{b}{6}$ ④ $1-\dfrac{a}{2}>1-\dfrac{b}{2}$

⑤ $4a-3>4b-3$

0436 중

다음 중 옳지 <u>않은</u> 것은?

① $a<b$이면 $7a<7b$이다.

② $a-1>b-1$이면 $-3a<-3b$이다.

③ $5a \geq 5b$이면 $-\dfrac{a}{2} \leq -\dfrac{b}{2}$이다.

④ $a+2<b+2$이면 $-6a-1>-6b-1$이다.

⑤ $-\dfrac{a}{4} \leq -\dfrac{b}{4}$이면 $a-4 \leq b-4$이다.

유형 05 부등식의 성질을 이용하여 식의 값의 범위 구하기

❶ 부등식의 각 변에 식의 문자의 계수만큼 곱한다.
❷ 부등식의 각 변에 상수항을 더한다. ──→ x의 계수를 같게 만든다.
  ──→ 상수항을 같게 만든다.
이때 각 변에 음수를 곱하거나 각 변을 음수로 나누면 부등호의 방향이 바뀜에 주의한다.

0437 대표문제
$2 < x < 5$이고 $A = -2x + 5$일 때, A의 값의 범위는?

① $-5 < A < 1$ ② $-5 \leq A < 1$ ③ $-5 < A \leq 1$
④ $-1 < A < 5$ ⑤ $-1 \leq A < 5$

0438 중
$-1 \leq x < 3$일 때, 다음 중 $4x - 3$의 값이 될 수 있는 것을 모두 고르면? (정답 2개)

① -9 ② -3 ③ 3
④ 9 ⑤ 12

0439 중
$-3 < 4 - \dfrac{x}{2} \leq 2$일 때, x의 값의 범위를 구하시오.

0440 중 서술형
$-9 < x \leq 12$이고 $A = -\dfrac{x}{3} + 2$일 때, A의 값이 될 수 있는 수 중 가장 큰 정수를 m, 가장 작은 정수를 n이라 하자. 이때 $m + n$의 값을 구하시오.

유형 06 일차부등식의 뜻

일차부등식: 부등식의 모든 항을 좌변으로 이항하여 정리한 식이
(일차식) > 0, (일차식) < 0, (일차식) ≥ 0, (일차식) ≤ 0
중 어느 하나의 꼴로 나타나는 부등식

0441 대표문제
다음 중 일차부등식인 것을 모두 고르면? (정답 2개)

① $2x + 1 = 3$ ② $6(1 - x) \geq -2 + 3x$
③ $x^2 + x - 1 > 0$ ④ $3 - x < 5 - x$
⑤ $x^2 - 6 \leq x^2 - x$

0442 하
다음 중 일차부등식이 아닌 것은?

① $5 - 3x \geq x + 9$ ② $6x \leq 3x + 1$
③ $x - 2x^2 > 7 - 2x^2$ ④ $2x + 3 + 4x > 2(3x + 1)$
⑤ $1 - \dfrac{x}{2} < 0$

0443 중
다음 중 문장을 부등식으로 나타낼 때, 일차부등식이 아닌 것은?

① x에 5를 더한 수의 2배는 35보다 작거나 같다.
② x와 80의 평균은 90보다 크다.
③ 한 봉지에 70 g인 과자 x봉지의 무게는 500 g보다 가볍다.
④ 밑변의 길이가 6 cm, 높이가 x cm인 삼각형의 넓이는 20 cm² 미만이다.
⑤ 10 km의 거리를 시속 x km로 걸으면 2시간 이상이 걸린다.

0444 중
부등식 $2x - 10 \geq ax + 3 + 4x$가 x에 대한 일차부등식일 때, 다음 중 상수 a의 값이 될 수 없는 것은?

① -2 ② -1 ③ 0
④ 1 ⑤ 2

유형 07 일차부등식의 풀이

(1) 일차부등식의 풀이
 ❶ x를 포함하는 항은 좌변으로, 상수항은 우변으로 이항하여 정리한다.
 ❷ 양변을 x의 계수로 나눈다. 이때 x의 계수가 음수이면 부등호의 방향이 바뀐다.
(2) 부등식의 해와 수직선
 $x \geq a$, $x \leq a$ ➡ a에 대응하는 수직선 위의 점을 ●로 표시
 $x > a$, $x < a$ ➡ a에 대응하는 수직선 위의 점을 ○로 표시

0445 대표문제

다음 중 일차부등식 $-2x+5 < 2x-3$의 해를 수직선 위에 바르게 나타낸 것은?

①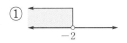
②
③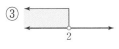
④
⑤

0446 중

다음 일차부등식 중 해가 나머지 넷과 다른 하나는?

① $5x+7 > -23$
② $x-6 < 2x$
③ $10-x < x-2$
④ $7x+9 > 4x-9$
⑤ $-2x-11 < 3x+19$

0447 중

다음 일차부등식 중 해를 수직선 위에 나타내었을 때, 오른쪽 그림과 같지 않은 것은?

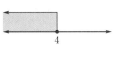

① $2x-6 \leq x-2$
② $4x+3 \leq x+15$
③ $5x+1 \geq 6x-3$
④ $2x+6 \geq 4x-4$
⑤ $8-x \geq 3x-8$

유형 08 괄호가 있는 일차부등식의 풀이

분배법칙을 이용하여 괄호를 풀고 동류항끼리 정리하여 푼다.
➡ $a(b+c) = ab+ac$

0448 대표문제

일차부등식 $5(x+9) \geq -3(x-5)-10$을 풀면?

① $x \leq -5$
② $x \geq -5$
③ $x \leq -1$
④ $x \geq -1$
⑤ $x \geq 1$

0449 중하

다음 중 일차부등식 $3(x+1)-2(x-1) < 6$의 해를 수직선 위에 바르게 나타낸 것은?

①
②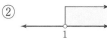
③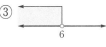
④
⑤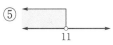

0450 중 서술형

일차부등식 $2(x+3)-3x < x+1$을 만족시키는 가장 작은 정수 x의 값을 구하시오.

0451 중

일차부등식 $1-(3-x) \geq 2x-9$를 만족시키는 자연수 x의 개수를 구하시오.

유형 09 계수가 소수 또는 분수인 일차부등식의 풀이

양변에 적당한 수를 곱하여 계수를 정수로 고친 후 푼다.
① 계수가 소수 ➡ 양변에 10의 거듭제곱을 곱한다.
② 계수가 분수 ➡ 양변에 분모의 최소공배수를 곱한다.

0452 대표문제

일차부등식 $\dfrac{x-2}{3}-0.3x \leq -\dfrac{1}{2}$ 을 만족시키는 자연수 x 의 개수는?

① 1   ② 2   ③ 3
④ 4   ⑤ 5

0453 중하

일차부등식 $0.14x-0.5>0.03(x-2)$ 를 풀면?

① $x<-4$ ② $x>-4$ ③ $x<4$
④ $x>4$ ⑤ $x>8$

0454 중

일차부등식 $\dfrac{2x-1}{3}-\dfrac{5x-3}{4}>1$ 을 만족시키는 가장 큰 정수 x 의 값을 구하시오.

0455 중 서술형

일차부등식 $0.7x-5<1.5x+0.6$ 의 해를 $x>a$ 라 하고, 일차부등식 $\dfrac{1}{2}x-1<\dfrac{3}{7}x+\dfrac{1}{2}$ 의 해를 $x<b$ 라 할 때, 상수 a, b 에 대하여 $b-a$ 의 값을 구하시오.

유형 10 x의 계수가 문자인 일차부등식의 풀이

x의 계수가 문자인 일차부등식은 x의 계수가 양수인지 음수인지 확인한 후 푼다.
$ax>b$의 꼴에서
① $a>0 ➡ x>\dfrac{b}{a}$
② $a<0 ➡ x<\dfrac{b}{a}$

0456 대표문제

$a<0$일 때, x에 대한 일차부등식 $2-ax<5$를 풀면?

① $x<-\dfrac{3}{a}$ ② $x>-\dfrac{3}{a}$ ③ $x<\dfrac{3}{a}$
④ $x>\dfrac{3}{a}$ ⑤ $x>3a$

0457 중

$a>0$일 때, x에 대한 일차부등식 $-ax>6a$를 풀면?

① $x<-6$ ② $x>-6$ ③ $x<-\dfrac{1}{6}$
④ $x>\dfrac{1}{6}$ ⑤ $x>6$

0458 중

$a<0$일 때, x에 대한 일차부등식 $4(ax-2)\leq ax+7$을 푸시오.

0459 상중

$a>3$일 때, x에 대한 일차부등식 $3x+2a\geq 6+ax$를 만족시키는 모든 자연수 x의 값의 합을 구하시오.

▶ 정답 및 풀이 32쪽

개념원리 중학 수학 2-1 93쪽

유형 11 부등식의 해가 주어진 경우 미지수의 값 구하기 (1)

부등식을 $x>(\text{수})$, $x<(\text{수})$, $x\geq(\text{수})$, $x\leq(\text{수})$ 중 어느 하나의 꼴로 나타낸 후 주어진 부등식의 해와 비교한다.

0460 대표문제

일차부등식 $5x-1>8x+a$의 해가 $x<-3$일 때, 상수 a의 값을 구하시오.

0461 중

일차부등식 $x+11<3(x+a)$의 해가 $x>7$일 때, 상수 a의 값은?

① -5 ② -3 ③ -1
④ 2 ⑤ 3

0462 중

일차부등식 $2x+5\geq-2x+a+1$의 해 중 가장 작은 수가 4일 때, 상수 a의 값을 구하시오.

0463 중 서술형

일차부등식 $2-\dfrac{2x+a}{3}>\dfrac{x}{6}-1$의 해를 수직선 위에 나타내면 오른쪽 그림과 같다. 이때 상수 a의 값을 구하시오.

개념원리 중학 수학 2-1 94쪽

유형 12 해가 서로 같은 두 일차부등식

각각의 부등식을 푼 후 해가 서로 같음을 이용하여 미지수의 값을 구한다.

0464 대표문제

두 일차부등식 $\dfrac{3}{4}x-4\geq-1$, $4(5-x)\leq a+1$의 해가 서로 같을 때, 상수 a의 값은?

① -5 ② -3 ③ 3
④ 5 ⑤ 7

0465 중

다음 두 일차부등식의 해가 서로 같을 때, 상수 a의 값을 구하시오.

$$5x+2<2x-1, \quad 3x<a-x$$

0466 중

두 일차부등식 $2(x+8)-4x\geq-x+6$, $0.2x+1\geq x+k$의 해가 서로 같을 때, 상수 k의 값을 구하시오.

0467 중

두 일차부등식 $0.12x+0.1>0.05(x-5)$, $\dfrac{x-a}{2}<\dfrac{2x-1}{3}+\dfrac{1}{6}$의 해가 서로 같을 때, 상수 a의 값을 구하시오.

04 일차부등식

개념원리 중학 수학 2−1 101쪽

유형UP 13 부등식의 해가 주어진 경우 미지수의 값 구하기 (2)

일차부등식 $ax>b$의 해가

① $x>k$ ➡ $a>0$이고 $\dfrac{b}{a}=k$

② $x<k$ ➡ $a<0$이고 $\dfrac{b}{a}=k$

0468 대표문제

일차부등식 $ax+5<5x-4$의 해가 $x>3$일 때, 상수 a의 값은?

① -5 ② -2 ③ -1
④ 2 ⑤ 5

0469 상중

일차부등식 $ax+2<2(x-1)$의 해가
오른쪽 그림과 같을 때, 상수 a의 값은?

① -10 ② -8 ③ -6
④ -4 ⑤ -2

0470 상중

일차부등식 $\dfrac{2}{3}x-2>\dfrac{a}{5}x-\dfrac{2}{3}$의 해가 $x<-10$일 때, 상수 a의 값을 구하시오.

개념원리 중학 수학 2−1 94쪽

중요 유형UP 14 부등식의 해의 조건이 주어진 경우

부등식을 만족시키는 자연수 x가 n개일 때, 상수 k의 값의 범위는 수직선을 그려 생각한다. 이때 등호에 주의한다.

① $x<k$일 때

② $x≤k$일 때

➡ $n<k≤n+1$ ➡ $n≤k<n+1$

0471 대표문제

일차부등식 $a-5x≥-3x$를 만족시키는 자연수 x가 2개일 때, 상수 a의 값의 범위는?

① $a≥4$ ② $a≥6$ ③ $0<a<6$
④ $4≤a<6$ ⑤ $4<a≤6$

0472 상중 서술형

일차부등식 $6x+a<5x+2$를 만족시키는 자연수 x가 3개일 때, 상수 a의 값의 범위를 구하시오.

0473 상

일차부등식 $\dfrac{x-5}{2}-\dfrac{2x+a}{3}>0$을 만족시키는 자연수 x가 존재하지 않을 때, 상수 a의 값 중 가장 작은 수를 구하시오.

시험에 꼭 나오는 문제

0474

다음 문장을 부등식으로 나타낸 것으로 옳지 <u>않은</u> 것은?

① x에 7을 더한 수는 x의 3배보다 크다. ➡ $x+7>3x$

② 가로의 길이가 x cm, 세로의 길이가 4 cm인 직사각형의 넓이는 20 cm²보다 작지 않다. ➡ $4x \geq 20$

③ x살인 형과 15살인 동생의 나이의 합은 30살보다 많다.
➡ $x+15>30$

④ 한 다발에 5000원인 장미 x다발과 포장비 1500원을 합한 가격은 30000원 이하이다.
➡ $5000x+1500 \leq 30000$

⑤ 농도가 x %인 소금물 200 g에 들어 있는 소금의 양은 15 g 미만이다. ➡ $\dfrac{x}{2}<15$

0475

다음 중 [ ] 안의 수가 주어진 부등식의 해가 <u>아닌</u> 것은?

① $x+3>-1$ [-3] 　　② $-4x-1 \leq 7$ [-2]

③ $3x-2<6$ [2] 　　④ $5x \geq 3x+7$ [3]

⑤ $\dfrac{2}{3}x-1<5$ [6]

0476 중요

다음 중 □ 안에 들어갈 부등호의 방향이 나머지 넷과 <u>다른</u> 하나는?

① $a-2<b-2$이면 a □ b이다.

② $-\dfrac{a}{7}>-\dfrac{b}{7}$이면 a □ b이다.

③ $1-a<1-b$이면 a □ b이다.

④ $\dfrac{a}{3}-1<\dfrac{b}{3}-1$이면 a □ b이다.

⑤ $-2a+3>-2b+3$이면 a □ b이다.

0477

$y=-5x+2$일 때, $-8 \leq y<7$을 만족시키는 x의 값의 범위는?

① $-2<x \leq 1$ 　　② $-2 \leq x<1$

③ $-1<x \leq 2$ 　　④ $-1 \leq x<2$

⑤ $-2<x \leq 2$

0478

부등식 $ax-3x+1<x-7$이 x에 대한 일차부등식일 때, 다음 중 상수 a의 값이 될 수 <u>없는</u> 것은?

① -4 　　② -2 　　③ 2

④ 3 　　⑤ 4

0479

일차부등식 $2(x+4)-3(x+1)>2$를 만족시키는 x에 대하여 $A=4x-7$일 때, 자연수 A의 개수를 구하시오.

0480 중요

다음 일차부등식 중 해가 나머지 넷과 <u>다른</u> 하나는?

① $2-x<5$ 　　② $2x-5<5x+4$

③ $3(2x+1)>4x-3$ 　　④ $0.2x-0.8<0.6x+0.4$

⑤ $\dfrac{2x-1}{5}>\dfrac{1}{3}x$

0481

다음 중 일차부등식 $0.25(3x-2)-\dfrac{2x+1}{3}>\dfrac{1}{6}$ 의 해를 수직선 위에 바르게 나타낸 것은?

①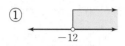

②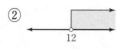

③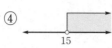

④

⑤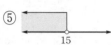

0482 중요

$a>5$ 일 때, x 에 대한 일차부등식 $5x+6a<ax+30$ 을 풀면?

① $x<-6$ ② $x>-6$ ③ $x<5$

④ $x<6$ ⑤ $x>6$

0483

일차부등식 $x+3\geq5x-a$ 의 해 중 가장 큰 수가 -1 일 때, 상수 a 의 값을 구하시오.

0484 중요

일차부등식 $4x-2(x-5)\leq a$ 의 해를 수직선 위에 나타내면 다음 그림과 같다. 이때 상수 a 의 값은?

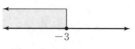

① 2   ② 4   ③ 6

④ 8   ⑤ 10

0485

일차부등식 $ax+11>-7$ 의 해가 $x>-9$ 일 때, 상수 a 의 값을 구하시오.

0486

일차부등식 $9x-10<4x+2a$ 를 만족시키는 자연수 x 가 3개일 때, 상수 a 의 값의 범위는?

① $a>\dfrac{5}{2}$ ② $a\leq5$ ③ $\dfrac{5}{2}<a\leq5$

④ $\dfrac{5}{2}\leq a<5$ ⑤ $\dfrac{5}{2}\leq a\leq5$

정답 및 풀이 34쪽

0487

$-2 < x \leq 8$일 때, $A = 3 - \dfrac{x}{2}$를 만족시키는 모든 정수 A의 값의 합을 구하시오.

0488

일차부등식 $3(7-3x) > 2(x+2)-5$를 만족시키는 x의 값 중에서 가장 큰 정수를 a, 일차부등식 $1.8x+0.5 > 1.3x-1$을 만족시키는 x의 값 중에서 가장 작은 정수를 b라 할 때, ab의 값을 구하시오.

0489 중요

두 일차부등식 $\dfrac{x}{2} - \dfrac{x-4}{4} < \dfrac{5}{2}$, $3 - \dfrac{1}{6}x < -x+2a$의 해가 서로 같을 때, 상수 a의 값을 구하시오.

0490

일차부등식 $(a+b)x+2a-3b < 0$의 해가 $x > -\dfrac{3}{4}$일 때, 일차부등식 $(a-2b)x+3a-b < 0$의 해를 구하시오.
(단, a, b는 상수이다.)

0491

일차부등식 $(a-1)x > b$의 해가 $x < \dfrac{1}{3}$이고 $|b| = 1$일 때, 상수 a, b에 대하여 $a-b$의 값을 구하시오.

0492

일차부등식 $\dfrac{4}{3}x + \dfrac{a}{6} \geq x - 0.5$를 만족시키는 음의 정수 x가 2개 이상일 때, 상수 a의 값 중 가장 작은 수를 구하시오.

05 일차부등식의 활용

05-1 일차부등식의 활용

일차부등식의 활용 문제를 풀 때에는 다음과 같은 순서로 해결한다.

❶ 미지수 정하기 ➡ 문제의 뜻을 파악하고 구하려고 하는 것을 미지수 x로 놓는다.

❷ 부등식 세우기 ➡ 문제의 뜻에 맞게 x에 대한 일차부등식을 세운다.

❸ 부등식 풀기 ➡ 일차부등식을 푼다.

❹ 확인하기 ➡ 구한 해가 문제의 뜻에 맞는지 확인한다.

예 700원짜리 볼펜과 1000원짜리 볼펜을 섞어서 전체 금액이 12000원 이하가 되도록 사려고 한다.
700원짜리 볼펜을 7자루 사면 1000원짜리 볼펜은 최대 몇 자루까지 살 수 있는지 구하시오.

❶ 미지수 정하기 ➡ 1000원짜리 볼펜을 x자루 산다고 하자.

❷ 부등식 세우기 ➡ $700 \times 7 + 1000x \leq 12000$

❸ 부등식 풀기 ➡ $1000x \leq 7100$ ∴ $x \leq 7.1$
따라서 1000원짜리 볼펜은 최대 7자루까지 살 수 있다.

❹ 확인하기 ➡ $700 \times 7 + 1000x \leq 12000$에 $x = 7$을 대입하면 부등식이 참이고, $x = 8$을 대입하면 부등식이 거짓이므로 문제의 뜻에 맞는다.

참고 연속하는 수에 대한 문제가 주어지면 미지수를 다음과 같이 놓는다.
① 연속하는 두 정수 ➡ x, $x+1$ 또는 $x-1$, x
② 연속하는 세 정수 ➡ $x-1$, x, $x+1$ 또는 x, $x+1$, $x+2$
③ 연속하는 두 홀수 (짝수) ➡ x, $x+2$ 또는 $x-2$, x
④ 연속하는 세 홀수 (짝수) ➡ $x-2$, x, $x+2$ 또는 x, $x+2$, $x+4$

> **개념플러스** 🖉
>
> 구하는 것이 물건의 개수, 사람 수, 나이 등이면 해는 자연수이다.

05-2 거리, 속력, 시간에 대한 문제

거리, 속력, 시간에 대한 문제는 다음 관계를 이용하여 부등식을 세운다.

(1) (거리) = (속력) × (시간)

(2) (속력) = $\dfrac{(거리)}{(시간)}$

(3) (시간) = $\dfrac{(거리)}{(속력)}$

> 거리, 속력, 시간에 대한 활용 문제를 풀 때 단위가 다른 경우에는 먼저 단위를 통일시킨 후 부등식을 세운다.
> ① 1 km = 1000 m
> ② 1시간 = 60분

05-3 농도에 대한 문제

소금물의 농도에 대한 문제는 다음 관계를 이용하여 부등식을 세운다.

(1) (소금물의 농도) = $\dfrac{(소금의 양)}{(소금물의 양)} \times 100 \, (\%)$

(2) (소금의 양) = $\dfrac{(소금물의 농도)}{100} \times (소금물의 양)$

> 소금물에 물을 더 넣거나 증발시켜도 소금의 양은 변하지 않음을 이용하여 부등식을 세운다.

교과서문제 정복하기

05-1 일차부등식의 활용

0493 어떤 자연수의 5배에서 13을 뺀 수가 어떤 자연수의 3배에 7을 더한 수보다 작다고 할 때, 어떤 자연수 중 가장 큰 수를 구하려고 한다. 다음 □ 안에 알맞은 것을 써넣으시오.

❶ 미지수 정하기	어떤 자연수를 x라 하자.
❷ 부등식 세우기	어떤 자연수의 5배에서 13을 뺀 수는 <center>$5x - 13$ ……㉠</center> 어떤 자연수의 3배에 7을 더한 수는 <center>□ ……㉡</center> ㉠이 ㉡보다 작으므로 <center>$5x - 13 <$ □ ……㉢</center>
❸ 부등식 풀기	㉢의 부등식을 풀면 $x <$ □ 따라서 어떤 자연수 중 가장 큰 수는 □이다.
❹ 확인하기	㉢에 $x=9$를 대입하면 부등식이 참이고, $x=10$을 대입하면 부등식이 거짓이므로 문제의 뜻에 맞는다.

[0494~0496] 연속하는 두 자연수의 합이 53보다 크다고 한다. 이를 만족시키는 가장 작은 두 자연수를 구하려고 할 때, 다음 물음에 답하시오.

0494 두 자연수 중 작은 수를 x라 할 때, 부등식을 세우시오.

0495 부등식을 푸시오.

0496 가장 작은 두 자연수를 구하시오.

[0497~0499] 한 개에 800원인 초콜릿을 1000원짜리 상자에 담아서 전체 금액이 10000원 이하가 되도록 사려고 한다. 초콜릿을 최대 몇 개까지 살 수 있는지 구하려고 할 때, 다음 물음에 답하시오.

0497 초콜릿을 x개 산다고 할 때, 부등식을 세우시오.

0498 부등식을 푸시오.

0499 초콜릿을 최대 몇 개까지 살 수 있는지 구하시오.

05-2 거리, 속력, 시간에 대한 문제

[0500~0503] 등산을 하는데 올라갈 때는 시속 2 km로, 내려올 때는 같은 길을 시속 3 km로 걸어서 전체 걸리는 시간을 4시간 이내로 하려고 한다. 최대 몇 km 떨어진 지점까지 올라갔다 내려올 수 있는지 구하려고 할 때, 다음 물음에 답하시오.

0500 x km 떨어진 지점까지 올라갔다 내려온다고 할 때, 아래 표를 완성하시오.

	올라갈 때	내려올 때
거리	x km	x km
속력	시속 2 km	
시간		

0501 부등식을 세우시오.

0502 부등식을 푸시오.

0503 최대 몇 km 떨어진 지점까지 올라갔다 내려올 수 있는지 구하시오.

05-3 농도에 대한 문제

[0504~0507] 10 %의 소금물 400 g에 물을 넣어서 농도가 8 % 이하가 되게 하려고 한다. 최소 몇 g의 물을 넣어야 하는지 구하려고 할 때, 다음 물음에 답하시오.

0504 물을 x g 넣는다고 할 때, 아래 표를 완성하시오.

	물을 넣기 전	물을 넣은 후
농도 (%)	10	8
소금물의 양 (g)	400	
소금의 양 (g)	$\frac{10}{100} \times 400$	

0505 부등식을 세우시오.

0506 부등식을 푸시오.

0507 최소 몇 g의 물을 넣어야 하는지 구하시오.

중요 유형 **01** 수에 대한 문제

개념원리 중학 수학 2-1 108쪽

연속하는 수에 대한 문제가 주어지면 미지수를 다음과 같이 놓는다.
① 연속하는 두 정수 ➡ x, $x+1$ 또는 $x-1$, x
② 연속하는 세 정수 ➡ $x-1$, x, $x+1$ 또는 x, $x+1$, $x+2$
③ 연속하는 두 홀수 (짝수) ➡ x, $x+2$ 또는 $x-2$, x
④ 연속하는 세 홀수 (짝수)
　➡ $x-2$, x, $x+2$ 또는 x, $x+2$, $x+4$

0508 대표문제

연속하는 두 홀수가 있다. 작은 수의 4배에서 10을 뺀 것은 큰 수의 2배 이상일 때, 이를 만족시키는 가장 작은 두 홀수의 합을 구하시오.

0509 하

어떤 자연수의 2배에서 8을 뺐더니 36보다 작다고 한다. 이를 만족시키는 자연수 중 가장 큰 수는?

① 17　　　　② 18　　　　③ 19
④ 20　　　　⑤ 21

0510 중하

차가 4인 두 정수의 합이 19보다 크다고 한다. 두 수 중 작은 수를 x라 할 때, x의 값이 될 수 있는 가장 작은 수를 구하시오.

0511 중 서술형

연속하는 세 자연수의 합이 150보다 작다고 한다. 이와 같은 수 중에서 가장 큰 세 자연수를 구하시오.

유형 **02** 예금액에 대한 문제

개념원리 중학 수학 2-1 108쪽

매월 일정한 금액을 x개월 동안 예금할 때, x개월 후의 예금액은
(현재 예금액)＋(매월 예금액)×x

0512 대표문제

현재 민구의 통장에는 39000원, 가은이의 통장에는 60000원이 예금되어 있다. 다음 달부터 민구는 매월 7000원씩, 가은이는 매월 4000원씩 예금할 때, 민구의 예금액이 가은이의 예금액보다 많아지는 것은 몇 개월 후부터인가? (단, 이자는 생각하지 않는다.)

① 7개월　　　　② 8개월　　　　③ 9개월
④ 10개월　　　　⑤ 11개월

0513 중하

현재 병주의 예금액은 120000원이다. 다음 달부터 매월 8000원씩 예금한다면 몇 개월 후부터 병주의 예금액이 300000원보다 많아지는지 구하시오.
(단, 이자는 생각하지 않는다.)

0514 중

현재 형의 예금액은 30000원, 동생의 예금액은 10000원이다. 다음 달부터 매월 형은 3000원, 동생은 2000원씩 예금한다면 형의 예금액이 동생의 예금액의 2배보다 적어지는 것은 몇 개월 후부터인가? (단, 이자는 생각하지 않는다.)

① 9개월　　　　② 10개월　　　　③ 11개월
④ 12개월　　　　⑤ 13개월

유형 03 평균에 대한 문제

(1) 두 수 a, b의 평균 ➡ $\dfrac{a+b}{2}$

(2) 세 수 a, b, c의 평균 ➡ $\dfrac{a+b+c}{3}$

0515 대표문제

지우는 세 번의 수학 시험에서 각각 80점, 76점, 86점을 받았다. 네 번에 걸친 수학 시험 점수의 평균이 84점 이상이 되려면 네 번째 시험에서 몇 점 이상을 받아야 하는지 구하시오.

0516 중하

주희의 지난달 휴대 전화 요금은 40000원, 이번 달 휴대 전화 요금은 32000원이다. 세 달에 걸친 휴대 전화 요금의 평균이 35000원 이하가 되려면 다음 달 휴대 전화 요금이 얼마 이하이어야 하는지 구하시오.

0517 중

준현이는 5회에 걸친 영어 시험에서 4회까지의 평균이 83점이었다. 총 5회의 영어 시험 점수의 평균이 86점 이상이 되려면 다섯 번째 시험에서 몇 점 이상을 받아야 하는지 구하시오.

0518 상중

어떤 반의 남학생 15명의 평균 키가 170 cm, 여학생의 평균 키가 160 cm라 한다. 이 반 학생 전체의 평균 키가 166 cm 이상일 때, 여학생은 최대 몇 명인지 구하시오.

유형 04 최대 개수에 대한 문제

가격이 다른 두 물건 A, B를 합하여 a개 사고 물건 A를 x개 살 때

① 물건 B의 개수: $a-x$

② (물건 A의 금액)+(물건 B의 금액)≤(전체 금액)

0519 대표문제

한 개에 1200원인 빵과 한 개에 1600원인 음료수를 합하여 20개를 사려고 한다. 전체 금액이 30000원 이하가 되게 하려면 음료수는 최대 몇 개까지 살 수 있는가?

① 14개 ② 15개 ③ 16개

④ 17개 ⑤ 18개

0520 중하

한 번에 900 kg까지 운반할 수 있는 승강기가 있다. 몸무게가 90 kg인 한 사람이 승강기에 타고 한 개에 30 kg인 상자를 여러 개 운반하려고 한다. 이때 한 번에 최대 몇 개의 상자를 운반할 수 있는지 구하시오.

0521 중

어느 전시회의 1인당 관람료가 어른은 3000원, 어린이는 1200원이라 한다. 어른과 어린이를 합하여 30명이 50000원 이하로 전시회를 관람하려면 어른은 최대 몇 명까지 관람할 수 있는지 구하시오.

0522 중 서술형

유빈이는 인터넷 쇼핑몰에서 배와 사과를 합하여 15개를 사려고 한다. 배 1개의 가격은 4000원, 사과 1개의 가격은 2500원이고 배송료가 3000원이라 한다. 이때 배송료를 포함한 전체 금액이 45000원 이하가 되게 하려면 배는 최대 몇 개까지 살 수 있는지 구하시오.

05 일차부등식의 활용

유형 05 추가 요금에 대한 문제

p개의 가격이 a원이고, p개를 초과하면 1개당 b원이 추가될 때, x개의 가격 (단, $x>p$)

➡ $a+b(x-p)$(원)
└→ 추가 요금
└→ 기본요금

0523 대표문제

대공원 주차장의 주차 요금은 처음 10분까지는 2000원이고 10분이 지나면 1분당 50원의 요금이 추가된다고 한다. 주차 요금이 5000원을 넘지 않으려면 최대 몇 분까지 주차할 수 있는가?

① 55분   ② 60분   ③ 65분
④ 70분   ⑤ 75분

0524 중

어느 휴대 전화 요금제는 매달 문자 메시지 200개가 무료이고 200개를 넘으면 1개당 20원의 요금이 부과된다고 한다. 문자 메시지 사용 요금이 6000원을 넘지 않게 하려면 문자 메시지를 최대 몇 개까지 보낼 수 있는지 구하시오.

0525 중

어느 미술관의 입장료가 4명까지는 1인당 5000원이고 4명을 초과하면 초과된 사람은 1인당 4000원이라 한다. 50000원 이하의 금액으로 이 미술관에 입장하려고 할 때, 최대 몇 명까지 입장할 수 있는지 구하시오.

0526 중 서술형

증명사진 8장을 인화하는 데 드는 비용이 18000원이고, 8장을 넘으면 한 장 추가할 때마다 900원씩 추가 비용이 든다고 한다. 사진 1장의 가격이 1500원 이하가 되게 하려면 증명사진을 몇 장 이상 인화해야 하는지 구하시오.

유형 06 유리한 방법을 선택하는 문제 (1)

두 가지 방법에 대하여 각각의 비용을 구한 후 비용이 적게 드는 쪽이 유리한 방법임을 이용하여 부등식을 세운다.

0527 대표문제

장미를 동네 꽃집에서 사면 1송이에 3000원인데 꽃 도매 시장에서 사면 1송이에 1800원이라 한다. 꽃 도매 시장에 다녀오는 왕복 교통비가 6000원일 때, 장미를 몇 송이 이상 사는 경우 꽃 도매 시장에서 사는 것이 유리한지 구하시오.

0528 중

동네 문구점에서 한 자루에 1000원인 볼펜이 인터넷 쇼핑몰에서는 한 자루에 700원이라 한다. 인터넷 쇼핑몰 배송료가 2500원일 때, 볼펜을 몇 자루 이상 사는 경우 인터넷 쇼핑몰에서 사는 것이 유리한지 구하시오.

0529 중

집 앞 가게에서 한 개에 800원 하는 과자를 할인 매장에서는 20 % 할인하여 판매하고 있다. 할인 매장에 다녀오는 왕복 교통비가 1600원일 때, 과자를 몇 개 이상 사는 경우 할인 매장에서 사는 것이 유리한지 구하시오.

0530 중

어떤 인터넷 화장품 사이트에서는 다음 표와 같이 배송료를 받고 있다.

	비회원	회원
연회비(원)	없음	11500
1회 주문 시 배송료(원)	3500	1000

이 인터넷 화장품 사이트에서 1년에 몇 회 이상 주문하면 회원으로 가입하는 것이 비회원인 것보다 배송료가 경제적인지 구하시오. (단, 배송료는 주문한 화장품의 개수나 배송 지역과는 관계없다.)

유형 07 유리한 방법을 선택하는 문제 (2)

x명이 입장할 때, a명의 단체 입장권을 사는 것이 유리한 경우

(단, $x<a$)

➡ (x명의 입장료)＞(a명의 단체 입장료)

0531 대표문제

어느 박물관의 입장료는 한 사람당 7000원이고, 50명 이상의 단체인 경우 입장료의 30 %를 할인해 준다고 한다. 50명 미만의 단체가 입장하려고 할 때, 몇 명 이상부터 50명의 단체 입장권을 사는 것이 유리한가?

(단, 50명 미만이어도 50명의 단체 입장권을 살 수 있다.)

① 32명   ② 33명   ③ 34명
④ 35명   ⑤ 36명

0532 중하

어느 과학 체험전의 입장료는 한 사람당 3000원이고, 20명 이상의 단체인 경우 입장료는 한 사람당 2000원이라 한다. 20명 미만의 단체가 입장하려고 할 때, 몇 명 이상부터 20명의 단체 입장권을 사는 것이 유리한지 구하시오.

(단, 20명 미만이어도 20명의 단체 입장권을 살 수 있다.)

0533 중 서술형

어느 공원의 입장료는 한 사람당 5000원이고, 25명 이상의 단체인 경우 입장료의 20 %를 할인해 준다고 한다. 25명 미만의 단체가 입장하려고 할 때, 몇 명 이상부터 25명의 단체 입장권을 사는 것이 유리한지 구하시오.

(단, 25명 미만이어도 25명의 단체 입장권을 살 수 있다.)

0534 상중

입장료가 한 사람당 8000원이고 단체 입장 시 할인율이 다음 표와 같은 미술관이 있다. 20명 이상 30명 미만의 단체가 입장하려고 할 때, 몇 명 이상부터 30명의 단체 입장권을 사는 것이 유리한지 구하시오.

(단, 30명 미만이어도 30명의 단체 입장권을 살 수 있다.)

인원	단체 입장권 할인율
20명 이상 30명 미만	10 %
30명 이상	20 %

유형 08 도형에 대한 문제

(1) 삼각형이 되는 조건

  ➡ (가장 긴 변의 길이)＜(나머지 두 변의 길이의 합)

(2) (삼각형의 넓이)$=\dfrac{1}{2}\times$(밑변의 길이)$\times$(높이)

(3) (사다리꼴의 넓이)

  $=\dfrac{1}{2}\times$ {(윗변의 길이)＋(아랫변의 길이)} $\times$ (높이)

0535 대표문제

삼각형의 세 변의 길이가 $x+1$, $x+6$, $x+10$일 때, 다음 중 x의 값이 될 수 없는 것은?

① 3   ② 4   ③ 5
④ 6   ⑤ 7

0536 중하

가로의 길이가 10 cm인 직사각형이 있다. 이 직사각형의 둘레의 길이가 28 cm 이상이 되게 하려면 세로의 길이는 몇 cm 이상이어야 하는지 구하시오.

0537 중

오른쪽 그림과 같이 밑면인 원의 반지름의 길이가 3 cm인 원뿔이 있다. 이 원뿔의 부피가 42π cm³ 이상일 때, 원뿔의 높이는 몇 cm 이상이어야 하는지 구하시오.

3 cm

0538 중 서술형

오른쪽 그림과 같이 윗변의 길이가 8 cm, 높이가 4 cm인 사다리꼴이 있다. 이 사다리꼴의 넓이가 40 cm² 이하일 때, 아랫변의 길이는 몇 cm 이하이어야 하는지 구하시오.

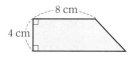

8 cm

4 cm

05 일차부등식의 활용

유형 09 원가, 정가에 대한 문제

(1) x원인 물건에 $a\,\%$의 이익을 붙인 가격 $\Rightarrow \left(1+\dfrac{a}{100}\right)x$원

y원인 물건을 $b\,\%$ 할인한 가격 $\Rightarrow \left(1-\dfrac{b}{100}\right)y$원

(2) (이익)=(판매 가격)−(원가)

0539 대표문제

원가가 6000원인 물건을 정가의 10 %를 할인하여 팔아서 원가의 20 % 이상의 이익을 얻으려고 할 때, 정가는 얼마 이상으로 정하면 되는가?

① 7000원 ② 7500원 ③ 8000원
④ 8500원 ⑤ 9000원

0540 ㈜

원가가 15000원인 신발이 있다. 이 신발을 정가의 40 %를 할인하여 팔아서 3000원 이상의 이익을 얻으려고 할 때, 정가는 얼마 이상으로 정해야 하는지 구하시오.

0541 ⓢ중

어느 상품에 원가의 30 %의 이익을 붙여 정가를 정하였다. 세일 기간 중에 1500원을 할인하여 판매하였더니 원가의 10 % 이상의 이익을 얻었을 때, 이 상품의 원가는 얼마 이상인지 구하시오.

유형 10 거리, 속력, 시간에 대한 문제 (1)

(1) (거리)=(속력)×(시간), (속력)=$\dfrac{(거리)}{(시간)}$, (시간)=$\dfrac{(거리)}{(속력)}$

(2) (갈 때 걸린 시간)+(올 때 걸린 시간)≤(전체 걸린 시간)

0542 대표문제

등산을 하는데 올라갈 때는 시속 3 km로, 내려올 때는 같은 길을 시속 4 km로 걸어서 4시간 40분 이내에 등산을 마치려고 한다. 이때 최대 몇 km 떨어진 지점까지 올라갔다 내려올 수 있는지 구하시오.

0543 ㈜ 서술형

동원이는 아버지와 함께 올레길을 산책하였다. 갈 때는 시속 4 km로 걸었고, 올 때는 갈 때보다 1 km 더 먼 길을 시속 5 km로 걸었다. 산책하는 데 걸린 시간이 2시간 이내였다면 동원이와 아버지가 갈 때 걸은 거리는 최대 몇 km인지 구하시오.

0544 ㈜

터미널에서 버스를 기다리는데 출발하기 전까지 1시간의 여유가 있어서 그 사이에 상점에 가서 물건을 사오려고 한다. 시속 3 km로 걷고, 상점에서 물건을 사는 데 10분이 걸린다고 할 때, 터미널에서 몇 km 이내에 있는 상점을 이용해야 하는가?

① $\dfrac{2}{3}$ km ② $\dfrac{3}{4}$ km ③ 1 km
④ $\dfrac{5}{4}$ km ⑤ $\dfrac{3}{2}$ km

유형 11 거리, 속력, 시간에 대한 문제 (2)

A 지점에서 B 지점까지 가는 데 걸리는 시간

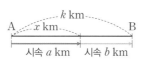

$\Rightarrow \left(\dfrac{x}{a} + \dfrac{k-x}{b} \right)$시간

0545 대표문제

A 지점에서 10 km 떨어진 B 지점까지 가는데 처음에는 시속 5 km로 걷다가 도중에 시속 3 km로 걸어서 3시간 이내에 B 지점에 도착하려고 한다. 이때 몇 km 이상을 시속 5 km로 걸어야 하는가?

① 2 km   ② 2.5 km   ③ 3 km
④ 3.5 km   ⑤ 4 km

0546 (중)

집에서 2 km 떨어진 도서관까지 가는데 처음에는 분속 60 m로 걷다가 늦을 것 같아 도중에 분속 180 m로 뛰었더니 20분 이내에 도착하였다. 이때 몇 m 이상을 분속 180 m로 뛰어야 하는가?

① 800 m   ② 900 m   ③ 1000 m
④ 1100 m   ⑤ 1200 m

0547 (중)

A 지점에서 16 km 떨어진 B 지점까지 가는데 처음에는 시속 9 km로 자전거를 타고 달리다가 도중에 자전거가 고장 나서 시속 3 km로 걸었다. B 지점에 2시간 40분 이내에 도착하였을 때, 시속 3 km로 걸은 거리는 최대 몇 km인지 구하시오.

유형 12 농도에 대한 문제
; 물을 넣거나 증발시키는 경우

(1) (소금의 양) $= \dfrac{(소금물의 농도)}{100} \times (소금물의 양)$

(2) 소금물에 물을 더 넣거나 증발시켜도 소금의 양은 변하지 않는다.

0548 대표문제

10 %의 소금물 600 g이 있다. 이 소금물에서 물을 증발시켜 농도가 15 % 이상이 되게 하려고 할 때, 최소 몇 g의 물을 증발시켜야 하는지 구하시오.

0549 (중) 서술형

7 %의 소금물 300 g이 있다. 이 소금물에 물을 더 넣어 농도가 5 % 이하가 되게 하려고 할 때, 물을 몇 g 이상 더 넣어야 하는지 구하시오.

0550 (상중)

8 %의 소금물 200 g에 소금을 더 넣어 20 % 이상의 소금물을 만들려고 한다. 이때 소금을 몇 g 이상 더 넣어야 하는가?

① 20 g   ② 25 g   ③ 30 g
④ 35 g   ⑤ 40 g

개념원리 중학 수학 2–1 116쪽

유형 13 농도에 대한 문제; 두 소금물을 섞는 경우

농도가 다른 두 소금물을 섞는 경우

$$\begin{pmatrix} a\,\%의 \\ 소금물의 \\ 소금의 양 \end{pmatrix} + \begin{pmatrix} b\,\%의 \\ 소금물의 \\ 소금의 양 \end{pmatrix} \boxed{} \begin{pmatrix} 새로 만든 \\ 소금물의 \\ 소금의 양 \end{pmatrix}$$

조건에 맞는 부등호 ($>$, $<$, $\geq$, $\leq$)

0551 대표문제

14 %의 소금물 300 g과 9 %의 소금물을 섞어서 12 % 이하의 소금물을 만들려고 한다. 9 %의 소금물을 몇 g 이상 섞어야 하는가?

① 150 g ② 180 g ③ 200 g
④ 230 g ⑤ 250 g

0552 중

4 %의 소금물 400 g과 8 %의 소금물을 섞어서 7 % 이하의 소금물을 만들려고 한다. 8 %의 소금물을 몇 g 이하 섞어야 하는지 구하시오.

0553 중

12 %의 설탕물과 20 %의 설탕물을 섞어서 14 % 이상의 설탕물 600 g을 만들려고 한다. 20 %의 설탕물을 몇 g 이상 섞어야 하는지 구하시오.

개념원리 중학 수학 2–1 120쪽

유형UP 14 합금, 식품에 대한 문제

(1) (금속의 양) $= \dfrac{(금속의 비율)}{100} \times (합금의 양)$

(2) (영양소의 양) $= \dfrac{(영양소의 비율)}{100} \times (식품의 양)$

0554 대표문제

구리를 20 % 포함한 합금 A와 구리를 30 % 포함한 합금 B가 있다. 두 합금 A, B를 녹여서 구리를 130 g 이상 포함하는 합금 500 g을 만들려고 할 때, 합금 B는 최소 몇 g이 필요한지 구하시오.

0555 상종

금이 40 % 포함된 합금 A와 금이 70 % 포함된 합금 B가 있다. 두 합금 A, B를 녹여서 금이 180 g 이상 포함된 합금 300 g을 만들려고 할 때, 합금 A는 최대 몇 g이 필요한가?

① 80 g ② 100 g ③ 120 g
④ 140 g ⑤ 160 g

0556 상종

오른쪽 표는 두 식품 A, B의 100 g당 열량을 나타낸 것이다. 두 식품 A, B를 합하여 400 g을 섭취하여 열량 700 kcal 이상을 얻으려고 할 때, 식품 B는 최소 몇 g을 섭취해야 하는지 구하시오.

식품	열량 (kcal)
A	150
B	350

시험에 꼭 나오는 문제

0557
연속하는 세 짝수의 합이 57보다 크다고 한다. 이와 같은 수 중에서 가장 작은 세 짝수를 구하시오.

0558
형은 21개의 구슬을 가지고 있고, 동생은 6개의 구슬을 가지고 있다. 형이 동생에게 몇 개의 구슬을 주면 형이 가지고 있는 구슬의 개수는 동생이 가지고 있는 구슬의 개수의 2배보다 적어진다고 한다. 이때 형이 동생에게 준 구슬은 몇 개 이상이어야 하는가?

① 2개　　　　② 3개　　　　③ 4개
④ 5개　　　　⑤ 6개

0559 중요
현재 지유와 태호의 통장 잔액은 각각 35000원, 20000원이다. 다음 달부터 지유는 매달 8000원씩, 태호는 매달 2000원씩 예금한다고 할 때, 지유의 예금액이 태호의 예금액의 3배보다 많아지는 것은 몇 개월 후부터인가?

(단, 이자는 생각하지 않는다.)

① 9개월　　　② 10개월　　　③ 11개월
④ 12개월　　　⑤ 13개월

0560
서윤이의 4회까지의 50 m 달리기 대회 기록의 평균이 8.6초이었다. 5회까지의 대회 기록의 평균이 8.8초 이내가 되려면 5회째 대회에서 몇 초 이내로 들어와야 하는가?

① 9.2초　　　　② 9.4초　　　　③ 9.6초
④ 9.8초　　　　⑤ 10초

0561
한 권에 800원인 공책과 한 자루에 500원인 볼펜 2자루를 구입하려고 한다. 전체 금액이 9000원 이하가 되게 하려면 공책을 최대 몇 권까지 살 수 있는가?

① 7권　　　　② 8권　　　　③ 9권
④ 10권　　　　⑤ 11권

0562 중요
어느 음악 사이트에서는 음악 4곡을 내려받는 데 2000원이고 4곡을 넘으면 한 곡 추가할 때마다 300원이 추가된다고 한다. 음악 한 곡을 내려받는 데 400원 이하가 되게 하려면 최소 몇 곡을 내려받으면 되는지 구하시오.

0563 중요

어느 놀이공원의 입장료는 1인당 20000원인데 40명 이상의 단체에 대해서는 입장료의 25 %를 할인해 준다고 한다. 40명 미만의 단체가 입장하려고 할 때, 몇 명 이상부터 40명의 단체 입장권을 사는 것이 유리한가?

 (단, 40명 미만이어도 40명의 단체 입장권을 살 수 있다.)

① 30명 　　　② 31명 　　　③ 32명
④ 33명 　　　⑤ 34명

0564

오른쪽 그림과 같은 직사각형 ABCD에서 변 CD의 중점을 M이라 하자. △APM의 넓이가 26 cm² 이하가 되도록 변 BC 위에 점 P를 정하려고 할 때, 점 B에서 몇 cm 이상 떨어진 곳에 점 P를 정하면 되는지 구하시오.

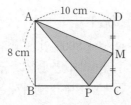

0565

정가가 9000원인 모자를 40 % 할인하여 팔아서 원가의 20 % 이상의 이익을 얻으려고 할 때, 원가는 얼마 이하이어야 하는가?

① 4000원 　　　② 4500원 　　　③ 5000원
④ 5500원 　　　⑤ 6000원

0566

A 지점에서 12 km 떨어진 B 지점까지 가는데 처음에는 시속 2 km로 걷다가 도중에 시속 6 km로 뛰어서 4시간 이내에 B 지점에 도착하려고 한다. 이때 몇 km 이상을 시속 6 km로 뛰어야 하는지 구하시오.

0567

민성이와 정윤이가 같은 지점에서 동시에 출발하여 서로 반대 방향으로 직선 도로를 따라 걷고 있다. 민성이는 시속 4 km로 걷고, 정윤이는 시속 2 km로 걸을 때, 민성이와 정윤이가 2 km 이상 떨어지려면 몇 분 이상 걸어야 하는가?

① 10분 　　　② 15분 　　　③ 20분
④ 25분 　　　⑤ 30분

0568

4 %의 설탕물과 9 %의 설탕물을 섞어서 7 % 이상의 설탕물 700 g을 만들려고 할 때, 4 %의 설탕물을 몇 g 이하 섞어야 하는가?

① 200 g 　　　② 230 g 　　　③ 250 g
④ 280 g 　　　⑤ 300 g

정답 및 풀이 41쪽

서술형 주관식

0569

한 개에 2000원인 광어 초밥과 한 개에 3000원인 소고기 초밥을 합하여 12개를 주문하려고 한다. 배달비 2000원을 포함한 전체 금액이 30000원 이하가 되도록 하려면 소고기 초밥을 최대 몇 개까지 주문할 수 있는지 구하시오.

0570

다음은 A 회사와 B 회사의 무선인터넷 사용 요금 안내표이다. 한 달 사용 시간이 몇 시간 초과일 때, B 회사를 이용하는 것이 유리한지 구하시오.

A 회사		B 회사	
기본요금	시간당 요금	기본요금	시간당 요금
6000원	400원	30000원	없음

0571 중요

역에서 기차를 기다리는데 출발하기 전까지 1시간 15분의 여유가 있어서 이 시간을 이용하여 상점에 가서 물건을 사오려고 한다. 시속 4 km로 걷고, 상점에서 물건을 사는 데 15분이 걸린다고 할 때, 역에서 몇 km 이내에 있는 상점을 이용하면 되는지 구하시오.

실력 UP

0572

어떤 일을 끝내는 데 남자 한 명은 10일, 여자 한 명은 12일이 걸린다고 한다. 남녀를 합하여 11명이 하루에 일을 끝내려고 한다면 남자는 최소 몇 명이 필요한지 구하시오.

0573

5 %의 소금물 200 g이 있다. 이 소금물에서 물을 증발시킨 후 증발시킨 물의 양만큼 소금을 넣어 농도가 8 % 이상이 되게 하려고 한다. 이때 물을 몇 g 이상 증발시켜야 하는지 구하시오.

0574

오른쪽 표는 두 식품 A, B의 100 g당 단백질의 양을 나타낸 것이다. 두 식품 A, B를 합하여 300 g을 섭취

식품	단백질 (g)
A	15
B	20

하여 단백질 56 g 이상을 얻으려고 할 때, 식품 A는 몇 g 이하 섭취해야 하는지 구하시오.

힘내자
나는 할수있다
아자아자
파이팅!

⑩ 서령(@seoryung_213)

IV

연립일차방정식

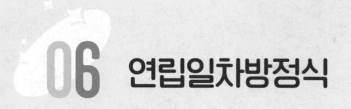

06 연립일차방정식

06-1 미지수가 2개인 일차방정식

(1) **미지수가 2개인 일차방정식**: 미지수가 2개이고, 그 차수가 모두 1인 방정식

➡ 일반적으로 미지수가 2개인 일차방정식은 다음과 같이 나타낼 수 있다.

$$ax+by+c=0 \text{ (단, } a, b, c\text{는 상수, } a\neq0, b\neq0)$$

예 $x-2y-3=0$, $4x-5y=0$

(2) **미지수가 2개인 일차방정식의 해**: 미지수가 x, y의 2개인 일차방정식을 참이 되게 하는 x, y의 값 또는 그 순서쌍 (x, y)

(3) **일차방정식을 푼다**: 일차방정식의 해를 모두 구하는 것

예 x, y가 자연수일 때, 일차방정식 $3x+y=12$를 풀어 보자.

x가 자연수이므로 $3x+y=12$에 $x=1, 2, 3, \cdots$을 차례대로 대입하여 y의 값을 구하면 다음 표와 같다.

x	1	2	3	4	5	$\cdots$
y	9	6	3	0	-3	$\cdots$

이때 x, y는 모두 자연수이므로 해를 x, y의 순서쌍 (x, y)로 나타내면

$(1, 9)$, $(2, 6)$, $(3, 3)$ ➡ $x=1, y=9$ 또는 $x=2, y=6$ 또는 $x=3, y=3$으로 나타낼 수도 있다.

> **개념플러스 ✐**
>
> 미지수가 2개인 일차방정식의 해를 구할 때에는 2개의 미지수의 값을 모두 구해야 한다.
>
> 미지수가 2개인 일차방정식의 자연수인 해를 구할 때, 계수의 절댓값이 큰 미지수에 1, 2, 3, $\cdots$을 차례대로 대입하여 해를 구하는 것이 편리하다.

06-2 미지수가 2개인 연립일차방정식

(1) **연립방정식**: 두 개 이상의 방정식을 한 쌍으로 묶어서 나타낸 것

(2) **미지수가 2개인 연립일차방정식**: 미지수가 2개인 두 일차방정식을 한 쌍으로 묶어 놓은 것

예 $\begin{cases} x+y=4 \\ 2x-y=5 \end{cases}$, $\begin{cases} 3x+2y=1 \\ 2x-5y=7 \end{cases}$

(3) **연립방정식의 해**: 연립방정식에서 두 방정식을 동시에 참이 되게 하는 x, y의 값 또는 그 순서쌍 (x, y)

(4) **연립방정식을 푼다**: 연립방정식의 해를 구하는 것

예 x, y가 자연수일 때, 연립방정식 $\begin{cases} x+y=6 & \cdots\cdots ㉠ \\ 2x+y=10 & \cdots\cdots ㉡ \end{cases}$을 풀어 보자.

㉠의 해를 구하면 다음 표와 같다.

x	1	2	3	4	5
y	5	4	3	2	1

㉡의 해를 구하면 다음 표와 같다.

x	1	2	3	4
y	8	6	4	2

따라서 두 일차방정식을 동시에 참이 되게 하는 x, y의 값은 $x=4$, $y=2$이므로 구하는 해를 x, y의 순서쌍 (x, y)로 나타내면 $(4, 2)$이다.

> 미지수가 2개인 일차방정식 각각의 해는 여러 개가 나올 수 있지만 미지수가 2개인 연립일차방정식의 해는 보통 한 쌍이다.

교과서문제 정복하기

06-1 미지수가 2개인 일차방정식

[0575~0578] 다음 중 미지수가 2개인 일차방정식인 것은 ○, 아닌 것은 ×를 ( ) 안에 써넣으시오.

0575 $2x+3y^2=6$ ( )

0576 $-3x+\dfrac{y}{4}=5x$ ( )

0577 $\dfrac{2}{x}-y=1$ ( )

0578 $x+3y=2x+3y+2$ ( )

[0579~0582] 다음 x, y의 순서쌍 중 일차방정식 $3x-y=4$의 해인 것은 ○, 해가 아닌 것은 ×를 ( ) 안에 써넣으시오.

0579 $(-1, 1)$ ( )

0580 $(0, -4)$ ( )

0581 $(1, -1)$ ( )

0582 $(3, 5)$ ( )

[0583~0584] 다음 일차방정식에 대하여 표를 완성한 후 이를 이용하여 x, y가 자연수일 때, 일차방정식의 모든 해를 x, y의 순서쌍 (x, y)로 나타내시오.

0583 $4x+y=18$

x	1	2	3	4	5
y					

0584 $x+5y=17$

x				
y	1	2	3	4

06-2 미지수가 2개인 연립일차방정식

[0585~0587] x, y가 자연수일 때, 연립방정식 $\begin{cases} x+y=5 \\ x+2y=7 \end{cases}$에 대하여 다음 물음에 답하시오.

0585 일차방정식 $x+y=5$에 대하여 표를 완성한 후 이를 이용하여 일차방정식의 모든 해를 x, y의 순서쌍 (x, y)로 나타내시오.

x	1	2	3	4	5
y					

0586 일차방정식 $x+2y=7$에 대하여 표를 완성한 후 이를 이용하여 일차방정식의 모든 해를 x, y의 순서쌍 (x, y)로 나타내시오.

x				
y	1	2	3	4

0587 연립방정식의 해를 x, y의 순서쌍 (x, y)로 나타내시오.

0588 x, y가 자연수일 때, 연립방정식 $\begin{cases} x+y=8 \\ 3x+y=16 \end{cases}$의 해를 x, y의 순서쌍 (x, y)로 나타내시오.

[0589~0592] 다음 연립방정식 중 $x=1$, $y=-2$가 해인 것은 ○, 해가 아닌 것은 ×를 ( ) 안에 써넣으시오.

0589 $\begin{cases} 2x+y=0 \\ x-y=3 \end{cases}$ ( )

0590 $\begin{cases} x+y=-1 \\ 4x-y=5 \end{cases}$ ( )

0591 $\begin{cases} x=2y+6 \\ x=-2y-3 \end{cases}$ ( )

0592 $\begin{cases} -7x+2y=-11 \\ 3x-8y=19 \end{cases}$ ( )

06 연립일차방정식

06-3 **연립방정식의 풀이: 대입법**

개념플러스 ❷

(1) **대입법**: 연립방정식의 두 일차방정식 중 한 방정식을 다른 방정식에 대입하여 연립방정식의 해를 구하는 방법

(2) **대입법을 이용한 연립방정식의 풀이**
　❶ 한 방정식에서 한 미지수를 다른 미지수에 대한 식으로 나타낸다.
　❷ ❶의 식을 다른 방정식에 대입하여 한 미지수를 없앤 후 일차방정식을 푼다.
　❸ ❷에서 구한 해를 ❶의 식에 대입하여 다른 미지수의 값을 구한다.

> 두 방정식 중 어느 하나가
> $x=(y$에 대한 식$)$ 또는
> $y=(x$에 대한 식$)$의 꼴
> 일 때, 대입법을 이용하면 편리하다.

06-4 **연립방정식의 풀이: 가감법**

(1) **가감법**: 연립방정식의 두 일차방정식을 변끼리 더하거나 빼서 연립방정식의 해를 구하는 방법

(2) **가감법을 이용한 연립방정식의 풀이**
　❶ 없애려는 미지수의 계수의 절댓값이 같아지도록 각 방정식의 양변에 적당한 수를 곱한다.
　❷ 없애려는 미지수의 계수의 부호가 같으면 변끼리 빼고, 계수의 부호가 다르면 변끼리 더하여 한 미지수를 없앤 다음 일차방정식을 푼다.
　❸ ❷에서 구한 해를 두 방정식 중 간단한 방정식에 대입하여 다른 미지수의 값을 구한다.

> 연립방정식을 풀 때, 가감법과 대입법 중 어느 방법을 이용해도 결과는 같다.

06-5 **여러 가지 연립방정식의 풀이**

(1) **복잡한 연립방정식의 풀이**
　① 괄호가 있는 경우 ➡ 분배법칙을 이용하여 괄호를 풀고 동류항끼리 정리하여 푼다.
　② 계수가 소수인 경우 ➡ 양변에 $10, 100, 1000, \cdots$과 같은 10의 거듭제곱을 곱하여 계수를 정수로 고쳐서 푼다.
　③ 계수가 분수인 경우 ➡ 양변에 분모의 최소공배수를 곱하여 계수를 정수로 고쳐서 푼다.

(2) $A=B=C$의 꼴의 방정식의 풀이

　세 연립방정식 $\begin{cases} A=B \\ A=C \end{cases}$, $\begin{cases} A=B \\ B=C \end{cases}$, $\begin{cases} A=C \\ B=C \end{cases}$ 중 하나의 꼴로 바꾸어 푼다.

　참고 위의 세 연립방정식은 해가 모두 같으므로 가장 간단한 것을 선택하여 푼다.

> $A=B=C$의 꼴의 방정식에서 C가 상수인 경우에는 $\begin{cases} A=C \\ B=C \end{cases}$를 푸는 것이 가장 간단하다.

06-6 **해가 특수한 연립방정식**

연립방정식에서 어느 하나의 일차방정식의 양변에 적당한 수를 곱하였을 때

(1) 나머지 방정식과 같아지는 경우 ➡ 해가 무수히 많다.

　예 $\begin{cases} x+2y=1 \quad \cdots\cdots ㉠ \\ 3x+6y=3 \end{cases}$ $\xrightarrow{㉠\times 3을 하면}$ $\begin{cases} 3x+6y=3 \\ 3x+6y=3 \end{cases}$ ➡ 해가 무수히 많다.

(2) 나머지 방정식과 각 미지수의 계수는 같으나 상수항이 다른 경우 ➡ 해가 없다.

　예 $\begin{cases} x+2y=1 \quad \cdots\cdots ㉠ \\ 3x+6y=5 \end{cases}$ $\xrightarrow{㉠\times 3을 하면}$ $\begin{cases} 3x+6y=3 \\ 3x+6y=5 \end{cases}$ ➡ 해가 없다.

> 연립방정식 $\begin{cases} ax+by=c \\ a'x+b'y=c' \end{cases}$에서
> ① $\dfrac{a}{a'}=\dfrac{b}{b'}=\dfrac{c}{c'}$
> ➡ 해가 무수히 많다.
> ② $\dfrac{a}{a'}=\dfrac{b}{b'}\neq\dfrac{c}{c'}$
> ➡ 해가 없다.

정답 및 풀이 43쪽

교과서문제 정복하기

06-3 연립방정식의 풀이; 대입법

0593 다음은 연립방정식 $\begin{cases} x-2y=1 & \cdots\cdots\, \bigcirc \\ 3x+4y=13 & \cdots\cdots\, \bigcirc \end{cases}$ 을 대입법으로 푸는 과정이다. □ 안에 알맞은 것을 써넣으시오.

$\bigcirc$에서 x를 y에 대한 식으로 나타내면

$x=\boxed{}$ $\cdots\cdots\, \bigcirc$

$\bigcirc$을 $\bigcirc$에 대입하면 $3(\boxed{})+4y=13$

$10y=\boxed{}$ $\therefore y=\boxed{}$

$y=\boxed{}$을 $\bigcirc$에 대입하면 $x=\boxed{}$

[0594~0595] 다음 연립방정식을 대입법으로 푸시오.

0594 $\begin{cases} y=x-5 \\ 4x-y=-4 \end{cases}$

0595 $\begin{cases} 3x+y=11 \\ 3x+4y=-1 \end{cases}$

06-4 연립방정식의 풀이; 가감법

0596 다음은 연립방정식 $\begin{cases} 6x-y=-8 & \cdots\cdots\, \bigcirc \\ 5x+3y=1 & \cdots\cdots\, \bigcirc \end{cases}$ 을 가감법으로 푸는 과정이다. □ 안에 알맞은 수를 써넣으시오.

y를 없애기 위해 $\bigcirc\times3+\bigcirc$을 하면

$23x=\boxed{}$ $\therefore x=\boxed{}$

$x=\boxed{}$을 $\bigcirc$에 대입하면 $6\times(\boxed{})-y=-8$

$\therefore y=\boxed{}$

[0597~0598] 다음 연립방정식을 가감법으로 푸시오.

0597 $\begin{cases} x-4y=-9 \\ -x+2y=3 \end{cases}$

0598 $\begin{cases} 7x-3y=2 \\ -4x+y=-4 \end{cases}$

06-5 여러 가지 연립방정식의 풀이

[0599~0600] 다음 연립방정식을 푸시오.

0599 $\begin{cases} 3x-5y=7 \\ 4x-3(x-2y)=10 \end{cases}$

0600 $\begin{cases} 2(x-4)+y=-4 \\ 5x-(y-1)=18 \end{cases}$

[0601~0602] 다음 연립방정식을 푸시오.

0601 $\begin{cases} x+0.4y=1.2 \\ 0.2x-0.3y=1 \end{cases}$

0602 $\begin{cases} 1.3x-y=-0.7 \\ 0.03x-0.1y=-0.17 \end{cases}$

[0603~0604] 다음 연립방정식을 푸시오.

0603 $\begin{cases} \dfrac{x}{2}+\dfrac{y}{4}=1 \\ \dfrac{x}{3}-\dfrac{y}{4}=-\dfrac{8}{3} \end{cases}$

0604 $\begin{cases} \dfrac{1}{3}x-\dfrac{1}{2}y=2 \\ \dfrac{1}{5}x-\dfrac{7}{10}y=-\dfrac{2}{5} \end{cases}$

[0605~0606] 다음 방정식을 푸시오.

0605 $2x+y=x+2y=-3$

0606 $4x+y=6x-2y=x+11$

06-6 해가 특수한 연립방정식

[0607~0608] 다음 연립방정식을 푸시오.

0607 $\begin{cases} 3x+6y=8 \\ 6x+12y=10 \end{cases}$

0608 $\begin{cases} 2x+y=4 \\ 4x+2y=8 \end{cases}$

개념원리 중학 수학 2-1 126쪽

유형 01 미지수가 2개인 일차방정식

미지수가 x, y의 2개인 일차방정식
➡ 주어진 식의 모든 항을 좌변으로 이항하여 정리한 식이
$$ax+by+c=0 \ (단, a, b, c는 상수, a \neq 0, b \neq 0)$$
의 꼴인 방정식

0609 대표문제

다음 **보기** 중 미지수가 2개인 일차방정식인 것을 모두 고른 것은?

┌─ 보기 ────────────────────
ㄱ. $3x-y=2$　　　　ㄴ. $2x+3y-1$
ㄷ. $\frac{1}{5}x+\frac{1}{3}y=1$　　ㄹ. $3x+y=3(x-y+1)$
ㅁ. $xy+3x+y=5$　　ㅂ. $x+1=-4y$
└──────────────────────────

① ㄱ, ㄷ　　　② ㄴ, ㄹ　　　③ ㄱ, ㄷ, ㅂ
④ ㄱ, ㄹ, ㅁ　　⑤ ㄱ, ㄷ, ㅁ, ㅂ

0610 하

다음 중 미지수가 2개인 일차방정식은?

① $x^2+y+1=0$　　　　② $x+6y=x-y-2$
③ $2y-(x-y)$　　　　④ $x=4y-3$
⑤ $xy+x=7$

0611 하

가로의 길이가 x cm, 세로의 길이가 y cm인 직사각형의 둘레의 길이가 49 cm일 때, x, y에 대한 일차방정식으로 나타내시오.

0612 중하

다음 중 $ax-3y=4x+5y-1$이 미지수가 2개인 일차방정식이 되도록 하는 상수 a의 값이 <u>아닌</u> 것은?

① 0　　　　　② 1　　　　　③ 2
④ 3　　　　　⑤ 4

개념원리 중학 수학 2-1 127쪽

유형 02 미지수가 2개인 일차방정식의 해

(1) 일차방정식 $ax+by+c=0$의 해
➡ 일차방정식 $ax+by+c=0$을 참이 되게 하는 x, y의 값
(2) x, y가 자연수일 때 일차방정식 $ax+by+c=0$의 해 구하기
➡ x, y 중 계수의 절댓값이 큰 미지수에 1, 2, 3, …을 차례대로 대입하여 나머지 미지수도 자연수가 되는 x, y의 순서쌍 (x, y)를 찾는다.

0613 대표문제

다음 중 주어진 x, y의 순서쌍이 미지수가 2개인 일차방정식의 해인 것은?

① $5x+y=-2$　　$(-1, 6)$
② $-x+2y=8$　　$(1, 4)$
③ $3x-y=0$　　　$(1, 0)$
④ $-4x+7y=5$　　$(-4, -3)$
⑤ $10x-6y=9$　　$\left(\frac{1}{2}, -\frac{2}{3}\right)$

0614 중하

x, y가 자연수일 때, 일차방정식 $2x+3y=26$을 만족시키는 x, y의 순서쌍 (x, y)는 모두 몇 개인가?

① 3개　　　　② 4개　　　　③ 5개
④ 6개　　　　⑤ 7개

0615 중하

다음 방정식 중 $x=-2$, $y=1$을 해로 갖는 것을 모두 고르면? (정답 2개)

① $x-y+1=0$　　　　② $x+y+3=0$
③ $x-2y+4=0$　　　　④ $x+5y-1=0$
⑤ $4x-3y+11=0$

개념원리 중학 수학 2-1 127쪽

유형 03 일차방정식의 해가 주어질 때

일차방정식의 해가 $x=p$, $y=q$로 주어질 때

➡ $x=p$, $y=q$를 일차방정식에 대입한 후 등식이 성립함을 이용하여 문자의 값을 구한다.

0616 대표문제

일차방정식 $ax+3y=6$의 한 해가 $x=-3$, $y=1$일 때, 상수 a의 값은?

① -2 ② -1 ③ 1
④ 2 ⑤ 3

0617 하

x, y의 순서쌍 $(-4, k)$가 일차방정식 $x-5y=16$의 한 해일 때, k의 값은?

① -4 ② -2 ③ -1
④ 2 ⑤ 4

0618 중

일차방정식 $ax-y-3=0$의 한 해가 $x=2$, $y=7$이다. $y=-13$일 때, x의 값은? (단, a는 상수이다.)

① -2 ② -1 ③ 0
④ 1 ⑤ 2

0619 중 서술형

x, y의 순서쌍 $(4, a)$, $(b+1, 3)$이 모두 일차방정식 $2x-y=4$의 해일 때, $a+6b$의 값을 구하시오.

개념원리 중학 수학 2-1 128쪽

유형 04 연립방정식과 그 해

(1) 미지수가 2개인 연립일차방정식: 미지수가 2개인 두 일차방정식을 한 쌍으로 묶어 놓은 것

(2) 연립방정식 $\begin{cases} ax+by=c \\ a'x+b'y=c' \end{cases}$의 해

➡ 두 방정식 $ax+by=c$, $a'x+b'y=c'$을 동시에 참이 되게 하는 x, y의 값

0620 대표문제

다음 보기의 연립방정식 중 $x=1$, $y=2$를 해로 갖는 것을 모두 고른 것은?

보기

ㄱ. $\begin{cases} x+y=3 \\ x-y=1 \end{cases}$ ㄴ. $\begin{cases} x+2y=5 \\ 2x+3y=8 \end{cases}$

ㄷ. $\begin{cases} 2x-y=-1 \\ 6x+5y=16 \end{cases}$ ㄹ. $\begin{cases} 4x+y=6 \\ 3x-2y=-1 \end{cases}$

① ㄱ, ㄴ   ② ㄱ, ㄷ   ③ ㄴ, ㄷ
④ ㄴ, ㄹ   ⑤ ㄷ, ㄹ

0621 중하

다음 문장을 미지수가 2개인 연립방정식으로 나타내면?

초콜릿 50개를 전체 학생 11명에게 4개씩 x명, 5개씩 y명이 받도록 모두 나누어 주었다.

① $\begin{cases} x-y=11 \\ 4x-5y=50 \end{cases}$ ② $\begin{cases} x-y=11 \\ 4x+5y=50 \end{cases}$

③ $\begin{cases} x+y=11 \\ 4x-5y=50 \end{cases}$ ④ $\begin{cases} x+y=11 \\ 4x+5y=50 \end{cases}$

⑤ $\begin{cases} x+y=11 \\ 5x+4y=50 \end{cases}$

0622 중

x, y가 자연수일 때, 연립방정식 $\begin{cases} 2x+3y=19 \\ 4x+y=13 \end{cases}$의 해는 $x=a$, $y=b$이다. ab의 값을 구하시오.

유형 05 연립방정식의 해가 주어질 때 (1)

연립방정식 $\begin{cases} ax+by=c \\ a'x+b'y=c' \end{cases}$ 의 해가 $x=p$, $y=q$로 주어질 때

➡ $x=p$, $y=q$를 일차방정식 $ax+by=c$, $a'x+b'y=c'$에 대입하면 등식이 모두 성립한다.

0623 대표문제

연립방정식 $\begin{cases} x+y=a \\ bx-y=10 \end{cases}$ 의 해가 $x=4$, $y=-2$일 때, 상수 a, b에 대하여 ab의 값을 구하시오.

0624 중하

연립방정식 $\begin{cases} 2x-9y=3 \\ ax+5y=-14 \end{cases}$ 를 만족시키는 y의 값이 -1일 때, 상수 a의 값을 구하시오.

0625 중

x, y의 순서쌍 $(2, b)$가 연립방정식 $\begin{cases} -x+3y=-11 \\ 3x+ay=9 \end{cases}$ 의 해일 때, $b-a$의 값을 구하시오. (단, a는 상수이다.)

0626 중

연립방정식 $\begin{cases} x+2y=4 \\ ax+y=16 \end{cases}$ 의 해가 $x=b+2$, $y=b-2$일 때, $a+b$의 값은? (단, a는 상수이다.)

① 6   ② 9   ③ 12
④ 15   ⑤ 18

유형 06 연립방정식의 풀이: 대입법

x, y에 대한 연립방정식에서 한 방정식이

$x=(y$에 대한 식$)$ 또는 $y=(x$에 대한 식$)$

의 꼴이거나 위의 꼴로 나타내기 쉬울 때

➡ 이 식을 다른 방정식에 대입하여 해를 구한다.

0627 대표문제

연립방정식 $\begin{cases} 2x-y=-6 \\ x=-3y+4 \end{cases}$ 의 해가 $x=p$, $y=q$일 때, $p+q$의 값은?

① -4 ② -2 ③ 0
④ 2   ⑤ 4

0628 중하

연립방정식 $\begin{cases} y=7-5x & \cdots\cdots ㉠ \\ 3x-2y=12 & \cdots\cdots ㉡ \end{cases}$ 에서 ㉠을 ㉡에 대입하여 y를 없애면 $kx=26$이다. 이때 상수 k의 값을 구하시오.

0629 중 서술형

연립방정식 $\begin{cases} y=4x-8 \\ y=-6x+22 \end{cases}$ 의 해가 일차방정식 $ax+y-10=0$을 만족시킬 때, 상수 a의 값을 구하시오.

유형 07 연립방정식의 풀이 ; 가감법

가감법을 이용하여 연립방정식을 풀 때에는 다음과 같은 순서로 한다.
❶ 없애려는 미지수의 계수의 절댓값이 같아지도록 각 방정식의 양변에 적당한 수를 곱한다.
❷ 계수의 부호가 같으면 변끼리 빼고, 계수의 부호가 다르면 변끼리 더하여 해를 구한다.

0630 대표문제

연립방정식 $\begin{cases} x-5y=14 \\ 2x-y=10 \end{cases}$ 을 만족시키는 x, y에 대하여 $x-y$의 값을 구하시오.

0631 하

연립방정식 $\begin{cases} 4x-3y=6 \cdots\cdots ㉠ \\ 3x+2y=13 \cdots\cdots ㉡ \end{cases}$ 에서 가감법을 이용하여 y를 없애려고 한다. 이때 필요한 식은?

① ㉠×3+㉡×2   ② ㉠×3−㉡×2
③ ㉠×2+㉡×3   ④ ㉠×2−㉡×3
⑤ ㉠×3−㉡×4

0632 중

연립방정식 $\begin{cases} 2x-y=9 \\ 10x+3y=-11 \end{cases}$ 의 해가 $x=a$, $y=b$일 때, $5a+b$의 값을 구하시오.

0633 중

다음 중 연립방정식의 해가 나머지 넷과 <u>다른</u> 하나는?

① $\begin{cases} x+y=-1 \\ x-y=5 \end{cases}$ ② $\begin{cases} x+2y=-4 \\ 4x-y=11 \end{cases}$
③ $\begin{cases} 3x+4y=-6 \\ 5x-y=13 \end{cases}$ ④ $\begin{cases} 6x+y=9 \\ x+6y=-16 \end{cases}$
⑤ $\begin{cases} 2x+3y=-2 \\ 3x-5y=16 \end{cases}$

유형 08 괄호가 있는 연립방정식의 풀이

분배법칙을 이용하여 괄호를 풀고 동류항끼리 정리한 후 푼다.
➡ $-(A+B)=-A-B$, $A(B+C)=AB+AC$

0634 대표문제

연립방정식 $\begin{cases} 3x+4(y-1)=-3 \\ 2(x-y)-12=y \end{cases}$ 의 해가 $x=a$, $y=b$일 때, $a+b$의 값은?

① −2   ② −1   ③ 0
④ 1   ⑤ 2

0635 중하

연립방정식 $\begin{cases} 3(x+2y)-4y=2 \\ 7x-2(3x-y)=14 \end{cases}$ 를 풀면?

① $x=-6$, $y=-10$ ② $x=-6$, $y=10$
③ $x=-6$, $y=15$ ④ $x=6$, $y=-10$
⑤ $x=6$, $y=15$

0636 중

연립방정식 $\begin{cases} 4(x+y)-3y=-7 \\ 3x-2(x+y)=5 \end{cases}$ 의 해가 일차방정식 $3x-2y=a$를 만족시킬 때, 상수 a의 값을 구하시오.

0637 중 서술형

연립방정식 $\begin{cases} 5(x+2y)=7y-1 \\ 3(x-4)=4(x+y)-5 \end{cases}$ 의 해가 $x=a$, $y=b$일 때, 일차방정식 $bx=a$의 해를 구하시오.

유형 09 계수가 소수 또는 분수인 연립방정식의 풀이

양변에 적당한 수를 곱하여 계수를 정수로 고친 후 푼다.
① 계수가 소수 ➡ 양변에 10의 거듭제곱을 곱한다.
② 계수가 분수 ➡ 양변에 분모의 최소공배수를 곱한다.

0638 대표문제

연립방정식 $\begin{cases} \dfrac{1}{5}x + \dfrac{1}{2}y = -\dfrac{1}{2} \\ 0.03x - 0.01y = 0.18 \end{cases}$ 의 해가 $x=a$, $y=b$일

때, $a-b$의 값을 구하시오.

0639 (하)

연립방정식 $\begin{cases} 0.01x + 0.07y = 2 \\ 0.4x - 0.3y = -18 \end{cases}$ 에서 각각의 방정식의 계

수를 정수로 고치려고 한다. 다음 중 바르게 고친 것은?

① $\begin{cases} x + 7y = 2 \\ 4x - 3y = -18 \end{cases}$

② $\begin{cases} x + 7y = 20 \\ 4x - 3y = -18 \end{cases}$

③ $\begin{cases} x + 7y = 20 \\ 4x - 3y = -180 \end{cases}$

④ $\begin{cases} x + 7y = 200 \\ 4x - 3y = -18 \end{cases}$

⑤ $\begin{cases} x + 7y = 200 \\ 4x - 3y = -180 \end{cases}$

0640 (중)

연립방정식 $\begin{cases} \dfrac{x+y}{4} - \dfrac{x+y}{6} = 1 \\ \dfrac{x-y}{2} - \dfrac{2x+y}{3} = -6 \end{cases}$ 을 푸시오.

0641 (중)

x, y의 순서쌍 (a, b)가 연립방정식

$\begin{cases} 0.01x + 0.02y = 0.07 \\ \dfrac{1}{3}x - \dfrac{3}{2}y = -2 \end{cases}$ 의 해일 때, ab의 값을 구하시오.

유형 10 비례식을 포함한 연립방정식의 풀이

비례식 $a:b=c:d$로 주어질 때
➡ $ad=bc$임을 이용하여 비례식을 일차방정식으로 고쳐서 푼다.

0642 대표문제

x, y의 순서쌍 (a, b)가 연립방정식

$\begin{cases} (x+1):3y = 3:2 \\ 2(x-3) + 3(2y-x) = -2 \end{cases}$ 의 해일 때, $a+b$의 값은?

① -10 ② -6 ③ -4

④ 6 ⑤ 10

0643 (중)

연립방정식 $\begin{cases} 3:(x+4y) = 2:(3x-2) \\ 0.1x + 0.4y = 0.6 \end{cases}$ 을 만족시키는

x, y에 대하여 $x-y$의 값은?

① 1 ② 2 ③ 3

④ 4 ⑤ 5

0644 (상중) 서술형

연립방정식 $\begin{cases} 1:(y-3) = 4:(x+6) \\ \dfrac{y}{5} - \dfrac{3x+2}{4} = -1 \end{cases}$ 의 해가 일차방정식

$6x - ky = 8$을 만족시킬 때, 상수 k의 값을 구하시오.

정답 및 풀이 48쪽

개념원리 중학 수학 2-1 136쪽

유형 11 $A=B=C$의 꼴의 방정식의 풀이

$A=B=C$의 꼴의 방정식은 세 연립방정식
$$\begin{cases} A=B \\ A=C \end{cases} \text{ 또는 } \begin{cases} A=B \\ B=C \end{cases} \text{ 또는 } \begin{cases} A=C \\ B=C \end{cases}$$
중 가장 간단한 것을 선택하여 푼다.

0645 대표문제

방정식 $x-2y+7=2x+3y+6=-5x-y-18$을 풀면?

① $x=-4,\ y=-1$ ② $x=-4,\ y=1$

③ $x=4,\ y=-1$ ④ $x=4,\ y=1$

⑤ $x=4,\ y=2$

0646 중하

다음 방정식을 만족시키는 $x,\ y$에 대하여 $y-x$의 값을 구하시오.

$$5x-2y=3x+y-10=8$$

0647 중

$x,\ y$의 순서쌍 $(a,\ b)$가 방정식
$$4(x-2)=2x+2y-4=3x-3y+18$$
의 해일 때, a^2+b^2의 값은?

① 20 ② 45 ③ 61

④ 85 ⑤ 100

0648 중

방정식 $x+2y=\dfrac{x-3y+1}{2}=2x-\dfrac{y-1}{3}$의 해가 $x=a$, $y=b$일 때, $2a+7b$의 값을 구하시오.

개념원리 중학 수학 2-1 136쪽

유형 12 연립방정식의 해가 주어질 때 (2)

연립방정식 $\begin{cases} ax+by=c \\ a'x+b'y=c' \end{cases}$의 해가 $x=p,\ y=q$로 주어질 때

➡ $x=p,\ y=q$를 일차방정식 $ax+by=c$, $a'x+b'y=c'$에 대입하여 새로운 연립방정식을 만든 후 푼다.

0649 대표문제

$x,\ y$의 순서쌍 $(5,\ -1)$이 연립방정식 $\begin{cases} ax+by=9 \\ bx-ay=7 \end{cases}$의 해일 때, 상수 $a,\ b$에 대하여 $a+b$의 값은?

① -2 ② -1 ③ 1

④ 2 ⑤ 3

0650 중

연립방정식 $\begin{cases} ax+by=13 \\ ax-2by=-2 \end{cases}$의 해가 $x=2,\ y=-1$일 때, 상수 $a,\ b$에 대하여 ab의 값을 구하시오.

0651 중

연립방정식 $\begin{cases} 4x+7y+a=0 \\ ax-9y=24 \end{cases}$의 해가 $x=3,\ y=b$일 때, $a+b$의 값을 구하시오. (단, a는 상수이다.)

0652 상중 서술형

방정식 $ax-3by+8=3ax+by-6=x+5y$의 해가 $x=5,\ y=1$일 때, 상수 $a,\ b$에 대하여 $a-2b$의 값을 구하시오.

유형 13 연립방정식의 해가 다른 일차방정식을 만족시킬 때

연립방정식 $\begin{cases} ㉠ \\ ㉡ \end{cases}$의 해가 일차방정식 ㉢을 만족시킨다.

➡ 일차방정식 ㉠, ㉡, ㉢ 중 x, y 이외의 미지수가 존재하지 않는 두 일차방정식으로 연립방정식을 세운 후 푼다.

0653 대표문제

연립방정식 $\begin{cases} 5x+4y=11 \\ 2x+y=a \end{cases}$의 해가 일차방정식 $x-3y=6$ 을 만족시킬 때, 상수 a의 값을 구하시오.

0654 중

연립방정식 $\begin{cases} 2y=x \\ x+ay=-6 \end{cases}$의 해가 일차방정식 $3x+5y=11$을 만족시킬 때, 상수 a의 값은?

① -11 ② -8 ③ -5
④ -2 ⑤ 0

0655 중

다음 세 일차방정식이 공통인 해를 가질 때, 상수 a의 값을 구하시오.

$$x+2y=3,\ 2x-3y=-1,\ 2ax-3y=5$$

유형 14 해에 대한 조건이 주어질 때

x, y에 대한 조건이 주어지면 다음과 같이 식으로 나타낸다.

(1) y의 값은 x의 값보다 a만큼 크다. ➡ $y=x+a$
(2) y의 값은 x의 값의 a배이다. ➡ $y=ax$
(3) x와 y의 값의 비가 $a:b$이다. ➡ $x:y=a:b$

0656 대표문제

연립방정식 $\begin{cases} 2x-y=-2a \\ 2x-7y=a-3 \end{cases}$을 만족시키는 x의 값이 y의 값의 3배일 때, 상수 a의 값을 구하시오.

0657 중하

연립방정식 $\begin{cases} x+3y=a-10 \\ 4x-y=1 \end{cases}$을 만족시키는 x의 값이 y의 값보다 4만큼 클 때, 상수 a의 값을 구하시오.

0658 중

연립방정식 $\begin{cases} ax+5y=-7a \\ 3x+y=4 \end{cases}$를 만족시키는 x와 y의 값의 차가 8일 때, 상수 a의 값은? (단, $x>y$)

① 1 ② $\dfrac{3}{2}$ ③ 2
④ $\dfrac{5}{2}$ ⑤ 3

0659 상중 서술형

방정식 $5x-y=-ax+3y+8=10$을 만족시키는 x와 y의 값의 비가 $2:5$일 때, 상수 a의 값을 구하시오.

유형 15 두 연립방정식의 해가 서로 같을 때

두 연립방정식의 해가 같으면 그 해는 네 일차방정식의 공통인 해이다.

➡ 네 일차방정식 중 미지수가 없는 두 일차방정식으로 연립방정식을 세워서 해를 구한 후 그 해를 나머지 일차방정식에 대입하여 문자의 값을 구한다.

0660 대표문제

다음 두 연립방정식의 해가 서로 같을 때, 상수 a, b의 값은?

$$\begin{cases} -x+4y=11 \\ ax+2y=-5 \end{cases} \begin{cases} -2x-5y=-4 \\ 3x+by=-13 \end{cases}$$

① $a=-1$, $b=-2$ ② $a=-1$, $b=2$
③ $a=1$, $b=2$ ④ $a=3$, $b=-2$
⑤ $a=3$, $b=2$

0661 ㈜

두 연립방정식 $\begin{cases} 4x+7y=-9 \\ ax+by=-3 \end{cases} \begin{cases} ax-by=-13 \\ 4x+15y=-1 \end{cases}$ 의 해가 서로 같을 때, 상수 a, b에 대하여 $a+b$의 값을 구하시오.

0662 ㈜

두 연립방정식 $\begin{cases} ax+by=13 \\ 4x+3y=5 \end{cases} \begin{cases} 3x-5y=11 \\ ax-2by=-2 \end{cases}$ 의 해가 서로 같을 때, 상수 a, b에 대하여 $a-b$의 값을 구하시오.

유형 16 계수 또는 상수항을 잘못 보고 구한 해

⑴ 계수 또는 상수항을 잘못 보았을 때
➡ 잘못 본 것을 k로 놓고 잘못 보고 구한 해를 대입한다.

⑵ 계수 a, b를 바꾸어 놓고 풀었을 때
➡ a 대신 b, b 대신 a로 바꾼 연립방정식에 잘못 보고 구한 해를 대입한다.

0663 대표문제

연립방정식 $\begin{cases} ax+by=4 \\ bx-ay=3 \end{cases}$ 에서 잘못하여 a와 b를 바꾸어 놓고 풀었더니 $x=2$, $y=1$이었다. 이때 상수 a, b에 대하여 $b-a$의 값을 구하시오.

0664 ㈜

연립방정식 $\begin{cases} ax-y=11 \\ 4x+by=7 \end{cases}$ 을 푸는데 윤호는 a를 잘못 보고 풀어서 $x=1$, $y=1$을 얻었고, 우진이는 b를 잘못 보고 풀어서 $x=5$, $y=-1$을 얻었다. 이때 처음 연립방정식의 해를 구하시오. (단, a, b는 상수이다.)

0665 ㈜

연립방정식 $\begin{cases} 2x-y=13 \\ 9x-8y=10 \end{cases}$ 을 풀 때, $2x-y=13$의 13을 잘못 보고 풀어서 $y=1$을 얻었다. 이때 13을 어떤 수로 잘못 보고 풀었는지 구하시오.

0666 상중 서술형

연립방정식 $\begin{cases} ax-by=6 \\ bx-ay=1 \end{cases}$ 에서 잘못하여 a와 b를 바꾸어 놓고 풀었더니 $x=3$, $y=2$이었다. 이때 처음 연립방정식의 해를 구하시오. (단, a, b는 상수이다.)

유형 17 해가 무수히 많은 연립방정식

방법① x의 계수, y의 계수, 상수항 중 하나를 같게 하였을 때, 나머지도 모두 같아야 한다.

방법② $\begin{cases} ax+by=c \\ a'x+b'y=c' \end{cases}$ 에서 $\dfrac{a}{a'}=\dfrac{b}{b'}=\dfrac{c}{c'}$

0667 대표문제

연립방정식 $\begin{cases} 3x-4y=a \\ bx-8y=4 \end{cases}$ 의 해가 무수히 많을 때, 상수 a, b의 값은?

① $a=-2$, $b=6$ 　　② $a=1$, $b=-6$

③ $a=1$, $b=5$ 　　④ $a=2$, $b=-6$

⑤ $a=2$, $b=6$

0668 중

다음 **보기**의 일차방정식 중 두 방정식을 한 쌍으로 하는 연립방정식을 만들었을 때, 해가 무수히 많은 것은?

보기
ㄱ. $2y=4-3x$ 　　ㄴ. $2x+3y-4=0$
ㄷ. $6x+4y-8=0$ 　　ㄹ. $3y=6-2x$

① ㄱ, ㄴ 　　② ㄱ, ㄷ 　　③ ㄱ, ㄹ

④ ㄴ, ㄷ 　　⑤ ㄷ, ㄹ

0669 중 서술형

연립방정식 $\begin{cases} (a+6)x-2y=-8 \\ 3x+(b-5)y=8 \end{cases}$ 의 해가 무수히 많을 때, 상수 a, b에 대하여 $a+b$의 값을 구하시오.

유형 18 해가 없는 연립방정식

방법① x, y의 계수 중 하나를 같게 하였을 때, x, y의 계수는 각각 같고 상수항은 달라야 한다.

방법② $\begin{cases} ax+by=c \\ a'x+b'y=c' \end{cases}$ 에서 $\dfrac{a}{a'}=\dfrac{b}{b'}\neq\dfrac{c}{c'}$

0670 대표문제

연립방정식 $\begin{cases} 2y=3x-5 \\ ay=6x+3 \end{cases}$ 의 해가 없을 때, 상수 a의 값을 구하시오.

0671 중하

다음 연립방정식 중 해가 없는 것은?

① $\begin{cases} x+y=6 \\ 2x-y=3 \end{cases}$ 　　② $\begin{cases} 4x-y=-8 \\ -6x-y=2 \end{cases}$

③ $\begin{cases} 10x=5(3y-1) \\ 2x+1=3y \end{cases}$ 　　④ $\begin{cases} x-2y=5 \\ 2x-y=3(y-3) \end{cases}$

⑤ $\begin{cases} x+5y=12 \\ 2(x-5y)-y=3 \end{cases}$

0672 중

연립방정식 $\begin{cases} (a-1)x+y=3 \\ 4x+2y=a+b \end{cases}$ 의 해가 없을 때, 상수 a, b의 조건을 구하시오.

유형UP 19 계수가 순환소수인 연립방정식

방정식의 계수가 순환소수이면 순환소수를 분수로 고친 후 연립방정식을 푼다.

0673 대표문제

연립방정식 $\begin{cases} 0.0\dot{2}x+0.0\dot{3}y=0.1 \\ 1.\dot{3}x-y=3 \end{cases}$ 의 해는?

① $x=-2$, $y=4$ ② $x=1$, $y=7$

③ $x=3$, $y=1$ ④ $x=4$, $y=3$

⑤ $x=5$, $y=3$

0674 상중

x, y의 순서쌍 (p, q)가 연립방정식

$$\begin{cases} 0.\dot{5}x-0.\dot{1}y=-1.\dot{8} \\ \dfrac{x+3}{2}-\dfrac{5-y}{4}=1 \end{cases}$$

의 해일 때, $p+q$의 값은?

① -5 ② 0 ③ 5

④ 8 ⑤ 10

0675 상중 서술형

연립방정식 $\begin{cases} 0.\dot{4}(x-1)+1.\dot{2}y=0.\dot{5} \\ 0.0\dot{1}x+0.0\dot{3}(y-6)=-0.1\dot{6} \end{cases}$ 의 해가

$x=a$, $y=b$일 때, $b-a$의 값을 구하시오.

유형UP 20 지수법칙을 이용한 연립방정식

지수법칙을 이용하여 주어진 등식을 간단히 한 후 연립방정식을 푼다.

예 x, y가 자연수일 때, 연립방정식 $\begin{cases} 2^x \times 2^y=8 \\ 3^x \div 3^y=3 \end{cases}$ 을 간단히 하면

$\rightarrow \begin{cases} 2^{x+y}=2^3 \\ 3^{x-y}=3 \end{cases}$ 에서 $\begin{cases} x+y=3 \\ x-y=1 \end{cases}$

0676 대표문제

x, y가 자연수일 때, 연립방정식 $\begin{cases} 2^{3x+2y}=2^{x+5} \times 2^{3y-1} \\ 25^x \div 5^{3y}=1 \end{cases}$ 의

해가 $x=a$, $y=b$이다. 이때 ab의 값을 구하시오.

0677 상중

두 등식 $2^{x+1} \times 4^{y-1}=16$, $9^x \times 3^y=81$을 모두 만족시키는 자연수 x, y가 일차방정식 $ax+3y-8=0$을 만족시킬 때, 상수 a의 값은?

① -3 ② -2 ③ -1

④ 1 ⑤ 2

0678 상중

다음 두 등식을 모두 만족시키는 자연수 x, y에 대하여 $x+y$의 값은?

$$(2^x \times 2^y)^3 \div 16^y=8^3, \quad 3^x \times (3^y)^2=3^{10}$$

① 3 ② 4 ③ 5

④ 6 ⑤ 7

0679

다음 **보기** 중 미지수가 2개인 일차방정식인 것을 모두 고른 것은?

보기

ㄱ. $\dfrac{x}{4}+\dfrac{y}{8}=0$ ㄴ. $\dfrac{2}{x}-\dfrac{5}{y}=6$

ㄷ. $y^2+x=4$ ㄹ. $x=y-7$

ㅁ. $2(x-y)=x-2y+1$ ㅂ. $x(y+3)=xy-y$

① ㄱ, ㄹ ② ㄴ, ㄹ ③ ㄱ, ㄷ, ㅁ

④ ㄱ, ㄹ, ㅂ ⑤ ㄴ, ㄷ, ㅁ, ㅂ

0680

다음 중 문장을 미지수가 2개인 일차방정식으로 나타낸 것으로 옳지 <u>않은</u> 것은?

① 300원짜리 연필 x자루와 500원짜리 볼펜 y자루의 가격은 11000원이다. ➡ $300x+500y=11000$

② 오리 x마리와 소 y마리의 다리의 개수의 합은 40이다. ➡ $2x+4y=40$

③ 시속 2 km로 x시간 동안 걸은 후 시속 5 km로 y시간 동안 달린 거리는 총 30 km이다. ➡ $2x+5y=30$

④ 가로의 길이가 x cm, 세로의 길이가 y cm인 직사각형의 둘레의 길이가 54 cm이다. ➡ $x+y=54$

⑤ 수학 시험에서 3점짜리 문제 x개와 4점짜리 문제 y개를 맞혀서 92점을 받았다. ➡ $3x+4y=92$

0681 중요

다음 x, y의 순서쌍 중 일차방정식 $2x-3y+9=0$의 해가 <u>아닌</u> 것은?

① $(-6, -1)$ ② $(-3, 1)$ ③ $\left(-1, \dfrac{11}{3}\right)$

④ $\left(2, \dfrac{13}{3}\right)$ ⑤ $(3, 5)$

0682

x, y의 순서쌍 $\left(6, -\dfrac{1}{3}\right)$, $(b, -1)$이 모두 일차방정식 $ax-3y+1=0$의 해일 때, $3a+b$의 값은? (단, a는 상수이다.)

① 11 ② 12 ③ 13

④ 14 ⑤ 15

0683

다음 **보기**의 일차방정식 중 두 일차방정식을 택하여 연립방정식을 만들었더니 해가 $x=5$, $y=-2$이었다. 이때 두 일차방정식을 모두 고른 것은?

보기

ㄱ. $x+2y=4$ ㄴ. $3x+y=13$

ㄷ. $2x-5y=0$ ㄹ. $3x+4y=7$

① ㄱ, ㄴ ② ㄱ, ㄷ ③ ㄴ, ㄷ

④ ㄴ, ㄹ ⑤ ㄷ, ㄹ

0684 중요

연립방정식 $\begin{cases} 3x+ay=4 \\ x-y=b \end{cases}$의 해가 $x=2$, $y=1$일 때, 상수 a, b에 대하여 ab의 값은?

① -2 ② -1 ③ 0

④ 1 ⑤ 2

▶ 정답 및 풀이 53쪽

0685

다음 일차방정식 중 연립방정식 $\begin{cases} 2x-3y=-4 \\ 2x=5y+8 \end{cases}$ 의 해를

한 해로 갖는 것을 모두 고르면? (정답 2개)

① $x+y=-10$　　　② $x-2y=-1$

③ $3x-5y=-3$　　　④ $3y-x=-4$

⑤ $4x=7y-2$

0686 중요

다음 중 연립방정식 $\begin{cases} 3x-y=-11 & \cdots\cdots ㉠ \\ 2x+5y=4 & \cdots\cdots ㉡ \end{cases}$ 에 대한 설명

으로 옳은 것은?

① ㉠을 $y=3x-11$로 변형하여 ㉡에 대입하여 풀 수 있다.

② x를 없애려면 ㉠×3−㉡×2를 한다.

③ y를 없애려면 ㉠×5−㉡을 한다.

④ 연립방정식을 만족시키는 x의 값은 3이다.

⑤ 연립방정식을 만족시키는 y의 값은 2이다.

0687

x, y의 순서쌍 $(a+1,\ 2-b)$가 연립방정식

$\begin{cases} 3(2x-y)-4y=5 \\ 7x-2(x+2y)=6 \end{cases}$ 의 해일 때, $a+b$의 값을 구하시오.

0688

연립방정식 $\begin{cases} \dfrac{x-1}{2}-\dfrac{y+1}{3}=\dfrac{1}{2} \\ 0.2x-0.3(x-y)=-0.5 \end{cases}$ 의 해가 일차방정

식 $ax+by=5$를 만족시킬 때, 상수 a, b에 대하여 $4a-2b$의 값을 구하시오.

0689

연립방정식 $\begin{cases} (x-1):(y+1)=2:1 \\ 2x-3y=7 \end{cases}$ 을 풀면?

① $x=-5,\ y=-1$　　② $x=-1,\ y=-5$

③ $x=1,\ y=-5$　　　④ $x=5,\ y=-1$

⑤ $x=5,\ y=1$

0690 중요

방정식 $\dfrac{x-2}{2}=\dfrac{-x+y-19}{4}=\dfrac{x+y-14}{5}$ 를 만족시키는

x, y에 대하여 $y-x$의 값을 구하시오.

0691

연립방정식 $\begin{cases} \dfrac{a}{3}x - \dfrac{b}{2}y = 2 \\ \dfrac{a}{10}x + \dfrac{b}{10}y = 0.1 \end{cases}$ 의 해가 $x=1$, $y=-1$일

때, 상수 a, b에 대하여 $2a+b$의 값은?

① 2   ② 4   ③ 6
④ 8   ⑤ 10

0692

연립방정식 $\begin{cases} x - 2y = a \\ 4x + 3y = a - 1 \end{cases}$ 의 해가 $x+y=-1$을 만족

시킬 때, 상수 a의 값을 구하시오.

0693 중요

두 연립방정식 $\begin{cases} 7x - 5y = 9 \\ 2x + ay = 7 \end{cases}$ 과 $\begin{cases} bx + 9y = 5 \\ -3x + y = -5 \end{cases}$ 의 해가

서로 같을 때, 상수 a, b에 대하여 $a-b$의 값은?

① -5   ② -3   ③ -1
④ 3   ⑤ 5

0694

연립방정식 $\begin{cases} ax + by = 3 \\ cx - 2y = 9 \end{cases}$ 를 푸는데 예은이는 바르게 풀어

서 $x=3$, $y=-3$을 얻었고, 지훈이는 c를 잘못 보고 풀어

서 $x=-2$, $y=3$을 얻었다. 이때 상수 a, b, c에 대하여

$a-b+c$의 값은?

① 1   ② 2   ③ 3
④ 4   ⑤ 5

0695 중요

연립방정식 $\begin{cases} (a-1)x + 2y = 4 \\ 2x + y = 2 \end{cases}$ 의 해가 무수히 많도록 하

는 상수 a의 값은?

① -4   ② -1   ③ 2
④ 4   ⑤ 5

0696

다음 연립방정식 중 해가 <u>없는</u> 것을 모두 고르면?

(정답 2개)

① $\begin{cases} 2x + y = 6 \\ 4x + 2y = 2 \end{cases}$ ② $\begin{cases} x + y = 5 \\ x - y = 3 \end{cases}$

③ $\begin{cases} 2x + y = 2 \\ 4x + 2y = 4 \end{cases}$ ④ $\begin{cases} 3y = 2x - 8 \\ 6y = 4x + 8 \end{cases}$

⑤ $\begin{cases} x + 2y = 3 \\ 3x + 2y = 0 \end{cases}$

📝 **서술형 주관식**

0697

x, y가 자연수일 때, 일차방정식 $x+2y=14$의 모든 해를 x, y의 순서쌍으로 나타내면 (x_1, y_1), (x_2, y_2), $\cdots$, (x_n, y_n)이다. $a=x_1+x_2+\cdots+x_n$, $b=y_1+y_2+\cdots+y_n$이라 할 때, $a-b+n$의 값을 구하시오.

0698

연립방정식 $\begin{cases} 2x+y=21 \\ -4x+ay=3 \end{cases}$ 을 만족시키는 x와 y의 값의 비가 $2:3$일 때, 상수 a의 값을 구하시오.

0699

연립방정식 $\begin{cases} 0.4x-0.3y=2.1 \\ 0.\dot{3}x-0.\dot{1}y=1.\dot{3} \end{cases}$ 의 해가 $x=a$, $y=b$일 때, $a-b$의 값을 구하시오.

👍 **실력 UP**

0700

연립방정식 $\begin{cases} 2x+5y=3 \\ ax+by=-21 \end{cases}$ 을 만족시키는 x, y의 값이

연립방정식 $\begin{cases} x+3y=1 \\ bx+ay=2 \end{cases}$ 를 만족시키는 x, y의 값의 각각 3배이다. 이때 상수 a, b에 대하여 ab의 값을 구하시오.

0701

연립방정식 $\begin{cases} ax+6y=2 \\ x-2y=b \end{cases}$ 의 해가 무수히 많을 때, 일차방 정식 $ax+by=-12$의 자연수인 해를 구하시오.

(단, a, b는 상수이다.)

0702

자연수 x, y에 대하여 $\dfrac{2^{x+y}}{4^{y+1}}=\dfrac{1}{8}$, $\dfrac{3^{3x-y}}{3^x}=3$일 때, $x+y$의 값을 구하시오.

07 연립일차방정식의 활용

07-1 연립일차방정식의 활용 문제

연립일차방정식의 활용 문제를 풀 때에는 다음과 같은 순서로 해결한다.

❶ 미지수 정하기 ➡ 문제의 뜻을 파악하고 구하려고 하는 것을 미지수 x, y로 놓는다.

❷ 방정식 세우기 ➡ 문제의 뜻에 맞게 x, y에 대한 연립방정식을 세운다.

❸ 방정식 풀기 ➡ 연립방정식을 푼다.

❹ 확인하기 ➡ 구한 해가 문제의 뜻에 맞는지 확인한다.

<예> 두 수의 합이 50이고 큰 수가 작은 수의 5배보다 2만큼 크다고 할 때, 두 수를 구해 보자.

❶ 미지수 정하기 ➡ 두 수 중 큰 수를 x, 작은 수를 y라 하자.

❷ 방정식 세우기 ➡ $\begin{cases} x+y=50 \\ x=5y+2 \end{cases}$

❸ 방정식 풀기 ➡ ❷의 연립방정식을 풀면 $x=42$, $y=8$

따라서 구하는 두 수는 42, 8이다.

❹ 확인하기 ➡ 두 수가 42, 8일 때, $42+8=50$, $42=5\times8+2$이므로 문제의 뜻에 맞는다.

개념플러스

▶ 정하는 미지수에 따라 여러 가지 방정식을 세울 수 있으나 각 연립방정식에서 구한 해는 같다.

▶ 구한 값이 문제의 조건에 맞는지 확인할 때, 다음에 유의한다.
① 나이, 횟수, 개수 등 ➡ 자연수
② 길이, 거리 등 ➡ 양수

07-2 거리, 속력, 시간에 대한 문제

거리, 속력, 시간에 대한 문제는 다음 관계를 이용하여 연립방정식을 세운다.

(1) (거리)=(속력)×(시간)

(2) (속력)=$\dfrac{(거리)}{(시간)}$

(3) (시간)=$\dfrac{(거리)}{(속력)}$

<예> ① 시속 70 km로 x시간 동안 이동한 거리는 $70x$ km

② 4시간 동안 x km를 이동했을 때의 속력은 시속 $\dfrac{x}{4}$ km

③ 시속 60 km로 x km를 이동하는 데 걸린 시간은 $\dfrac{x}{60}$시간

▶ 거리, 속력, 시간에 대한 문제를 풀 때, 단위가 각각 다른 경우에는 먼저 단위를 통일시킨 후 방정식을 세운다.
① 1 km=1000 m
② 1시간=60분

07-3 농도에 대한 문제

소금물의 농도에 대한 문제는 다음 관계를 이용하여 연립방정식을 세운다.

(1) (소금물의 농도)=$\dfrac{(소금의 양)}{(소금물의 양)}\times100$ (%)

(2) (소금의 양)=$\dfrac{(소금물의 농도)}{100}\times(소금물의 양)$

<예> 10 %의 소금물 200 g에 녹아 있는 소금의 양 ➡ $\dfrac{10}{100}\times200=20$ (g)

<참고> 농도가 다른 두 소금물 A, B를 섞는 문제는 다음을 이용하여 식을 세운다.
① (소금물 A의 양)+(소금물 B의 양)=(전체 소금물의 양)
② (소금물 A의 소금의 양)+(소금물 B의 소금의 양)=(전체 소금물의 양)

▶ 소금물에 물을 넣거나 증발시키는 경우 소금물의 양과 농도는 변하지만 소금의 양은 변하지 않음을 이용하여 방정식을 세운다.

▶ 정답 및 풀이 56쪽

교과서문제 정복하기

07-1 연립일차방정식의 활용 문제

[0703~0704] 합이 16이고 차가 4인 두 자연수가 있다. 다음 물음에 답하시오.

0703 큰 수를 x, 작은 수를 y라 할 때, x, y에 대한 연립방정식을 세우시오.

0704 연립방정식을 풀어 두 수를 각각 구하시오.

[0705~0706] 닭과 토끼가 모두 20마리 있다. 닭과 토끼의 다리 수의 합이 44일 때, 다음 물음에 답하시오.

0705 닭이 x마리, 토끼가 y마리 있다고 할 때, x, y에 대한 연립방정식을 세우시오.

0706 연립방정식을 풀어 닭과 토끼가 각각 몇 마리씩 있는지 구하시오.

[0707~0708] 어떤 농구 선수가 한 경기에서 2점 슛과 3점 슛을 합하여 12개 성공하여 28점을 얻었다. 다음 물음에 답하시오.

0707 성공한 2점 슛의 개수를 x, 3점 슛의 개수를 y라 할 때, x, y에 대한 연립방정식을 세우시오.

0708 연립방정식을 풀어 성공한 2점 슛과 3점 슛은 각각 몇 개인지 구하시오.

[0709~0710] 한 개에 200원인 사탕과 한 개에 300원인 초콜릿을 합하여 15개를 구입하고 4200원을 지불하였다. 다음 물음에 답하시오.

0709 사탕의 개수를 x, 초콜릿의 개수를 y라 할 때, x, y에 대한 연립방정식을 세우시오.

0710 연립방정식을 풀어 구입한 사탕과 초콜릿은 각각 몇 개인지 구하시오.

07-2 거리, 속력, 시간에 대한 문제

[0711~0713] 수희네 집에서 서점을 거쳐 학교까지의 거리는 6 km이다. 수희가 집에서 서점까지는 시속 2 km로 걷고, 서점에서 학교까지는 시속 4 km로 걸었더니 집에서 학교까지 가는 데 2시간이 걸렸다. 다음 물음에 답하시오.

0711 집에서 서점까지의 거리를 x km, 서점에서 학교까지의 거리를 y km라 할 때, 다음 표를 완성하시오.

	집 ~ 서점	서점 ~ 학교	전체
거리	x km	y km	6 km
속력	시속 2 km		✕
시간			2시간

0712 x, y에 대한 연립방정식을 세우시오.

0713 연립방정식을 풀어 집에서 서점까지의 거리, 서점에서 학교까지의 거리를 각각 구하시오.

07-3 농도에 대한 문제

[0714~0716] 3 %의 소금물과 8 %의 소금물을 섞어서 6 %의 소금물 100 g을 만들었다. 다음 물음에 답하시오.

0714 3 %의 소금물의 양을 x g, 8 %의 소금물의 양을 y g이라 할 때, 다음 표를 완성하시오.

	섞기 전		섞은 후
농도(%)	3	8	6
소금물의 양(g)	x	y	100
소금의 양(g)			

0715 x, y에 대한 연립방정식을 세우시오.

0716 연립방정식을 풀어 3 %의 소금물과 8 %의 소금물의 양을 각각 구하시오.

유형 익히기

개념원리 중학 수학 2-1 151쪽

유형 01 수에 대한 문제

❶ 두 수를 x, y로 놓는다.

❷ 주어진 조건에 맞는 x, y에 대한 연립방정식을 세운다.

❸ 연립방정식을 풀어 x, y의 값을 구한다.

예 x를 y로 나누면 몫이 3이고 나머지가 1이다. ➡ $x=3y+1$

0717 대표문제

두 수의 합은 49이고 큰 수를 작은 수로 나누면 몫은 2이고 나머지는 4이다. 이때 두 수의 차를 구하시오.

0718 중하

어떤 두 정수의 합은 36이고 차는 4이다. 두 정수 중 큰 수를 구하시오.

0719 중하

어떤 두 수의 차는 15이고 작은 수의 3배에서 큰 수를 빼면 13이다. 이때 작은 수는?

① 10   ② 14   ③ 19

④ 23   ⑤ 29

0720 중 서술형

두 수 중 큰 수를 작은 수로 나누면 몫은 7이고 나머지는 4이다. 또 큰 수의 2배를 작은 수로 나누면 몫은 15이고 나머지는 2이다. 이때 두 수의 합을 구하시오.

개념원리 중학 수학 2-1 152쪽

중요 유형 02 자연수에 대한 문제

처음 두 자리 자연수의 십의 자리의 숫자를 x, 일의 자리의 숫자를 y라 하면

① 처음 수 ➡ $10x+y$

② 십의 자리의 숫자와 일의 자리의 숫자를 바꾼 수 ➡ $10y+x$

0721 대표문제

두 자리 자연수가 있다. 이 수의 각 자리의 숫자의 합은 10이고, 십의 자리의 숫자와 일의 자리의 숫자를 바꾼 수는 처음 수보다 54만큼 클 때, 처음 수를 구하시오.

0722 중

두 자리 자연수가 있다. 이 수의 십의 자리의 숫자의 2배는 일의 자리의 숫자보다 1만큼 크고, 십의 자리의 숫자와 일의 자리의 숫자를 바꾼 수는 처음 수보다 9만큼 크다고 한다. 이때 처음 수를 구하시오.

0723 중

두 자리 자연수가 있다. 이 수는 각 자리의 숫자의 합의 7배이고 십의 자리의 숫자와 일의 자리의 숫자를 바꾼 수는 처음 수보다 18만큼 작다고 한다. 이때 처음 수를 구하시오.

0724 상중

다음은 어느 체육관의 한 회원의 사물함의 비밀번호에 대한 설명이다. 회원의 사물함의 비밀번호를 구하시오.

비밀번호는 세 자리 자연수이다. 십의 자리의 숫자는 백의 자리의 숫자와 일의 자리의 숫자의 합인 5와 같고, 백의 자리의 숫자와 일의 자리의 숫자를 바꾼 수는 처음 수보다 99만큼 작다.

유형 03 나이에 대한 문제

(1) (a년 후의 나이)＝(현재의 나이)＋a
(2) (a년 전의 나이)＝(현재의 나이)－a

0725 대표문제

현재 아버지와 아들의 나이의 차는 30살이고, 지금부터 15년 후에 아버지의 나이는 아들의 나이의 2배가 된다고 한다. 현재 아들의 나이는?

① 12살　　② 13살　　③ 14살
④ 15살　　⑤ 16살

0726 중하

현재 어머니와 딸의 나이의 합은 45살이고 나이의 차는 27살이다. 현재 어머니와 딸의 나이를 각각 구하시오.

0727 중

현재 삼촌의 나이가 동호의 나이의 3배이고, 8년 후에는 삼촌의 나이가 동호의 나이의 2배가 된다고 한다. 현재 삼촌의 나이를 구하시오.

0728 중

주원이에게는 쌍둥이 동생 2명이 있다. 주원이는 동생보다 3살 많고, 현재 주원이와 동생들의 나이의 합은 39살이다. 현재 주원이의 나이를 구하시오.

유형 04 가격, 개수에 대한 문제

A, B의 1개의 가격을 알 때, 전체 개수와 전체 가격이 주어지면 A, B의 개수를 각각 x, y로 놓고 다음을 이용한다.

➡ $\begin{cases} (\text{A의 개수})+(\text{B의 개수})=(\text{전체 개수}) \\ (\text{A의 전체 가격})+(\text{B의 전체 가격})=(\text{전체 가격}) \end{cases}$

0729 대표문제

어느 공원의 입장료는 어른이 1800원, 어린이가 600원이다. 어른과 어린이를 합하여 모두 20명이 입장하는데 입장료가 18000원이 들었다고 할 때, 입장한 어린이는 몇 명인가?

① 14명　　② 15명　　③ 16명
④ 17명　　⑤ 18명

0730 중하

볼펜 4자루와 공책 2권의 가격은 4000원이고, 볼펜 3자루와 공책 4권의 가격은 5000원이다. 이때 볼펜 한 자루의 가격을 구하시오.

0731 중

은수와 준희가 가지고 있는 연필은 모두 40자루이고, 은수가 준희에게 연필 3자루를 주었더니 준희가 가지고 있는 연필 수는 은수가 가지고 있는 연필 수의 3배가 되었다고 한다. 이때 처음 은수가 가지고 있던 연필은 몇 자루인지 구하시오.

0732 상중 서술형

어떤 제과점에서 와플 한 개를 만들려면 우유 1컵, 달걀 2개가 필요하고, 케이크 한 개를 만들려면 우유 3컵, 달걀 4개가 필요하다. 우유 13컵, 달걀 20개를 모두 사용하여 와플과 케이크를 만들 때, 만들 수 있는 와플의 개수를 구하시오.

유형 05 도형에 대한 문제

(1) (직사각형의 둘레의 길이)
    $=2 \times \{($가로의 길이$)+($세로의 길이$)\}$
(2) (사다리꼴의 넓이)
    $=\dfrac{1}{2} \times \{($윗변의 길이$)+($아랫변의 길이$)\} \times ($높이$)$

0733 대표문제
둘레의 길이가 46 cm인 직사각형에서 가로의 길이는 세로의 길이의 2배보다 1 cm 짧다고 한다. 이때 이 직사각형의 넓이를 구하시오.

0734 중하
길이가 170 cm인 줄을 두 개로 나누었더니 짧은 줄의 길이가 긴 줄의 길이의 $\dfrac{1}{3}$보다 10 cm만큼 길었다. 이때 짧은 줄의 길이를 구하시오.

0735 중
아랫변의 길이가 윗변의 길이보다 4 cm 더 긴 사다리꼴이 있다. 이 사다리꼴의 높이가 4 cm이고 넓이가 28 cm²일 때, 아랫변의 길이를 구하시오.

0736 상중
가로의 길이가 8 cm, 세로의 길이가 4 cm인 직사각형이 있다. 이 직사각형의 가로와 세로의 길이를 늘여서 오른쪽 그림과 같은 도형을 만들었다. 가로로 늘인 길이는 세로로 늘인 길이보다 2 cm 더 길고, 새로 만든 도형의 넓이는 원래 직사각형의 넓이의 2배일 때, 가로의 길이는 몇 cm 늘였는가?

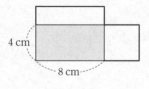

① 2 cm   ② 2.5 cm   ③ 3 cm
④ 3.5 cm   ⑤ 4 cm

유형 06 득점, 감점에 대한 문제

(1) 맞히면 a점을 얻고, 틀리면 b점을 잃을 때 x개 맞히고 y개 틀리면 ➡ $(ax-by)$점
(2) A가 이긴 횟수를 x, B가 이긴 횟수를 y라 하면 A가 진 횟수는 y, B가 진 횟수는 x이다.

0737 대표문제
지민이와 지수가 가위바위보를 하여 이긴 사람은 2계단씩 올라가고 진 사람은 1계단씩 내려가기로 하였다. 얼마 후 지민이는 처음 위치보다 21계단을, 지수는 3계단을 올라가 있었다. 이때 지민이가 이긴 횟수를 구하시오.
(단, 비기는 경우는 없었다.)

0738 중
20문제가 출제된 어느 수학 시험에서 한 문제를 맞히면 5점을 얻고, 틀리면 2점이 감점된다고 한다. 수미가 72점을 얻었다면 수미가 맞힌 문제의 개수를 구하시오.

0739 중
1부터 100까지의 자연수가 각각 하나씩 적힌 100장의 카드가 들어 있는 상자에서 은영이와 세호 두 사람이 각각 한 장씩 카드를 꺼내 적힌 수를 비교하여 큰 수가 나오는 사람은 5점, 작은 수가 나오는 사람은 3점을 얻는다고 한다. 얼마 후 은영이의 점수의 합은 38점, 세호의 점수의 합은 42점이었을 때, 은영이가 세호보다 큰 수를 뽑은 것은 몇 번인지 구하시오.

0740 중 서술형
공장에서 어떤 제품을 생산하는데 합격품은 50원의 이익을 얻고, 불량품은 100원의 손해가 생긴다고 한다. 이 제품을 250개 생산하여 6500원의 이익을 얻었을 때, 합격품의 개수를 구하시오.

개념원리 중학 수학 2-1 154쪽

유형 07 증가, 감소에 대한 문제

증가, 감소에 대한 문제는 다음을 이용하여 연립방정식을 세운다.

x가 $a\%$ 증가	변화량	$+\dfrac{a}{100}x$
	증가한 후의 양	$\left(1+\dfrac{a}{100}\right)x$
y가 $b\%$ 감소	변화량	$-\dfrac{b}{100}y$
	감소한 후의 양	$\left(1-\dfrac{b}{100}\right)y$

0741 대표문제

어느 중학교의 올해 학생 수는 작년에 비하여 남학생은 4 % 감소하고, 여학생은 5 % 증가하여 전체적으로 2명이 감소한 408명이었다. 올해의 여학생 수를 구하시오.

0742 종

어느 인터넷 카페의 지난달 회원은 1000명이었다. 이번 달에는 남자 회원이 6 % 감소하고, 여자 회원이 4 % 증가하여 전체적으로 5명이 감소하였다고 할 때, 이번 달 남자 회원 수를 구하시오.

0743 종 서술형

지난달 부모님의 휴대 전화 요금의 합은 50000원이었다. 이번 달 휴대 전화 요금은 지난달에 비하여 어머니는 10 % 감소하고, 아버지는 15 % 증가하여 부모님의 휴대 전화 요금의 합은 5 % 증가하였다. 이번 달 아버지의 휴대 전화 요금을 구하시오.

개념원리 중학 수학 2-1 155쪽

유형 08 원가, 정가에 대한 문제

(1) (정가)＝(원가)＋(이익)

(2) x원에 a %의 이익을 붙인 가격 ➡ $\left(1+\dfrac{a}{100}\right)x$원

(3) y원에서 b %를 할인한 가격 ➡ $\left(1-\dfrac{b}{100}\right)y$원

0744 대표문제

A, B 두 상품을 합하여 20000원에 사서 A 상품은 원가의 20 %의 이익을 붙이고, B 상품은 원가에서 30 %를 할인하여 팔면 3000원의 이익이 생긴다고 한다. B 상품의 원가를 구하시오.

0745 종

어느 제과 회사에서 새로 개발한 두 종류의 과자의 원가에 각각 30 %의 이익을 붙여 정가를 정하였다. 두 종류의 과자의 정가의 차는 650원이고, 원가의 합은 1500원일 때, 더 저렴한 과자의 정가를 구하시오.

0746 상종

어느 가게에서 원가가 400원인 수제 사탕과 원가가 600원인 수제 초콜릿을 합하여 500개를 구입하고, 수제 사탕은 20 %, 수제 초콜릿은 25 %의 이익을 각각 붙여 정가를 정하였다. 두 제품을 모두 판매하면 54000원의 이익이 생긴다고 할 때, 수제 사탕은 모두 몇 개인지 구하시오.

유형 09 일에 대한 문제

① 전체 일의 양을 1로 놓는다.
② 한 사람이 단위 시간(1일, 1시간 등)에 할 수 있는 일의 양을 각각 미지수 x, y로 놓는다.

0747 대표문제

혜리와 어머니가 함께 6일 동안 작업하여 마칠 수 있는 일을 혜리가 3일 동안 작업한 후 나머지를 어머니가 15일 동안 작업하여 모두 마쳤다. 이 일을 혜리가 혼자 하면 마치는 데 며칠이 걸리는가?

① 7일
② 8일
③ 9일
④ 10일
⑤ 11일

0748 중

어느 수조에 물이 가득 차 있다. 이 수조의 물을 A 호스로 2시간 동안 뺀 후 B 호스로 4시간 동안 빼거나 A 호스로 3시간 동안 뺀 후 B 호스로 2시간 동안 빼면 모두 뺄 수 있다. 이 수조의 물을 A 호스로만 모두 빼는 데는 몇 시간이 걸리는지 구하시오.

0749 중 서술형

연우가 4시간 동안 한 후 지수가 2시간 동안 하면 마칠 수 있는 일이 있다. 이 일을 연우가 혼자 1시간 동안 하고, 연우와 지수가 함께 2시간 동안 한 후, 지수가 혼자 2시간 동안 해서 마쳤다. 이 일을 지수가 혼자 하면 마치는 데 몇 시간이 걸리는지 구하시오.

유형 10 비율에 대한 문제

(1) 전체의 $\dfrac{b}{a}$ ➡ $\dfrac{b}{a} \times$ (전체 수)

(2) 전체의 $a\,\%$ ➡ $\dfrac{a}{100} \times$ (전체 수)

0750 대표문제

전체 학생이 21명인 어느 학급에서 남학생의 $\dfrac{3}{4}$과 여학생의 $\dfrac{2}{3}$는 축구를 좋아한다고 한다. 축구를 좋아하는 학생이 전체 학생의 $\dfrac{5}{7}$일 때, 이 학급의 여학생 수를 구하시오.

0751 중

전체 회원이 45명인 어느 산악회에서 남자 회원의 75 %와 여자 회원의 84 %가 이번 산행에 참가하였다. 산행에 참가한 회원이 전체 회원의 80 %일 때, 산행에 참가한 남자 회원 수를 구하시오.

0752 상중

가은이는 가지고 있는 돈의 $\dfrac{1}{3}$을 내고, 시현이는 가지고 있는 돈의 $\dfrac{1}{2}$을 내서 10000원짜리 물건을 구입하였다. 가은이와 시현이의 남은 돈을 비교했더니 시현이가 1000원이 많았다고 할 때, 시현이가 처음 가지고 있던 돈은 얼마인지 구하시오.

개념원리 중학 수학 2−1 159쪽

유형 11 거리, 속력, 시간에 대한 문제
; 속력이 바뀌는 경우

이동하는 도중에 속력이 바뀌는 경우에는 처음 속력으로 간 거리와 나중 속력으로 간 거리를 각각 x, y라 하고 연립방정식을 세운다.

➡ $\begin{cases} (처음\ 속력으로\ 간\ 거리) + (나중\ 속력으로\ 간\ 거리) \\ \quad = (전체\ 거리) \\ (처음\ 속력으로\ 갈\ 때\ 걸린\ 시간) \\ \quad + (나중\ 속력으로\ 갈\ 때\ 걸린\ 시간) = (전체\ 걸린\ 시간) \end{cases}$

0753 대표문제

철수는 집에서 도서관까지 가는데 처음에는 시속 6 km로 달리다가 도중에 시속 4 km로 걸었다. 총 5 km의 거리를 가는 데 1시간이 걸렸다고 할 때, 달려간 거리를 구하시오.

0754 주 서술형 ▶

어느 등산객이 상급자 코스를 따라 시속 2 km로 올라가서 정상에서 30분 동안 휴식 후 초급자 코스를 따라 시속 4 km로 내려왔더니 총 4시간이 걸렸다. 상급자 코스가 초급자 코스보다 1 km 더 길 때, 등산한 총거리를 구하시오.

0755 산출

진영이는 집에서 서점을 거쳐 학교까지 왕복하는데 갈 때는 집에서 서점까지 시속 6 km로 달리고, 서점에서 학교까지는 시속 4 km로 걸어서 총 3시간 20분이 걸렸다. 올 때는 학교에서 서점까지 시속 6 km로 달리고, 서점에서 집까지는 시속 8 km로 달렸더니 총 2시간 15분이 걸렸다. 집에서 서점을 거쳐 학교까지의 거리를 구하시오.

개념원리 중학 수학 2−1 159쪽

유형 12 거리, 속력, 시간에 대한 문제
; 만나는 경우

두 사람 A, B가 만나는 경우 다음을 이용하여 연립방정식을 세운다.

➡ $\begin{cases} (A,\ B가\ 이동한\ 거리에\ 대한\ 식) \\ (A,\ B가\ 만날\ 때까지\ 걸린\ 시간에\ 대한\ 식) \end{cases}$

0756 대표문제

동생이 학교를 향해 분속 50 m로 걸어간 지 15분 후에 형이 분속 80 m로 뒤따라갔다. 두 사람이 만나는 것은 형이 떠난 지 몇 분 후인지 구하시오.

0757 주

18 km 떨어진 두 지점에서 수빈이는 시속 4 km로, 태현이는 시속 5 km로 동시에 출발하여 마주 보고 걷다가 도중에 만났다. 이때 태현이는 수빈이보다 몇 km 더 걸었는가?

① 1 km   ② 2 km   ③ 3 km
④ 4 km   ⑤ 5 km

0758 주

1200 m 떨어진 두 지점에서 창민이와 현우가 동시에 출발하여 마주 보고 걷다가 10분 만에 만났다. 창민이가 360 m를 걷는 동안에 현우는 120 m를 걸었다고 할 때, 창민이가 1분 동안 걸은 거리는?
(단, 창민이와 현우는 일정한 속력으로 걷는다.)

① 70 m   ② 80 m   ③ 90 m
④ 100 m   ⑤ 110 m

07
연립일차방정식의 활용

유형 13 거리, 속력, 시간에 대한 문제 ; 둘레를 도는 경우

호수의 같은 지점에서 출발하는 경우

(1) 같은 방향으로 돌다 만나면
→ (호수의 둘레의 길이)=(두 사람이 걸은 거리의 차)

(2) 반대 방향으로 돌다 만나면
→ (호수의 둘레의 길이)=(두 사람이 걸은 거리의 합)

0759 대표문제

둘레의 길이가 2 km인 호수의 둘레를 나연이와 종혁이가 일정한 속력으로 걷고 있다. 두 사람이 같은 지점에서 동시에 출발하여 같은 방향으로 돌면 1시간 후에 처음으로 만나고, 반대 방향으로 돌면 20분 후에 처음으로 만난다고 한다. 나연이가 종혁이보다 걷는 속력이 빠를 때, 나연이와 종혁이의 속력은 각각 시속 몇 km인지 구하시오.

0760 중

둘레의 길이가 0.45 km인 공원의 둘레를 형과 동생이 같은 지점에서 동시에 서로 반대 방향으로 출발하였다. 형은 분속 50 m, 동생은 분속 40 m로 걸을 때, 두 사람이 처음 만나는 것은 출발한 지 몇 분 후인지 구하시오.

0761 상중

둘레의 길이가 6 km인 트랙을 기환이와 지유가 일정한 속력으로 달리고 있다. 같은 지점에서 동시에 출발하여 반대 방향으로 달리면 30분 후에 처음으로 만나고, 같은 방향으로 달리면 2시간 후에 기환이가 지유를 두 바퀴 앞지른다고 한다. 이때 기환이의 속력은?

① 시속 5 km ② 시속 6 km ③ 시속 7 km
④ 시속 8 km ⑤ 시속 9 km

유형 14 거리, 속력, 시간에 대한 문제 ; 강물과 배의 속력에 대한 경우

정지한 물에서의 배의 속력을 x, 강물의 속력을 y라 하면

(1) (강을 거슬러 올라갈 때의 속력)$=x-y$

(2) (강을 따라 내려올 때의 속력)$=x+y$

0762 대표문제

하늘이는 배를 타고 길이가 4000 m인 강을 거슬러 올라가는 데 20분, 내려오는 데 10분이 걸렸다. 이때 강물의 속력은? (단, 배와 강물의 속력은 일정하다.)

① 분속 90 m ② 분속 100 m ③ 분속 110 m
④ 분속 120 m ⑤ 분속 130 m

0763 중 서술형

초연이는 보트를 타고 길이가 30 km인 강을 거슬러 올라가는 데 3시간, 내려오는 데 1시간 30분이 걸렸다. 이때 정지한 물에서의 보트의 속력을 구하시오.
(단, 보트와 강물의 속력은 일정하다.)

0764 상중

A 선착장에서 B 선착장까지 유람선을 타고 강을 따라 내려오는 데 45분, 거슬러 올라가는 데 90분이 걸렸다. 정지한 물에서 유람선은 분속 100 m로 일정하게 움직일 때, A, B 두 선착장 사이의 거리는?
(단, 강물의 속력은 일정하다.)

① 3 km ② 4 km ③ 5 km
④ 6 km ⑤ 7 km

유형 15 농도에 대한 문제
; 소금물 또는 소금의 양을 구하는 경우

농도가 다른 두 소금물을 섞을 때, 다음을 이용하여 연립방정식을 세운다.

➡ $\begin{cases} (\text{섞기 전 두 소금물의 양의 합}) = (\text{섞은 후 소금물의 양}) \\ (\text{섞기 전 두 소금물에 들어 있는 소금의 양의 합}) \\ \quad = (\text{섞은 후 소금물에 들어 있는 소금의 양}) \end{cases}$

0765 대표문제

3 %의 소금물과 6 %의 소금물을 섞어서 4 %의 소금물 300 g을 만들려고 한다. 6 %의 소금물을 몇 g 섞어야 하는가?

① 100 g ② 120 g ③ 150 g
④ 180 g ⑤ 200 g

0766 중

4 %의 소금물에 소금을 더 넣었더니 16 %의 소금물 200 g이 되었다. 이때 더 넣은 소금의 양을 구하시오.

0767 상중

10 %의 소금물과 6 %의 소금물을 섞은 다음 물 100 g을 더 넣었더니 8 %의 소금물 700 g이 되었다. 이때 10 %의 소금물은 몇 g을 섞었는가?

① 300 g ② 350 g ③ 400 g
④ 450 g ⑤ 500 g

유형 16 농도에 대한 문제
; 농도를 구하는 경우

농도가 다른 두 소금물 A, B를 섞을 때, 소금의 양은 변하지 않음을 이용하여 연립방정식을 세운다.

➡ (소금물 A에 들어 있는 소금의 양)+(소금물 B에 들어 있는 소금의 양)=(섞은 후 소금물에 들어 있는 소금의 양)

0768 대표문제

농도가 서로 다른 두 종류의 소금물 A, B가 있다. 소금물 A를 100 g, 소금물 B를 200 g 섞으면 4 %의 소금물이 되고, 소금물 A를 200 g, 소금물 B를 100 g 섞으면 5 %의 소금물이 된다. 이때 소금물 B의 농도는?

① 2 % ② 3 % ③ 4 %
④ 5 % ⑤ 6 %

0769 중 서술형

농도가 서로 다른 두 종류의 소금물 A, B가 있다. 소금물 A를 30 g, 소금물 B를 20 g 섞으면 8 %의 소금물이 되고, 소금물 A를 20 g, 소금물 B를 30 g 섞으면 9 %의 소금물이 된다. 이때 두 소금물 A, B의 농도 차를 구하시오.

0770 중

농도가 서로 다른 두 종류의 설탕물 A, B가 각각 600 g씩 있다. 두 설탕물 A, B를 각각 100 g, 500 g을 섞으면 7 %의 설탕물이 되고, 남아 있는 설탕물 A, B를 섞으면 3 %의 설탕물이 된다. 이때 설탕물 B의 농도는?

① 2 % ② 5 % ③ 8 %
④ 11 % ⑤ 14 %

▶ 정답 및 풀이 63쪽

유형UP 17 거리, 속력, 시간에 대한 문제 ; 기차가 다리 또는 터널을 지나는 경우

길이가 a m인 다리 또는 터널을 길이가 b m인 기차가 완전히 통과할 때 움직인 거리는

(다리 또는 터널의 길이)+(기차의 길이)=$a+b$ (m)

0771 대표문제

일정한 속력으로 달리는 기차가 1500 m 길이의 철교를 완전히 지나는 데 55초가 걸리고, 2100 m 길이의 터널을 완전히 지나는 데 75초가 걸린다고 한다. 이 기차의 속력은?

① 초속 30 m ② 초속 35 m ③ 초속 40 m
④ 초속 45 m ⑤ 초속 50 m

0772 상중 서술형

일정한 속력으로 달리는 기차가 400 m 길이의 다리를 완전히 지나는 데 30초가 걸리고, 1200 m 길이의 터널을 완전히 지나는 데 70초가 걸린다고 한다. 이 기차의 길이를 구하시오.

0773 상중

길이가 400 m인 다리를 화물 열차가 일정한 속력으로 완전히 지나는 데 56초가 걸렸고, 화물 열차보다 길이가 80 m 짧은 KTX는 이 다리를 화물 열차의 3배의 일정한 속력으로 완전히 지나는 데 16초가 걸렸다고 한다. 이때 화물 열차의 길이는?

① 160 m ② 180 m ③ 200 m
④ 220 m ⑤ 240 m

유형UP 18 합금, 식품에 대한 문제

(1) (금속의 양)$=\dfrac{(금속의 비율)}{100}\times$(합금의 양)

(2) (영양소의 양)$=\dfrac{(영양소의 비율)}{100}\times$(식품의 양)

0774 대표문제

두 식품 A, B에서 A 식품에는 단백질이 30 %, 지방이 10 % 들어 있고, B 식품에는 단백질이 20 %, 지방이 40 % 들어 있다고 한다. 두 식품만 섭취하여 단백질 30 g, 지방 20 g을 얻으려면 A 식품은 몇 g을 섭취해야 하는가?

① 30 g ② 50 g ③ 80 g
④ 100 g ⑤ 110 g

0775 상중

다음 표는 두 합금 A, B에 들어 있는 구리와 아연의 비율을 백분율로 나타낸 것이다. 이 두 종류의 합금을 합하여 구리는 100 g, 아연은 300 g을 포함하는 합금을 만들려고 할 때, 두 합금 A, B는 각각 몇 g씩 필요한지 구하시오.

합금	구리 (%)	아연 (%)
A	10	60
B	20	20

0776 상중

어느 연구소에서 니켈과 아연을 섞은 신소재 합금을 개발 중이다. 현재 보유한 니켈과 아연을 1 : 3의 비율로 섞은 합금 A와 니켈과 아연을 3 : 2의 비율로 섞은 합금 B를 녹여서 니켈과 아연을 2 : 3의 비율로 섞은 신소재 합금 280 g을 만들려고 할 때, 필요한 합금 B의 양을 구하시오.

(단, 두 합금 A, B는 니켈과 아연만 포함한다.)

시험에 꼭 나오는 문제

0777

합이 100인 두 자연수가 있다. 큰 수를 작은 수로 나누면 몫은 5이고 나머지는 10일 때, 이 두 수 중 큰 수는?

① 75　　　　② 80　　　　③ 85
④ 90　　　　⑤ 95

0778

각 자리의 숫자의 합이 9인 두 자리 자연수가 있다. 이 수의 십의 자리의 숫자와 일의 자리의 숫자를 바꾼 수는 처음 수의 2배보다 9만큼 작다고 할 때, 처음 수를 구하시오.

0779 중요

현재 아버지의 나이가 아들의 나이보다 32살이 더 많고, 8년 후에는 아버지의 나이가 아들의 나이의 2배보다 14살이 더 많다고 한다. 8년 후의 아버지의 나이는?

① 40살　　　② 42살　　　③ 45살
④ 47살　　　⑤ 50살

0780

다음은 서윤이가 제과점에서 빵과 우유를 구입하고 받은 영수증인데 일부가 찢어져 보이지 않는다. 서윤이가 구입한 도넛의 개수를 구하시오.

영수증			
주문번호: 02-210701		20○○.○○.○○ 16:27	
품목	단가(원)	수량(개)	금액(원)
단팥빵	1,200	2	2,400
도넛	1,500		
식빵	2,600		
우유	1,000	3	
합계		11	16,600

0781

선우가 과녁에 화살을 쏘아 맞히는 게임을 하는데 과녁을 맞히면 10점을 얻고, 맞히지 못하면 5점이 감점된다고 한다. 선우가 총 30개의 화살을 쏘아 120점을 얻었을 때, 선우가 과녁을 맞힌 화살의 개수를 구하시오.

0782

어느 극장의 어제 전체 관객은 1200명이었다. 오늘은 어제에 비하여 남자 관객 수는 1 % 감소하고, 여자 관객 수는 4 % 증가하여 전체적으로 관객은 28명이 증가하였다. 오늘 여자 관객 수를 구하시오.

0783

어느 음반 제작 회사에서 새로 제작한 두 음악 CD를 원가에 12 %의 이익을 붙여 정가를 정하였더니 두 음악 CD의 정가의 합이 25760원이었다. 두 음악 CD의 원가의 차가 3000원일 때, 더 비싼 음악 CD의 원가를 구하시오.

0784 중요

어느 수조에 물을 채우는데 A 호스로 9시간 동안 넣고, B 호스로 2시간 동안 넣었더니 수조가 가득 찼다. 또 같은 수조에 A 호스로 3시간 동안 넣고, B 호스로 6시간 동안 넣었더니 수조가 가득 찰 때, A 호스로만 수조를 가득 채우는 데는 몇 시간이 걸리는지 구하시오.

0785 중요

등산을 하는데 올라갈 때는 시속 3 km로 걷고, 내려올 때는 올라갈 때보다 4 km 더 먼 길을 시속 4 km로 걸어서 총 4시간 30분이 걸렸다. 이때 내려온 거리를 구하시오.

0786

정원이가 출발한 지 10분 후에 민아가 자전거를 타고 같은 방향으로 출발하였다. 정원이는 분속 400 m로 달리고 민아는 분속 600 m로 자전거를 타고 따라갈 때, 두 사람이 만나게 되는 것은 민아가 출발한 지 몇 분 후인가?

① 10분   ② 15분   ③ 20분
④ 25분   ⑤ 30분

0787

속력이 일정한 배를 타고 길이가 28 km인 강을 거슬러 올라가는 데 1시간 10분, 내려오는 데 40분이 걸렸다. 정지한 물에서의 배의 속력은? (단, 강물의 속력은 일정하다.)

① 시속 29 km   ② 시속 30 km   ③ 시속 31 km
④ 시속 32 km   ⑤ 시속 33 km

0788

8 %의 소금물 200 g이 있다. 여기에 15 %의 소금물을 넣어서 농도가 13 %가 되게 하려고 할 때, 넣어야 할 15 %의 소금물의 양을 구하시오.

0789

농도가 서로 다른 두 소금물 A, B가 있다. 소금물 A를 100 g, 소금물 B를 200 g 섞으면 6 %의 소금물이 되고, 소금물 A를 200 g, 소금물 B를 100 g 섞으면 8 %의 소금물이 된다. 이때 소금물 A의 농도는?

① 4 %   ② 8 %   ③ 10 %
④ 12 %   ⑤ 15 %

0790

길이가 200 m인 기차 A는 어느 다리를 완전히 지나는 데 30초가 걸리고, 길이가 150 m인 기차 B는 이 다리를 기차 A의 2배의 속력으로 완전히 지나는 데 14초가 걸린다고 한다. 이때 다리의 길이를 구하시오.

(단, 기차 A, B의 속력은 일정하다.)

0791 중요

A는 구리를 10 %, 주석을 30 % 포함한 합금이고, B는 구리를 20 %, 주석을 10 % 포함한 합금이다. 이 두 종류의 합금을 녹인 후 다시 섞어서 구리와 주석을 각각 5 kg, 4 kg씩 포함하는 합금으로 만들려고 한다. 이때 합금 A는 몇 kg이 필요한지 구하시오.

정답 및 풀이 65쪽

0792

시하의 휴대 전화의 비밀번호는 네 자리 숫자로 되어 있고, 각 자리의 숫자는 0 또는 한 자리 자연수이다. 다음 조건을 만족시키는 비밀번호를 구하시오.

> (개) 1221, 9559와 같이 좌우대칭이다.
> (내) 네 개의 숫자의 합은 22이다.
> (대) 두 번째 숫자에서 첫 번째 숫자를 뺀 값은 5이다.

0793

다음 그림과 같이 모양과 크기가 같은 직사각형 모양의 타일 10장을 겹치지 않게 빈틈없이 이어 붙여 큰 직사각형을 만들었더니 그 둘레의 길이가 62 cm이었다. 이때 큰 직사각형의 세로의 길이를 구하시오.

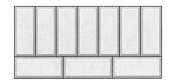

0794

둘레의 길이가 4 km인 공원의 둘레를 A, B 두 사람이 자전거를 타고 일정한 속력으로 달리고 있다. 두 사람이 같은 지점에서 동시에 출발하여 같은 방향으로 돌면 1시간 후에 처음으로 만나고, 반대 방향으로 돌면 10분 후에 처음으로 만난다고 할 때, A의 속력을 구하시오.
(단, A의 속력이 B의 속력보다 더 빠르다.)

0795

어떤 음악회에서 연주 시간이 5분인 곡 x곡과 연주 시간이 8분인 곡 y곡을 연주하여 공연 시간을 1시간 56분으로 계획했으나 실제로는 연주 시간이 5분인 곡 y곡과 연주 시간이 8분인 곡 x곡을 연주하여 1시간 47분이 걸렸다. 곡과 곡 사이에는 1분 간의 쉬는 시간이 있다고 할 때, $3x-y$의 값은?

① 6   ② 9   ③ 18
④ 25   ⑤ 27

0796

어느 자격 시험에 응시한 남학생과 여학생 수의 비는 3 : 1, 합격자의 남학생과 여학생 수의 비는 5 : 2, 불합격자의 남학생과 여학생 수의 비는 10 : 3이다. 합격자가 140명일 때, 자격 시험에 응시한 전체 학생 수를 구하시오.

0797

재형이가 집에서 출발하여 할머니 댁까지 자동차를 타고 갔다. 시속 90 km로 가면 예정 소요 시간보다 30분이 덜 걸리고, 시속 75 km로 가면 예정 소요 시간보다 6분이 더 걸린다. 집에서 할머니 댁까지의 거리와 예정 소요 시간을 차례대로 구하시오.

공감 한 스푼

토닥토닥
수고했어, 오늘도 길

V
일차함수

08 일차함수와 그 그래프 (1)

08-1 함수의 뜻과 함숫값

개념플러스 ✓

(1) **함수**

① **함수**: 두 변수 x, y에 대하여 x의 값이 변함에 따라 y의 값이 오직 하나씩 정해지는 대응 관계가 있을 때, y를 x에 대한 함수라 한다.

예 한 병에 700원인 주스 x병의 가격 y원

➡
x	1	2	3	4	5	⋯
y	700	1400	2100	2800	3500	⋯

➡ x의 값이 변함에 따라 y의 값이 오직 하나씩 정해지므로 y는 x에 대한 함수이다.

② y가 x에 대한 함수일 때, 기호로 $y=f(x)$와 같이 나타낸다.

참고 정비례 관계 $y=ax$ $(a\neq0)$와 반비례 관계 $y=\dfrac{b}{x}$ $(b\neq0)$는 x의 값이 변함에 따라 y의 값이 오직 하나씩 정해지므로 y는 x에 대한 함수이다.

주의 x의 값 하나에 대응하는 y의 값이 없거나 y의 값이 2개 이상 정해지면 y는 x에 대한 함수가 아니다.

(2) **함숫값**: 함수 $y=f(x)$에서 x의 값에 따라 하나씩 정해지는 y의 값 $f(x)$를 x에 대한 함숫값이라 한다.

예 함수 $f(x)=3x$에서 x의 값이 5일 때의 함숫값 $f(5)$는
$$f(5)=3\times5=15$$

> **변수**: 여러 가지로 변하는 값을 나타내는 문자

> $y=f(x)$에서 f는 함수를 뜻하는 영어 단어 function의 첫 글자이다.

> 함숫값을 구할 때에는 함수 $y=f(x)$에 x 대신 수를 대입한다.

08-2 일차함수의 뜻

함수 $y=f(x)$에서
$$y=ax+b \ (a, b는 상수, a\neq0)$$
와 같이 y가 x에 대한 일차식으로 나타날 때, 이 함수를 x에 대한 **일차함수**라 한다.

예 $y=4x$, $y=\dfrac{2}{3}x-1$, $y=-x$ ➡ x에 대한 일차함수이다.

> a, b는 상수이고 $a\neq0$일 때
> ① $ax+b$ ➡ x에 대한 일차식
> ② $ax+b=0$
>   ➡ x에 대한 일차방정식
> ③ $ax+b>0$
>   ➡ x에 대한 일차부등식
> ④ $y=ax+b$
>   ➡ x에 대한 일차함수

08-3 일차함수 $y=ax+b$의 그래프

(1) **평행이동**: 한 도형을 일정한 방향으로 일정한 거리만큼 이동하는 것

참고 평행이동은 도형을 옮기기만 하는 것이므로 그 모양은 변하지 않는다.

(2) **일차함수 $y=ax+b$의 그래프**

일차함수 $y=ax+b$의 그래프는 일차함수 $y=ax$의 그래프를 y축의 방향으로 b만큼 평행이동한 직선이다.

① $b>0$이면 y축의 양의 방향으로 b만큼 평행이동한 것이다.

② $b<0$이면 y축의 음의 방향으로 $|b|$만큼 평행이동한 것이다.

예 $y=-2x$의 그래프 $\xrightarrow[\text{3만큼 평행이동}]{\text{y축의 방향으로}}$ $y=-2x+3$의 그래프

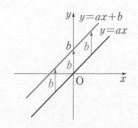

> 일차함수 $y=ax+b$에서 x의 값이 주어지지 않을 때에는 x의 값의 범위를 수 전체로 생각한다.

▶ 정답 및 풀이 67쪽

교과서문제 정복하기

08-1 함수의 뜻과 함숫값

[0798~0799] 한 개의 무게가 200 g인 사과 x개의 무게를 y g 이라 할 때, 다음 물음에 답하시오.

0798 아래 표를 완성하시오.

x	1	2	3	4	5	...
y						...

0799 y가 x에 대한 함수인지 말하시오.

[0800~0801] 자연수 x보다 작은 자연수를 y라 할 때, 다음 물음에 답하시오.

0800 아래 표를 완성하시오.

x	1	2	3	4	5	...
y	없다.					...

0801 y가 x에 대한 함수인지 말하시오.

[0802~0805] 함수 $f(x)=4x$에 대하여 다음 함숫값을 구하시오.

0802 $f(1)$

0803 $f(-3)$

0804 $f\left(\dfrac{1}{2}\right)$

0805 $f(0)$

[0806~0809] 함수 $f(x)=-\dfrac{12}{x}$에 대하여 다음 함숫값을 구하시오.

0806 $f(2)$

0807 $f(-4)$

0808 $f(12)$

0809 $f\left(-\dfrac{1}{3}\right)$

08-2 일차함수의 뜻

0810 다음 **보기** 중 일차함수인 것을 모두 고르시오.

> ┤ 보기 ├
> ㄱ. $y=x$ ㄴ. $y=-6x+x^2$
> ㄷ. $y=3$ ㄹ. $xy=10$
> ㅁ. $y=\dfrac{1}{2}(x-3)$ ㅂ. $x+4y$

[0811~0813] 다음 문장에서 y를 x에 대한 식으로 나타내고, y가 x에 대한 일차함수인지 말하시오.

0811 한 변의 길이가 x cm인 정사각형의 넓이는 y cm²이다.

0812 하루 중 낮의 길이가 x시간일 때, 밤의 길이는 y시 간이다.

0813 넓이가 10 cm²이고 밑변의 길이가 x cm인 삼각 형의 높이는 y cm이다.

08-3 일차함수 $y=ax+b$의 그래프

[0814~0815] 오른쪽 그림과 같이 일차함수 $y=2x$의 그래프를 평행이동하여 직선 ㉠~㉣을 그렸을 때, ㉠~㉣ 중 다음 일차함수의 그래프로 알맞은 것을 고르시오.

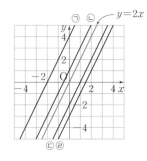

0814 $y=2x+1$

0815 $y=2x-3$

[0816~0817] 다음 일차함수의 그래프를 y축의 방향으로 [ ] 안의 수만큼 평행이동한 그래프의 식을 구하시오.

0816 $y=5x$ [2]

0817 $y=-3x$ [-4]

08 일차함수와 그 그래프 (1)

08-4 일차함수의 그래프의 x절편, y절편

(1) 함수의 그래프의 x절편, y절편

① x**절편**: 함수의 그래프가 x축과 만나는 점의 x좌표
  ➡ $y=0$일 때 x의 값

② y**절편**: 함수의 그래프가 y축과 만나는 점의 y좌표
  ➡ $x=0$일 때 y의 값

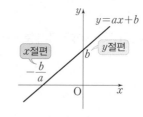

참고 함수의 그래프의 $\begin{bmatrix} x절편이\ p이다. ➡ 점\ (p,\,0)을\ 지난다. \\ y절편이\ q이다. ➡ 점\ (0,\,q)를\ 지난다. \end{bmatrix}$

(2) x절편과 y절편을 이용하여 일차함수의 그래프 그리기

❶ x절편, y절편을 구한다.

❷ x축, y축과 만나는 두 점, 즉 (x절편, 0), (0, y절편)을 좌표평면 위에 나타낸 후 두 점을 직선으로 연결한다.

예 일차함수 $y=2x-6$의 그래프를 그려 보자.

❶ $y=0$일 때, $0=2x-6$ ∴ $x=3$

  $x=0$일 때, $y=-6$

  즉 x절편은 3, y절편은 -6이다.

❷ 일차함수 $y=2x-6$의 그래프는 두 점 $(3,\,0)$, $(0,\,-6)$을 지나므로 오른쪽 그림과 같다.

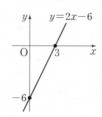

08-5 일차함수의 그래프의 기울기

(1) 일차함수 $y=ax+b$에서 x의 값의 증가량에 대한 y의 값의 증가량의 비율은 항상 a로 일정하다. 이 증가량의 비율 a를 일차함수 $y=ax+b$의 그래프의 **기울기**라 한다.

  ➡ 일차함수 $y=ax+b$의 그래프에서

$$(기울기)=\frac{(y의\ 값의\ 증가량)}{(x의\ 값의\ 증가량)}=a \rightarrow 항상\ 일정하다.$$

(2) 기울기와 y절편을 이용하여 일차함수의 그래프 그리기

❶ y절편을 구하여 y축과 만나는 점, 즉 $(0,\,y$절편)을 좌표평면 위에 나타낸다.

❷ 기울기를 이용하여 그래프가 지나는 다른 한 점을 찾아 좌표평면 위에 나타낸 후 두 점을 직선으로 연결한다.

예 일차함수 $y=-\dfrac{3}{2}x+2$의 그래프를 그려 보자.

❶ y절편이 2이므로 그래프는 점 $(0,\,2)$를 지난다.

❷ 기울기가 $-\dfrac{3}{2}$이므로 점 $(0,\,2)$에서 x의 값이 2만큼 증가하고 y의 값이 3만큼 감소한 점 $(0+2,\,2-3)$, 즉 $(2,\,-1)$을 지난다.

  따라서 일차함수 $y=-\dfrac{3}{2}x+2$의 그래프는 두 점 $(0,\,2)$, $(2,\,-1)$을 지나므로 오른쪽 그림과 같다.

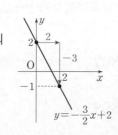

개념플러스

일차함수 $y=ax+b$의 그래프의 x절편, y절편

① x절편: $-\dfrac{b}{a}$

② y절편: b

두 점 $(x_1,\,y_1)$, $(x_2,\,y_2)$를 지나는 일차함수의 그래프의 기울기는

$$\frac{(y의\ 값의\ 증가량)}{(x의\ 값의\ 증가량)}$$
$$=\frac{y_2-y_1}{x_2-x_1}=\frac{y_1-y_2}{x_1-x_2}$$

(단, $x_1 \neq x_2$)

교과서문제 정복하기

08-4 일차함수의 그래프의 x절편, y절편

[0818~0819] 오른쪽 그림에서 각 그래프의 x절편과 y절편을 각각 구하시오.

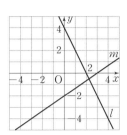

0818 그래프 l

0819 그래프 m

[0820~0825] 다음 일차함수의 그래프의 x절편과 y절편을 구하시오.

0820 $y=-x+4$

0821 $y=2x-10$

0822 $y=-3x+9$

0823 $y=x+\dfrac{1}{7}$

0824 $y=-\dfrac{1}{6}x-1$

0825 $y=\dfrac{2}{5}x-\dfrac{1}{2}$

[0826~0827] 다음 □ 안에 알맞은 수를 쓰고, x절편과 y절편을 이용하여 일차함수의 그래프를 그리시오.

0826 $y=2x-4$

➡ x절편: ☐, y절편: ☐

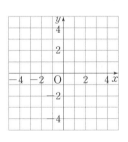

0827 $y=-x+3$

➡ x절편: ☐, y절편: ☐

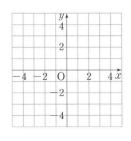

08-5 일차함수의 그래프의 기울기

[0828~0829] 다음 일차함수의 그래프에서 □ 안에 알맞은 수를 쓰고, 그래프의 기울기를 구하시오.

0828 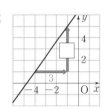 **0829**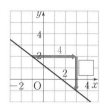

[0830~0831] 다음 일차함수의 그래프의 기울기와 이 일차함수의 그래프에서 x의 값의 증가량이 2일 때, y의 값의 증가량을 차례대로 구하시오.

0830 $y=x+7$ **0831** $y=-\dfrac{3}{2}x+4$

[0832~0833] 다음 두 점을 지나는 일차함수의 그래프의 기울기를 구하시오.

0832 $(2, 5)$, $(6, 1)$ **0833** $(-4, -7)$, $(1, 0)$

[0834~0835] 다음 □ 안에 알맞은 수를 쓰고, 기울기와 y절편을 이용하여 일차함수의 그래프를 그리시오.

0834 $y=-3x-1$

➡ 기울기: ☐, y절편: ☐

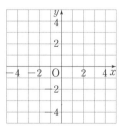

0835 $y=\dfrac{1}{4}x+2$

➡ 기울기: ☐, y절편: ☐

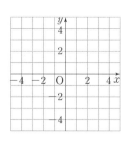

유형 익히기

유형 01 함수

x의 값이 변함에 따라 y의 값이
(1) 오직 하나씩 정해지면 ➡ y는 x에 대한 함수이다.
(2) 없거나 2개 이상 정해지면 ➡ y는 x에 대한 함수가 아니다.

0836 대표문제

다음 중 y가 x에 대한 함수가 아닌 것은?

① 자연수 x의 약수의 개수 y
② 자연수 x의 소인수 y
③ 자연수 x를 6으로 나누었을 때의 나머지 y
④ 한 권에 1000원인 공책 x권의 가격 y원
⑤ 소금 x g이 들어 있는 소금물 100 g의 농도 y %

0837 중

다음 중 y가 x에 대한 함수인 것을 모두 고르면? (정답 2개)

① 자연수 x보다 작은 홀수 y
② 자연수 x의 약수 y
③ 시속 x km로 5시간 동안 간 거리 y km
④ 키가 x cm인 사람의 발의 크기 y mm
⑤ 밑변의 길이가 6 cm, 높이가 x cm인 삼각형의 넓이 y cm²

0838 중

다음 보기 중 y가 x에 대한 함수인 것의 개수를 구하시오.

┤ 보기 ├

ㄱ. 반지름의 길이가 x cm인 원의 둘레의 길이 y cm
ㄴ. 자연수 x와 서로소인 수 y
ㄷ. 길이가 20 cm인 양초의 길이가 x cm만큼 짧아졌을 때, 남은 양초의 길이 y cm
ㄹ. 자연수 x보다 작은 소수 y
ㅁ. 30 L들이 물통에 매분 x L씩 물을 넣을 때, 물이 가득 찰 때까지 걸린 시간 y분

중요

유형 02 함숫값

함숫값 $f(a)$ ➡ $f(x)$에 x 대신 a를 대입하여 얻은 값

0839 대표문제

함수 $f(x) = -5x$에 대하여 다음 중 옳지 않은 것은?

① $f(-2) = 10$ ② $f(0) = 0$
③ $f(4) = -20$ ④ $f\left(\dfrac{7}{10}\right) = -\dfrac{7}{2}$
⑤ $f\left(-\dfrac{6}{5}\right) = -6$

0840 중하

다음 중 $f(-1) = 3$을 만족시키는 함수인 것을 모두 고르면? (정답 2개)

① $f(x) = -3x$ ② $f(x) = \dfrac{x}{3}$
③ $f(x) = 3x$ ④ $f(x) = -\dfrac{3}{x}$
⑤ $f(x) = \dfrac{3}{x}$

0841 중 서술형

함수 $f(x) = \dfrac{a}{x}$에 대하여 $f(9) = 4$일 때, $f\left(\dfrac{1}{2}\right) + f(-4)$의 값을 구하시오. (단, a는 상수이다.)

0842 상중

함수 $f(x) = $ (자연수 x를 7로 나누었을 때의 나머지)라 할 때, $f(26) + f(57) + f(91)$의 값을 구하시오.

개념원리 중학 수학 2-1 174쪽

유형 03 일차함수

y가 x에 대한 일차함수
➡ $y=ax+b$ (a, b는 상수, $a\neq0$)의 꼴
　　　　　　　　x에 대한 일차식

0843 대표문제

다음 **보기** 중 y가 x에 대한 일차함수인 것을 모두 고르시오.

┤ 보기 ├

ㄱ. $x=6$ 　　　　　　　 ㄴ. $y=x-y+2$

ㄷ. $y=\dfrac{1}{3}x$ 　　　　　 ㄹ. $\dfrac{x}{2}-\dfrac{y}{3}=1$

ㅁ. $y=x(x-1)$ 　　　 ㅂ. $y=3(2x-1)+2$

0844 하

다음 중 y가 x에 대한 일차함수가 <u>아닌</u> 것을 모두 고르면?
(정답 2개)

① $y=x-1-3x$ 　　　② $y=-5$

③ $y=\dfrac{1}{x}$ 　　　　　④ $y=\dfrac{x-1}{2}$

⑤ $y=3x(x-1)-3x^2$

0845 중

다음 중 y가 x에 대한 일차함수인 것을 모두 고르면?
(정답 2개)

① 300석의 좌석이 있는 공연장에 x명이 입장하였을 때, 남은 좌석의 수 y석

② 반지름의 길이가 x cm인 원의 넓이 y cm²

③ 전체 쪽수가 500쪽인 책을 하루에 x쪽씩 읽을 때 걸리는 날수 y일

④ 시속 x km로 y시간 동안 달린 거리 200 km

⑤ 농도가 x %인 소금물 100 g에 녹아 있는 소금의 양 y g

0846 중

$y=ax+6(3-x)$가 일차함수가 되도록 하는 상수 a의 조건을 구하시오.

개념원리 중학 수학 2-1 175쪽

유형 04 일차함수의 그래프 위의 점

점 (p, q)가 그래프 위에 있다.
➡ 그래프가 점 (p, q)를 지난다
➡ 그래프의 식에 $x=p$, $y=q$를 대입하면 등식이 성립한다.

0847 대표문제

다음 중 일차함수 $y=-3x+2$의 그래프 위의 점이 <u>아닌</u> 것은?

① $(-4, 14)$ 　　② $\left(-\dfrac{1}{3}, 3\right)$ 　　③ $\left(\dfrac{1}{6}, \dfrac{3}{2}\right)$

④ $(1, -1)$ 　　⑤ $\left(\dfrac{4}{3}, -6\right)$

0848 중하

일차함수 $y=ax-7$의 그래프가 점 $(-6, 5)$를 지날 때, 상수 a의 값을 구하시오.

0849 중

일차함수 $y=\dfrac{5}{2}x+8$의 그래프가 두 점 $(-1, p)$, $(q, 13)$을 지날 때, $2p+q$의 값은?

① 11 　　　② 12 　　　③ 13

④ 14 　　　⑤ 15

0850 중 서술형

두 일차함수 $y=ax-4$, $y=6x+4$의 그래프가 모두 점 $(2, p)$를 지날 때, $p-a$의 값을 구하시오.
(단, a는 상수이다.)

08

일차함수와 그 그래프 (1)

유형 05 일차함수의 그래프의 평행이동

(1) 일차함수 $y=ax$의 그래프를 y축의 방향으로 b만큼 평행이
동한 그래프의 식 ➡ $y=ax+b$

(2) 일차함수 $y=ax+b$의 그래프를 y축의 방향으로 p만큼 평
행이동한 그래프의 식 ➡ $y=ax+b+p$

0851 대표문제

일차함수 $y=-3x+4$의 그래프를 y축의 방향으로 b만큼
평행이동하면 일차함수 $y=ax+1$의 그래프가 된다. 이때
ab의 값을 구하시오. (단, a는 상수이다.)

0852 중하

다음 일차함수 중 그 그래프가 일차함수 $y=5x$의 그래프
를 평행이동하여 겹쳐지지 않는 것은?

① $y=5x+\dfrac{1}{2}$ ② $y=5x-\dfrac{5}{7}$

③ $y=3(x+1)+2x$ ④ $y=5(-2+x)$

⑤ $y=5(2-x)$

0853 중

일차함수 $y=2x-5$의 그래프를 y축의 방향으로 p만큼
평행이동한 그래프가 점 $(2,\ -3)$을 지난다. 이때 p의 값
을 구하시오.

0854 중

일차함수 $y=a(x-2)$의 그래프를 y축의 방향으로 -3만
큼 평행이동한 그래프가 두 점 $(4,\ 5)$, $(b,\ -3)$을 지난
다. 이때 $a+b$의 값을 구하시오. (단, a는 상수이다.)

유형 06 일차함수의 그래프의 x절편, y절편

일차함수 $y=ax+b$의 그래프에서

(1) x절편: $y=0$일 때 x의 값 ➡ $-\dfrac{b}{a}$

(2) y절편: $x=0$일 때 y의 값 ➡ b

0855 대표문제

일차함수 $y=7x+21$의 그래프의 x절편을 a, y절편을 b라
할 때, $a+b$의 값을 구하시오.

0856 중하

다음 일차함수 중 그 그래프의 x절편이 나머지 넷과 다른
하나는?

① $y=-\dfrac{2}{5}x+\dfrac{1}{5}$ ② $y=-x+\dfrac{1}{2}$

③ $y=2x-1$ ④ $y=6x-3$

⑤ $y=\dfrac{1}{2}x+\dfrac{1}{4}$

0857 중

일차함수 $y=-\dfrac{3}{2}x+k$의 그래프의 x절편이 4일 때, y절
편을 구하시오. (단, k는 상수이다.)

0858 중 서술형

두 일차함수 $y=-3x+9$, $y=2x+k$의 그래프가 x축 위
에서 만날 때, 상수 k의 값을 구하시오.

개념원리 중학 수학 2–1 182쪽

유형 07 일차함수의 그래프의 기울기

일차함수 $y=ax+b$의 그래프에서
$$(\text{기울기})=\frac{(y\text{의 값의 증가량})}{(x\text{의 값의 증가량})}=a$$

0859 대표문제

다음 일차함수의 그래프 중 x의 값이 4만큼 증가할 때, y의 값은 12만큼 감소하는 것은?

① $y=-\dfrac{1}{3}x-1$　　　② $y=3x+2$

③ $y=x+3$　　　④ $y=-x+3$

⑤ $y=-3x+1$

0860 중하

일차함수 $y=5x-9$의 그래프에서 x의 값이 -1에서 2까지 증가할 때, y의 값의 증가량은?

① 5　　　② 10　　　③ 15

④ 20　　　⑤ 25

0861 중 서술형

일차함수 $y=ax+3$의 그래프에서 x의 값이 2에서 -3까지 감소할 때, y의 값은 10만큼 증가한다. x의 값이 4만큼 증가할 때, y의 값의 증가량을 구하시오. (단, a는 상수이다.)

중요

개념원리 중학 수학 2–1 182쪽

유형 08 두 점을 지나는 일차함수의 그래프의 기울기

두 점 $(x_1,\ y_1)$, $(x_2,\ y_2)$를 지나는 일차함수의 그래프의 기울기

→ $\dfrac{(y\text{의 값의 증가량})}{(x\text{의 값의 증가량})}=\dfrac{y_2-y_1}{x_2-x_1}=\dfrac{y_1-y_2}{x_1-x_2}$ (단, $x_1\ne x_2$)

0862 대표문제

두 점 $(-3,\ -6)$, $(1,\ a)$를 지나는 일차함수의 그래프의 기울기가 $-\dfrac{1}{2}$일 때, a의 값을 구하시오.

0863 중하

다음 일차함수의 그래프의 기울기를 구하시오.

(1)　　　　　　　　　(2)

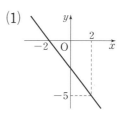 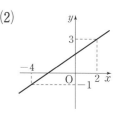

0864 중

x절편이 10이고 y절편이 -6인 일차함수의 그래프의 기울기는?

① $-\dfrac{3}{5}$　　　② $-\dfrac{2}{5}$　　　③ $-\dfrac{1}{5}$

④ $\dfrac{2}{5}$　　　⑤ $\dfrac{3}{5}$

08

일차함수와 그 그래프 (1)

유형 09 세 점이 한 직선 위에 있을 조건

세 점 A, B, C가 한 직선 위에 있을 때,
  (두 점 A, B를 지나는 직선의 기울기)
    =(두 점 B, C를 지나는 직선의 기울기)
    =(두 점 A, C를 지나는 직선의 기울기)

0865 대표문제

세 점 $(-1, -4)$, $(4, 6)$, $(2, a)$가 한 직선 위에 있을 때, a의 값을 구하시오.

0866 중

오른쪽 그림과 같이 세 점 A, B, C가 한 직선 위에 있을 때, a의 값을 구하시오.

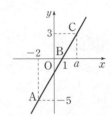

0867 중

두 점 $(-6, 9)$, $(-2, 5)$를 지나는 직선 위에 점 $(5k-3, k)$가 있을 때, k의 값은?

① 0   ② 1   ③ 2
④ 3   ⑤ 4

0868 상중 서술형

세 점 A$(-1, -8)$, B$(3, m)$, C$(5, m+6)$이 한 직선 위에 있고 그 직선의 기울기를 a라 할 때, $a+m$의 값을 구하시오.

유형 10 일차함수의 그래프 그리기

일차함수 $y=ax+b$의 그래프는 그래프 위의 두 점을 찾아 직선으로 연결하여 그린다.

방법① x절편과 y절편을 이용하기

$y=ax+b$의 그래프의 x절편은 $-\dfrac{b}{a}$, y절편은 b이다.

➡ 두 점 $\left(-\dfrac{b}{a}, 0\right)$, $(0, b)$를 직선으로 연결하여 그린다.

방법② y절편과 기울기를 이용하기

$y=ax+b$의 그래프의 y절편은 b, 기울기는 a이다.

➡ 두 점 $(0, b)$, $(1, b+a)$를 직선으로 연결하여 그린다.
  └ $(0, b)$에서 x의 값이 1만큼 증가할 때 y의 값은 a만큼 증가한 점

0869 대표문제

다음 중 일차함수 $y=-\dfrac{3}{5}x-3$의 그래프는?

①
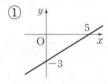

②
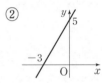

③
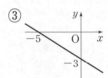

④

⑤
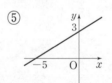

0870 중하

일차함수 $y=2x+6$의 그래프가 지나지 않는 사분면은?

① 제1사분면   ② 제2사분면
③ 제3사분면   ④ 제4사분면
⑤ 제2사분면, 제4사분면

정답 및 풀이 71쪽

0871 종

다음 일차함수 중 그 그래프가 제3사분면을 지나지 <u>않는</u> 것은?

① $y=-\dfrac{1}{2}x+5$　　　② $y=-\dfrac{3}{2}x-3$

③ $y=2x-\dfrac{1}{2}$　　　　④ $y=-x-5$

⑤ $y=5x-2$

0872 종

일차함수 $y=4x-4$의 그래프를 y축의 방향으로 8만큼 평행이동한 그래프가 지나지 <u>않는</u> 사분면을 구하시오.

0873 상중

일차함수 $y=ax+2$의 그래프의 x절편이 $-\dfrac{1}{2}$, y절편이 b일 때, 다음 중 일차함수 $y=-bx+a$의 그래프는?

(단, a는 상수이다.)

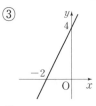
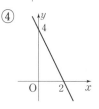
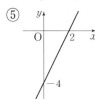

중요

유형 11 일차함수의 그래프와 좌표축으로 둘러싸인 도형의 넓이

개념원리 중학 수학 2-1 183쪽

① 주어진 함수의 그래프가 x축, y축과 만나는 점의 좌표를 각각 구한 후 그래프를 그려서 넓이를 구하려는 도형을 찾는다.

② 삼각형의 밑변의 길이와 높이를 구할 때, 변의 길이는 음수가 될 수 없음에 주의한다.

0874 대표문제

일차함수 $y=-x+8$의 그래프가 x축, y축과 만나는 점을 각각 A, B라 할 때, $\triangle AOB$의 넓이는?

(단, O는 원점이다.)

① 18　　　② 23　　　③ 28

④ 32　　　⑤ 36

0875 종

일차함수 $y=\dfrac{5}{3}x+4$의 그래프와 x축, y축으로 둘러싸인 삼각형의 넓이는?

① $\dfrac{12}{5}$　　　② 3　　　③ $\dfrac{24}{5}$

④ 8　　　　⑤ $\dfrac{48}{5}$

0876 상중 서술형

오른쪽 그림과 같이 일차함수 $y=ax-5$의 그래프가 x축, y축과 만나는 점을 각각 A, B라 하자. $\triangle AOB$의 넓이가 20일 때, 양수 a의 값을 구하시오. (단, O는 원점이다.)

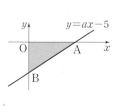

개념원리 중학 수학 2-1 202쪽

유형UP **12** 함숫값을 이용하여 일차함수의 그래프의 기울기 구하기

일차함수 $y=f(x)$에 대하여 어떤 두 함숫값의 차, 즉 $f(p)-f(q)$의 값이 주어지면

$$\frac{f(p)-f(q)}{p-q}=(\text{일차함수 } y=f(x)\text{의 그래프의 기울기})$$

임을 이용한다.

0877 대표문제

일차함수 $y=f(x)$에 대하여 $f(4)-f(-2)=-12$일 때, 이 일차함수의 그래프의 기울기를 구하시오.

0878 상중

일차함수 $y=f(x)$가 $f(x-1)-f(x+1)=-2$를 만족시킬 때, 일차함수 $y=f(x)$의 그래프의 기울기는?

① -3 ② -2 ③ -1
④ 1 ⑤ 2

0879 상

다음 조건을 만족시키는 일차함수 $f(x)=ax+b$에 대하여 $f(-1)$의 값을 구하시오. (단, a, b는 상수이다.)

(가) $\dfrac{f(x+1)-f(x+6)}{3}=5$

(나) $f(2)=-5$

개념원리 중학 수학 2-1 183쪽

유형UP **13** 두 일차함수의 그래프와 좌표축으로 둘러싸인 도형의 넓이

오른쪽 그림과 같이 두 일차함수의 그래프가 y축 위에서 만날 때, 색칠한 부분의 넓이

➡ $\triangle ABC = \dfrac{1}{2} \times \overline{BC} \times \overline{OA}$

0880 대표문제

두 일차함수 $y=x+2$, $y=-\dfrac{2}{3}x+2$의 그래프와 x축으로 둘러싸인 도형의 넓이를 구하시오.

0881 상중 서술형

두 일차함수 $y=-x+4$, $y=\dfrac{3}{2}x-6$의 그래프와 y축으로 둘러싸인 도형의 넓이를 구하시오.

0882 상중

오른쪽 그림과 같이 두 일차함수 $y=3x+6$, $y=ax+6$의 그래프가 y축 위의 점 A에서 만나고, 두 일차함수의 그래프와 x축으로 둘러싸인 삼각형 ABC의 넓이가 18일 때, 상수 a의 값을 구하시오.

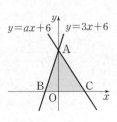

▶ 정답 및 풀이 73쪽

시험에 꼭 나오는 문제

0883

다음 **보기** 중 y가 x에 대한 함수인 것을 모두 고른 것은?

┤ 보기 ├

ㄱ. 자연수 x의 제곱인 수 y
ㄴ. 자연수 x보다 작은 짝수 y
ㄷ. 자연수 x의 배수 y
ㄹ. 2와 자연수 x의 최대공약수 y

① ㄱ, ㄴ   ② ㄱ, ㄷ   ③ ㄱ, ㄹ
④ ㄴ, ㄹ   ⑤ ㄷ, ㄹ

0884 중요

함수 $f(x)=-6x+a$에 대하여 $f(1)=-4$일 때, $f(5)+f(-3)$의 값을 구하시오. (단, a는 상수이다.)

0885

다음 중 일차함수인 것을 모두 고르면? (정답 2개)

① $xy=9$ ② $y=4-3x$
③ $y=-(x+5)+x$ ④ $x-6y=1$
⑤ $y=\dfrac{4}{x}$

0886

다음 중 일차함수 $y=\dfrac{1}{2}x-3$의 그래프 위의 점인 것은?

① $(-4,\ -7)$ ② $(0,\ 3)$ ③ $(2,\ 2)$
④ $\left(3,\ -\dfrac{3}{2}\right)$ ⑤ $(6,\ 1)$

0887 중요

두 일차함수 $y=4x+\dfrac{3}{5}$, $y=4x-15$의 그래프는 일차함수 $y=4x$의 그래프를 y축의 방향으로 각각 m, n만큼 평행이동한 것이다. 이때 mn의 값을 구하시오.

0888

일차함수 $y=-\dfrac{4}{5}x+8$의 그래프가 오른쪽 그림과 같을 때, 두 점 A, B의 좌표는?

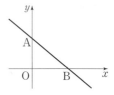

① A$(0,\ 4)$, B$(5,\ 0)$
② A$(0,\ 8)$, B$(10,\ 0)$
③ A$(0,\ 8)$, B$(12,\ 0)$
④ A$(5,\ 0)$, B$(0,\ 4)$
⑤ A$(10,\ 0)$, B$(0,\ 8)$

0889

일차함수 $y=\dfrac{3}{4}x-2$의 그래프의 기울기를 a, x절편을 b, y절편을 c라 할 때, abc의 값은?

① -12 ② -6 ③ -4

④ 4 ⑤ 6

0890 중요

일차함수 $y=ax+b$의 그래프는 $y=-x+3$의 그래프와 x축 위에서 만나고, $y=\dfrac{5}{2}x-2$의 그래프와 y축 위에서 만난다. 이때 $y=ax+b$의 그래프의 기울기를 구하시오.

(단, a, b는 상수이다.)

0891

오른쪽 그림과 같은 일차함수의 그래프에서 x의 값이 4만큼 증가할 때, y의 값의 증가량은?

① 1 ② 2

③ 3 ④ 4

⑤ 5

0892

세 점 $A(-1, 3)$, $B(5, 5)$, $C(m, m+2)$가 한 직선 위에 있을 때, m의 값을 구하시오.

0893 중요

다음 **보기**의 일차함수 중 그 그래프가 제1사분면을 지나지 <u>않는</u> 것을 모두 고른 것은?

┃ 보기 ┃

ㄱ. $y=-x-1$ ㄴ. $y=-3x+2$

ㄷ. $y=2x-2$ ㄹ. $y=-4x-3$

① ㄱ, ㄴ   ② ㄱ, ㄷ   ③ ㄱ, ㄹ

④ ㄴ, ㄷ   ⑤ ㄴ, ㄹ

0894

일차함수 $y=-\dfrac{3}{4}x-6$의 그래프와 x축 및 y축으로 둘러싸인 도형의 넓이는?

① 16 ② 18 ③ 20

④ 22 ⑤ 24

▶ 정답 및 풀이 73쪽

0895

두 일차함수 $f(x)=ax+3$, $g(x)=-\dfrac{1}{2}x+b$에 대하여 $f(2)=-7$, $g(-4)=-3$일 때, $f(-2)+g(6)$의 값을 구하시오. (단, a, b는 상수이다.)

0896

일차함수 $y=ax-1$의 그래프를 y축의 방향으로 3만큼 평행이동한 그래프의 x절편이 -5, y절편이 b일 때, $a+b$의 값을 구하시오. (단, a는 상수이다.)

0897

일차함수 $y=-\dfrac{a}{3}x+2$의 그래프와 x축, y축으로 둘러싸인 도형의 넓이가 3일 때, 상수 a의 값을 구하시오.

(단, $a>0$)

0898

오른쪽 그림에서 두 점 A, D는 각각 일차함수 $y=2x$, $y=-2x+16$의 그래프 위의 점이고, 두 점 A, D에서 x축에 내린 수선의 발을 각각 B, C라 하자. 사각형 ABCD가 정사각형일 때, 사각형 ABCD의 넓이를 구하시오.

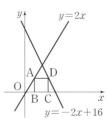

0899

일차함수 $f(x)=ax+b$의 그래프가 두 점 $(-4, k)$, $(6, k+7)$을 지날 때, $f(50)-f(10)$의 값을 구하시오.

(단, a, b는 상수이다.)

0900

두 일차함수 $y=\dfrac{1}{3}x+2$, $y=\dfrac{1}{3}x+4$의 그래프와 x축, y축으로 둘러싸인 도형의 넓이를 구하시오.

09 일차함수와 그 그래프 (2)

09-1 일차함수 $y=ax+b$의 그래프의 성질

(1) a의 부호: 그래프의 모양 결정
　① $a>0$이면 x의 값이 증가할 때 y의 값도 증가한다. ➡ 오른쪽 위로 향하는 직선
　② $a<0$이면 x의 값이 증가할 때 y의 값은 감소한다. ➡ 오른쪽 아래로 향하는 직선
(2) b의 부호: 그래프가 y축과 만나는 부분 결정
　① $b>0$이면 y축과 양의 부분에서 만난다. → y절편이 양수
　② $b<0$이면 y축과 음의 부분에서 만난다. → y절편이 음수

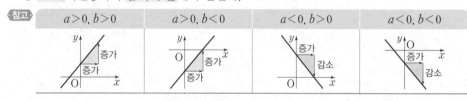

$a>0, b>0$	$a>0, b<0$	$a<0, b>0$	$a<0, b<0$

09-2 일차함수의 그래프의 평행과 일치

(1) 기울기가 같은 두 일차함수의 그래프는 평행하거나 일치한다.
　① 기울기가 같고 y절편이 다르면 두 일차함수의 그래프는 평행하다.
　② 기울기가 같고 y절편도 같으면 두 일차함수의 그래프는 일치한다.
(2) 평행한 두 일차함수의 그래프의 기울기는 같다.

09-3 일차함수의 식 구하기

(1) 기울기가 a이고 y절편이 b인 직선을 그래프로 하는 일차함수의 식은　$y=ax+b$
(2) **기울기가 a이고 점 $(x_1,\ y_1)$을 지나는 직선을 그래프로 하는 일차함수의 식 구하기**
　$y=ax+b$로 놓고 $x=x_1$, $y=y_1$을 $y=ax+b$에 대입하여 b의 값을 구한다.
(3) **두 점 $(x_1,\ y_1)$, $(x_2,\ y_2)$를 지나는 직선을 그래프로 하는 일차함수의 식 구하기**
　❶ 기울기 a를 구한다. ➡ $a=\dfrac{y_2-y_1}{x_2-x_1}=\dfrac{y_1-y_2}{x_1-x_2}$
　❷ $y=ax+b$로 놓고 두 점 중 한 점의 좌표를 대입하여 b의 값을 구한다.
(4) **x절편이 m, y절편이 n인 직선을 그래프로 하는 일차함수의 식 구하기**
　❶ 기울기 a를 구한다. ➡ $a=\dfrac{n-0}{0-m}=-\dfrac{n}{m}$ → 두 점 $(m, 0)$, $(0, n)$을 지나는 일차함수의 그래프의 기울기
　❷ y절편이 n이므로 구하는 일차함수의 식은　$y=-\dfrac{n}{m}x+n$

09-4 일차함수의 활용

일차함수의 활용 문제는 다음과 같은 순서로 푼다.
❶ 변수 정하기　　　➡ 문제의 뜻을 파악하고 변수 x, y를 정한다.
❷ 일차함수의 식 세우기 ➡ x와 y 사이의 관계를 식으로 나타낸다.
❸ 답 구하기　　　　➡ 일차함수의 식이나 그래프를 이용하여 필요한 값을 구한다.
❹ 확인하기　　　　➡ 구한 답이 문제의 뜻에 맞는지 확인한다.

> $y=ax+b$
> 　↑　　↑
> 기울기　y절편

일차함수 $y=ax+b$의 그래프에서 a의 절댓값이 클수록 그래프는 y축에 가까워진다.

$b=0$이면 원점을 지난다.

기울기가 다른 두 일차함수의 그래프는 한 점에서 만난다.

x절편이 m, y절편이 n인 직선은 두 점 $(m, 0)$, $(0, n)$을 지나는 직선과 같다.

주어진 변량에서 먼저 변하는 것을 x로 놓고, 그에 따라 변하는 것을 y로 정한다.

▶ 정답 및 풀이 75쪽

교과서문제 정복하기

09-1 일차함수 $y=ax+b$의 그래프의 성질

[0901~0904] **보기**의 일차함수 중 그 그래프가 다음에 해당하는 것을 모두 고르시오.

┌─── 보기 ───
ㄱ. $y=\dfrac{1}{3}x+2$ ㄴ. $y=-\dfrac{1}{2}x+5$ ㄷ. $y=\dfrac{3}{2}x-1$
ㄹ. $y=2x$ ㅁ. $y=x-1$ ㅂ. $y=-5x-4$
└────────

0901 x의 값이 증가할 때 y의 값도 증가하는 직선

0902 오른쪽 아래로 향하는 직선

0903 y축과 양의 부분에서 만나는 직선

0904 원점을 지나는 직선

[0905~0907] 일차함수 $y=ax+b$의 그래프가 오른쪽 그림과 같을 때, 상수 a, b의 부호를 구하시오.

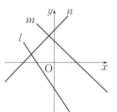

0905 직선 l

0906 직선 m

0907 직선 n

09-2 일차함수의 그래프의 평행과 일치

0908 두 일차함수 $y=ax-2$, $y=-3x+b$의 그래프가 평행하도록 하는 상수 a, b의 조건을 구하시오.

0909 두 일차함수 $y=ax+7$, $y=\dfrac{1}{2}x+b$의 그래프가 일치하도록 하는 상수 a, b의 값을 구하시오.

09-3 일차함수의 식 구하기

[0910~0911] 다음 직선을 그래프로 하는 일차함수의 식을 구하시오.

0910 기울기가 5이고 y절편이 -2인 직선

0911 기울기가 $-\dfrac{3}{4}$이고 y절편이 1인 직선

[0912~0913] 다음 직선을 그래프로 하는 일차함수의 식을 구하시오.

0912 기울기가 -6이고 점 $(1, -6)$을 지나는 직선

0913 기울기가 $\dfrac{1}{2}$이고 점 $(2, -2)$를 지나는 직선

[0914~0915] 다음 두 점을 지나는 직선을 그래프로 하는 일차함수의 식을 구하시오.

0914 $(-1, 7)$, $(3, -9)$

0915 $(2, 5)$, $(5, 14)$

[0916~0917] 다음 직선을 그래프로 하는 일차함수의 식을 구하시오.

0916 x절편이 -6, y절편이 4인 직선

0917 x절편이 -5, y절편이 -8인 직선

09-4 일차함수의 활용

[0918~0919] 온도가 15 ℃인 물을 가열하면 온도가 1분에 2 ℃씩 올라간다고 한다. 가열한 지 x분 후의 물의 온도를 y ℃라 할 때, 다음 물음에 답하시오.

0918 y를 x에 대한 식으로 나타내시오.

0919 가열한 지 20분 후의 물의 온도를 구하시오.

유형 익히기

개념원리 중학 수학 2-1 187쪽

유형 01 일차함수 $y=ax+b$의 그래프의 성질

일차함수 $y=ax+b$의 그래프에서
(1) 기울기: a, x절편: $-\dfrac{b}{a}$, y절편: b
(2) $a>0$이면 오른쪽 위로 향하는 직선이고, $a<0$이면 오른쪽 아래로 향하는 직선이다.
(3) $b>0$이면 y축과 양의 부분에서 만나고, $b<0$이면 y축과 음의 부분에서 만난다.
(4) a의 절댓값이 클수록 y축에 가깝다.

0920 대표문제

다음 중 일차함수 $y=-\dfrac{2}{3}x+2$의 그래프에 대한 설명으로 옳은 것은?

① 점 $(-3, 2)$를 지난다.
② x절편은 6, y절편은 2이다.
③ 오른쪽 위로 향하는 직선이다.
④ x의 값이 3만큼 증가할 때 y의 값은 2만큼 감소한다.
⑤ 제1, 2, 3 사분면을 지나는 직선이다.

0921 종하

다음 일차함수 중 그 그래프가 y축에 가장 가까운 것은?

① $y=-3x-2$ ② $y=-5x-2$ ③ $y=\dfrac{1}{3}x-2$

④ $y=\dfrac{1}{8}x-2$ ⑤ $y=-8x-2$

0922 종

다음 **보기** 중 일차함수 $y=ax+b$의 그래프에 대한 설명으로 옳은 것을 모두 고르시오. (단, a, b는 상수이다.)

┤ 보기 ├
ㄱ. $a<0$이면 x의 값이 증가할 때, y의 값은 감소한다.
ㄴ. $b>0$이면 반드시 제2 사분면을 지난다.
ㄷ. x축과 점 $(a, 0)$에서 만나고, y축과 점 $(0, b)$에서 만난다.
ㄹ. a의 절댓값이 작을수록 x축에 가깝다.

개념원리 중학 수학 2-1 188쪽

유형 02 일차함수 $y=ax+b$의 그래프와 a, b의 부호

일차함수 $y=ax+b$의 그래프가
→ { 오른쪽 위로 향하면 $a>0$
    오른쪽 아래로 향하면 $a<0$
  { y축과 양의 부분에서 만나면 $b>0$
    y축과 음의 부분에서 만나면 $b<0$

0923 대표문제

일차함수 $y=ax-b$의 그래프가 오른쪽 그림과 같을 때, 다음 중 옳은 것은? (단, a, b는 상수이다.)

① $a>0$, $b<0$ ② $a>0$, $b>0$
③ $a<0$, $b<0$ ④ $a<0$, $b>0$
⑤ $a<0$, $b=0$

0924 종

일차함수 $y=ax+b$의 그래프가 오른쪽 그림과 같을 때, 다음 중 일차함수 $y=bx-a$의 그래프로 알맞은 것은? (단, a, b는 상수이다.)

①   ② 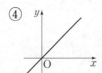 ③

④ ⑤

0925 종

일차함수 $y=-\dfrac{1}{a}x+\dfrac{b}{a}$의 그래프가 오른쪽 그림과 같을 때, 상수 a, b의 부호를 구하시오. (단, $a\neq0$)

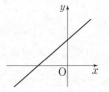

개념원리 중학 수학 2-1 188쪽

유형 03 두 일차함수의 그래프의 평행

(1) 평행한 두 일차함수의 그래프
　➡ 기울기가 같고 y절편은 다르다.
(2) 두 일차함수 $y=ax+b$와 $y=cx+d$의 그래프가 평행하다.
　➡ $a=c$, $b \neq d$

0926 대표문제

일차함수 $y=-ax+b$의 그래프는 오른쪽 그림의 그래프와 평행하고 x절편이 -2이다. 이때 상수 a, b에 대하여 $a+b$의 값을 구하시오.

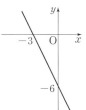

0927 중하

다음 일차함수 중 그 그래프가 일차함수 $y=\dfrac{3}{2}x-1$의 그래프와 만나지 <u>않는</u> 것은?

① $y=\dfrac{2}{3}x-1$　② $y=1-\dfrac{3}{2}x$　③ $y=-4+\dfrac{3}{2}x$

④ $y=3x$　⑤ $y=2x+6$

0928 중

두 점 $(-6, 10)$, $(-4, 4)$를 지나는 직선과 일차함수 $y=\dfrac{a}{4}x-\dfrac{1}{5}$의 그래프가 평행할 때, 상수 a의 값을 구하시오.

0929 상중 서술형

일차함수 $y=ax-9$의 그래프는 일차함수 $y=(3a-1)x$의 그래프와 평행하고, 일차함수 $y=-x+b$의 그래프와 x축 위에서 만난다. 이때 상수 a, b에 대하여 ab의 값을 구하시오.

개념원리 중학 수학 2-1 188쪽

유형 04 두 일차함수의 그래프의 일치

(1) 일치하는 두 일차함수의 그래프
　➡ 기울기와 y절편이 각각 같다.
(2) 두 일차함수 $y=ax+b$와 $y=cx+d$의 그래프가 일치한다.
　➡ $a=c$, $b=d$

0930 대표문제

두 일차함수 $y=(2a+b)x+7$, $y=5x+a+2b$의 그래프가 일치할 때, 상수 a, b에 대하여 ab의 값은?

① 1　② 3　③ 6
④ 9　⑤ 12

0931 중

일차함수 $y=2ax+3$의 그래프를 y축의 방향으로 -4만큼 평행이동하였더니 $y=-4x+b$의 그래프와 일치하였다. 이때 상수 a, b에 대하여 $a+b$의 값을 구하시오.

0932 중

점 $(-2, 4)$를 지나는 일차함수 $y=-6x-3a-2$의 그래프와 일차함수 $y=bx+c$의 그래프가 일치할 때, 상수 a, b, c에 대하여 $a-b+c$의 값은?

① -2　② -1　③ 0
④ 1　⑤ 2

유형 **05** 일차함수의 식 구하기
; 기울기와 y절편이 주어질 때

기울기가 a이고 y절편이 b인 직선을 그래프로 하는 일차함수의 식
➡ $y = ax + b$

0933 대표문제

기울기가 $\dfrac{1}{2}$이고 일차함수 $y = -\dfrac{1}{3}x - 4$의 그래프와 y축 위에서 만나는 직선을 그래프로 하는 일차함수의 식을 $y = ax + b$라 하자. 이때 상수 a, b에 대하여 ab의 값을 구하시오.

0934 중하

x의 값이 4만큼 증가할 때 y의 값은 3만큼 감소하고, y절편이 3인 직선을 그래프로 하는 일차함수의 식은?

① $y = -\dfrac{3}{4}x + 3$ ② $y = \dfrac{3}{4}x + 3$

③ $y = -\dfrac{2}{3}x + 3$ ④ $y = \dfrac{2}{3}x + 3$

⑤ $y = 4x - 3$

0935 중

기울기가 6이고 y절편이 -5인 일차함수의 그래프가 점 $(a + 4,\ 17a - 3)$을 지날 때, a의 값을 구하시오.

0936 상중 서술형

일차함수 $y = f(x)$에 대하여 $y = f(x)$의 그래프는 오른쪽 그림과 같은 일차함수의 그래프와 평행하고 $f(0) = 1$일 때, $f(k) = 15$를 만족시키는 k의 값을 구하시오.

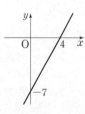

유형 **06** 일차함수의 식 구하기
; 기울기와 한 점의 좌표가 주어질 때

기울기가 a이고 점 $(x_1,\ y_1)$을 지나는 직선을 그래프로 하는 일차함수의 식
➡ $y = ax + b$로 놓고 $x = x_1$, $y = y_1$을 대입하여 b의 값을 구한다.

0937 대표문제

기울기가 -4이고 점 $(2,\ -4)$를 지나는 일차함수의 그래프의 x절편은?

① -2 ② -1 ③ 1

④ 2 ⑤ 4

0938 중하

일차함수 $y = -5x$의 그래프와 평행하고 점 $(-3,\ 7)$을 지나는 직선을 그래프로 하는 일차함수의 식은?

① $y = -5x - 14$ ② $y = -5x - 8$

③ $y = -5x - 2$ ④ $y = 5x + 8$

⑤ $y = 5x + 22$

0939 중

x의 값이 3만큼 증가할 때 y의 값은 6만큼 증가하고, 일차함수 $y = 4x + 12$의 그래프와 x축 위에서 만나는 직선을 그래프로 하는 일차함수의 식을 구하시오.

유형 07 일차함수의 식 구하기
; 두 점의 좌표가 주어질 때

두 점 (x_1, y_1), (x_2, y_2)를 지나는 직선을 그래프로 하는 일차함수의 식

❶ 두 점을 지나는 직선의 기울기 $a = \dfrac{y_2 - y_1}{x_2 - x_1}$ 을 구한다.

❷ $y = ax + b$로 놓고 두 점 중 한 점의 좌표를 대입하여 b의 값을 구한다.

0940 대표문제

다음 중 두 점 $(-1, 5)$, $(3, -3)$을 지나는 일차함수의 그래프 위에 있는 점은?

① $(-4, 10)$ ② $(-2, 9)$ ③ $(0, 4)$
④ $(1, 2)$ ⑤ $(4, -5)$

0941 중하

오른쪽 그림과 같은 직선을 그래프로 하는 일차함수의 식을 구하시오.

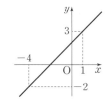

0942 중

두 점 $(-2, -1)$, $(1, 8)$을 지나는 일차함수의 그래프를 y축의 방향으로 -3만큼 평행이동한 그래프가 점 $(-5, k)$를 지날 때, k의 값을 구하시오.

0943 중

다음 중 두 점 $(2, -3)$, $(4, 5)$를 지나는 일차함수의 그래프에 대한 설명으로 옳지 <u>않은</u> 것은?

① 오른쪽 위로 향하는 직선이다.
② x절편은 $\dfrac{11}{4}$이다.
③ y절편은 -11이다.
④ $y = 4x + 2$의 그래프와 평행하다.
⑤ 점 $(1, -9)$를 지난다.

유형 08 일차함수의 식 구하기
; x절편, y절편이 주어질 때

x절편이 m, y절편이 n인 직선을 그래프로 하는 일차함수의 식

➡ 두 점 $(m, 0)$, $(0, n)$을 지나는 직선을 그래프로 하는 일차함수의 식을 구하는 것과 같다.
$$y = -\frac{n}{m}x + n$$

0944 대표문제

오른쪽 그림과 같은 일차함수의 그래프가 점 $\left(-\dfrac{3}{2}, k\right)$를 지날 때, k의 값은?

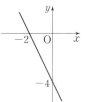

① $-\dfrac{5}{2}$ ② -2
③ $-\dfrac{3}{2}$ ④ -1
⑤ $-\dfrac{1}{2}$

0945 중

x절편이 6, y절편이 -5인 일차함수의 그래프를 y축의 방향으로 -5만큼 평행이동한 그래프의 x절편을 구하시오.

0946 상중 서술형

일차함수 $y = \dfrac{1}{2}x + 2$의 그래프와 x축 위에서 만나고, 일차함수 $y = -\dfrac{2}{3}x - 1$의 그래프와 y축 위에서 만나는 일차함수의 그래프가 있다. 이 그래프가 점 $(m, 1)$을 지날 때, m의 값을 구하시오.

09

일차함수와 그 그래프 (2)

유형 09 일차함수의 활용; 온도에 대한 문제

처음 온도가 a °C이고 1분마다 온도가 b °C씩 올라간다고 할 때, x분 후의 온도 y °C

➡ $y=a+bx$

0947 대표문제

온도가 100 °C인 물을 공기 중에 놓아두면 10분마다 물의 온도가 15 °C씩 내려간다고 한다. x분 후의 물의 온도를 y °C라 할 때, y를 x에 대한 식으로 나타내고, 물의 온도가 70 °C가 되는 것은 물을 공기 중에 놓아둔 지 몇 분 후인지 구하시오.

0948 (중)

비커에 담긴 물을 가열하면서 1분마다 물의 온도를 재었더니 일정하게 온도가 올라갔다. 아래 표는 비커에 담긴 물을 가열한 지 x분 후의 물의 온도 y °C를 나타낸 것일 때, 다음 물음에 답하시오.

x	0	1	2	3	4	5	6
y	12	16	20	24	28	32	36

(1) y를 x에 대한 식으로 나타내시오.
(2) 가열한 지 10분 후의 물의 온도를 구하시오.
(3) 물은 100 °C에서 끓는다고 할 때, 이 물은 가열한 지 몇 분 후부터 끓기 시작하는지 구하시오.

0949 (중)

지면으로부터 10 km까지는 100 m 높아질 때마다 기온이 0.6 °C씩 내려간다고 한다. 지면의 기온이 23 °C일 때, 지면으로부터 6 km인 지점의 기온은?

① −17 °C ② −15 °C ③ −13 °C
④ −11 °C ⑤ −9 °C

유형 10 일차함수의 활용; 길이에 대한 문제

처음 길이가 a cm이고 1분마다 길이가 b cm씩 짧아진다고 할 때, x분 후의 길이 y cm

➡ $y=a-bx$

0950 대표문제

길이가 25 cm인 양초에 불을 붙이면 4분마다 1 cm씩 길이가 짧아진다고 한다. 양초의 길이가 19 cm가 되는 것은 불을 붙인 지 몇 분 후인가?

① 12분 ② 15분 ③ 18분
④ 21분 ⑤ 24분

0951 (중)

길이가 20 cm인 용수철 저울에 무게가 10 g인 물건을 달 때마다 용수철의 길이가 8 cm씩 늘어난다고 한다. 이 용수철 저울에 무게가 35 g인 물건을 달았을 때, 용수철의 길이를 구하시오.

0952 (중) 서술형

현재 높이가 1.8 m인 나무가 1년에 12 cm씩 자란다고 한다. 이 나무의 높이가 6 m가 되는 것은 몇 년 후인지 구하시오.

개념원리 중학 수학 2-1 199쪽

유형 11 일차함수의 활용; 물의 양에 대한 문제

처음 물의 양은 a L이고 1분 동안의 물의 양의 변화가 b L일 때, x분 후의 물의 양 y L

→ $y = a + bx$

물의 양이 늘어나면 $b > 0$
물의 양이 줄어들면 $b < 0$

0953 대표문제

100 L의 물을 담을 수 있는 수조에 20 L의 물이 들어 있다. 이 수조에 5분에 10 L씩 물이 채워지도록 일정한 속도으로 물을 넣을 때, 수조에 물을 가득 채우는 데 걸리는 시간은?

① 36분　　　② 38분　　　③ 40분

④ 42분　　　⑤ 44분

0954 중 서술형

1 L의 휘발유로 8 km를 달릴 수 있는 자동차가 있다. 이 자동차에 25 L의 휘발유를 넣고 x km를 달린 후에 남은 휘발유의 양을 y L라 하자. 다음 물음에 답하시오.

(1) y를 x에 대한 식으로 나타내시오.
(2) 80 km를 달린 후에 남은 휘발유의 양을 구하시오.

0955 중

어떤 환자에게 0.6 L의 포도당을 매분 4 mL씩 일정한 속도로 투여한다. 오후 3시부터 투여하기 시작하였다면 포도당을 모두 투여했을 때의 시각은?

① 오후 4시 45분　　　② 오후 5시
③ 오후 5시 15분　　　④ 오후 5시 30분
⑤ 오후 5시 45분

개념원리 중학 수학 2-1 197쪽

유형 12 일차함수의 활용; 속력에 대한 문제

❶ 변화하는 두 양 x, y를 정한다.
❷ (거리)＝(속력)×(시간)임을 이용하여 y를 x에 대한 식으로 나타낸다.

0956 대표문제

A 지점으로부터 380 km 떨어진 B 지점까지 자동차를 타고 시속 90 km로 이동하고 있다. 출발한 지 4시간 후에 B 지점까지 남은 거리는 몇 km인지 구하시오.

0957 중하

초속 2 m의 일정한 속력으로 내려오는 엘리베이터가 지면으로부터 100 m의 높이에서 출발하여 쉬지 않고 내려오고 있다. x초 후의 엘리베이터의 지면으로부터의 높이를 y m라 할 때, y를 x에 대한 식으로 나타내면?

① $y = 100 + x$　　　② $y = 100 - x$
③ $y = 100 + 2x$　　　④ $y = 100 - 2x$
⑤ $y = \dfrac{100}{x}$

0958 중

A, B 두 지점 사이의 거리가 1 km이다. 은서는 A 지점에서 초속 3 m로, 승우는 B 지점에서 초속 7 m로 동시에 마주 보고 달리기 시작하였다. 은서와 승우는 달리기 시작한 지 몇 초 후에 A 지점으로부터 몇 m 떨어진 곳에서 만나게 되는지 차례대로 구하시오.

유형 13 일차함수의 활용: 도형에서의 문제

점 P가 1초에 a cm씩 움직이면 x초 후에는 ax cm만큼 움직인다.

예 오른쪽 그림의 선분 AB 위의 한
점 P가 매초 5 cm의 속력으로
점 A를 출발하여 점 B의 방향으로 움직일 때
① (x초 후의 선분 AP의 길이)=$5x$ (cm)
② (x초 후의 선분 BP의 길이)
   =(선분 AB의 길이)$-5x$ (cm)

0959 대표문제

오른쪽 그림과 같은 직사각형
ABCD에서 점 P는 점 A를 출발
하여 변 AD를 따라 매초 2 cm의
속력으로 점 D까지 움직이고 있
다. △ABP의 넓이가 64 cm²가
되는 것은 점 P가 점 A를 출발한 지 몇 초 후인지 구하시
오.

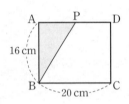

0960 중 서술형

오른쪽 그림과 같은 △ABC에서
점 P는 점 B를 출발하여 변 BC
를 따라 매초 4 cm의 속력으로 점
C까지 움직인다. 점 P가 점 B를
출발한 지 x초 후의 △ABP의 넓이를 y cm²라 할 때, 다
음 물음에 답하시오.

(1) y를 x에 대한 식으로 나타내시오.
(2) 점 P가 점 B를 출발한 지 3초 후의 △ABP의 넓이를
   구하시오.

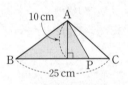

0961 상중

오른쪽 그림에서 점 P는 점
B를 출발하여 변 BC를 따
라 매초 2 cm의 속력으로
점 C까지 움직인다.
△ABP와 △DPC의 넓
이의 합이 70 cm²가 되는 것은 점 P가 점 B를 출발한 지
몇 초 후인지 구하시오.

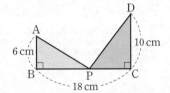

유형 14 일차함수의 활용: 그래프가 주어진 경우의 문제

그래프가 지나는 두 점을 이용하여 주어진 그래프를 나타내는
일차함수의 식을 구한다.

0962 대표문제

오른쪽 그래프는 맑은 날 열기
구를 타고 지상으로부터 x m
올라갔을 때의 기온을 y ℃라
할 때, x와 y 사이의 관계를 나
타낸 것이다. y를 x에 대한 식
으로 나타내고, 기온이 14 ℃인 곳의 지상으로부터의 높이
를 차례대로 구하면?

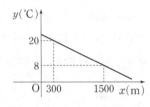

① $y=-\dfrac{1}{100}x+8$, 900 m

② $y=-\dfrac{1}{100}x+21$, 1000 m

③ $y=-\dfrac{1}{100}x+23$, 900 m

④ $y=-\dfrac{1}{100}x+21$, 900 m

⑤ $y=-\dfrac{1}{100}x+23$, 1000 m

0963 중

오른쪽 그래프는 온도가 x ℃인
어떤 기체의 부피를 y L라 할 때,
x와 y 사이의 관계를 나타낸 것이
다. 온도가 20 ℃일 때, 이 기체
의 부피를 구하시오.

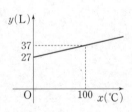

0964 중

오른쪽 그래프는 물이 들어 있는
물통에서 물이 흘러나오기 시작한
지 x시간 후에 물통에 남아 있는
물의 양을 y L라 할 때, x와 y 사
이의 관계를 나타낸 것이다. 물통
에 남아 있는 물의 양이 250 L가
되는 것은 물이 흘러나오기 시작한 지 몇 시간 후인지 구하
시오.

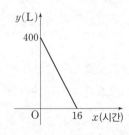

개념원리 중학 수학 2-1 203쪽

유형UP 15 두 일차함수의 그래프가 축과 만나는 두 점 사이의 거리가 주어진 경우

두 일차함수의 그래프가 x축 또는 y축과 만나는 두 점 P, Q에 대하여 $\overline{PQ}=k$ (k는 상수)일 때
➡ 두 일차함수의 그래프의 x절편 또는 y절편을 구한 후
　$\overline{PQ}=k$가 되도록 식을 세운다.

0965 대표문제

평행한 두 일차함수 $y=\dfrac{1}{3}x+1$, $y=ax+b$의 그래프가 x축과 만나는 점을 각각 P, Q라 하자. $\overline{PQ}=4$일 때, 상수 a, b에 대하여 $a-b$의 값을 구하시오. (단, $b>0$)

0966 상중 서술형

두 일차함수 $y=\dfrac{1}{2}x-4$, $y=-x+a$의 그래프가 x축과 만나는 점을 각각 P, Q라 할 때, $\overline{PQ}=6$이다. 이때 상수 a의 값을 모두 구하시오.

0967 상

x절편이 같은 두 일차함수 $y=\dfrac{1}{4}x-3$, $y=ax+b$의 그래프가 y축과 만나는 점을 각각 P, Q라 할 때, $\overline{PQ}=5$이다. 이때 상수 a, b에 대하여 ab의 값 중 가장 큰 것을 구하시오.

개념원리 중학 수학 2-1 199쪽

유형UP 16 일차함수의 활용; 여러 가지 활용 문제

두 변수 x와 y 사이의 관계를 파악하여 y를 x에 대한 일차함수의 식으로 나타낸 후 필요한 값을 구한다.

0968 대표문제

다음 그림과 같이 모양과 길이가 같은 성냥개비를 이용하여 정사각형 모양을 한 방향으로 연결하여 만들려고 한다. 정사각형 12개를 만드는 데 필요한 성냥개비의 개수는?

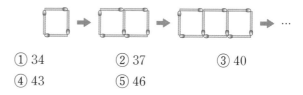

① 34　　　　② 37　　　　③ 40
④ 43　　　　⑤ 46

0969 중

공기 중에서 소리의 속력은 기온이 0 ℃일 때, 초속 331 m이고 기온이 1 ℃ 올라갈 때마다 소리의 속력이 초속 0.6 m씩 증가한다고 한다. 기온이 20 ℃일 때, 소리의 속력은?

① 초속 343 m　　② 초속 344 m　　③ 초속 345 m
④ 초속 346 m　　⑤ 초속 347 m

0970 상중

어느 음원 사이트에서는 8000원을 내면 30곡을 내려받을 수 있고, 30곡을 초과하는 경우에는 1곡당 900원을 추가로 내야 한다. 이 사이트에서 21500원으로 몇 곡을 내려받을 수 있는지 구하시오.

0971

일차함수 $y=ax-1$의 그래프가 오른쪽 그림과 같을 때. 다음 중 상수 a의 값이 될 수 없는 것은?

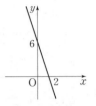

① -1 ② $-\dfrac{3}{2}$

③ -2 ④ $-\dfrac{8}{3}$

⑤ $-\dfrac{9}{4}$

0972 중요

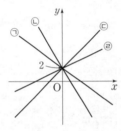

다음 중 오른쪽 일차함수의 그래프 ㉠~㉣에 대한 설명으로 옳은 것을 모두 고르면? (정답 2개)

① 모든 그래프의 x절편은 2이다.
② y절편이 가장 큰 그래프는 ㉠이다.
③ 기울기가 가장 큰 그래프는 ㉡이다.
④ x의 값이 증가할 때, y의 값은 감소하는 그래프는 ㉠, ㉡이다.
⑤ ㉣의 그래프는 ㉡의 그래프보다 기울기가 크다.

0973

$\dfrac{b}{a}<0$, $b>0$일 때, 다음 중 일차함수 $y=ax+b$의 그래프로 알맞은 것은?

① 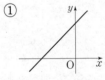 ②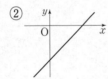

③   ④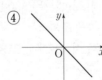

⑤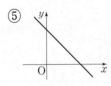

0974 중요

다음 일차함수 중 그 그래프가 오른쪽 그래프와 평행한 것은?

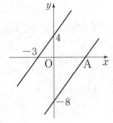

① $y=3x-3$ ② $y=\dfrac{1}{2}x-\dfrac{3}{2}$

③ $y=\dfrac{1}{3}x-1$ ④ $y=-3x+6$

⑤ $y=-3x+4$

0975

오른쪽 그림의 두 일차함수의 그래프가 평행할 때, 점 A의 좌표는?

① $(4, 0)$ ② $(5, 0)$

③ $(6, 0)$ ④ $(7, 0)$

⑤ $(8, 0)$

0976

일차함수 $y=-\dfrac{1}{2}x-2$의 그래프를 y축의 방향으로 m만큼 평행이동하였더니 일차함수 $y=ax+4$의 그래프와 일치하였다. 이때 am의 값을 구하시오. (단, a는 상수이다.)

정답 및 풀이 81쪽

0977

다음 중 기울기가 -3이고 y절편이 10인 일차함수의 그래프 위의 점이 <u>아닌</u> 것은?

① $(-2, 16)$ ② $(1, 7)$ ③ $(2, 4)$

④ $(3, 1)$ ⑤ $(4, -3)$

0978

x의 값이 -6에서 2까지 증가할 때, y의 값은 5만큼 증가하는 일차함수 $y=ax+b$의 그래프가 점 $(-8, 11)$을 지난다. 이때 상수 a, b에 대하여 ab의 값을 구하시오.

0979

오른쪽 그림과 같은 직선에서 k의 값은?

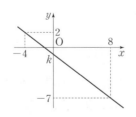

① $-\dfrac{8}{5}$ ② $-\dfrac{4}{3}$

③ $-\dfrac{5}{4}$ ④ -1

⑤ $-\dfrac{2}{3}$

0980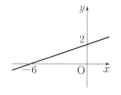

일차함수 $y=ax+4$의 그래프를 y축의 방향으로 b만큼 평행이동한 그래프는 오른쪽 직선과 같다. 이때 $a+b$의 값을 구하시오.

(단, a는 상수이다.)

0981

$75\,^\circ\mathrm{C}$의 물을 물통에 담아 냉동실에 넣은 지 8분 후의 물의 온도는 $59\,^\circ\mathrm{C}$이었다. 물의 온도가 $15\,^\circ\mathrm{C}$가 되는 것은 물통을 냉동실에 넣은 지 몇 분 후인지 구하시오.

(단, 냉동실에서 물의 온도가 내려가는 속력은 일정하다.)

0982

현재 땅으로부터의 높이가 $3\,\mathrm{cm}$인 어떤 꽃이 5일마다 $10\,\mathrm{cm}$씩 일정하게 자란다고 한다. x일 후의 이 꽃의 높이를 $y\,\mathrm{cm}$라 할 때, 다음 **보기** 중 옳은 것을 모두 고른 것은?

┤ 보기 ├

ㄱ. 꽃은 하루에 $3\,\mathrm{cm}$씩 자란다.

ㄴ. y를 x에 대한 식으로 나타내면 $y=4x+3$이다.

ㄷ. 10일 후의 꽃의 높이는 $23\,\mathrm{cm}$이다.

ㄹ. 꽃의 높이가 $33\,\mathrm{cm}$가 되는 것은 15일 후이다.

① ㄱ, ㄴ ② ㄱ, ㄷ ③ ㄴ, ㄷ

④ ㄴ, ㄹ ⑤ ㄷ, ㄹ

0983

10 L의 휘발유로 100 km를 달리는 자동차에 휘발유 40 L를 채우고 출발하였다. 180 km를 달린 후에 남은 휘발유의 양을 구하시오.

0984

태영이가 집으로부터 2.4 km 떨어진 학교까지 분속 200 m로 뛰어가고 있다. 태영이가 학교에 도착하는 것은 집에서 출발한 지 몇 분 후인가?

① 8분   ② 9분   ③ 10분
④ 11분   ⑤ 12분

0985 중요

오른쪽 그림과 같은 직사각형 ABCD에서 점 P가 점 C를 출발하여 변 CD를 따라 매초 3 cm의 속력으로 점 D까지 움직인다. 점 P가 점 C를 출발한 지 x초 후의 사각형 ABCP의 넓이를 y cm²라 할 때, y를 x에 대한 식으로 나타내면?

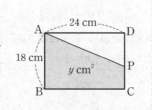

① $y=18x+144$ ② $y=36x+216$
③ $y=36x+288$ ④ $y=72x+216$
⑤ $y=72x+288$

0986

오른쪽 그래프는 길이가 25 cm인 양초에 불을 붙인 지 x분 후에 남은 양초의 길이를 y cm라 할 때, x와 y 사이의 관계를 나타낸 것이다. 다음 중 옳지 <u>않은</u> 것은?

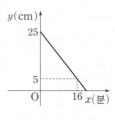

① y를 x에 대한 식으로 나타내면 $y=-\dfrac{5}{4}x+25$이다.

② 1분에 줄어드는 양초의 길이는 $\dfrac{5}{4}$ cm이다.

③ x의 값이 8일 때, y의 값은 15이다.
④ 불을 붙인 지 12분 후의 양초의 길이는 10 cm이다.
⑤ 양초가 완전히 타는 데 걸리는 시간은 18분이다.

0987

바다의 수면에서의 압력은 1기압이고 수심이 5 m 깊어질 때마다 압력은 0.5기압씩 높아진다고 한다. 수심이 32 m인 지점의 압력은?

① 3.6기압   ② 3.8기압   ③ 4기압
④ 4.2기압   ⑤ 4.4기압

0988

다음 그림과 같이 모양과 길이가 같은 나무젓가락을 이용하여 정오각형 모양을 한 방향으로 연결하여 만들려고 한다. 65개의 나무젓가락으로 만들어지는 정오각형은 모두 몇 개인지 구하시오.

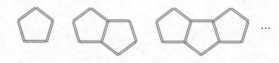

정답 및 풀이 82쪽

0989

다음 조건을 만족시키는 상수 a, b, c에 대하여 $a+b-c$의 값을 구하시오.

> (가) 두 일차함수 $y=(a-1)x-4a$와 $y=-5x+b$의 그래프는 일치한다.
> (나) 두 일차함수 $y=4x+a+3$과 $y=(b+c)x+c$의 그래프는 평행하다.

0990

일차함수 $y=ax+b$의 그래프가 오른쪽 그래프와 평행하고 점 $(-2,\ 3)$을 지날 때, 상수 a, b에 대하여 ab의 값을 구하시오.

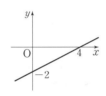

0991

80 °C로 끓인 물을 바깥에 두면 3분마다 물의 온도가 12 °C씩 내려간다고 한다. 물을 바깥에 둔 지 x분 후의 물의 온도를 y °C라 할 때, 다음 물음에 답하시오.

(1) y를 x에 대한 식으로 나타내시오.
(2) 물을 바깥에 둔 지 10분 후의 물의 온도를 구하시오.

0992

일차함수 $y=-\dfrac{a}{b}x-\dfrac{c}{b}$의 그래프가 오른쪽 그림과 같을 때, 일차함수 $y=\dfrac{c}{b}x-\dfrac{a}{b}$의 그래프가 지나지 않는 사분면을 구하시오.

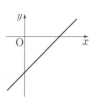

0993

오른쪽 그림에서 사각형 ABCD는 직사각형이고, 두 점 P, Q를 지나는 직선의 기울기가 $\dfrac{1}{4}$이다. 사각형 ABQP와 사각형 PQCD의 넓이의 비가 $3:2$일 때, 두 점 P, Q를 지나는 직선이 y축과 만나는 점 E의 좌표를 구하시오.

(단, 두 점 P, Q는 각각 두 변 AD, BC 위의 점이다.)

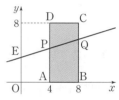

0994

두 일차함수 $y=\dfrac{2}{3}x+6$과 $y=ax+b$의 그래프가 평행하고, 이 두 그래프가 x축과 만나는 점을 각각 A, B라 하자. $\overline{AB}=11$일 때, 상수 a, b에 대하여 $a-b$의 값을 구하시오. (단, $b<0$)

10 일차함수와 일차방정식의 관계

10-1 일차함수와 일차방정식의 관계

(1) 미지수가 2개인 일차방정식의 그래프

일차방정식 $ax+by+c=0$ (a, b, c는 상수, $a \neq 0$, $b \neq 0$)의 해 (x, y)를 좌표로 하는 점을 좌표평면 위에 나타낸 것을 이 일차방정식의 그래프라 한다.

(2) 일차함수와 미지수가 2개인 일차방정식의 관계

미지수가 2개인 일차방정식 $ax+by+c=0$ (a, b, c는 상수, $a \neq 0$, $b \neq 0$)의 그래프는 일차함수 $y=-\dfrac{a}{b}x-\dfrac{c}{b}$의 그래프와 같다.

$$ax+by+c=0 \ (a \neq 0, b \neq 0) \ \xrightarrow[\text{일차방정식}]{\text{일차함수}} \ y=-\dfrac{a}{b}x-\dfrac{c}{b}$$

예 일차방정식 $5x-y+2=0$의 그래프는 일차함수 $y=5x+2$의 그래프와 같다.

개념플러스 ✦

• 일차방정식 $ax+by+c=0$에서 x, y의 값이 구체적으로 주어지지 않으면 x, y의 값의 범위는 수 전체로 생각한다.

• 일차방정식 $ax+by+c=0$ (a, b, c는 상수, $a \neq 0$, $b \neq 0$)의 그래프의
  ① 기울기: $-\dfrac{a}{b}$
  ② y절편: $-\dfrac{c}{b}$

10-2 방정식 $x=p$, $y=q$의 그래프

(1) 방정식 $x=p$, $y=q$ ($p \neq 0$, $q \neq 0$)의 그래프

① 방정식 $x=p$ ($p \neq 0$)의 그래프는 점 $(p, 0)$을 지나고 y축에 평행한 (x축에 수직인) 직선이다.

② 방정식 $y=q$ ($q \neq 0$)의 그래프는 점 $(0, q)$를 지나고 x축에 평행한 (y축에 수직인) 직선이다.

참고 방정식 $x=0$의 그래프는 y축을, 방정식 $y=0$의 그래프는 x축을 나타낸다.

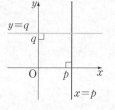

• 좌표축 위에 있지 않은 서로 다른 두 점 (x_1, y_1), (x_2, y_2)를 지나는 직선에 대하여
  ① $x_1=x_2$이면 ➡ y축에 평행
  ② $y_1=y_2$이면 ➡ x축에 평행

예 ① 방정식 $x=5$의 그래프

➡ 점 $(5, 0)$을 지나고 y축에 평행한 직선

➡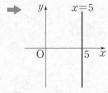

② 방정식 $y=-2$의 그래프

➡ 점 $(0, -2)$를 지나고 x축에 평행한 직선

➡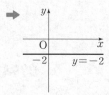

(2) 직선의 방정식

x, y의 값의 범위가 수 전체일 때, 방정식

$ax+by+c=0$ (a, b, c는 상수, $a \neq 0$ 또는 $b \neq 0$)

의 그래프는 직선이고, 이 방정식을 **직선의 방정식**이라 한다.

참고 직선의 방정식 $ax+by+c=0$에서 a, b의 값에 따른 직선의 모양은 다음과 같다.

(1) $a \neq 0$, $b \neq 0$이면 $y=-\dfrac{a}{b}x-\dfrac{c}{b}$

(2) $a \neq 0$, $b=0$이면 $x=-\dfrac{c}{a}$

(3) $a=0$, $b \neq 0$이면 $y=-\dfrac{c}{b}$

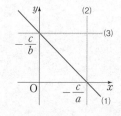

• (1)은 일차함수이고, (2)는 함수가 아니다. 또 (3)은 함수이지만 일차함수가 아니다.

정답 및 풀이 84쪽

교과서문제 정복하기

10-1 일차함수와 일차방정식의 관계

[0995~0998] 다음 일차방정식을 $y=ax+b$의 꼴로 나타내시오.

0995 $x+y-5=0$

0996 $4x-y+1=0$

0997 $x-3y-6=0$

0998 $8x+2y+3=0$

[0999~1000] 일차방정식 $3x-2y+6=0$의 그래프에 대하여 다음 물음에 답하시오.

0999 기울기, x절편, y절편을 차례로 구하시오.

1000 일차방정식의 그래프를 좌표평면 위에 그리시오.

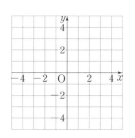

[1001~1005] 아래 **보기**의 일차방정식의 그래프에 대하여 다음 물음에 답하시오.

보기
ㄱ. $x-y-2=0$ ㄴ. $2x-y+4=0$
ㄷ. $2x+y-4=0$ ㄹ. $4x+2y+9=0$

1001 x의 값이 증가할 때 y의 값도 증가하는 그래프를 모두 고르시오.

1002 x의 값이 증가할 때 y의 값은 감소하는 그래프를 모두 고르시오.

1003 평행한 두 그래프를 고르시오.

1004 x축 위에서 만나는 두 그래프를 고르시오.

1005 y축 위에서 만나는 두 그래프를 고르시오.

10-2 방정식 $x=p$, $y=q$의 그래프

[1006~1009] 다음 방정식의 그래프를 좌표평면 위에 그리시오.

1006 $x=2$

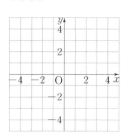

1007 $y=-4$

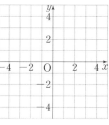

1008 $2x+6=0$

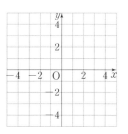

1009 $-5y+6=1$

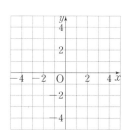

[1010~1011] 다음 그림과 같은 직선의 방정식을 구하시오.

1010   **1011**

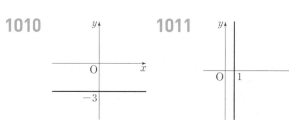

[1012~1015] 다음 직선의 방정식을 구하시오.

1012 점 $(-4, 3)$을 지나고 x축에 평행한 직선

1013 점 $(-6, -5)$를 지나고 y축에 평행한 직선

1014 점 $(7, 1)$을 지나고 y축에 수직인 직선

1015 두 점 $\left(\frac{1}{5}, -2\right)$, $\left(\frac{1}{5}, 2\right)$를 지나는 직선

10 일차함수와 일차방정식의 관계

10-3 일차방정식의 그래프와 연립일차방정식의 해

연립일차방정식 $\begin{cases} ax+by+c=0 \\ a'x+b'y+c'=0 \end{cases}$ 의 해는 두 일차방정식

$ax+by+c=0$, $a'x+b'y+c'=0$의 그래프의 교점의 좌표와 같다.

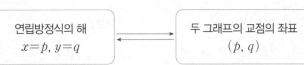

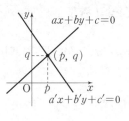

참고 두 일차방정식의 그래프의 교점의 좌표는 연립일차방정식의 해를 이용하여 구할 수 있다.

예 두 일차방정식 $x+y=-4$, $2x-y=1$의 그래프를 좌표평면 위에 나타내면 오른쪽 그림과 같다.

두 그래프의 교점의 좌표가 $(-1, -3)$이므로

연립방정식 $\begin{cases} x+y=-4 \\ 2x-y=1 \end{cases}$ 의 해는 $x=-1$, $y=-3$이다.

> 연립일차방정식의 해를 구할 때, 두 일차방정식의 그래프를 각각 그려 교점을 찾기보다는 가감법이나 대입법을 이용하는 것이 편리하다.

10-4 두 그래프의 위치 관계와 연립일차방정식의 해의 개수

연립일차방정식 $\begin{cases} ax+by+c=0 \\ a'x+b'y+c'=0 \end{cases}$ 의 해의 개수는 두 일차방정식 $ax+by+c=0$, $a'x+b'y+c'=0$의 그래프의 교점의 개수와 같다.

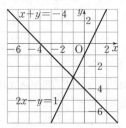

두 일차방정식의 그래프	한 점	평행	일치
두 그래프의 위치 관계	한 점에서 만난다.	평행하다.	일치한다.
두 그래프의 교점	한 개이다.	없다.	무수히 많다.
연립방정식의 해	한 쌍의 해를 갖는다.	해가 없다.	해가 무수히 많다.
기울기와 y절편	기울기가 다르다.	기울기는 같고 y절편은 다르다.	기울기와 y절편이 각각 같다.
	$\dfrac{a}{a'} \neq \dfrac{b}{b'}$	$\dfrac{a}{a'} = \dfrac{b}{b'} \neq \dfrac{c}{c'}$	$\dfrac{a}{a'} = \dfrac{b}{b'} = \dfrac{c}{c'}$

> 두 직선 $y=ax+b$, $y=a'x+b'$의 위치 관계
> ① $a \neq a'$
> ➡ 한 점에서 만난다.
> ② $a=a'$, $b \neq b'$
> ➡ 평행하다.
> ③ $a=a'$, $b=b'$
> ➡ 일치한다.

예 (1) 연립일차방정식 $\begin{cases} x+2y=4 \\ -x-2y=2 \end{cases}$ 에서 두 일차방정식 $x+2y=4$, $-x-2y=2$의 그래프가 평

$\quad\quad$ $\underset{\longrightarrow\, y=-\frac{1}{2}x+2}{}$ $\underset{\longrightarrow\, y=-\frac{1}{2}x-1}{}$

행하므로 해가 없다.

(2) 연립일차방정식 $\begin{cases} 3x-y=5 \\ 6x-2y=10 \end{cases}$ 에서 두 일차방정식 $3x-y=5$, $6x-2y=10$의 그래프가 일

$\quad\quad$ $\underset{\longrightarrow\, y=3x-5}{}$ $\underset{\longrightarrow\, y=3x-5}{}$

치하므로 해가 무수히 많다.

교과서문제 정복하기

10-3 일차방정식의 그래프와 연립일차방정식의 해

[1016~1017] 오른쪽 그림은 두 일차 방정식 $x+y=3$, $2x-y=3$의 그래프이다. 다음 물음에 답하시오.

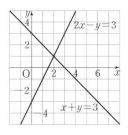

1016 두 그래프의 교점의 좌표를 구하시오.

1017 그래프를 이용하여 연립방정식 $\begin{cases} x+y=3 \\ 2x-y=3 \end{cases}$ 의 해를 구하시오.

[1018~1019] 다음 연립방정식에서 두 일차방정식의 그래프가 오른쪽 그림과 같을 때, p, q의 값을 구하시오.

1018 $\begin{cases} x+y=0 \\ 5x-4y=-9 \end{cases}$

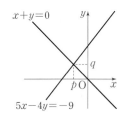

1019 $\begin{cases} x+2y=-1 \\ 3x-4y=17 \end{cases}$

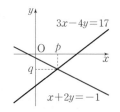

[1020~1021] 다음 두 일차방정식의 그래프의 교점의 좌표를 구하시오.

1020 $x-y=-1$, $x+2y=-10$

1021 $x+y=4$, $3x-y=-8$

10-4 두 그래프의 위치 관계와 연립일차방정식의 해의 개수

[1022~1024] 다음 연립방정식에서 두 일차방정식의 그래프를 그리고, 연립방정식을 푸시오.

1022 $\begin{cases} x-y=2 \\ 2x-2y=4 \end{cases}$

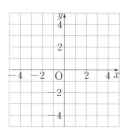

1023 $\begin{cases} 3x+y=-1 \\ 3x-y=1 \end{cases}$

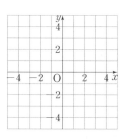

1024 $\begin{cases} 2x+y=3 \\ 2x+y=-1 \end{cases}$

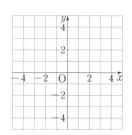

[1025~1026] 다음 물음에 답하시오.

1025 연립방정식 $\begin{cases} ax+3y=4 \\ 3x+y=1 \end{cases}$ 의 해가 없도록 하는 상수 a의 값을 구하시오.

1026 연립방정식 $\begin{cases} ax-4y=5 \\ 6x+8y=b \end{cases}$ 의 해가 무수히 많도록 하는 상수 a, b의 값을 구하시오.

10

일차함수와 일차방정식의 관계

유형 익히기

개념원리 중학 수학 2-1 210쪽

유형 01 일차함수와 일차방정식의 관계

일차방정식 $ax+by+c=0$ (a, b, c는 상수, $a\neq0$, $b\neq0$)의 그래프

➡ 일차함수 $y=-\dfrac{a}{b}x-\dfrac{c}{b}$의 그래프와 같다.

1027 대표문제

다음 중 일차방정식 $6x+3y-1=0$의 그래프에 대한 설명으로 옳지 않은 것은?

① 기울기는 -2이다.

② x절편은 $\dfrac{1}{6}$이다.

③ y절편은 $\dfrac{1}{3}$이다.

④ 제2사분면을 지나지 않는다.

⑤ 일차방정식 $4x+2y+5=0$의 그래프와 평행하다.

1028 종하

다음 중 일차방정식 $x-2y-2=0$의 그래프는?

①   ②   ③

④ 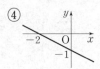 ⑤

1029 종 서술형

일차방정식 $5x-2y+3=0$의 그래프의 기울기를 a, x절편을 b, y절편을 c라 할 때, $4abc$의 값을 구하시오.

개념원리 중학 수학 2-1 210쪽

유형 02 일차방정식의 그래프 위의 점

일차방정식 $ax+by+c=0$의 그래프가 점 (p, q)를 지난다.

➡ $x=p$, $y=q$를 $ax+by+c=0$에 대입하면 등식이 성립한다.

1030 대표문제

일차방정식 $3x-(a+2)y+1=0$의 그래프가 두 점 $(-3, 2)$, $(b, -1)$을 지날 때, ab의 값을 구하시오.

(단, a는 상수이다.)

1031 종하

일차방정식 $5x+y-2=0$의 그래프가 점 $(a, a+8)$을 지날 때, a의 값을 구하시오.

1032 종

일차방정식 $x+ky+4=0$의 그래프가 점 $(6, -2)$를 지날 때, 다음 중 이 그래프 위의 점인 것은?

(단, k는 상수이다.)

① $(-14, 3)$　② $(-9, 2)$　③ $(-4, 1)$

④ $(1, -1)$　⑤ $(11, -4)$

1033 종

일차방정식 $ax+by-12=0$의 그래프가 오른쪽 그림과 같을 때, 상수 a, b에 대하여 $a+b$의 값을 구하시오.

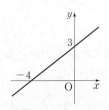

유형 03 일차방정식 $ax+by+c=0$의 그래프와 a, b, c의 부호

❶ 일차방정식 $ax+by+c=0$의 꼴을 일차함수
$y=-\dfrac{a}{b}x-\dfrac{c}{b}$의 꼴로 나타낸다.

❷ 주어진 그래프의 기울기와 y절편을 이용하여 a, b, c의 부호를 정한다.

1034 대표문제

일차방정식 $ax-y+b=0$의 그래프가 오른쪽 그림과 같을 때, 다음 중 옳은 것은? (단, a, b는 상수이다.)

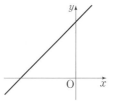

① $a>0$, $b>0$ ② $a>0$, $b<0$
③ $a<0$, $b>0$ ④ $a<0$, $b<0$
⑤ $a>0$, $b=0$

1035 중하

$a<0$, $b>0$, $c<0$일 때, 일차방정식 $ax+by+c=0$의 그래프가 지나는 사분면을 모두 구하시오.

1036 중

일차방정식 $ax-by-c=0$의 그래프가 제1, 3, 4사분면을 지날 때, 다음 중 옳은 것을 모두 고르면? (정답 2개)

① $a>0$, $b>0$, $c>0$
② $a>0$, $b>0$, $c<0$
③ $a>0$, $b<0$, $c<0$
④ $a<0$, $b>0$, $c<0$
⑤ $a<0$, $b<0$, $c<0$

1037 중

점 (a, b)가 제3사분면 위의 점일 때, 일차방정식 $ax+by-2=0$의 그래프가 지나지 않는 사분면은?

① 제1사분면   ② 제2사분면
③ 제3사분면   ④ 제4사분면
⑤ 제1, 3사분면

1038 상중

일차방정식 $ax-by+c=0$의 그래프가 오른쪽 그림과 같을 때, 일차방정식 $cx-ay-b=0$의 그래프로 알맞은 것은? (단, a, b, c는 상수이다.)

① 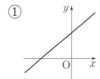   ②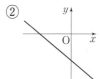

③ 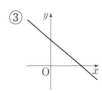   ④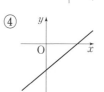

⑤

유형 04 직선의 방정식 구하기

주어진 조건을 이용하여 직선의 방정식을 $y=mx+n$의 꼴로 나타낸 후 $ax+by+c=0$의 꼴로 변형한다.

1039 대표문제

오른쪽 그림과 같은 직선과 평행하고, 점 $(4, -5)$를 지나는 직선의 방정식은?

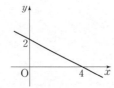

① $x-2y-6=0$
② $x+2y+6=0$
③ $2x-y-3=0$
④ $2x-y+3=0$
⑤ $2x+y+6=0$

1040 하

기울기가 3이고 y절편이 -6인 직선의 방정식은?

① $x-3y-6=0$
② $x+3y-6=0$
③ $3x-y-6=0$
④ $3x-y+6=0$
⑤ $3x+y+6=0$

1041 중

다음 중 두 점 $(-3, 4)$, $(4, -10)$을 지나는 직선과 y축 위에서 만나는 직선의 방정식은?

① $5x+y-1=0$
② $3x+y+2=0$
③ $x-y-5=0$
④ $2x-y+3=0$
⑤ $4x-y+5=0$

유형 05 방정식 $x=p$, $y=q$의 그래프

(1) 점 $(p, 0)$을 지나고 y축에 평행한 (x축에 수직인) 직선의 방정식
➡ $x=p$ $(p \neq 0)$의 꼴

(2) 점 $(0, q)$를 지나고 x축에 평행한 (y축에 수직인) 직선의 방정식
➡ $y=q$ $(q \neq 0)$의 꼴

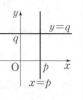

1042 대표문제

두 점 $(-a+2, 5)$, $(11+2a, -8)$을 지나는 직선이 x축에 수직일 때, a의 값은?

① -3
② $-\dfrac{3}{2}$
③ $\dfrac{1}{2}$
④ 1
⑤ 2

1043 하

다음 방정식의 그래프 중 x축 또는 y축에 평행하지 <u>않은</u> 것은?

① $y=-1$
② $x=3$
③ $x+y=1$
④ $3x+4=0$
⑤ $2y-5=0$

1044 중 서술형

방정식 $ax+by=1$의 그래프가 오른쪽 그림과 같을 때, 상수 a, b에 대하여 $a-b$의 값을 구하시오.

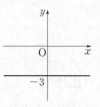

1045 상중

방정식 $ax+by-4=0$의 그래프가 y축에 평행하고, 제1사분면과 제4사분면을 지나도록 하는 상수 a, b의 조건은?

① $a>0$, $b=0$
② $a>0$, $b<0$
③ $a=0$, $b>0$
④ $a=0$, $b<0$
⑤ $a<0$, $b=0$

정답 및 풀이 86쪽

개념원리 중학 수학 2–1 212쪽

유형 06 좌표축에 평행한 네 직선으로 둘러싸인 도형의 넓이

좌표축에 평행한 네 직선으로 둘러싸인 도형은 직사각형이므로 네 직선을 그려서 직사각형의 가로, 세로의 길이를 구한다.

1046 대표문제

다음 네 방정식의 그래프로 둘러싸인 도형의 넓이를 구하시오.

$$x=-\frac{1}{2}, \quad x=\frac{5}{2}, \quad y=0, \quad y=5$$

1047 중

네 방정식 $x=1$, $4x-12=0$, $2y+4=0$, $5y=20$의 그래프로 둘러싸인 도형의 넓이는?

① 6   ② 12   ③ 18
④ 24   ⑤ 30

1048 중

오른쪽 그림과 같이 네 방정식의 그래프로 둘러싸인 도형의 넓이가 35일 때, 양수 a의 값은?

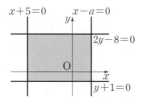

① 1   ② 2
③ 3   ④ 4
⑤ 5

개념원리 중학 수학 2–1 216쪽

유형 07 연립방정식의 해와 그래프의 교점

연립방정식 $\begin{cases} ax+by+c=0 \\ a'x+b'y+c'=0 \end{cases}$ 의 해가 $x=p$, $y=q$이면

➡ 두 일차방정식 $ax+by+c=0$, $a'x+b'y+c'=0$의 그래프의 교점의 좌표가 (p, q)이다.

1049 대표문제

두 일차방정식 $x+y-2=0$, $3x+y=0$의 그래프의 교점의 좌표가 (a, b)일 때, $b-a$의 값은?

① -4 ② -2 ③ 0
④ 2   ⑤ 4

1050 중

두 일차방정식 $6x-5y=16$, $x+2y=-3$의 그래프의 교점이 일차함수 $y=ax-5$의 그래프 위에 있을 때, 상수 a의 값을 구하시오.

1051 상중 서술형

오른쪽 그림과 같은 두 직선 l, m에 대하여 다음 물음에 답하시오.

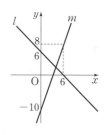

(1) 두 직선 l, m의 방정식을 구하시오.

(2) 두 직선 l, m의 교점의 좌표를 구하시오.

10 일차함수와 일차방정식의 관계

유형 08 두 일차방정식의 그래프의 교점의 좌표를 이용하여 미지수의 값 구하기

두 일차방정식 $ax+by+c=0$, $a'x+b'y+c'=0$의 그래프의 교점의 좌표가 (p, q)이다.

➡ $ap+bq+c=0$, $a'p+b'q+c'=0$

1052 대표문제

연립방정식 $\begin{cases} x-y=a \\ ax+2y=b \end{cases}$의 해를 구하기 위하여 두 일차방정식의 그래프를 그렸더니 오른쪽 그림과 같았다. 이때 상수 a, b에 대하여 $a+b$의 값을 구하시오.

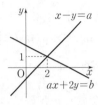

1053 중

두 일차방정식 $x-y+2=0$, $ax-y-1=0$의 그래프가 오른쪽 그림과 같을 때, 상수 a의 값은?

① 2　　　② 3
③ 4　　　④ 5
⑤ 6

1054 중

두 일차방정식 $ax+y-12=0$, $4x-y-6=0$의 그래프의 교점이 x축 위에 있을 때, 상수 a의 값은?

① 3　　　② 4　　　③ 5
④ 6　　　⑤ 8

유형 09 두 일차방정식의 그래프의 교점을 지나는 직선의 방정식

두 일차방정식의 그래프의 교점의 좌표는 연립방정식의 해와 같으므로 연립방정식의 해를 구한 후 조건에 맞는 직선의 방정식을 구한다.

1055 대표문제

두 일차방정식 $3x-2y+5=0$, $2x+3y-1=0$의 그래프의 교점을 지나고, 직선 $3x+y-6=0$과 평행한 직선의 방정식은?

① $3x+y+1=0$　　　② $3x-y+1=0$
③ $3x+y+2=0$　　　④ $3x-y+2=0$
⑤ $3x+y-2=0$

1056 중

두 일차방정식 $2x-5y+4=0$, $x-y+5=0$의 그래프의 교점을 지나고 x축에 수직인 직선의 방정식을 구하시오.

1057 중

두 일차방정식 $9x-8y-3=0$, $x-3y+6=0$의 그래프의 교점을 지나고 y절편이 -9인 직선의 방정식을 구하시오.

1058 중 서술형

두 일차방정식 $2x+y+3=0$, $x-2y+4=0$의 그래프의 교점과 점 $(3, -4)$를 지나는 직선의 방정식이 $px+qy+1=0$일 때, $p+q$의 값을 구하시오.

(단, p, q는 상수이다.)

유형 10 세 직선이 한 점에서 만날 때

세 직선이 한 점에서 만난다.

➡ 두 직선의 교점을 나머지 한 직선이 지난다.

➡ 미지수를 포함하지 않은 두 직선의 교점의 좌표를 구하여 이를 나머지 한 직선의 방정식에 대입한다.

1059 대표문제

세 직선 $x+y=5$, $2x-y-4=0$, $5x-4y+a=0$이 한 점에서 만날 때, 상수 a의 값을 구하시오.

1060 중

직선 $2x-y=7$이 두 직선 $x+2y=-4$, $2ax+y=5a+1$의 교점을 지날 때, 상수 a의 값을 구하시오.

1061 중 서술형

다음 네 직선이 한 점에서 만날 때, 상수 a, b에 대하여 $b-a$의 값을 구하시오.

$$x+3y=5, \qquad ax-4y=-13$$
$$2x+by=12, \qquad 9x+y=-7$$

1062 상중

세 직선 $2x+y+2=0$, $x-y+4=0$, $x+y+a=0$에 의하여 삼각형이 만들어지지 않을 때, 상수 a의 값을 구하시오.

유형 11 연립방정식의 해의 개수와 교점의 개수

연립방정식이

① 한 쌍의 해를 갖는다. ➡ 그래프가 한 점에서 만난다.

                    ➡ 기울기가 다르다.

② 해가 무수히 많다. ➡ 그래프가 일치한다.

                    ➡ 기울기와 y절편이 각각 같다.

③ 해가 없다. ➡ 그래프가 평행하다.

               ➡ 기울기는 같고 y절편은 다르다.

1063 대표문제

연립방정식 $\begin{cases} 4x+2y=a \\ bx-2y=-3 \end{cases}$ 의 해가 무수히 많을 때, 상수 a, b에 대하여 $a+b$의 값은?

① -3 ② -2 ③ -1

④ 0 ⑤ 1

1064 중

두 직선 $ax-6y=-3$, $x-3y=3$의 교점이 존재하지 않을 때, 상수 a의 값을 구하시오.

1065 중

연립방정식 $\begin{cases} (a+3)x+y=2 \\ 4x-2y=b \end{cases}$ 의 해가 없도록 하는 상수 a, b의 조건을 구하시오.

1066 중

두 직선 $ax-8y+1=0$, $3x-4y+2=0$이 한 점에서 만날 때, 다음 중 상수 a의 값이 될 수 없는 것은?

① 4 ② 6 ③ 8

④ 10 ⑤ 12

중요

유형 12 직선으로 둘러싸인 도형의 넓이

❶ 두 직선의 x절편, y절편을 각각 구한 후 그래프를 그린다.

❷ 두 직선의 교점의 좌표를 구한다.

❸ 넓이를 구하는 데 필요한 선분의 길이를 구하여 직선으로 둘러싸인 도형의 넓이를 구한다.

유형UP 13 직선의 방정식의 활용

❶ 두 직선이 지나는 두 점의 좌표를 이용하여 직선의 방정식을 각각 구한다.

❷ 연립방정식을 이용하여 교점의 좌표를 구한다.

❸ 문제의 조건에 맞는 값을 구한다.

1067 대표문제

오른쪽 그림과 같이 두 직선
$x+2y-4=0$,
$3x-2y+12=0$과
x축으로 둘러싸인 도형의 넓이를 구하시오.

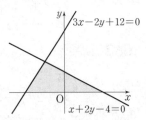

1071 대표문제

지성이와 원영이가 400 m 달리기 시합을 하는데 원영이가 출발선으로부터 40 m 앞에서 출발하기로 하였다. 오른쪽 그래프는 두 사람이 출발한 지 x초 후에 출발선으로부터의 거리를 y m라 할 때, x와 y 사이의 관계를 나타낸 것이다. 지성이가 원영이를 앞지르기 시작한 것은 두 사람이 출발한 지 몇 초 후인지 구하시오.

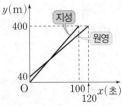

1068 중

세 직선 $4x+3y=12$, $x+3y=3$, $x=0$으로 둘러싸인 도형의 넓이를 구하시오.

1072 중

90 L, 75 L의 물이 각각 들어 있는 두 물통 A, B에서 일정한 속력으로 물을 빼낸다. 오른쪽 그래프는 x분 후에 남아 있는 물의 양을 y L라 할 때, x와 y 사이의 관계를 나타낸 것이다. 다음 물음에 답하시오.

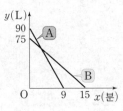

(1) 처음으로 두 물통에 남아 있는 물의 양이 같아지는 것은 물을 빼내기 시작한 지 몇 분 후인지 구하시오.

(2) (1)의 경우에 남아 있는 물의 양은 몇 L인지 구하시오.

1069 중

네 직선 $x=0$, $y=0$, $y=x+1$, $2x-10=0$으로 둘러싸인 도형의 넓이는?

① 17   ② $\dfrac{35}{2}$ ③ 18

④ $\dfrac{37}{2}$ ⑤ 19

1073 상중

집으로부터 3 km 떨어진 서점까지 동생은 걸어서 가고 형은 동생이 출발한 지 5분 후에 뛰어서 갔다. 오른쪽 그래프는 동생이 출발한 지 x분 후에 동생과 형이 간 거리를 y km라 할 때, x와 y 사이의 관계를 나타낸 것이다. 형과 동생이 만나는 것은 동생이 출발한 지 몇 분 후인지 구하시오.

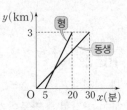

1070 상중 서술형

두 직선 $x-y-3=0$, $ax-y+2=0$과 y축으로 둘러싸인 도형의 넓이가 10일 때, 상수 a의 값을 구하시오.

(단, $a<0$)

정답 및 풀이 89쪽

유형UP 14 직선과 선분이 만날 조건

y절편이 b인 직선 $y=ax+b$가 선분 AB와 만나도록 하는 상수 a의 값의 범위

➡ 직선 m의 기울기가 M, 직선 l의 기울기가 L일 때,
$$M \leq a \leq L$$

1074 대표문제

오른쪽 그림과 같이 좌표평면 위에 두 점 A(2, 7), B(3, 3)이 있다. 직선 $y=ax+1$이 선분 AB와 만나도록 하는 상수 a의 값의 범위는?

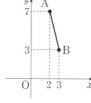

① $\dfrac{1}{3} \leq a \leq \dfrac{1}{2}$ ② $\dfrac{1}{2} \leq a \leq 1$

③ $\dfrac{2}{3} \leq a \leq 3$ ④ $\dfrac{2}{3} \leq a \leq 4$

⑤ $1 \leq a \leq 4$

1075 상중

직선 $y=ax-3$이 두 점 A(1, 5), B(2, -1)을 잇는 선분 AB와 만날 때, 다음 중 상수 a의 값이 될 수 없는 것은?

① $\dfrac{1}{2}$ ② 1 ③ $\dfrac{5}{3}$

④ 4 ⑤ 8

1076 상중

직선 $y=-\dfrac{1}{2}x+k$가 두 점 A(-2, 5), B(-5, 1)을 잇는 선분 AB와 만날 때, 상수 k의 값의 범위를 구하시오.

유형UP 15 도형의 넓이를 이등분하는 직선

△AOB의 넓이를 직선 $y=ax$가 이등분할 때

❶ $\triangle COB = \dfrac{1}{2}\triangle AOB$임을 이용하여 두 직선의 교점 C의 y좌표를 구한다.

❷ $y=ax$에 점 C의 좌표를 대입하여 a의 값을 구한다.

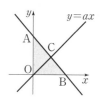

1077 대표문제

오른쪽 그림과 같이 일차방정식 $4x+3y=12$의 그래프와 x축, y축으로 둘러싸인 도형의 넓이를 직선 $y=ax$가 이등분할 때, 상수 a의 값은?

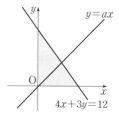

① $\dfrac{2}{3}$ ② $\dfrac{3}{4}$ ③ 1

④ $\dfrac{4}{3}$ ⑤ 2

1078 상중

일차함수 $y=-\dfrac{2}{3}x+4$의 그래프와 x축, y축으로 둘러싸인 도형의 넓이를 직선 $y=mx$가 이등분할 때, 상수 m의 값을 구하시오.

1079 상

오른쪽 그림과 같이 두 직선 $x-2y+7=0$, $x+y-5=0$과 x축의 교점을 각각 A, B라 하고 두 직선의 교점을 P라 하자. 이때 △PAB의 넓이를 점 P를 지나는 직선 $y=ax+b$가 이등분한다. 상수 a, b에 대하여 ab의 값을 구하시오.

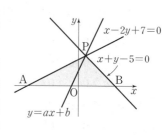

1080 중요

다음 중 일차방정식 $2x+3y-9=0$의 그래프에 대한 설명으로 옳지 <u>않은</u> 것은?

① 일차함수 $y=-\dfrac{2}{3}x$의 그래프를 y축의 방향으로 3만큼 평행이동한 그래프와 같다.

② 오른쪽 아래로 향하는 직선이다.

③ x절편은 $\dfrac{9}{2}$, y절편은 3이다.

④ 일차방정식 $4x+6y-3=0$의 그래프와 만나지 않는다.

⑤ 일차함수 $y=-\dfrac{2}{3}x+9$의 그래프와 일치한다.

1081

두 점 $(-3, a)$, $(b, 2)$가 일차방정식 $4x-5y+2=0$의 그래프 위의 점일 때, $b-a$의 값을 구하시오.

1082

일차방정식 $ax+by+c=0$의 그래프가 오른쪽 그림과 같을 때, 다음 중 옳은 것은? (단, a, b, c는 상수이다.)

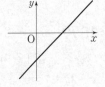

① $a>0$, $b>0$, $c>0$

② $a>0$, $b>0$, $c<0$

③ $a<0$, $b>0$, $c>0$

④ $a<0$, $b<0$, $c>0$

⑤ $a<0$, $b<0$, $c<0$

1083

x의 값이 2만큼 증가할 때 y의 값은 -8만큼 감소하고, 점 $(2, -1)$을 지나는 직선의 방정식은?

① $x-4y-1=0$ ② $x-4y+9=0$

③ $4x-y-9=0$ ④ $4x-y+1=0$

⑤ $4x-y+9=0$

1084

일차방정식 $2x-5y-20=0$의 그래프와 x절편이 같고, 일차방정식 $x-3y+15=0$의 그래프와 y절편이 같은 직선의 방정식이 $ax+by-10=0$일 때, 상수 a, b에 대하여 $a+b$의 값을 구하시오.

1085 중요

두 점 (a, a), $(2a-3, 3a-2)$를 지나는 직선이 x축에 평행할 때, a의 값을 구하시오.

1086

다음 네 방정식의 그래프로 둘러싸인 도형의 넓이가 30일 때, 양수 k의 값을 구하시오.

$$3x+9=0, \quad x=2, \quad y+2=0, \quad y=k$$

정답 및 풀이 91쪽

1087

두 일차방정식 $x-y=a$,
$x+2y=-4$의 그래프가 오른쪽
그림과 같을 때, 상수 a의 값을 구
하시오.

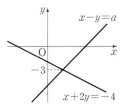

1088 중요

두 일차방정식 $3x+y+4=0$, $2x+y+2=0$의 그래프의
교점을 지나고, 직선 $3x+4y-8=0$과 만나지 않는 직선
의 방정식은?

① $3x-4y+2=0$ ② $3x+4y-2=0$
③ $4x-3y+5=0$ ④ $4x+3y-14=0$
⑤ $4x+3y+3=0$

1089

두 직선 $x-3y=9$, $ax-y=-1$의 교점을 직선
$2x+y=4$가 지날 때, 상수 a의 값은?

① -3 ② -2 ③ -1
④ 1 ⑤ 2

1090

두 직선 $ax+y=5$, $4x-y=2b$의 교점이 무수히 많을 때,
상수 a, b에 대하여 ab의 값은?

① -20 ② -10 ③ -4
④ 10 ⑤ 20

1091 중요

오른쪽 그림과 같이 두 직선
$2x-y+4=0$,
$ax-y-6=0$과 y축으로 둘
러싸인 △ABC의 넓이가 20
일 때, 상수 a의 값을 구하시
오.

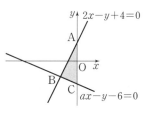

1092

50 L, 30 L의 물이 각각 들어 있
는 두 물통 A, B에서 일정한 속력
으로 물을 빼낸다. 오른쪽 그래프
는 x분 후에 남아 있는 물의 양을
y L라 할 때, x와 y 사이의 관계를
나타낸 것이다. 처음으로 두 물통에 남아 있는 물의 양이 같
아지는 것은 물을 빼내기 시작한 지 몇 분 후인지 구하시오.

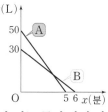

1093

직선 $3x+y-6=0$과 x축 및 y축으로 둘러싸인 도형의 넓
이를 직선 $y=ax$가 이등분할 때, 상수 a의 값을 구하시오.

1094

방정식 $ax+by+4=0$의 그래프가 오른쪽 그림과 같을 때, 상수 a, b에 대하여 $a-b$의 값을 구하시오.

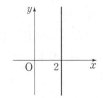

1095

일차방정식 $x-5y-20=0$의 그래프와 평행하고, 점 $(1, 2)$를 지나는 직선과 일차방정식 $3x-2y-12=0$의 그래프의 교점의 좌표를 구하시오.

1096

두 일차방정식 $6x+ay+4=0$과 $5x+by-7=0$의 그래프가 오른쪽 그림과 같을 때, 기울기가 $a+b$이고 y절편이 ab인 직선의 x절편을 구하시오.

(단, a, b는 상수이다.)

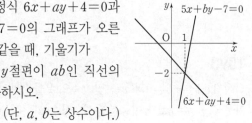

1097

세 직선 $x+y-5=0$, $2x-y-4=0$, $ax-y=0$에 의하여 삼각형이 만들어지지 않을 때, 모든 상수 a의 값의 곱을 구하시오.

1098

오른쪽 그림과 같이 일차방정식 $3x-2y=-1$의 그래프와 두 직선 $y=2$, $y=-1$의 교점을 각각 A, B라 하고, 일차방정식 $mx+2y+n=0$의 그래프와 두 직선 $y=-1$, $y=2$의 교점을 각각 C, D라 할 때, 사각형 ABCD는 넓이가 6인 평행사변형이 된다. 이때 상수 m, n에 대하여 $n-m$의 값을 구하시오.

(단, $n>0$)

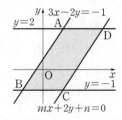

1099

오른쪽 그림과 같이 좌표평면 위에 네 점 A$(2, 6)$, B$(2, 3)$, C$(4, 3)$, D$(4, 6)$을 꼭짓점으로 하는 사각형 ABCD가 있다. 일차방정식 $ax-y+2=0$의 그래프가 이 사각형과 두 점에서 만나도록 하는 상수 a의 값의 범위를 구하시오.

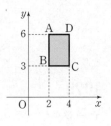

대표문제
다시 풀기

01 유리수와 순환소수

01 ↻0051

다음 중 분수를 소수로 나타낼 때, 무한소수가 되는 것을 모두 고르면? (정답 2개)

① $\frac{4}{3}$ ② $\frac{3}{5}$ ③ $\frac{7}{8}$

④ $\frac{9}{11}$ ⑤ $\frac{13}{40}$

02 ↻0054

다음 중 순환소수의 표현이 옳지 <u>않은</u> 것은?

① $0.333\cdots = 0.\dot{3}$

② $4.0777\cdots = 4.0\dot{7}$

③ $1.616161\cdots = 1.\dot{6}\dot{1}$

④ $0.582582582\cdots = 0.\dot{5}8\dot{2}$

⑤ $3.9151515\cdots = 3.9\dot{1}\dot{5}$

03 ↻0057

다음 중 분수를 소수로 나타낸 것으로 옳은 것은?

① $\frac{5}{6} = 0.8\dot{6}$ ② $\frac{16}{9} = 1.\dot{6}$

③ $\frac{8}{15} = 0.5\dot{2}$ ④ $\frac{13}{27} = 0.4\dot{7}\dot{1}$

⑤ $\frac{20}{33} = 0.\dot{6}\dot{0}$

04 ↻0060

분수 $\frac{4}{7}$를 소수로 나타낼 때, 소수점 아래 100번째 자리의 숫자는?

① 2   ② 4   ③ 5

④ 7   ⑤ 8

05 ↻0063

다음은 분수 $\frac{21}{150}$을 유한소수로 나타내는 과정이다. 이때 $a+b+c+d$의 값을 구하시오.

$$\frac{21}{150} = \frac{a}{50} = \frac{a \times b}{2 \times 5^2 \times b} = \frac{14}{c} = d$$

06 ↻0066

다음 **보기** 중 유한소수로 나타낼 수 있는 것을 모두 고른 것은?

보기

ㄱ. $\frac{5}{12}$ ㄴ. $\frac{15}{48}$ ㄷ. $\frac{21}{140}$

ㄹ. $\frac{20}{3 \times 5^2}$ ㅁ. $\frac{33}{2 \times 5^2 \times 11}$

① ㄱ, ㄴ   ② ㄷ, ㅁ   ③ ㄱ, ㄴ, ㄹ

④ ㄴ, ㄷ, ㅁ   ⑤ ㄷ, ㄹ, ㅁ

07 ↻0069

분수 $\dfrac{17}{132} \times A$를 소수로 나타내면 유한소수가 된다. 이때 A의 값이 될 수 있는 가장 큰 두 자리 자연수를 구하시오.

08 ↻0073

두 분수 $\dfrac{3}{56}$, $\dfrac{6}{135}$에 각각 자연수 n을 곱하면 두 분수 모두 유한소수로 나타낼 수 있다고 한다. 이때 n의 값이 될 수 있는 가장 작은 자연수를 구하시오.

09 ↻0076

분수 $\dfrac{49}{2^2 \times 7 \times x}$를 소수로 나타내면 유한소수가 될 때, 다음 중 x의 값이 될 수 없는 것은?

① 5   ② 7   ③ 10
④ 14   ⑤ 15

10 ↻0079

분수 $\dfrac{a}{105}$를 소수로 나타내면 유한소수가 되고, 기약분수로 나타내면 $\dfrac{2}{b}$가 된다. a가 $40 < a < 50$인 자연수일 때, $a-b$의 값을 구하시오.

11 ↻0082

분수 $\dfrac{x}{360}$를 소수로 나타내면 순환소수가 될 때, 다음 중 x의 값이 될 수 없는 것은?

① 6   ② 12   ③ 18
④ 24   ⑤ 30

12 ↻0085

순환소수 $1.38\dot{6}$을 분수로 나타내려고 한다. $x=1.38\dot{6}$이라 할 때, 다음 중 가장 편리한 식은?

① $100x-x$ ② $100x-10x$
③ $1000x-x$ ④ $1000x-10x$
⑤ $1000x-100x$

13 ↻0088

다음 중 순환소수를 분수로 나타낸 것으로 옳은 것을 모두 고르면? (정답 2개)

① $1.\dot{7}=\dfrac{17}{9}$ ② $0.2\dot{5}=\dfrac{23}{90}$

③ $3.\dot{1}\dot{4}==\dfrac{314}{99}$ ④ $0.\dot{6}1\dot{2}=\dfrac{68}{111}$

⑤ $2.0\dot{8}\dot{5}=\dfrac{415}{198}$

부록
대표문제 다시 풀기

14 ↻ 0091

순환소수 $0.4\dot{1}$에 어떤 자연수 x를 곱하면 유한소수가 된다. 다음 중 x의 값이 될 수 <u>없는</u> 것은?

① 9 ② 18 ③ 30

④ 36 ⑤ 45

15 ↻ 0094

어떤 기약분수를 순환소수로 나타내는데 경숙이는 분모를 잘못 보아서 $1.\dot{4}$로 나타내었고, 신희는 분자를 잘못 보아서 $0.\dot{1}\dot{0}$으로 나타내었다. 이때 처음 기약분수를 순환소수로 나타내시오.

16 ↻ 0097

$8.\dot{1}+6.\dot{5}$를 계산한 값을 기약분수로 나타내면 $\dfrac{b}{a}$일 때, 자연수 a, b에 대하여 $a+b$의 값을 구하시오.

17 ↻ 0101

다음 중 두 수의 대소 관계가 옳은 것을 모두 고르면? (정답 2개)

① $0.\dot{3} < \dfrac{3}{10}$ ② $0.5\dot{7} > \dfrac{28}{45}$

③ $4.\dot{2} > \dfrac{379}{90}$ ④ $3.\dot{2}\dot{1} > 3.\dot{2}$

⑤ $0.16\dot{5} < 0.1\dot{6}\dot{5}$

18 ↻ 0104

다음 중 옳지 <u>않은</u> 것을 모두 고르면? (정답 2개)

① 모든 소수는 $\dfrac{(정수)}{(0이\ 아닌\ 정수)}$의 꼴로 나타낼 수 있다.

② 무한소수 중에는 분수로 나타낼 수 없는 수가 있다.

③ 분모의 소인수에 3이 있는 기약분수는 유한소수로 나타낼 수 없다.

④ 정수가 아닌 유리수는 유한소수 또는 순환소수로 나타낼 수 있다.

⑤ 순환소수 중에는 유리수가 아닌 것도 있다.

19 ↻ 0107

두 분수 $\dfrac{1}{5}$과 $\dfrac{6}{7}$ 사이에 있는 분모가 35인 분수 중에서 유한소수로 나타낼 수 있는 분수의 개수는?

(단, 분자는 자연수이다.)

① 2 ② 3 ③ 4

④ 5 ⑤ 6

20 ↻ 0110

한 자리 소수 a, b에 대하여 $a>b$이고 $0.\dot{a}\dot{b}+0.\dot{b}\dot{a}=0.\dot{5}$일 때, ab의 값을 구하시오.

02 단항식의 계산

01 ↪0193

$2^a \times 2 \times 2^3 = 512$일 때, 자연수 a의 값은?

① 2   ② 3   ③ 4
④ 5   ⑤ 6

02 ↪0197

$(7^x)^2 \times 7^5 = 7^{13}$일 때, 자연수 x의 값을 구하시오.

03 ↪0201

다음 중 옳지 <u>않은</u> 것은?

① $a^{10} \div a^5 = a^5$ ② $a^4 \div a^4 = 1$

③ $(a^3)^3 \div a^6 = a^3$ ④ $a^8 \div (a^2)^5 = \dfrac{1}{a^2}$

⑤ $a^7 \div a^2 \div a^6 = a$

04 ↪0205

$(-5x^a y^2)^b = -125x^{12}y^c$일 때, 자연수 a, b, c에 대하여 $a-b+c$의 값은?

① 5   ② 6   ③ 7
④ 8   ⑤ 9

05 ↪0209

$\left(-\dfrac{3x^3}{y^a}\right)^4 = \dfrac{bx^c}{y^8}$일 때, 자연수 a, b, c에 대하여 $a+b+c$의 값을 구하시오.

06 ↪0213

$5^{10}+5^{10}+5^{10}+5^{10}+5^{10}$을 간단히 하면?

① 5^{11} ② 5^{12} ③ 5^{15}
④ 5^{25} ⑤ 5^{50}

07 $\circlearrowright$ 0217

$A=2^{x+1}$일 때, 32^x을 A를 사용하여 나타내면?

① $16A^4$ ② $32A^5$ ③ $\dfrac{A^3}{8}$

④ $\dfrac{A^4}{16}$ ⑤ $\dfrac{A^5}{32}$

08 $\circlearrowright$ 0221

$2^{14}\times5^{10}$이 n자리 자연수일 때, n의 값은?

① 10 ② 11 ③ 12
④ 13 ⑤ 14

09 $\circlearrowright$ 0225

어떤 박테리아는 1시간마다 그 수가 2배씩 증가한다. 이 박테리아 8마리가 10시간 후에 2^a마리가 된다고 할 때, 자연수 a의 값을 구하시오.

10 $\circlearrowright$ 0228

$\left(-\dfrac{2}{3}x^3y\right)^3\times(-9xy^2)^2\times xy$를 계산하면?

① $-48x^{12}y^8$ ② $-24x^{12}y^8$ ③ $-24x^{11}y^7$
④ $24x^{11}y^7$ ⑤ $48x^{12}y^8$

11 $\circlearrowright$ 0232

$(-25x^{11}y^8)\div(-5x^2y^3)^2\div\left(-\dfrac{1}{4}x^5y^3\right)$을 계산하면?

① $-\dfrac{2x}{y}$ ② $-\dfrac{4x^2}{y}$ ③ $\dfrac{2x}{y}$
④ $\dfrac{4x^2}{y}$ ⑤ $\dfrac{8x^3}{y^2}$

12 $\circlearrowright$ 0236

$32ab\times(-a^2b)^5\div\left(-\dfrac{2a}{b}\right)^4$을 계산하시오.

13 ↻ 0239

$(-6x^2y^3)^2 \div (-9x^3y) \times \boxed{} = -28x^3y^8$일 때, □ 안에 알맞은 식은?

① $-7x^2y^3$　　② $-5xy^2$　　③ $3xy$

④ $5xy^2$　　⑤ $7x^2y^3$

15 ↻ 0247

$3^x + 3^{x+1} + 3^{x+2} = 117$일 때, 자연수 x의 값을 구하시오.

14 ↻ 0243

오른쪽 그림과 같이 밑면인 원의 반지름의 길이가 $3x^4y$, 높이가 $\dfrac{8y^5}{x^2}$인 원기둥의 부피는?

① $36\pi x^5y^6$　　② $36\pi x^6y^7$

③ $72\pi x^5y^6$　　④ $72\pi x^6y^7$

⑤ $72\pi x^7y^8$

16 ↻ 0250

$2^{30} \times 4^{30}$의 일의 자리의 숫자는?

① 0　　② 2　　③ 4

④ 6　　⑤ 8

부록

대표문제 다시 풀기

대표문제 다시 풀기

03 다항식의 계산

01 ↪0304

$\left(\dfrac{1}{3}x+\dfrac{3}{2}y\right)-\left(\dfrac{1}{2}x-\dfrac{2}{3}y\right)=ax+by$일 때, 상수 a, b에 대하여 $a+b$의 값을 구하시오.

02 ↪0308

$(2x^2+5x-1)-(5x^2-x+3)$을 계산했을 때, x^2의 계수와 상수항의 곱은?

① -18 ② -12 ③ 12
④ 18 ⑤ 24

03 ↪0312

$5x-[x-3y-\{2x+y-3(x+4y)\}]$를 계산하면?

① $-x-8y$ ② $-x+4y$ ③ $x-8y$
④ $3x-8y$ ⑤ $3x+4y$

04 ↪0316

어떤 식에 $-4x^2+7x-1$을 더했더니 x^2-2x+6이 되었다. 이때 어떤 식을 구하시오.

05 ↪0320

어떤 식에 x^2+6x-3을 더해야 할 것을 잘못하여 뺐더니 $-5x^2-8x+2$가 되었다. 이때 바르게 계산한 식은?

① $-3x^2-4x+4$ ② $-3x^2+4x-4$
③ $-x^2+4x-1$ ④ x^2-4x+1
⑤ $3x^2+4x-4$

06 ↪0323

$-7ab(a-3b-5)$를 전개하면?

① $-7a^2-21ab^2+35ab$
② $-7a^2b+21ab^2-35ab$
③ $-7a^2b+21ab^2+35ab$
④ $7a^2b-21ab^2+35ab$
⑤ $7a^2b+21ab^2-35ab$

07 ↪0326

$(8x^2y^2+20xy^2-12xy)\div\dfrac{4}{5}xy$를 계산하면?

① $10x+15y-25$ ② $10x+25y-15$
③ $10xy+15y-25$ ④ $10xy+25y-15$
⑤ $15xy+10y-25$

정답 및 풀이 96쪽

08

$\curvearrowright$ **0330**

$3x(5x-4)-(28x^4+49x^3)\div(-7x^2)$을 계산하면?

① $11x^2-19x$ ② $11x^2-5x$ ③ $15x^2-7x$

④ $19x^2-19x$ ⑤ $19x^2-5x$

09

$\curvearrowright$ **0334**

오른쪽 그림과 같이 밑면의 가로의 길이가 $5a$, 세로의 길이가 $3b$인 직육면체의 부피가 $45a^2b-30ab^2$일 때, 이 직육면체의 높이는?

① $2a-b$ ② $2a-3b$

③ $3a-b$ ④ $3a-2b$

⑤ $3a-5b$

10

$\curvearrowright$ **0340**

$x=-4$, $y=2$일 때,

$$\frac{20x^2-32xy}{4x}-\frac{35x^2y-20xy^2}{5xy}$$

의 값은?

① -2 ② -1 ③ 0

④ 1 ⑤ 2

11

$\curvearrowright$ **0344**

$A=-x+3y$, $B=4x-5y$일 때,

$$7A-5B-2(A-2B)$$

를 x, y에 대한 식으로 나타내면?

① $-9x+10y$ ② $-9x+20y$ ③ $-x+10y$

④ $-x+20y$ ⑤ $x+20y$

12

$\curvearrowright$ **0348**

다음 표에서 가로, 세로에 있는 세 다항식의 합이 모두 같을 때, 다항식 ㈎를 구하시오.

x^2-x+1		$-3x^2+x-2$
$-2x^2+3x$	㈎	
$-5x+2$	$2x^2-x-1$	

13

$\curvearrowright$ **0351**

$(-2x^a)^b=-8x^{15}$일 때, 다음 식의 값을 구하시오.

(단, a, b는 자연수이다.)

$$3a-[-4a+7b-\{5a-(2a-3b)\}]$$

부록

대표문제 다시 풀기

04 일차부등식

01
↻0423

다음 중 부등식인 것을 모두 고르면? (정답 2개)

① $5 \times 3 - 7 = 8$
② $6 - 10 < -3$
③ $-4x + 9$
④ $2x - 1 = 7$
⑤ $3(x+1) \geq 4x$

02
↻0426

다음 문장을 부등식으로 나타낸 것으로 옳지 <u>않은</u> 것은?

① x에 8을 더한 수는 20보다 크다. ➡ $x + 8 > 20$
② x의 3배는 x에서 5를 뺀 수보다 크지 않다.
   ➡ $3x \leq x - 5$
③ 한 개에 1500원인 빵 x개의 가격은 9000원 이상이다.
   ➡ $1500x \geq 9000$
④ 밑변의 길이가 7 cm, 높이가 x cm인 평행사변형의 넓이는 50 cm² 미만이다. ➡ $7x < 50$
⑤ 시속 4 km로 x시간 동안 간 거리는 10 km를 넘지 않는다. ➡ $4x < 10$

03
↻0429

다음 중 [ ] 안의 수가 주어진 부등식의 해인 것은?

① $x + 3 > 0$ $[-4]$
② $7 - 3x < 10$ $[-2]$
③ $2x - 1 \geq 3x$ $[-1]$
④ $4x + 1 \leq -x + 8$ $[2]$
⑤ $5(x-1) > 4x - 1$ $[3]$

04
↻0433

$a < b$일 때, 다음 중 옳지 <u>않은</u> 것은?

① $a + 4 < b + 4$
② $-\dfrac{a}{2} > -\dfrac{b}{2}$
③ $3a - 1 < 3b - 1$
④ $7 - a > 7 - b$
⑤ $-\dfrac{a}{5} - 8 < -\dfrac{b}{5} - 8$

05
↻0437

$-1 < x < 4$이고 $A = -3x + 7$일 때, A의 값의 범위는?

① $-12 < A < 3$
② $-10 < A < 3$
③ $-10 < A < 5$
④ $-5 < A < 10$
⑤ $-5 < A < 12$

06
↻0441

다음 **보기** 중 일차부등식인 것을 모두 고른 것은?

보기
ㄱ. $1 - 4x \geq x - 8$
ㄴ. $x^2 - 2x + 1 > 0$
ㄷ. $2(x-3) \leq 1 + 2x$
ㄹ. $x^2 + 4x < x^2 - 5$

① ㄱ
② ㄱ, ㄹ
③ ㄴ, ㄷ
④ ㄴ, ㄹ
⑤ ㄱ, ㄷ, ㄹ

07 ↺ 0445

다음 중 일차부등식 $3x-8<7x+4$의 해를 수직선 위에 바르게 나타낸 것은?

①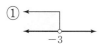

②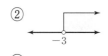

③

④
-3

⑤

08 ↺ 0448

일차부등식 $2(x+5)-7\geq5(x-3)$을 풀면?

① $x\leq-6$　　② $x\leq-3$　　③ $x\geq-3$

④ $x\leq6$　　⑤ $x\geq6$

09 ↺ 0452

일차부등식 $\dfrac{x-1}{2}<0.25x+\dfrac{4}{3}$를 만족시키는 자연수 x의 개수는?

① 3　　② 4　　③ 5

④ 6　　⑤ 7

10 ↺ 0456

$a<0$일 때, x에 대한 일차부등식 $10-ax>3$을 풀면?

① $x<-\dfrac{7}{a}$　　② $x>-\dfrac{7}{a}$　　③ $x<\dfrac{7}{a}$

④ $x>\dfrac{7}{a}$　　⑤ $x>7a$

부록

대표문제 다시 풀기

11 ↻ 0460

일차부등식 $6-x \leq x+a$의 해가 $x \geq 5$일 때, 상수 a의 값을 구하시오.

13 ↻ 0468

일차부등식 $ax-4 > 8x+1$의 해가 $x < -1$일 때, 상수 a의 값을 구하시오.

12 ↻ 0464

두 일차부등식 $3(x-1) > 4x+5$, $x+a < \dfrac{x-4}{2}$의 해가 서로 같을 때, 상수 a의 값을 구하시오.

14 ↻ 0471

일차부등식 $4x \leq a-x$를 만족시키는 자연수 x가 2개일 때, 상수 a의 값의 범위는?

① $a \geq 10$ ② $a < 15$ ③ $10 \leq a < 15$
④ $10 < a \leq 15$ ⑤ $10 \leq a \leq 15$

대표문제 다시 풀기

05 일차부등식의 활용

01
↻ 0508

연속하는 두 홀수가 있다. 큰 수의 3배에 9를 더한 것은 작은 수의 4배 이상일 때, 이를 만족시키는 가장 큰 두 홀수의 합을 구하시오.

02
↻ 0512

현재 규리의 통장에는 54000원, 현진이의 통장에는 72000원이 예금되어 있다. 다음 달부터 규리는 매월 5000원씩, 현진이는 매월 3000원씩 예금할 때, 규리의 예금액이 현진이의 예금액보다 많아지는 것은 몇 개월 후부터인지 구하시오. (단, 이자는 생각하지 않는다.)

03
↻ 0515

형우는 세 번의 수학 시험에서 87점, 96점, 85점을 받았다. 네 번에 걸친 수학 시험 점수의 평균이 90점 이상이 되려면 네 번째 시험에서 몇 점 이상을 받아야 하는지 구하시오.

04
↻ 0519

한 개에 800원인 사탕과 한 개에 1200원인 초콜릿을 합하여 15개를 사려고 한다. 전체 금액이 14000원 이하가 되게 하려면 초콜릿은 최대 몇 개까지 살 수 있는지 구하시오.

05
↻ 0523

어느 건물 주차장의 주차 요금은 처음 30분까지는 5000원이고 30분이 지나면 1분당 50원의 요금이 추가된다고 한다. 주차 요금이 10000원을 넘지 않으려면 최대 몇 분까지 주차할 수 있는가?

① 110분　　　② 115분　　　③ 120분
④ 125분　　　⑤ 130분

06
↻ 0527

동네 문구점에서 한 권에 1500원인 연습장이 할인 매장에서는 한 권에 1100원이라 한다. 할인 매장에 다녀오는 왕복 교통비가 2400원일 때, 연습장을 몇 권 이상 사는 경우 할인 매장에서 사는 것이 유리한지 구하시오.

07
↻ 0531

어느 미술관의 입장료는 한 사람당 9000원이고, 40명 이상의 단체인 경우 입장료의 20 %를 할인해 준다고 한다. 40명 미만의 단체가 입장하려고 할 때, 몇 명 이상부터 40명의 단체 입장권을 사는 것이 유리한지 구하시오.
(단, 40명 미만이어도 40명의 단체 입장권을 살 수 있다.)

08
↻ 0535

삼각형의 세 변의 길이가 x, $x+5$, $x+8$일 때, 다음 중 x의 값이 될 수 <u>없는</u> 것은?

① 3　　　② 4　　　③ 5
④ 6　　　⑤ 7

정답 및 풀이 98쪽

09 ↺0539

원가가 8000원인 물건을 정가의 20 %를 할인하여 팔아서 원가의 30 % 이상의 이익을 얻으려고 할 때, 정가는 얼마 이상으로 정하면 되는가?

① 12000원   ② 12500원   ③ 13000원
④ 13500원   ⑤ 14000원

10 ↺0542

등산을 하는데 올라갈 때는 시속 2 km로, 내려올 때는 같은 길을 시속 3 km로 걸어서 3시간 20분 이내에 등산을 마치려고 한다. 이때 최대 몇 km 떨어진 지점까지 올라갔다 내려올 수 있는지 구하시오.

11 ↺0545

A 지점에서 11 km 떨어진 B 지점까지 가는데 처음에는 시속 4 km로 걷다가 도중에 시속 6 km로 뛰었더니 2시간 30분 이내에 B 지점에 도착하였다. 이때 몇 km 이상을 시속 6 km로 뛰었는지 구하시오.

12 ↺0548

9 %의 소금물 500 g이 있다. 이 소금물에서 물을 증발시켜 농도가 12 % 이상이 되게 하려고 할 때, 최소 몇 g의 물을 증발시켜야 하는가?

① 110 g   ② 125 g   ③ 140 g
④ 155 g   ⑤ 170 g

13 ↺0551

13 %의 소금물 200 g과 8 %의 소금물을 섞어서 10 % 이하의 소금물을 만들려고 한다. 8 %의 소금물을 몇 g 이상 섞어야 하는지 구하시오.

14 ↺0554

구리를 10 % 포함한 합금 A와 구리를 20 % 포함한 합금 B가 있다. 두 합금 A, B를 녹여서 구리를 40 g 이상 포함하는 합금 300 g을 만들려고 할 때, 합금 B는 최소 몇 g이 필요한지 구하시오.

06 연립일차방정식

01　↻0609

다음 **보기** 중 미지수가 2개인 일차방정식인 것을 모두 고른 것은?

─── 보기 ───

ㄱ. $x-y+7$　　　　ㄴ. $y=x(x-4)$

ㄷ. $6x-\dfrac{5}{y}=3$　　ㄹ. $\dfrac{2}{3}x+\dfrac{y}{4}-1=0$

ㅁ. $2(x^2-3)+4y=2x^2+x-1$

① ㄱ, ㄹ　　② ㄴ, ㄷ　　③ ㄹ, ㅁ
④ ㄱ, ㄷ, ㅁ　　⑤ ㄴ, ㄹ, ㅁ

02　↻0613

다음 중 주어진 x, y의 순서쌍이 미지수가 2개인 일차방정식의 해인 것은?

① $x+y=-3$　　$(1, 4)$
② $2x-y=1$　　$(-3, -3)$
③ $x+4y=5$　　$(2, 1)$
④ $6x-5y=9$　　$(-1, -3)$
⑤ $7x+2y=10$　　$(4, -8)$

03　↻0616

일차방정식 $ax+5y=12$의 한 해가 $x=-2$, $y=4$일 때, 상수 a의 값을 구하시오.

04　↻0620

다음 **보기**의 연립방정식 중 $x=3$, $y=-1$을 해로 갖는 것을 모두 고르시오.

─── 보기 ───

ㄱ. $\begin{cases} x-2y=5 \\ 2x+y=4 \end{cases}$　　ㄴ. $\begin{cases} -x+4y=-7 \\ x-3y=6 \end{cases}$

ㄷ. $\begin{cases} 2x+3y=3 \\ 4x+7y=5 \end{cases}$　　ㄹ. $\begin{cases} 2x-5y=11 \\ 3x+8y=1 \end{cases}$

05　↻0623

연립방정식 $\begin{cases} x-y=a \\ 2x+by=7 \end{cases}$의 해가 $x=5$, $y=2$일 때, 상수 a, b에 대하여 $a+4b$의 값을 구하시오.

06　↻0627

연립방정식 $\begin{cases} x-4y=7 \\ x=5y+9 \end{cases}$의 해가 $x=p$, $y=q$일 때, $p-q$의 값을 구하시오.

07　↻0630

연립방정식 $\begin{cases} 3x-2y=5 \\ 2x+5y=16 \end{cases}$을 만족시키는 x, y에 대하여 $x+y$의 값을 구하시오.

08 ↻ 0634

연립방정식 $\begin{cases} 2(x+5)+3y=-12 \\ -(x-y-4)+y=1 \end{cases}$ 의 해가 $x=a$, $y=b$일

때, $a+b$의 값은?

① -11 ② -9 ③ -7

④ -5 ⑤ -3

11 ↻ 0645

방정식 $x+2y=4x-3y+3=2x-y+5$를 풀면?

① $x=-4$, $y=-3$ ② $x=-4$, $y=3$

③ $x=3$, $y=-4$ ④ $x=3$, $y=4$

⑤ $x=4$, $y=3$

09 ↻ 0638

연립방정식 $\begin{cases} 0.5x-0.1y=0.4 \\ \dfrac{1}{4}x+\dfrac{1}{8}y=\dfrac{5}{4} \end{cases}$ 의 해가 $x=a$, $y=b$일 때,

$a-b$의 값을 구하시오.

12 ↻ 0649

x, y의 순서쌍 $(-2, 5)$가 연립방정식 $\begin{cases} ax+by=11 \\ bx+ay=4 \end{cases}$ 의

해일 때, 상수 a, b에 대하여 $2a-b$의 값을 구하시오.

10 ↻ 0642

x, y의 순서쌍 (a, b)가 연립방정식

$\begin{cases} (x-1):(x+y)=2:5 \\ 3(x-4)-5(y-x)=2 \end{cases}$ 의 해일 때, ab의 값을 구하시오.

13 ↻ 0653

연립방정식 $\begin{cases} 3x+y=-4 \\ 6x-5y=a \end{cases}$ 의 해가 일차방정식 $x-3y=2$

를 만족시킬 때, 상수 a의 값을 구하시오.

14 ↻ 0656

연립방정식 $\begin{cases} 5x+2y=a \\ 4x+5y=a+5 \end{cases}$를 만족시키는 y의 값이 x의 값의 2배일 때, 상수 a의 값은?

① 6 　　② 7 　　③ 8
④ 9 　　⑤ 10

15 ↻ 0660

다음 두 연립방정식의 해가 서로 같을 때, 상수 a, b의 값을 구하시오.

$$\begin{cases} x-y=1 \\ 5x+ay=9 \end{cases}, \quad \begin{cases} 2x+y=8 \\ bx+5y=-2 \end{cases}$$

16 ↻ 0663

연립방정식 $\begin{cases} ax+by=-5 \\ bx+ay=10 \end{cases}$에서 잘못하여 a와 b를 바꾸어 놓고 풀었더니 $x=4$, $y=1$이었다. 이때 상수 a, b에 대하여 ab의 값을 구하시오.

17 ↻ 0667

연립방정식 $\begin{cases} 5x-7y=a \\ bx+21y=-3 \end{cases}$의 해가 무수히 많을 때, 상수 a, b의 값은?

① $a=1$, $b=3$ 　　② $a=1$, $b=-15$
③ $a=3$, $b=5$ 　　④ $a=3$, $b=-15$
⑤ $a=5$, $b=-15$

18 ↻ 0670

연립방정식 $\begin{cases} 4x-3y=3 \\ 8x+ay=-1 \end{cases}$의 해가 없을 때, 상수 a의 값을 구하시오.

19 ↻ 0673

연립방정식 $\begin{cases} 0.\dot{4}x-0.0\dot{7}y=-0.\dot{6} \\ 0.\dot{3}x+0.5y=0.\dot{6} \end{cases}$을 푸시오.

20 ↻ 0676

x, y가 자연수일 때, 연립방정식 $\begin{cases} 2^{x+2y}=2^{x-y}\times 2^{2x-1} \\ 3^x\div 3^y=9 \end{cases}$의 해가 $x=a$, $y=b$이다. 이때 $a+b$의 값을 구하시오.

01 ↻0717

두 수의 합은 70이고 큰 수를 작은 수로 나누면 몫은 3이고 나머지는 2이다. 이때 두 수의 차를 구하시오.

02 ↻0721

두 자리 자연수가 있다. 이 수의 각 자리의 숫자의 합은 14이고, 십의 자리의 숫자와 일의 자리의 숫자를 바꾼 수는 처음 수보다 36만큼 작을 때, 처음 수를 구하시오.

03 ↻0725

현재 아버지와 아들의 나이의 차는 32살이고, 지금부터 18년 후에 아버지의 나이는 아들의 나이의 2배가 된다고 한다. 현재 아버지의 나이는?

① 44살   ② 45살   ③ 46살
④ 47살   ⑤ 48살

04 ↻0729

어느 미술관의 입장료는 성인은 3000원, 청소년은 2000원이다. 성인과 청소년을 합하여 모두 15명이 입장하는데 입장료가 36000원이 들었다고 할 때, 입장한 성인은 몇 명인지 구하시오.

05 ↻0733

둘레의 길이가 58 cm인 직사각형에서 세로의 길이는 가로의 길이의 2배보다 2 cm 길다고 한다. 이때 이 직사각형의 넓이는?

① 120 cm^2 ② 140 cm^2 ③ 160 cm^2
④ 180 cm^2 ⑤ 200 cm^2

06 ↻0737

수현이와 혜민이가 가위바위보를 하여 이긴 사람은 3계단씩 올라가고 진 사람은 2계단씩 내려가기로 하였다. 얼마 후 수현이는 처음 위치보다 16계단을, 혜민이는 6계단을 올라가 있었을 때, 수현이가 이긴 횟수를 구하시오.

(단, 비기는 경우는 없었다.)

07 ↻0741

어느 중학교의 올해 학생 수는 작년에 비하여 남학생은 5 % 증가하고, 여학생은 3 % 감소하여 전체적으로 6명이 늘어난 446명이었다. 올해의 남학생 수를 구하시오.

08 ↻0744

A, B 두 상품을 합하여 38000원에 사서 A 상품은 원가의 30 %의 이익을 붙이고, B 상품은 원가에서 50 %를 할인하여 팔면 1800원의 이익이 생긴다고 한다. A 상품의 원가는?

① 24000원 ② 25000원 ③ 26000원
④ 27000원 ⑤ 28000원

09 ↻0747

시하가 어머니와 함께 4일 동안 작업하여 마칠 수 있는 일을 시하가 2일 동안 작업한 후 나머지를 어머니가 8일 동안 작업하여 모두 마쳤다. 이 일을 시하가 혼자 하면 마치는 데 며칠이 걸리는지 구하시오.

10 ↻0750

전체 학생이 32명인 어느 학급에서 남학생의 $\frac{2}{5}$와 여학생의 $\frac{2}{3}$는 안경을 쓴다고 한다. 안경을 쓴 학생이 전체 학생의 $\frac{1}{2}$일 때, 이 학급의 남학생 수는?

① 18 ② 20 ③ 22
④ 24 ⑤ 26

11 ↻0753

소연이는 집에서 공원까지 가는데 처음에는 시속 4 km로 걷다가 도중에 시속 5 km로 걸었다. 총 7 km의 거리를 가는 데 1시간 30분이 걸렸다고 할 때, 시속 4 km로 걸은 거리를 구하시오.

12 ↻0756

동생이 학교를 향해 분속 40 m로 걸어간 지 9분 후에 형이 분속 70 m로 뒤따라갔다. 두 사람이 만나는 것은 형이 떠난 지 몇 분 후인지 구하시오.

13 ↻ 0759

둘레의 길이가 4 km인 호수의 둘레를 유나와 재혁이가 일정한 속력으로 걷고 있다. 두 사람이 같은 지점에서 동시에 출발하여 같은 방향으로 돌면 2시간 후에 처음으로 만나고, 반대 방향으로 돌면 24분 후에 처음으로 만난다고 한다. 유나가 재혁이보다 걷는 속력이 빠를 때, 유나와 재혁이의 속력은 각각 시속 몇 km인지 구하시오.

14 ↻ 0762

배를 타고 길이가 16 km인 강을 거슬러 올라가는 데 4시간, 내려오는 데 2시간이 걸렸다. 이때 강물의 속력을 구하시오. (단, 배와 강물의 속력은 일정하다.)

15 ↻ 0765

10 %의 소금물과 16 %의 소금물을 섞어서 14 %의 소금물 600 g을 만들려고 한다. 16 %의 소금물을 몇 g 섞어야 하는가?

① 380 g   ② 400 g   ③ 420 g
④ 440 g   ⑤ 460 g

16 ↻ 0768

농도가 서로 다른 두 종류의 소금물 A, B가 있다. 소금물 A를 300 g, 소금물 B를 200 g 섞으면 8 %의 소금물이 되고, 소금물 A를 200 g, 소금물 B를 300 g 섞으면 9 %의 소금물이 된다. 이때 소금물 B의 농도는?

① 11 %   ② 12 %   ③ 13 %
④ 14 %   ⑤ 15 %

17 ↻ 0771

일정한 속력으로 달리는 기차가 1200 m 길이의 철교를 완전히 지나는 데 50초가 걸리고, 900 m 길이의 터널을 완전히 지나는 데 40초가 걸린다고 한다. 이 기차의 길이를 구하시오.

18 ↻ 0774

두 식품 A, B에서 A 식품에는 단백질이 8 %, 지방이 12 % 들어 있고, B 식품에는 단백질이 15 %, 지방이 4 % 들어 있다고 한다. 두 식품만 섭취하여 단백질 34 g, 지방 14 g을 얻으려면 B 식품은 몇 g을 섭취해야 하는가?

① 100 g   ② 150 g   ③ 200 g
④ 250 g   ⑤ 300 g

08 일차함수와 그 그래프 (1)

01 ↻0836

다음 중 y가 x에 대한 함수가 <u>아닌</u> 것은?

① x에 5를 더한 수 y
② 100 m 달리기에서 x m를 달렸을 때 남은 거리 y m
③ x살 생일날 나의 키 y cm
④ 한 변의 길이가 x cm인 정사각형의 둘레의 길이 y cm
⑤ 자연수 x보다 작은 자연수 y

02 ↻0839

함수 $f(x)=\dfrac{6}{x}$에 대하여 다음 중 옳지 <u>않은</u> 것은?

① $f(-2)=-3$ ② $f(3)=2$
③ $f(-6)=-1$ ④ $f\left(\dfrac{1}{2}\right)=3$
⑤ $f\left(-\dfrac{3}{4}\right)=-8$

03 ↻0843

다음 **보기** 중 y가 x에 대한 일차함수인 것을 모두 고르시오.

┤ 보기 ├

ㄱ. $y=-10$ ㄴ. $y=x^2$

ㄷ. $y=6x-\dfrac{1}{4}$ ㄹ. $y=-\dfrac{5}{x}+3$

ㅁ. $y=7x(1-x)+7x^2$ ㅂ. $y^2-4y=x+8+y^2$

04 ↻0847

다음 중 일차함수 $y=-4x+16$의 그래프 위의 점이 <u>아닌</u> 것은?

① $(-1, 20)$ ② $(1, 12)$ ③ $(3, 0)$
④ $(5, -4)$ ⑤ $\left(\dfrac{1}{2}, 14\right)$

05 ↻0851

일차함수 $y=5x-8$의 그래프를 y축의 방향으로 b만큼 평행이동하면 일차함수 $y=ax-4$의 그래프가 된다. 이때 $a-b$의 값을 구하시오. (단, a는 상수이다.)

06 ↻0855

일차함수 $y=-3x+15$의 그래프의 x절편을 a, y절편을 b라 할 때, $a+b$의 값을 구하시오.

07 ↻0859

다음 일차함수의 그래프 중 x의 값이 10만큼 증가할 때, y의 값은 2만큼 감소하는 것은?

① $y=-\dfrac{1}{10}x+6$ ② $y=-\dfrac{1}{5}x+8$
③ $y=-\dfrac{1}{4}x-5$ ④ $y=\dfrac{1}{5}x+1$
⑤ $y=\dfrac{1}{10}x-7$

08   ↻0862

두 점 $(-7, 3)$, $(1, a)$를 지나는 일차함수의 그래프의 기울기가 $-\dfrac{3}{4}$일 때, a의 값을 구하시오.

09   ↻0865

세 점 $(-2, -1)$, $(1, k)$, $(3, -11)$이 한 직선 위에 있을 때, k의 값을 구하시오.

10   ↻0869

다음 중 일차함수 $y=\dfrac{2}{3}x-2$의 그래프는?

 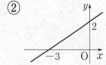

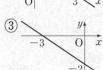 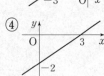

11   ↻0874

일차함수 $y=-\dfrac{3}{5}x+6$의 그래프가 x축, y축과 만나는 점을 각각 A, B라 할 때, $\triangle$AOB의 넓이를 구하시오.

(단, O는 원점이다.)

12   ↻0877

일차함수 $y=f(x)$에 대하여 $f(11)-f(-1)=24$일 때, 이 일차함수의 그래프의 기울기를 구하시오.

13   ↻0880

두 일차함수 $y=-x-5$, $y=\dfrac{5}{4}x-5$의 그래프와 x축으로 둘러싸인 도형의 넓이를 구하시오.

정답 및 풀이 102쪽

대표문제
다시 풀기

09 일차함수와 그 그래프 (2)

01   ↻ 0920

다음 중 일차함수 $y=\dfrac{3}{4}x-3$의 그래프에 대한 설명으로 옳지 <u>않은</u> 것은?

① 오른쪽 위로 향하는 직선이다.
② y축과 음의 부분에서 만난다.
③ x의 값이 4만큼 증가할 때 y의 값은 3만큼 증가한다.
④ 점 $(-4, -6)$을 지난다.
⑤ 제1사분면을 지나지 않는다.

02   ↻ 0923

일차함수 $y=-ax+b$의 그래프가 오른쪽 그림과 같을 때, 다음 중 옳은 것은? (단, a, b는 상수이다.)

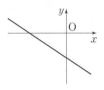

① $a>0$, $b>0$ ② $a>0$, $b<0$
③ $a<0$, $b>0$ ④ $a<0$, $b<0$
⑤ $a<0$, $b=0$

03   ↻ 0926

일차함수 $y=ax+b$의 그래프는 오른쪽 그림의 그래프와 평행하고 x절편이 -5이다. 이때 상수 a, b에 대하여 $b-a$의 값을 구하시오.

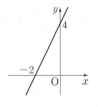

04   ↻ 0930

두 일차함수 $y=(4a+b)x-7$, $y=-2x+a-3b$의 그래프가 일치할 때, 상수 a, b에 대하여 ab의 값은?

① -4 ② -2 ③ -1
④ 2 ⑤ 4

05   ↻ 0933

기울기가 -3이고 일차함수 $y=x+7$의 그래프와 y축 위에서 만나는 직선을 그래프로 하는 일차함수의 식을 $y=ax+b$라 하자. 이때 상수 a, b에 대하여 $a+b$의 값을 구하시오.

06   ↻ 0937

기울기가 $-\dfrac{1}{2}$이고 점 $(8, -5)$를 지나는 일차함수의 그래프의 x절편은?

① -8 ② -6 ③ -4
④ -2 ⑤ 2

부록

대표문제 다시 풀기

07 ↻ 0940

다음 중 두 점 $(-1, -9)$, $(2, 3)$을 지나는 일차함수의 그래프 위의 점이 <u>아닌</u> 것은?

① $(-2, -13)$ ② $(0, -5)$ ③ $(1, -1)$
④ $(3, 7)$ ⑤ $(4, 10)$

08 ↻ 0944

오른쪽 그림과 같은 일차함수의 그래프가 점 $(k, -2)$를 지날 때, k의 값은?

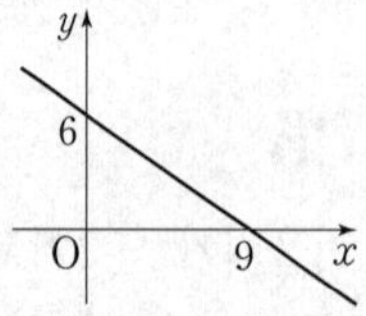

① 10 ② $\dfrac{21}{2}$

③ 12 ④ $\dfrac{27}{2}$

⑤ 15

09 ↻ 0947

온도가 $100\,°C$인 물을 공기 중에 놓아두면 10분마다 물의 온도가 $8\,°C$씩 내려간다고 한다. x분 후의 물의 온도를 $y\,°C$라 할 때, y를 x에 대한 식으로 나타내고, 25분 후의 물의 온도를 구하시오.

10 ↻ 0950

길이가 20 cm인 양초에 불을 붙이면 6분마다 1 cm씩 길이가 짧아진다고 한다. 양초의 길이가 12 cm가 되는 것은 불을 붙인 지 몇 분 후인가?

① 36분 ② 42분 ③ 48분
④ 54분 ⑤ 60분

11 ↻ 0953

120 L의 물을 담을 수 있는 수조에 15 L의 물이 들어 있다. 이 수조에 4분에 12 L씩 물이 채워지도록 일정한 속력으로 물을 넣을 때, 수조에 물을 가득 채우는 데 걸리는 시간은 몇 분인지 구하시오.

12 ↻ 0956

A 지점으로부터 460 km 떨어진 B 지점까지 자동차를 타고 시속 80 km로 이동하고 있다. 출발한 지 5시간 후에 B 지점까지 남은 거리는 몇 km인지 구하시오.

정답 및 풀이 102쪽

13 ↺ 0959

오른쪽 그림과 같은 직사각형 ABCD에서 점 P는 점 B를 출발하여 변 BC를 따라 매초 2 cm의 속력으로 점 C까지 움직이고 있다. △ABP의 넓이가 72 cm²가 되는 것은 점 P가 점 B를 출발한 지 몇 초 후인가?

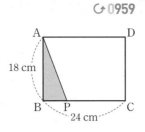

① 3초   ② 4초   ③ 5초
④ 6초   ⑤ 7초

14 ↺ 0962

오른쪽 그래프는 맑은 날 열기구를 타고 지상으로부터 x m 올라갔을 때의 기온을 y °C라 할 때, x와 y 사이의 관계를 나타낸 것이다. y를 x에 대한

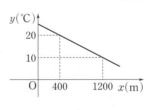

식으로 나타내고, 기온이 17 °C인 곳의 지상으로부터의 높이를 구하시오.

15 ↺ 0965

평행한 두 일차함수 $y=\dfrac{1}{5}x+1$, $y=ax+b$의 그래프가 x축과 만나는 점을 각각 P, Q라 하자. $\overline{PQ}=6$일 때, 상수 a, b에 대하여 $b-a$의 값을 구하시오. (단, $b>0$)

16 ↺ 0968

다음 그림과 같이 모양과 길이가 같은 성냥개비를 이용하여 정삼각형 모양을 한 방향으로 연결하여 만들려고 한다. 정삼각형 15개를 만드는 데 필요한 성냥개비의 개수는?

① 31   ② 33   ③ 35
④ 37   ⑤ 39

부록

대표문제 다시 풀기

10 일차함수와 일차방정식의 관계

01 ↻ 1027

다음 중 일차방정식 $5x-2y+6=0$의 그래프에 대한 설명으로 옳지 <u>않은</u> 것은?

① 점 $(-4, -7)$을 지난다.
② x의 값이 4만큼 증가할 때 y의 값은 10만큼 증가한다.
③ x절편은 $-\dfrac{6}{5}$이다.
④ y절편은 -3이다.
⑤ 제4사분면을 지나지 않는다.

02 ↻ 1030

일차방정식 $4x+ay-2=0$의 그래프가 두 점 $(-1, 2)$, $(5, b)$를 지날 때, $a+b$의 값을 구하시오.

(단, a는 상수이다.)

03 ↻ 1034

일차방정식 $ax+y-b=0$의 그래프가 오른쪽 그림과 같을 때, 다음 중 옳은 것은? (단, a, b는 상수이다.)

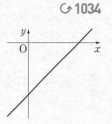

① $a<0$, $b<0$
② $a<0$, $b>0$
③ $a>0$, $b=0$
④ $a>0$, $b<0$
⑤ $a>0$, $b>0$

04 ↻ 1039

오른쪽 그림과 같은 직선과 평행하고, 점 $(-2, -9)$를 지나는 직선의 방정식은?

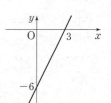

① $x-2y-3=0$
② $x+2y-3=0$
③ $2x-y-5=0$
④ $2x-y+5=0$
⑤ $2x+y+5=0$

05 ↻ 1042

두 점 $(-3, 2a)$, $(2, a-4)$를 지나는 직선이 y축에 수직일 때, a의 값을 구하시오.

06 ↻ 1046

다음 네 방정식의 그래프로 둘러싸인 도형의 넓이를 구하시오.

$$x=3, \quad 2x-18=0, \quad 3y=-6, \quad y-5=0$$

◉ 정답 및 풀이 103쪽

07 ↻1049

두 일차방정식 $5x+7y+3=0$, $2x-y+5=0$의 그래프의 교점의 좌표가 (a, b)일 때, $b-a$의 값은?

① -3 ② -1 ③ 1

④ 3 ⑤ 5

08 ↻1052

연립방정식 $\begin{cases} x-ay=2 \\ x-5y=b \end{cases}$ 의 해를

구하기 위하여 두 일차방정식의 그래프를 그렸더니 오른쪽 그림과 같았다. 이때 상수 a, b에 대하여 $a+b$의 값을 구하시오.

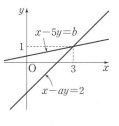

09 ↻1055

두 일차방정식 $2x+3y=4$, $4x+y=-2$의 그래프의 교점을 지나고, 직선 $4x-y+1=0$과 평행한 직선의 방정식을 구하시오.

10 ↻1059

세 직선 $x+y-6=0$, $4x-3y-3=0$, $2x+y-a=0$이 한 점에서 만날 때, 상수 a의 값을 구하시오.

11 ↻1063

연립방정식 $\begin{cases} ax+2y-1=0 \\ 8x-4y+b=0 \end{cases}$ 의 해가 무수히 많을 때, 상수 a, b에 대하여 $a+b$의 값은?

① -3 ② -2 ③ -1

④ 2 ⑤ 3

12 ↻1067

오른쪽 그림과 같이 두 직선 $x+y-3=0$, $2x-y+6=0$과 x축으로 둘러싸인 도형의 넓이를 구하시오.

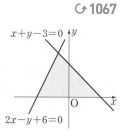

정답 및 풀이 104쪽

13 ↻ 1071

수현이와 은지가 600 m 달리기 시합을 하는데 은지가 출발선으로부터 100 m 앞에서 출발하기로 하였다. 오른쪽 그래프는 두 사람이 출발한 지 x초 후에 출발선으로부터의 거리를 y m라 할

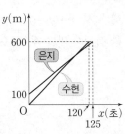

때, x와 y 사이의 관계를 나타낸 것이다. 수현이가 은지를 앞지르기 시작한 것은 두 사람이 출발한 지 몇 초 후인지 구하시오.

15 ↻ 1077

오른쪽 그림과 같이 일차방정식 $2x-y+10=0$의 그래프와 x축, y축으로 둘러싸인 도형의 넓이를 직선 $y=mx$가 이등분할 때, 상수 m의 값을 구하시오.

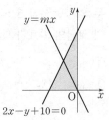

14 ↻ 1074

오른쪽 그림과 같이 좌표평면 위에 두 점 A$(-2, 5)$, B$(-5, 3)$이 있다. 직선 $y=ax-1$이 선분 AB와 만나도록 하는 상수 a의 값의 범위를 구하시오.

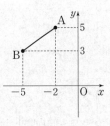

MEMO

MEMO

RPM

중학 수학 **2-1**

정답 및 풀이

개념원리 수학연구소

개념원리 RPM 중학 수학 2-1

정답 및 풀이

 친절한 풀이 정확하고 이해하기 쉬운 친절한 풀이 제시

 다른 풀이 수학적 사고력을 키우는 다양한 해결 방법 제시

 RPM 비법노트 문제 해결 TIP과 중요개념 & 보충설명 제공

 해결 전략 문제 해결의 실마리 제시

유형의 완성 RPM

중학 수학 **2-1**

정답 및 풀이

I. 유리수와 순환소수

01 유리수와 순환소수

교과서문제 정복하기 ▶본문 9, 11쪽

0001 $\frac{1}{3}=0.333\cdots$이므로 무한소수이다.

답 $0.333\cdots$, 무한소수

0002 $\frac{7}{5}=1.4$이므로 유한소수이다. 답 1.4, 유한소수

0003 $-\frac{3}{8}=-0.375$이므로 유한소수이다.

답 -0.375, 유한소수

0004 $\frac{5}{12}=0.41666\cdots$이므로 무한소수이다.

답 $0.41666\cdots$, 무한소수

0005 $\frac{13}{25}=0.52$이므로 유한소수이다.

답 0.52, 유한소수

0006 $\frac{8}{33}=0.2424\cdots$이므로 무한소수이다.

답 $0.2424\cdots$, 무한소수

0007 답 $6, 0.\dot{6}$

0008 답 $2, 1.43\dot{2}$

0009 답 $05, 0.\dot{0}\dot{5}$

0010 답 $12, 3.0\dot{1}\dot{2}$

0011 답 $584, 2.\dot{5}8\dot{4}$

0012 답 $361, 0.23\dot{6}\dot{1}$

0013 $\frac{4}{9}=0.444\cdots=0.\dot{4}$ 답 $0.\dot{4}$

0014 $\frac{5}{6}=0.8333\cdots=0.8\dot{3}$ 답 $0.8\dot{3}$

0015 $\frac{2}{11}=0.181818\cdots=0.\dot{1}\dot{8}$ 답 $0.\dot{1}\dot{8}$

0016 $\frac{40}{27}=1.481481481\cdots=1.\dot{4}8\dot{1}$ 답 $1.\dot{4}8\dot{1}$

0017 $\frac{1}{4}=\frac{1\times\boxed{5^2}}{2^2\times\boxed{5^2}}=\frac{25}{\boxed{100}}=\boxed{0.25}$

답 (가) 5^2 (나) 100 (다) 0.25

0018 $\frac{9}{40}=\frac{9}{2^3\times5}=\frac{9\times\boxed{5^2}}{2^3\times5\times\boxed{5^2}}=\frac{\boxed{225}}{1000}=\boxed{0.225}$

답 (가) 5^2 (나) 225 (다) 0.225

0019 $\frac{17}{50}=\frac{17}{2\times5^2}=\frac{17\times\boxed{2}}{2\times5^2\times\boxed{2}}=\frac{\boxed{34}}{100}=\boxed{0.34}$

답 (가) 2 (나) 34 (다) 0.34

0020 $\frac{43}{250}=\frac{43}{2\times5^3}=\frac{43\times\boxed{2^2}}{2\times5^3\times\boxed{2^2}}=\frac{172}{\boxed{1000}}=\boxed{0.172}$

답 (가) 2^2 (나) 1000 (다) 0.172

0021 $\frac{33}{2^2\times11}=\frac{3}{2^2}$

분모의 소인수가 2뿐이므로 유한소수로 나타낼 수 있다. 답 ○

0022 $\frac{4}{2\times3\times5^2}=\frac{2}{3\times5^2}$

분모의 소인수 중에 3이 있으므로 유한소수로 나타낼 수 없다.

답 ×

0023 $\frac{21}{2\times3\times7^2}=\frac{1}{2\times7}$

분모의 소인수 중에 7이 있으므로 유한소수로 나타낼 수 없다.

답 ×

0024 $\frac{42}{2^2\times5\times7}=\frac{3}{2\times5}$

분모의 소인수가 2와 5뿐이므로 유한소수로 나타낼 수 있다.

답 ○

0025 $\frac{5}{16}=\frac{5}{2^4}$

분모의 소인수가 2뿐이므로 유한소수로 나타낼 수 있다. 답 ○

0026 $\frac{7}{24}=\frac{7}{2^3\times3}$

분모의 소인수 중에 3이 있으므로 유한소수로 나타낼 수 없다.

답 ×

0027 $\dfrac{10}{56}=\dfrac{5}{28}=\dfrac{5}{2^2\times7}$

분모의 소인수 중에 7이 있으므로 유한소수로 나타낼 수 없다.

답 ×

0028 $\dfrac{36}{90}=\dfrac{2}{5}$

분모의 소인수가 5뿐이므로 유한소수로 나타낼 수 있다. 답 ○

0029 $\dfrac{91}{130}=\dfrac{7}{10}=\dfrac{7}{2\times5}$

분모의 소인수가 2와 5뿐이므로 유한소수로 나타낼 수 있다.

답 ○

0030 $\dfrac{18}{300}=\dfrac{3}{50}=\dfrac{3}{2\times5^2}$

분모의 소인수가 2와 5뿐이므로 유한소수로 나타낼 수 있다.

답 ○

0031 $x=0.\dot{5}$

$\boxed{10}\,x=5.555\cdots$

$-)\quad\ \ \ x=0.555\cdots$

$\overline{\boxed{9}\,x=5\qquad\quad}$

$\therefore x=\boxed{\dfrac{5}{9}}$

답 (가) 10 (나) 9 (다) $\dfrac{5}{9}$

0032 $x=2.\dot{4}\dot{9}$

$\boxed{100}\,x=249.4949\cdots$

$-)\quad\ \ \ \ \ x=\ \ \ 2.4949\cdots$

$\overline{\boxed{99}\,x=247\qquad\quad}$

$\therefore x=\boxed{\dfrac{247}{99}}$

답 (가) 100 (나) 99 (다) $\dfrac{247}{99}$

0033 $x=1.3\dot{8}$

$100x=138.888\cdots$

$-)\ \boxed{10}\,x=\ \ 13.888\cdots$

$\overline{\boxed{90}\,x=125\qquad\quad}$

$\therefore x=\boxed{\dfrac{25}{18}}$

답 (가) 10 (나) 90 (다) $\dfrac{25}{18}$

0034 $x=0.1\dot{2}\dot{4}$

$\boxed{1000}\,x=124.2424\cdots$

$-)\quad\ \ 10\,x=\ \ \ \ 1.2424\cdots$

$\overline{\boxed{990}\,x=123\qquad\quad}$

$\therefore x=\boxed{\dfrac{41}{330}}$

답 (가) 1000 (나) 990 (다) $\dfrac{41}{330}$

0035 $x=3.49\dot{2}$

$1000x=3492.222\cdots$

$-)\ \boxed{100}\,x=\ \ \ 349.222\cdots$

$\overline{\boxed{900}\,x=3143\qquad\quad}$

$\therefore x=\boxed{\dfrac{3143}{900}}$

답 (가) 100 (나) 900 (다) $\dfrac{3143}{900}$

0036 $0.\dot{2}=\dfrac{2}{\boxed{9}}$ 답 9

0037 $0.\dot{2}\dot{6}=\dfrac{\boxed{26}}{99}$ 답 26

0038 $0.\dot{6}1\dot{7}=\dfrac{617}{\boxed{999}}$ 답 999

0039 $1.5\dot{1}=\dfrac{\boxed{151}-15}{90}$ 답 151

0040 $3.2\dot{4}\dot{1}=\dfrac{3241-32}{\boxed{990}}$ 답 990

0041 $3.\dot{7}=\dfrac{37-3}{9}=\dfrac{34}{9}$ 답 $\dfrac{34}{9}$

0042 $0.\dot{3}\dot{6}=\dfrac{36}{99}=\dfrac{4}{11}$ 답 $\dfrac{4}{11}$

0043 $0.\dot{4}0\dot{2}=\dfrac{402}{999}=\dfrac{134}{333}$ 답 $\dfrac{134}{333}$

0044 $2.6\dot{1}=\dfrac{261-26}{90}=\dfrac{235}{90}=\dfrac{47}{18}$ 답 $\dfrac{47}{18}$

0045 $0.14\dot{5}=\dfrac{145-1}{990}=\dfrac{144}{990}=\dfrac{8}{55}$ 답 $\dfrac{8}{55}$

0046 $1.07\dot{3}=\dfrac{1073-107}{900}=\dfrac{966}{900}=\dfrac{161}{150}$ 답 $\dfrac{161}{150}$

0047 답 ○

0048 답 ○

0049 순환소수가 아닌 무한소수는 유리수가 아니다. 답 ×

0050 답 ○

0051 ① $\dfrac{3}{4}=0.75$이므로 유한소수이다.

② $\dfrac{8}{9}=0.888\cdots$이므로 무한소수이다.

③ $\dfrac{9}{16}=0.5625$이므로 유한소수이다.

④ $\dfrac{7}{30}=0.2333\cdots$이므로 무한소수이다.

⑤ $\dfrac{11}{50}=0.22$이므로 유한소수이다.

따라서 무한소수가 되는 것은 ②, ④이다. **답** ②, ④

0052 ① $\dfrac{2}{3}=0.666\cdots$이므로 무한소수이다.

② $\dfrac{7}{6}=1.1666\cdots$이므로 무한소수이다.

③ $\dfrac{6}{11}=0.5454\cdots$이므로 무한소수이다.

④ $\dfrac{8}{15}=0.5333\cdots$이므로 무한소수이다.

⑤ $\dfrac{19}{40}=0.475$이므로 유한소수이다.

따라서 유한소수가 되는 것은 ⑤이다. **답** ⑤

0053 ④ $\dfrac{13}{8}=1.625$이므로 유한소수이다.

⑤ $\dfrac{9}{22}=0.40909\cdots$이므로 무한소수이다.

따라서 옳지 않은 것은 ④이다. **답** ④

0054 ③ $2.828282\cdots=2.\dot{8}\dot{2}$

따라서 옳지 않은 것은 ③이다. **답** ③

0055 ① $0.888\cdots \Rightarrow 8$

② $0.3757575\cdots \Rightarrow 75$

③ $1.212121\cdots \Rightarrow 21$

④ $0.070707\cdots \Rightarrow 07$

따라서 순환소수와 순환마디가 바르게 연결된 것은 ⑤이다. **답** ⑤

0056 ㄴ. $1.451451451\cdots=1.\dot{4}5\dot{1}$

ㄷ. $0.1742742742\cdots=0.1\dot{7}4\dot{2}$

이상에서 옳은 것은 ㄱ, ㄹ이다. **답** ③

0057 ① $\dfrac{13}{9}=1.444\cdots=1.\dot{4}$

② $\dfrac{7}{12}=0.58333\cdots=0.58\dot{3}$

③ $\dfrac{11}{18}=0.6111\cdots=0.6\dot{1}$

④ $\dfrac{3}{22}=0.1363636\cdots=0.1\dot{3}\dot{6}$

⑤ $\dfrac{10}{37}=0.270270270\cdots=0.\dot{2}7\dot{0}$

따라서 옳은 것은 ⑤이다. **답** ⑤

0058 ① $\dfrac{7}{3}=2.\dot{3}$ ➡ 3의 1개

② $\dfrac{1}{6}=0.1\dot{6}$ ➡ 6의 1개

③ $\dfrac{3}{11}=0.\dot{2}\dot{7}$ ➡ 2, 7의 2개

④ $\dfrac{14}{27}=0.\dot{5}1\dot{8}$ ➡ 5, 1, 8의 3개

⑤ $\dfrac{8}{55}=0.1\dot{4}\dot{5}$ ➡ 4, 5의 2개

따라서 순환마디를 이루는 숫자의 개수가 가장 많은 것은 ④이다. **답** ④

0059 $\dfrac{2}{7}=0.\dot{2}8571\dot{4}$이므로 순환마디를 이루는 숫자는 2, 8, 5, 7, 1, 4의 6개이다.

$\therefore x=6$ ··· **1단계**

$\dfrac{49}{33}=1.\dot{4}\dot{8}$이므로 순환마디를 이루는 숫자는 4, 8의 2개이다.

$\therefore y=2$ ··· **2단계**

$\therefore x+y=6+2=8$ ··· **3단계**

답 8

단계	채점 요소	비율
1	x의 값 구하기	40 %
2	y의 값 구하기	40 %
3	$x+y$의 값 구하기	20 %

0060 $\dfrac{7}{13}=0.\dot{5}3846\dot{1}$이므로 순환마디를 이루는 숫자는 5, 3, 8, 4, 6, 1의 6개이다.

$80=6\times13+2$이므로 소수점 아래 80번째 자리의 숫자는 순환마디의 2번째 숫자인 3이다. **답** ①

0061 $0.11\dot{3}\dot{6}=0.113636\cdots$이므로 소수점 아래 첫째 자리와 둘째 자리를 제외한 홀수 번째 자리의 숫자는 3, 짝수 번째 자리의 숫자는 6이다.

따라서 소수점 아래 50번째 자리의 숫자는 6이다. **답** 6

0062 $\dfrac{25}{37}=0.\dot{6}7\dot{5}$이므로 순환마디를 이루는 숫자는 6, 7, 5의 3개이다.

$20=3\times6+2$이므로 소수점 아래 20번째 자리의 숫자는 순환마디의 2번째 숫자인 7이다.

$\therefore x=7$ ··· **1단계**

$45=3\times15$이므로 소수점 아래 45번째 자리의 숫자는 순환마디의 마지막 숫자인 5이다.

$\therefore y=5$ ··· **2단계**

$\therefore x-y=7-5=2$ ··· **3단계**

답 2

단계	채점 요소	비율
1	x의 값 구하기	40 %
2	y의 값 구하기	40 %
3	$x-y$의 값 구하기	20 %

0063 $\dfrac{9}{75}=\dfrac{3}{25}=\dfrac{3\times2^2}{5^2\times2^2}=\dfrac{12}{100}=0.12$

따라서 $a=3$, $b=2^2=4$, $c=100$, $d=0.12$이므로

$a+b+c+d=3+4+100+0.12=107.12$ **답** 107.12

0064 $\dfrac{63}{140}=\boxed{\dfrac{9}{20}}=\dfrac{\boxed{9}\times\boxed{5}}{2^2\times5\times\boxed{5}}=\boxed{\dfrac{45}{100}}=\boxed{0.45}$

답 ㈎ 9 ㈏ 5 ㈐ 45 ㈑ 0.45

0065 $\dfrac{7}{40}=\dfrac{7}{2^3\times5}=\dfrac{7\times5^2}{2^3\times5\times5^2}=\dfrac{175}{10^3}=\dfrac{1750}{10^4}=\cdots$

따라서 $m+n$의 값 중 가장 작은 것은 $m=3$, $n=175$일 때이므로

$3+175=178$ **답** ③

0066 분수를 기약분수로 나타낸 후 분모를 소인수분해 했을 때 분모의 소인수가 2 또는 5뿐이어야 한다.

① $\dfrac{13}{18}=\dfrac{13}{2\times3^2}$ ② $\dfrac{9}{24}=\dfrac{3}{8}=\dfrac{3}{2^3}$

③ $\dfrac{7}{98}=\dfrac{1}{14}=\dfrac{1}{2\times7}$ ④ $\dfrac{10}{3\times5^2}=\dfrac{2}{3\times5}$

⑤ $\dfrac{14}{2^2\times5^2\times7}=\dfrac{1}{2\times5^2}$

따라서 유한소수로 나타낼 수 있는 것은 ②, ⑤이다.

답 ②, ⑤

0067 분수를 기약분수로 나타낸 후 분모를 소인수분해 했을 때 분모의 소인수가 2 또는 5뿐이어야 한다.

① $\dfrac{1}{3}$ ② $\dfrac{2}{9}=\dfrac{2}{3^2}$

③ $\dfrac{8}{15}=\dfrac{8}{3\times5}$ ④ $\dfrac{7}{22}=\dfrac{7}{2\times11}$

⑤ $\dfrac{11}{32}=\dfrac{11}{2^5}$

따라서 유한소수로 나타낼 수 있는 것은 ⑤이다. **답** ⑤

0068 분수를 기약분수로 나타낸 후 분모를 소인수분해 했을 때 분모에 2와 5 이외의 소인수가 있어야 한다.

① $\dfrac{13}{20}=\dfrac{13}{2^2\times5}$ ② $\dfrac{27}{90}=\dfrac{3}{10}=\dfrac{3}{2\times5}$

③ $\dfrac{35}{280}=\dfrac{1}{8}=\dfrac{1}{2^3}$ ④ $\dfrac{21}{2\times3^2\times7}=\dfrac{1}{2\times3}$

⑤ $\dfrac{63}{2\times3^2\times5^3}=\dfrac{7}{2\times5^3}$

따라서 순환소수로 나타낼 수 있는 것은 ④이다. **답** ④

0069 $\dfrac{11}{420}\times A$가 유한소수가 되려면 기약분수로 나타내었을 때, 분모의 소인수가 2 또는 5뿐이어야 한다.

이때 $\dfrac{11}{420}\times A=\dfrac{11}{2^2\times3\times5\times7}\times A$이므로 A는 $3\times7=21$의 배수이어야 한다.

따라서 A의 값이 될 수 있는 가장 큰 두 자리 자연수는 84이다.

답 84

0070 $\dfrac{a}{2^2\times5\times7}$가 유한소수가 되려면 기약분수로 나타내었을 때, 분모의 소인수가 2 또는 5뿐이어야 한다.

즉 a는 7의 배수이어야 한다.

따라서 a의 값이 될 수 있는 것은 ④이다. **답** ④

0071 $\dfrac{a}{90}$가 유한소수가 되려면 기약분수로 나타내었을 때, 분모의 소인수가 2 또는 5뿐이어야 한다.

이때 $\dfrac{a}{90}=\dfrac{a}{2\times3^2\times5}$이므로 a는 $3^2=9$의 배수이어야 한다.

따라서 50 미만의 자연수 a는 9, 18, 27, 36, 45의 5개이다.

답 5

0072 $\dfrac{21}{495}\times A$가 유한소수가 되려면 기약분수로 나타내었을 때, 분모의 소인수가 2 또는 5뿐이어야 한다.

이때 $\dfrac{21}{495}\times A=\dfrac{7}{165}\times A=\dfrac{7}{3\times5\times11}\times A$이므로 A는 $3\times11=33$의 배수이어야 한다.

따라서 A의 값이 될 수 있는 가장 작은 세 자리 자연수는 132이다.

답 132

0073 $\dfrac{11}{154}=\dfrac{1}{14}=\dfrac{1}{2\times7}$이므로 $\dfrac{11}{154}\times n$이 유한소수가 되려면 n은 7의 배수이어야 한다.

$\dfrac{3}{130}=\dfrac{3}{2\times5\times13}$이므로 $\dfrac{3}{130}\times n$이 유한소수가 되려면 n은 13의 배수이어야 한다.

즉 n은 7과 13의 공배수, 즉 91의 배수이어야 한다.

따라서 n의 값이 될 수 있는 가장 작은 자연수는 91이다. **답** 91

0074 $\dfrac{11}{60}=\dfrac{11}{2^2\times3\times5}$이므로 $\dfrac{11}{60}\times A$가 유한소수가 되려면 A는 3의 배수이어야 한다.

$\dfrac{13}{28}=\dfrac{13}{2^2\times7}$이므로 $\dfrac{13}{28}\times A$가 유한소수가 되려면 A는 7의 배수이어야 한다.

즉 A는 3과 7의 공배수, 즉 21의 배수이어야 한다.

따라서 A의 값이 될 수 있는 가장 작은 자연수는 21이다. **답** ⑤

0075 $\dfrac{15}{140}=\dfrac{3}{28}=\dfrac{3}{2^2\times7}$이므로 $\dfrac{15}{140}\times A$가 유한소수가 되려면 A는 7의 배수이어야 한다.

$\dfrac{21}{270}=\dfrac{7}{90}=\dfrac{7}{2\times3^2\times5}$이므로 $\dfrac{21}{270}\times A$가 유한소수가 되려면 A는 $3^2=9$의 배수이어야 한다.

즉 A는 7과 9의 공배수, 즉 63의 배수이어야 한다. ⋯ **1단계**

따라서 A의 값이 될 수 있는 가장 작은 세 자리 자연수는 126이다. ⋯ **2단계**

답 126

단계	채점 요소	비율
1	A가 63의 배수임을 알기	70 %
2	A의 값이 될 수 있는 가장 작은 세 자리 자연수 구하기	30 %

0076 $\dfrac{18}{3\times5\times x}=\dfrac{6}{5\times x}$

④ $x=18$일 때, $\dfrac{6}{5\times18}=\dfrac{1}{3\times5}$이므로 유한소수가 아니다.

따라서 x의 값이 될 수 없는 것은 ④이다.　　　답 ④

0077 $\dfrac{9}{2^2\times x}$가 유한소수가 되려면 x는 소인수가 2 또는 5 뿐인 수 또는 9의 약수 또는 이들의 곱으로 이루어진 수이어야 한다.

따라서 이를 만족시키는 한 자리 자연수 x는 1, 2, 3, 4, 5, 6, 8, 9의 8개이다.　　　답 ⑤

0078 $\dfrac{28}{35\times x}=\dfrac{4}{5\times x}$가 유한소수가 되려면 x는 소인수가 2 또는 5뿐인 수 또는 4의 약수 또는 이들의 곱으로 이루어진 수이어야 한다.

따라서 x의 값이 될 수 있는 가장 큰 두 자리 자연수는

$$2^4\times5=80$$　　　답 80

0079 $\dfrac{a}{72}=\dfrac{a}{2^3\times3^2}$가 유한소수가 되려면 a는 $3^2=9$의 배수 이어야 한다.

이때 $10<a<20$이므로　　$a=18$

따라서 $\dfrac{18}{72}=\dfrac{1}{4}$이므로　　$b=4$

$$\therefore a+b=18+4=22$$　　　답 ②

0080 $\dfrac{x}{280}=\dfrac{x}{2^3\times5\times7}$가 유한소수가 되려면 x는 7의 배수이어야 한다.

이때 $60<x<70$이므로　　$x=63$

따라서 $\dfrac{63}{280}=\dfrac{9}{40}$이므로　　$y=40$　　답 $x=63,\ y=40$

0081 $\dfrac{a}{150}=\dfrac{a}{2\times3\times5^2}$가 유한소수가 되려면 a는 3의 배수 이어야 한다.

또 기약분수로 나타내면 $\dfrac{11}{b}$이므로 a는 11의 배수이어야 한다.

따라서 a는 3과 11의 공배수, 즉 33의 배수이면서 $30<a<40$이므로

$$a=33$$　　　… 1단계

이때 $\dfrac{33}{150}=\dfrac{11}{50}$이므로　　$b=50$　　… 2단계

$$\therefore b-a=50-33=17$$　　　… 3단계

답 17

단계	채점 요소	비율
1	a의 값 구하기	50 %
2	b의 값 구하기	40 %
3	$b-a$의 값 구하기	10 %

0082 $\dfrac{x}{270}$가 순환소수가 되려면 기약분수로 나타내었을 때, 분모에 2와 5 이외의 소인수가 있어야 한다.

④ $x=27$일 때, $\dfrac{27}{270}=\dfrac{1}{10}=\dfrac{1}{2\times5}$이므로 유한소수이다.

따라서 x의 값이 될 수 없는 것은 ④이다.　　　답 ④

0083 $\dfrac{21}{2^3\times x}=\dfrac{3\times7}{2^3\times x}$이 순환소수가 되려면 기약분수로 나타내었을 때, 분모에 2와 5 이외의 소인수가 있어야 한다.

따라서 x의 값이 될 수 있는 가장 작은 자연수는 9이다.

답 9

0084 $\dfrac{x}{450}$가 순환소수가 되려면 기약분수로 나타내었을 때, 분모에 2와 5 이외의 소인수가 있어야 한다.

③ $x=30$일 때, $\dfrac{30}{450}=\dfrac{1}{15}=\dfrac{1}{3\times5}$이므로 순환소수이다.

⑤ $x=42$일 때, $\dfrac{42}{450}=\dfrac{7}{75}=\dfrac{7}{3\times5^2}$이므로 순환소수이다.

따라서 x의 값이 될 수 있는 것은 ③, ⑤이다.　　답 ③, ⑤

0085 $x=1.5\dot{3}\dot{7}=1.53737\cdots$이므로

$$1000x=1537.3737\cdots$$　　　…… ㉠

$$10x=\ \ \ 15.3737\cdots$$　　　…… ㉡

㉠－㉡을 하면

$$990x=1522\qquad\therefore x=\dfrac{761}{495}$$

따라서 가장 편리한 식은 ④이다.　　　답 ④

0086 $x=0.70\dot{5}=0.70555\cdots$라 하면

$$\boxed{1000}\,x=705.555\cdots$$　　　…… ㉠

$$\boxed{100}\,x=\ 70.555\cdots$$　　　…… ㉡

㉠－㉡을 하면

$$\boxed{900}\,x=\boxed{635}\qquad\therefore x=\boxed{\dfrac{127}{180}}$$

답 (가) 1000　(나) 100　(다) 900　(라) 635　(마) $\dfrac{127}{180}$

0087 ㄱ. $10x=28.888\cdots,\ x=2.888\cdots$이므로

$$10x-x=26$$

ㄴ. $100x=4.444\cdots,\ 10x=0.444\cdots$이므로

$$100x-10x=4$$

ㄷ. $1000x=5003.003003\cdots,\ x=5.003003\cdots$이므로

$$1000x-x=4998$$

이상에서 바르게 연결한 것은 ㄱ, ㄴ이다.　　　답 ②

0088 ① $1.\dot{4}=\dfrac{14-1}{9}=\dfrac{13}{9}$

② $0.4\dot{7}=\dfrac{47-4}{90}=\dfrac{43}{90}$

③ $1.\dot{8}\dot{9}=\dfrac{189-1}{99}=\dfrac{188}{99}$

④ $0.3\dot{4}\dot{5}=\dfrac{345}{999}=\dfrac{115}{333}$

⑤ $1.2\dot{3}\dot{5}=\dfrac{1235-12}{990}=\dfrac{1223}{990}$

따라서 옳은 것은 ③이다.　　　　　　　　　답 ③

0089　③ $0.3\dot{2}\dot{5}=\dfrac{325-3}{990}$

따라서 옳지 않은 것은 ③이다.　　　　　　답 ③

0090　　$0.6+0.03+0.008+0.0008+0.00008+\cdots$
$=0.63888\cdots=0.63\dot{8}$

$=\dfrac{638-63}{900}=\dfrac{575}{900}=\dfrac{23}{36}$　　　답 $\dfrac{23}{36}$

0091　$0.12\dot{6}=\dfrac{126-12}{900}=\dfrac{114}{900}=\dfrac{19}{150}=\dfrac{19}{2\times3\times5^2}$

이때 $0.12\dot{6}\times x$가 유한소수가 되려면 x는 3의 배수이어야 한다.
따라서 x의 값이 될 수 없는 것은 ②, ⑤이다.　　답 ②, ⑤

0092　$1.9\dot{4}=\dfrac{194-19}{90}=\dfrac{175}{90}=\dfrac{35}{18}=\dfrac{35}{2\times3^2}$

이때 $1.9\dot{4}\times x$가 유한소수가 되려면 x는 $3^2=9$의 배수이어야 한다.　　　　　　　　　　　… 1단계
이때 x의 값이 될 수 있는 가장 작은 자연수는 9이므로
$a=9$
x의 값이 될 수 있는 가장 큰 두 자리 자연수는 99이므로
$b=99$　　　　　　　　　　　　　　　… 2단계

$\therefore \dfrac{b}{a}=\dfrac{99}{9}=11$　　　　　　　　… 3단계

답 11

단계	채점 요소	비율
1	x가 9의 배수임을 알기	50 %
2	a, b의 값 구하기	40 %
3	$\dfrac{b}{a}$의 값 구하기	10 %

0093　$0.2\dot{3}\dot{6}=\dfrac{236-2}{990}=\dfrac{234}{990}=\dfrac{13}{55}=\dfrac{13}{5\times11}$

이때 $0.2\dot{3}\dot{6}\times x$가 유한소수가 되려면 x는 11의 배수이어야 한다.
따라서 x의 값이 될 수 있는 가장 큰 두 자리 자연수는 99이다.

답 99

0094　이서는 분자를 제대로 보았으므로

$1.\dot{1}=\dfrac{11-1}{9}=\dfrac{10}{9}$

에서 처음 기약분수의 분자는 10이다.

지애는 분모를 제대로 보았으므로 $0.\dot{1}\dot{3}=\dfrac{13}{99}$에서 처음 기약분

수의 분모는 99이다.

따라서 처음 기약분수는 $\dfrac{10}{99}$이므로 이를 순환소수로 나타내면

$\dfrac{10}{99}=0.\dot{1}\dot{0}$　　　　　　　　　　답 ④

0095　민구는 분자를 제대로 보았으므로

$2.\dot{1}\dot{3}=\dfrac{213-2}{99}=\dfrac{211}{99}$

에서　$a=211$
가은이는 분모를 제대로 보았으므로

$0.5\dot{4}=\dfrac{54-5}{90}=\dfrac{49}{90}$

에서　$b=90$

따라서 $\dfrac{a}{b}=\dfrac{211}{90}$이므로 이를 순환소수로 나타내면

$\dfrac{211}{90}=2.3\dot{4}$　　　　　　　　　답 $2.3\dot{4}$

0096　처음에는 분모를 제대로 보았으므로

$0.3\dot{8}\dot{1}=\dfrac{381-3}{990}=\dfrac{378}{990}=\dfrac{21}{55}$

에서 처음 기약분수의 분모는 55이다.
다음에는 분자를 제대로 보았으므로

$0.38\dot{3}=\dfrac{383-38}{900}=\dfrac{345}{900}=\dfrac{23}{60}$

에서 처음 기약분수의 분자는 23이다.

따라서 처음 기약분수는 $\dfrac{23}{55}$이므로 이를 순환소수로 나타내면

$\dfrac{23}{55}=0.4\dot{1}\dot{8}$　　　　　　　　답 $0.4\dot{1}\dot{8}$

0097　$7.\dot{8}+3.\dot{4}=\dfrac{78-7}{9}+\dfrac{34-3}{9}$

$=\dfrac{71}{9}+\dfrac{31}{9}=\dfrac{102}{9}=\dfrac{34}{3}$

따라서 $a=3$, $b=34$이므로
$a+b=3+34=37$　　　　　　　　　答 37

0098　$0.\dot{5}\dot{2}\dot{3}=\dfrac{523}{999}=523\times\dfrac{1}{999}$

$\therefore \square=\dfrac{1}{999}=0.\dot{0}\dot{0}\dot{1}$　　　　　　答 ③

0099　$\dfrac{7}{30}=x+0.0\dot{4}$에서

$x=\dfrac{7}{30}-0.0\dot{4}=\dfrac{7}{30}-\dfrac{4}{90}=\dfrac{17}{90}=0.1\dot{8}$　答 ④

0100　$0.\dot{5}=5\times a$에서　$\dfrac{5}{9}=5\times a$

$\therefore a=\dfrac{1}{9}$　　　　　　　　　… 1단계

$0.\dot{2}\dot{8}=b\times0.\dot{0}\dot{1}$에서　$\dfrac{28}{99}=b\times\dfrac{1}{99}$

$\therefore b=28$　　　　　　　　　… 2단계

$\therefore ab=\dfrac{1}{9}\times28=\dfrac{28}{9}=3.\dot{1}$　　… 3단계

答 $3.\dot{1}$

단계	채점 요소	비율
1	a의 값 구하기	30 %
2	b의 값 구하기	30 %
3	ab의 값을 순환소수로 나타내기	40 %

0101 ① $0.\dot{7}=\dfrac{7}{9}$이므로 $\quad 0.\dot{7}>\dfrac{7}{10}$

② $0.8\dot{5}=\dfrac{85-8}{90}=\dfrac{77}{90}$, $\dfrac{13}{15}=\dfrac{78}{90}$이므로 $\quad 0.8\dot{5}<\dfrac{13}{15}$

③ $2.\dot{5}=\dfrac{25-2}{9}=\dfrac{23}{9}=\dfrac{230}{90}$이므로 $\quad 2.\dot{5}>\dfrac{229}{90}$

④ $4.\dot{1}=4.111\cdots$, $4.\dot{0}\dot{1}=4.0101\cdots$이므로 $\quad 4.\dot{1}>4.\dot{0}\dot{1}$

⑤ $0.37\dot{4}=0.37444\cdots$, $0.3\dot{7}\dot{4}=0.37474\cdots$이므로
  $\quad\quad 0.37\dot{4}<0.3\dot{7}\dot{4}$

따라서 옳은 것은 ②, ④이다. 📋답 ②, ④

0102 ① 0.152

② $0.15\dot{2}=0.15222\cdots$

③ $0.1\dot{5}\dot{2}=0.15252\cdots$

④ $0.\dot{1}5\dot{2}=0.152152\cdots$

⑤ $0.152\dot{3}=0.152333\cdots$

따라서 가장 큰 수는 ③이다. 📋답 ③

0103 $\dfrac{1}{4}<0.\dot{x}<\dfrac{5}{6}$에서 $\quad\dfrac{1}{4}<\dfrac{x}{9}<\dfrac{5}{6}$

$\quad\quad \therefore \dfrac{9}{36}<\dfrac{4x}{36}<\dfrac{30}{36}$

따라서 이를 만족시키는 한 자리 자연수 x는 3, 4, 5, 6, 7의 5개이다. 📋답 5

0104 ④ 무한소수 중에서 순환소수는 유리수이다.
따라서 옳지 않은 것은 ④이다. 📋답 ④

0105 $a\div b=\dfrac{a}{b}\ (b\neq0)$는 유리수이므로 순환소수가 아닌 무한소수가 될 수 없다. 📋답 ⑤

0106 📋답 ⑤

0107 분모가 30인 분수를 $\dfrac{a}{30}$라 하면 $\dfrac{2}{5}=\dfrac{12}{30}$, $\dfrac{5}{6}=\dfrac{25}{30}$이므로

$\quad\quad \dfrac{12}{30}<\dfrac{a}{30}<\dfrac{25}{30}$

이때 $\dfrac{a}{30}=\dfrac{a}{2\times3\times5}$이므로 $\dfrac{a}{30}$가 유한소수가 되려면 a는 3의 배수이어야 한다.

$\quad\quad \therefore a=15,\ 18,\ 21,\ 24$

따라서 구하는 분수의 개수는 $\dfrac{15}{30}$, $\dfrac{18}{30}$, $\dfrac{21}{30}$, $\dfrac{24}{30}$의 4이다. 📋답 ②

0108 분모가 15인 분수를 $\dfrac{a}{15}$라 하면 $\dfrac{1}{3}=\dfrac{5}{15}$, $\dfrac{4}{5}=\dfrac{12}{15}$이므로

$\quad\quad \dfrac{5}{15}<\dfrac{a}{15}<\dfrac{12}{15}$

이때 $\dfrac{a}{15}=\dfrac{a}{3\times5}$이므로 $\dfrac{a}{15}$가 유한소수가 되려면 a는 3의 배수이어야 한다.

$\quad\quad \therefore a=6,\ 9$

따라서 유한소수로 나타낼 수 있는 분수는 $\dfrac{6}{15}$, $\dfrac{9}{15}$이므로 구하는 합은

$\quad\quad \dfrac{6}{15}+\dfrac{9}{15}=1$ 📋답 1

0109 조건 ㈎에서 분모가 56인 분수를 $\dfrac{a}{56}$라 하면 $\dfrac{1}{7}=\dfrac{8}{56}$,

$\dfrac{7}{8}=\dfrac{49}{56}$이므로

$\quad\quad \dfrac{8}{56}<\dfrac{a}{56}<\dfrac{49}{56}$

이때 $\dfrac{a}{56}=\dfrac{a}{2^3\times7}$이므로 조건 ㈏에서 $\dfrac{a}{56}$가 유한소수가 되려면 a는 7의 배수이어야 한다.

$\quad\quad \therefore a=14,\ 21,\ 28,\ 35,\ 42$

따라서 구하는 분수의 개수는 $\dfrac{14}{56}$, $\dfrac{21}{56}$, $\dfrac{28}{56}$, $\dfrac{35}{56}$, $\dfrac{42}{56}$의 5이다. 📋답 5

0110 $0.\dot{a}\dot{b}+0.\dot{b}\dot{a}=0.\dot{7}$에서

$\quad\quad \dfrac{10a+b}{99}+\dfrac{10b+a}{99}=\dfrac{7}{9}$

$\quad\quad \dfrac{11(a+b)}{99}=\dfrac{7}{9}$

$\quad\quad \therefore a+b=7$

이때 $a>b$이고 a, b는 한 자리 소수이므로

$\quad\quad a=5,\ b=2$

$\quad\quad \therefore a-b=5-2=3$ 📋답 ③

0111 $(0.0\dot{a})^2=0.\dot{4}\times0.00\dot{b}$에서

$\quad\quad \left(\dfrac{a}{90}\right)^2=\dfrac{4}{9}\times\dfrac{b}{900}$, $\dfrac{a^2}{8100}=\dfrac{4b}{8100}$

$\quad\quad \therefore a^2=4b$

이때 $a>b$이고 a, b는 한 자리 자연수이므로

$\quad\quad a=2,\ b=1$

$\quad\quad \therefore a+b=2+1=3$ 📋답 3

0112 $0.\dot{b}\dot{a}-0.\dot{a}\dot{b}=0.\dot{4}\dot{5}$에서

$\quad\quad \dfrac{10b+a}{99}-\dfrac{10a+b}{99}=\dfrac{45}{99}$

$\quad\quad \dfrac{9(b-a)}{99}=\dfrac{45}{99}$

$\quad\quad \therefore b-a=5$ ··· 1단계

이때 $a<b$이고 a, b는 한 자리 소수이므로

$\quad\quad a=2,\ b=7$ ··· 2단계

$\quad\quad \therefore ab=2\times7=14$ ··· 3단계

📋답 14

단계	채점 요소	비율
1	a, b 사이의 관계식 구하기	50 %
2	a, b의 값 구하기	40 %
3	ab의 값 구하기	10 %

시험에 꼭 나오는 문제   ▶ 본문 22~25쪽

0113 [전략] 소수점 아래에서 순환마디를 찾아 순환마디의 양 끝의 숫자 위에 점을 찍어 나타낸다.

② $1.616161\cdots=1.\dot6\dot1$

③ $0.525252\cdots=0.\dot5\dot2$

④ $0.380380380\cdots=0.\dot38\dot0$

따라서 옳은 것은 ①, ⑤이다.   달 ①, ⑤

0114 [전략] 분자를 분모로 나누어 소수점 아래에서 한없이 되풀이되는 일정한 숫자의 배열을 찾는다.

① $\dfrac{5}{3}=1.\dot6 \Rightarrow 6$ ② $\dfrac{13}{6}=2.1\dot6 \Rightarrow 6$

③ $\dfrac{11}{12}=0.91\dot6 \Rightarrow 6$ ④ $\dfrac{2}{15}=0.1\dot3 \Rightarrow 3$

⑤ $\dfrac{17}{30}=0.5\dot6 \Rightarrow 6$

따라서 순환마디가 나머지 넷과 다른 하나는 ④이다.   달 ④

0115 [전략] 순환마디를 이루는 숫자의 개수를 구한 후 규칙을 찾는다.

$1.2\dot3\dot4\dot5$의 소수점 아래에서 순환하지 않는 숫자는 2의 1개이고, 순환마디를 이루는 숫자는 3, 4, 5의 3개이다.

이때 $99-1=3\times32+2$이므로 소수점 아래 99번째 자리의 숫자는 순환마디의 2번째 숫자와 같은 4이다.   달 4

0116 [전략] 분모의 소인수 2와 5의 지수가 같아지도록 분모, 분자에 2 또는 5의 거듭제곱을 곱한다.

$$\dfrac{3}{250}=\dfrac{3}{2\times5^3}=\dfrac{3\times2^2}{2\times5^3\times2^2}=\dfrac{12}{10^3}=\dfrac{120}{10^4}=\cdots$$

따라서 $a+n$의 값 중 가장 작은 것은 $a=12$, $n=3$일 때이므로

$$12+3=15$$ 달 15

0117 [전략] 주어진 분수를 기약분수로 나타낸 후 분모의 소인수가 2 또는 5뿐인 것을 찾는다.

ㄱ. $\dfrac{28}{12}=\dfrac{7}{3}$ ㄴ. $\dfrac{6}{75}=\dfrac{2}{25}=\dfrac{2}{5^2}$

ㄷ. $\dfrac{49}{140}=\dfrac{7}{20}=\dfrac{7}{2^2\times5}$ ㄹ. $\dfrac{15}{3\times5^2}=\dfrac{1}{5}$

ㅁ. $\dfrac{22}{5^2\times7\times11}=\dfrac{2}{5^2\times7}$

이상에서 유한소수로 나타낼 수 있는 것은 ㄴ, ㄷ, ㄹ이다.   달 ④

0118 [전략] 분수가 유한소수가 되도록 하는 x의 조건을 알아본다.

$\dfrac{x}{104}$가 유한소수가 되려면 기약분수로 나타내었을 때, 분모의 소인수가 2 또는 5뿐이어야 한다.

이때 $\dfrac{x}{104}=\dfrac{x}{2^3\times13}$이므로 x는 13의 배수이어야 한다.

따라서 x의 값이 될 수 있는 가장 작은 자연수는 13이다.   달 13

0119 [전략] 주어진 분수를 기약분수로 나타낸 후 유한소수가 되도록 하는 a의 조건을 알아본다.

$$\dfrac{9}{2\times3^2\times a}=\dfrac{1}{2\times a}$$

③ $a=6$일 때, $\dfrac{1}{2\times6}=\dfrac{1}{2^2\times3}$이므로 유한소수가 아니다.

따라서 a의 값이 될 수 없는 것은 ③이다.   달 ③

0120 [전략] 주어진 조건을 이용하여 먼저 a의 값을 구한다.

$\dfrac{a}{360}=\dfrac{a}{2^3\times3^2\times5}$가 유한소수가 되려면 a는 $3^2=9$의 배수이어야 한다.

또 기약분수로 나타내면 $\dfrac{7}{b}$이므로 a는 7의 배수이어야 한다.

따라서 a는 9와 7의 공배수, 즉 63의 배수이면서 100 이하의 자연수이므로 $a=63$

이때 $\dfrac{63}{360}=\dfrac{7}{40}$이므로 $b=40$

$$\therefore a-b=63-40=23$$ 달 ②

0121 [전략] 분모에 2와 5 이외의 소인수가 있는 기약분수는 순환소수로 나타낼 수 있다.

$\dfrac{7}{50\times x}=\dfrac{7}{2\times5^2\times x}$이 순환소수가 되려면 기약분수로 나타내었을 때, 분모에 2와 5 이외의 소인수가 있어야 한다.

x가 한 자리 자연수이므로 $x=3, 6, 9$

따라서 구하는 합은 $3+6+9=18$ 달 18

0122 [전략] 소수점 아래의 부분이 같은 두 식이 만들어지도록 10의 거듭제곱을 곱한다.

① $10x=17.777\cdots$, $x=1.777\cdots$이므로
$$10x-x=16$$

② $100x=38.3838\cdots$, $x=0.3838\cdots$이므로
$$100x-x=38$$

③ $100x=451.111\cdots$, $10x=45.111\cdots$이므로
$$100x-10x=406$$

④ $1000x=612.612612\cdots$, $x=0.612612\cdots$이므로
$$1000x-x=612$$

⑤ $1000x=2108.0808\cdots$, $10x=21.0808\cdots$이므로
$$1000x-10x=2087$$

따라서 옳지 않은 것은 ⑤이다.   달 ⑤

0123 [전략] 순환소수를 분수로 나타내는 두 가지 방법을 생각해 본다.

① $x=1.12333\cdots=1.12\dot3$

② 가장 편리한 식은 $1000x-100x$이다.

④ x는 순환소수이므로 유리수이다.

따라서 옳은 것은 ③, ⑤이다.   달 ③, ⑤

0124 전략 주어진 분수의 합을 순환소수로 나타낸다.

$$\frac{1}{3} \times \left(\frac{1}{10} + \frac{1}{100} + \frac{1}{1000} + \cdots \right)$$

$$= \frac{1}{3} \times (0.1 + 0.01 + 0.001 + \cdots)$$

$$= \frac{1}{3} \times 0.111\cdots$$

$$= \frac{1}{3} \times 0.\dot{1}$$

$$= \frac{1}{3} \times \frac{1}{9} = \frac{1}{27}$$

$$\therefore a = 27$$

답 27

0125 전략 $0.\dot{2}\dot{7}$을 기약분수로 나타낸 후 x의 조건을 생각해 본다.

$$0.\dot{2}\dot{7} = \frac{27}{99} = \frac{3}{11}$$

이때 $0.\dot{2}\dot{7} \times x$가 자연수가 되려면 x는 11의 배수이어야 한다.

따라서 x의 값이 될 수 있는 두 자리 자연수는 11, 22, 33, $\cdots$, 99의 9개이다.

답 ④

0126 전략 $0.\dot{1}00\dot{2}$를 분수로 나타낸다.

$$0.\dot{1}00\dot{2} = \frac{1002}{9999} = 1002 \times \frac{1}{9999}$$

$$\therefore A = \frac{1}{9999} = 0.\dot{0}00\dot{1}$$

답 ①

0127 전략 $2.0\dot{6}$, $0.0\dot{4}$를 분수로 나타낸다.

$$2.0\dot{6} = \frac{206 - 20}{90} = \frac{186}{90} = \frac{31}{15}, \quad 0.0\dot{4} = \frac{4}{90} = \frac{2}{45}$$

$2.0\dot{6} \times \dfrac{n}{m} = 0.0\dot{4}$에서

$$\frac{31}{15} \times \frac{n}{m} = \frac{2}{45}$$

$$\therefore \frac{n}{m} = \frac{2}{45} \times \frac{15}{31} = \frac{2}{93}$$

따라서 $m = 93$, $n = 2$이므로

$$m + n = 93 + 2 = 95$$

답 95

0128 전략 순환소수를 풀어 쓰고 각 자리의 숫자를 비교한다.

$1.6\dot{3} = 1.6333\cdots$

$1.63\dot{8} = 1.63888\cdots$

$1.6\dot{3}\dot{8} = 1.63838\cdots$

$1.\dot{6}3\dot{8} = 1.638638\cdots$

이때 크기가 작은 것부터 차례대로 나열하면

$1.6\dot{3}$, $1.6\dot{3}\dot{8}$, $1.63\dot{8}$, $1.\dot{6}3\dot{8}$

이므로 두 번째에 오는 수는 $1.6\dot{3}\dot{8}$이다.

따라서 $1.6\dot{3}\dot{8} = 1.63838\cdots$의 소수점 아래 첫째 자리를 제외한 홀수 번째 자리의 숫자는 8이므로 소수점 아래 35번째 자리의 숫자는 8이다.

답 8

0129 전략 $0.\dot{x}$를 분수로 나타낸 후 분모를 통분한다.

$\dfrac{2}{5} < 0.\dot{x} < \dfrac{3}{4}$에서 $\dfrac{2}{5} < \dfrac{x}{9} < \dfrac{3}{4}$

$$\therefore \frac{72}{180} < \frac{20x}{180} < \frac{135}{180}$$

따라서 이를 만족시키는 자연수 x는 4, 5, 6이고 이 중 가장 큰 수는 6이다.

답 6

0130 전략 유리수와 소수의 관계를 생각해 본다.

② 순환소수는 모두 유리수이다.

④ 정수가 아닌 유리수는 유한소수 또는 순환소수로 나타낼 수 있다.

따라서 옳지 않은 것은 ②, ④이다.

답 ②, ④

0131 전략 두 분수가 모두 유한소수가 되도록 하는 a의 조건을 알아본다.

$\dfrac{17}{60} = \dfrac{17}{2^2 \times 3 \times 5}$이므로 $\dfrac{17}{60} \times a$가 유한소수가 되려면 a는 3의 배수이어야 한다.

$\dfrac{11}{140} = \dfrac{11}{2^2 \times 5 \times 7}$이므로 $\dfrac{11}{140} \times a$가 유한소수가 되려면 a는 7의 배수이어야 한다.

즉 a는 3과 7의 공배수, 즉 21의 배수이어야 한다. ··· 1단계

따라서 a의 값이 될 수 있는 두 자리 자연수는 21, 42, 63, 84의 4개이다. ··· 2단계

답 4

단계	채점 요소	비율
1	a가 21의 배수임을 알기	70 %
2	a의 값이 될 수 있는 두 자리 자연수의 개수 구하기	30 %

0132 전략 $0.5\dot{8}$, $0.\dot{8}\dot{2}$를 각각 기약분수로 나타낸 후 처음 기약분수의 분자, 분모를 구한다.

우준이는 분자를 제대로 보았으므로

$$0.5\dot{8} = \frac{58 - 5}{90} = \frac{53}{90}$$

에서 처음 기약분수의 분자는 53이다. ··· 1단계

수민이는 분모를 제대로 보았으므로

$$0.\dot{8}\dot{2} = \frac{82}{99}$$

에서 처음 기약분수의 분모는 99이다. ··· 2단계

따라서 처음 기약분수는 $\dfrac{53}{99}$이므로 이를 순환소수로 나타내면

$$\frac{53}{99} = 0.\dot{5}\dot{3}$$

··· 3단계

답 $0.\dot{5}\dot{3}$

단계	채점 요소	비율
1	처음 기약분수의 분자 구하기	30 %
2	처음 기약분수의 분모 구하기	30 %
3	처음 기약분수를 순환소수로 나타내기	40 %

0133 [전략] 어떤 자연수를 미지수로 놓고 방정식을 세운다.

어떤 자연수를 x라 하면

$$x \times 3.\dot{1} - x \times 3.1 = 0.6 \quad \cdots \text{1단계}$$

$$\frac{28}{9}x - \frac{31}{10}x = \frac{3}{5}, \qquad \frac{1}{90}x = \frac{3}{5}$$

$$\therefore x = 54$$

따라서 어떤 자연수는 54이다. $\quad \cdots$ 2단계

답 54

단계	채점 요소	비율
1	방정식 세우기	50 %
2	어떤 자연수 구하기	50 %

0134 [전략] 먼저 $\frac{6}{7}$의 순환마디를 구한다.

$\frac{6}{7} = 0.\dot{8}5714\dot{2}$이므로 순환마디를 이루는 숫자는 8, 5, 7, 1, 4, 2의 6개이다.

x_n은 $\frac{6}{7}$을 소수로 나타내었을 때 소수점 아래 n번째 자리의 숫자이고 $99 = 6 \times 16 + 3$이므로

$$x_1 + x_2 + x_3 + \cdots + x_{99}$$
$$= (8+5+7+1+4+2) \times 16 + (8+5+7)$$
$$= 452$$

답 452

0135 [전략] 분모의 소인수에 따라 경우를 나누어 생각해 본다.

(i) 분모의 소인수가 2뿐인 경우

$\quad \dfrac{1}{2}, \dfrac{1}{2^2}, \dfrac{1}{2^3}, \dfrac{1}{2^4}, \dfrac{1}{2^5}$의 5개

(ii) 분모의 소인수가 5뿐인 경우

$\quad \dfrac{1}{5}, \dfrac{1}{5^2}$의 2개

(iii) 분모의 소인수가 2와 5뿐인 경우

$\quad \dfrac{1}{2 \times 5}, \dfrac{1}{2^2 \times 5}, \dfrac{1}{2^3 \times 5}, \dfrac{1}{2 \times 5^2}$의 4개

이상에서 주어진 분수 중 유한소수로 나타낼 수 있는 것은

$\quad 5+2+4 = 11$ (개)

따라서 유한소수로 나타낼 수 없는 분수는

$\quad 49 - 11 = 38$ (개)

답 38개

0136 [전략] 순환소수를 분수로 나타낸 후 식을 간단히 한다.

$0.\dot{a}\dot{b} + 0.\dot{b}\dot{a} = 0.\dot{4}$에서

$$\frac{10a+b}{99} + \frac{10b+a}{99} = \frac{4}{9}, \qquad \frac{11(a+b)}{99} = \frac{4}{9}$$

$$\therefore a+b = 4$$

이때 $a > b$이고 a, b는 한 자리 자연수이므로

$$a = 3, \ b = 1$$

$$\therefore 0.\dot{a}\dot{b} - 0.\dot{b}\dot{a} = 0.\dot{3}\dot{1} - 0.\dot{1}\dot{3}$$

$$= \frac{31}{99} - \frac{13}{99}$$

$$= \frac{18}{99} = 0.\dot{1}\dot{8}$$

답 $0.\dot{1}\dot{8}$

II. 식의 계산

02 단항식의 계산

 교과서문제 **정복하기**

> 본문 29, 31쪽

0137 $x \times x^8 = x^{1+8} = x^9$ 답 x^9

0138 $5^2 \times 5^4 = 5^{2+4} = 5^6$ 답 5^6

0139 $a \times a^3 \times a^7 = a^{1+3+7} = a^{11}$ 답 a^{11}

0140 $3^3 \times 3^4 \times 3^5 = 3^{3+4+5} = 3^{12}$ 답 3^{12}

0141 $a^4 \times b^2 \times a \times b^6 = a^{4+1} \times b^{2+6} = a^5 b^8$ 답 $a^5 b^8$

0142 $a^3 \times a^{\square} = a^{3+\square} = a^9$이므로
$3 + \square = 9 \quad \therefore \square = 6$ 답 6

0143 $x^2 \times x^{\square} \times x^8 = x^{2+\square+8} = x^{10+\square} = x^{14}$이므로
$10 + \square = 14 \quad \therefore \square = 4$ 답 4

0144 $(a^2)^4 = a^{2 \times 4} = a^8$ 답 a^8

0145 $(2^4)^3 = 2^{4 \times 3} = 2^{12}$ 답 2^{12}

0146 $(x^2)^6 \times (x^3)^5 = x^{12} \times x^{15} = x^{12+15} = x^{27}$ 답 x^{27}

0147 $a^5 \times (a^3)^3 \times (a^5)^2 = a^5 \times a^9 \times a^{10} = a^{5+9+10} = a^{24}$ 답 a^{24}

0148 $(a^3)^{\square} = a^{3 \times \square} = a^{21}$이므로
$3 \times \square = 21 \quad \therefore \square = 7$ 답 7

0149 $(x^{\square})^2 \times x^3 = x^{\square \times 2} \times x^3 = x^{\square \times 2 + 3} = x^{13}$이므로
$\square \times 2 + 3 = 13 \quad \therefore \square = 5$ 답 5

0150 $x^7 \div x^4 = x^{7-4} = x^3$ 답 x^3

0151 $7^8 \div 7^8 = 1$ 답 1

0152 $a^4 \div a^{12} = \dfrac{1}{a^{12-4}} = \dfrac{1}{a^8}$ 답 $\dfrac{1}{a^8}$

0153 $x^{10} \div x^5 \div x = x^{10-5} \div x = x^5 \div x = x^{5-1} = x^4$ 답 x^4

0154 $(a^5)^3 \div (a^2)^6 \div a^4 = a^{15} \div a^{12} \div a^4 = a^{15-12} \div a^4$
$$= a^3 \div a^4 = \frac{1}{a^{4-3}} = \frac{1}{a}$$
답 $\dfrac{1}{a}$

0155 $x^{\square} \div x^4 = x^{\square-4} = x^6$이므로
$\square - 4 = 6 \qquad \therefore \square = 10$
답 10

0156 $a^3 \div a^{\square} = \dfrac{1}{a^{\square-3}} = \dfrac{1}{a^5}$이므로
$\square - 3 = 5 \qquad \therefore \square = 8$
답 8

0157 $(ab^2)^2 = a^2 \times (b^2)^2 = a^2 b^4$
답 $a^2 b^4$

0158 $(x^3 y^4)^5 = (x^3)^5 \times (y^4)^5 = x^{15} y^{20}$
답 $x^{15} y^{20}$

0159 $(-2a^4)^3 = -2^3 \times (a^4)^3 = -8a^{12}$
답 $-8a^{12}$

0160 $\left(\dfrac{y}{x^3}\right)^2 = \dfrac{y^2}{(x^3)^2} = \dfrac{y^2}{x^6}$
답 $\dfrac{y^2}{x^6}$

0161 $\left(\dfrac{xy}{3}\right)^3 = \dfrac{(xy)^3}{3^3} = \dfrac{x^3 y^3}{27}$
답 $\dfrac{x^3 y^3}{27}$

0162 $\left(-\dfrac{b^3}{2a}\right)^4 = \dfrac{(b^3)^4}{(2a)^4} = \dfrac{b^{12}}{16a^4}$
답 $\dfrac{b^{12}}{16a^4}$

0163 $(x^{\boxed{3}} y^2)^4 = x^{12} y^{\boxed{8}}$
답 $3, 8$

0164 $\left(\dfrac{y^{\boxed{2}}}{x}\right)^5 = \dfrac{y^{10}}{x^{\boxed{5}}}$
답 $2, 5$

0165 $3a \times 2a^2 = (3 \times 2) \times (a \times a^2) = 6a^3$
답 $6a^3$

0166 $9x^2 \times 4x^2 y = (9 \times 4) \times (x^2 \times x^2 y)$
$$= 36x^4 y$$
답 $36x^4 y$

0167 $15a^4 b \times \left(-\dfrac{1}{5}ab\right) = \left\{15 \times \left(-\dfrac{1}{5}\right)\right\} \times (a^4 b \times ab)$
$$= -3a^5 b^2$$
답 $-3a^5 b^2$

0168 $\left(-\dfrac{1}{2}x^3 y\right) \times (-10xy^2)$
$= \left\{\left(-\dfrac{1}{2}\right) \times (-10)\right\} \times (x^3 y \times xy^2)$
$= 5x^4 y^3$
답 $5x^4 y^3$

0169 $(-a^2 b) \times 4a \times 2ab^5$
$= \{(-1) \times 4 \times 2\} \times (a^2 b \times a \times ab^5)$
$= -8a^4 b^6$
답 $-8a^4 b^6$

0170 $(-x)^3 \times 3x^2 = (-x^3) \times 3x^2 = -3x^5$
답 $-3x^5$

0171 $7ab \times (-2b)^2 = 7ab \times 4b^2 = 28ab^3$
답 $28ab^3$

0172 $18x^2 y \times \left(\dfrac{1}{3}xy\right)^2 = 18x^2 y \times \dfrac{1}{9}x^2 y^2 = 2x^4 y^3$
답 $2x^4 y^3$

0173 $(-xy^2)^2 \times (2x^3 y)^3 = x^2 y^4 \times 8x^9 y^3 = 8x^{11} y^7$
답 $8x^{11} y^7$

0174 $(-a^2 b)^3 \times \left(\dfrac{5a}{b^2}\right)^2 \times b = (-a^6 b^3) \times \dfrac{25a^2}{b^4} \times b$
$$= -25a^8$$
답 $-25a^8$

0175 $10x^2 \div 5x = \dfrac{10x^2}{5x} = 2x$
답 $2x$

0176 $6ab \div b^2 = \dfrac{6ab}{b^2} = \dfrac{6a}{b}$
답 $\dfrac{6a}{b}$

0177 $35x^5 y^3 \div (-7x^3 y^2) = \dfrac{35x^5 y^3}{-7x^3 y^2} = -5x^2 y$
답 $-5x^2 y$

0178 $(-56a^3 b^4) \div (-8a^5 b^4) = \dfrac{-56a^3 b^4}{-8a^5 b^4} = \dfrac{7}{a^2}$
답 $\dfrac{7}{a^2}$

0179 $6a^5 \div \dfrac{3}{4}a^2 = 6a^5 \times \dfrac{4}{3a^2} = 8a^3$
답 $8a^3$

0180 $(-15x^3 y) \div \dfrac{5x}{y^2} = (-15x^3 y) \times \dfrac{y^2}{5x} = -3x^2 y^3$
답 $-3x^2 y^3$

0181 $\dfrac{1}{2}x^6 y^4 \div \left(-\dfrac{1}{8}x^2 y^2\right) = \dfrac{1}{2}x^6 y^4 \times \left(-\dfrac{8}{x^2 y^2}\right)$
$$= -4x^4 y^2$$
답 $-4x^4 y^2$

0182 $(-4ab)^2 \div 8ab = 16a^2 b^2 \div 8ab$
$$= \dfrac{16a^2 b^2}{8ab} = 2ab$$
답 $2ab$

0183 $(-3x)^3 \div \left(-\dfrac{9}{2}x^2\right) = (-27x^3) \div \left(-\dfrac{9}{2}x^2\right)$
$$= (-27x^3) \times \left(-\dfrac{2}{9x^2}\right) = 6x$$
답 $6x$

0184 $\dfrac{xy^3}{5} \div \left(-\dfrac{2}{5}x^2 y\right)^2 = \dfrac{xy^3}{5} \div \dfrac{4}{25}x^4 y^2$
$$= \dfrac{xy^3}{5} \times \dfrac{25}{4x^4 y^2} = \dfrac{5y}{4x^3}$$
답 $\dfrac{5y}{4x^3}$

0185 $(2a^2b^3)^2 \div (-ab)^3 \div \dfrac{b}{2a} = 4a^4b^6 \div (-a^3b^3) \div \dfrac{b}{2a}$

$\qquad\qquad\qquad\qquad = 4a^4b^6 \times \left(-\dfrac{1}{a^3b^3}\right) \times \dfrac{2a}{b}$

$\qquad\qquad\qquad\qquad = -8a^2b^2$ 　답 $-8a^2b^2$

0186 $3x^2 \times 4x^3 \div 2x = 3x^2 \times 4x^3 \times \dfrac{1}{2x} = 6x^4$ 　답 $6x^4$

0187 $6ab^2 \times (-2a^2b) \div 4ab = 6ab^2 \times (-2a^2b) \times \dfrac{1}{4ab}$

$\qquad\qquad\qquad\qquad\qquad = -3a^2b^2$ 　답 $-3a^2b^2$

0188 $8x^2y \div \dfrac{4x^3}{y^3} \times 2y^3 = 8x^2y \times \dfrac{y^3}{4x^3} \times 2y^3 = \dfrac{4y^7}{x}$

답 $\dfrac{4y^7}{x}$

0189 $4x^4y^2 \div \left(-\dfrac{4}{3}x^2y\right) \times (-xy^3)$

$= 4x^4y^2 \times \left(-\dfrac{3}{4x^2y}\right) \times (-xy^3) = 3x^3y^4$ 　답 $3x^3y^4$

0190 $(-2a)^3 \times 5a^2 \div (-4a^4) = (-8a^3) \times 5a^2 \div (-4a^4)$

$\qquad\qquad\qquad\qquad\qquad = (-8a^3) \times 5a^2 \times \left(-\dfrac{1}{4a^4}\right)$

$\qquad\qquad\qquad\qquad\qquad = 10a$ 　답 $10a$

0191 $xy^2 \times \left(-\dfrac{4}{x}\right)^2 \div 8x^2y = xy^2 \times \dfrac{16}{x^2} \div 8x^2y$

$\qquad\qquad\qquad\qquad\qquad = xy^2 \times \dfrac{16}{x^2} \times \dfrac{1}{8x^2y}$

$\qquad\qquad\qquad\qquad\qquad = \dfrac{2y}{x^3}$ 　답 $\dfrac{2y}{x^3}$

0192 $(-a^2b^3)^3 \div \dfrac{b^5}{a^2} \times (-5a)^2 = (-a^6b^9) \div \dfrac{b^5}{a^2} \times 25a^2$

$\qquad\qquad\qquad\qquad\qquad = (-a^6b^9) \times \dfrac{a^2}{b^5} \times 25a^2$

$\qquad\qquad\qquad\qquad\qquad = -25a^{10}b^4$

답 $-25a^{10}b^4$

유형 **익히기** 　＞본문 32~39쪽

0193 $256 = 2^8$이므로 $\quad 2^2 \times 2^3 \times 2^a = 2^{2+3+a} = 2^{5+a} = 2^8$

즉 $5+a = 8$이므로 $\quad a = 3$ 　답 ③

0194 $a^3 \times b^2 \times a \times b^3 = a^{3+1} \times b^{2+3} = a^4b^5$ 　답 ④

0195 $ab = 3^x \times 3^y = 3^{x+y}$

이때 $x+y = 4$이므로 $\quad ab = 3^4 = 81$ 　답 81

0196 $2 \times 4 \times 6 \times 8 \times 10 \times 12 \times 14$

$= 2 \times 2^2 \times (2 \times 3) \times 2^3 \times (2 \times 5) \times (2^2 \times 3) \times (2 \times 7)$

$= 2^{11} \times 3^2 \times 5 \times 7$

따라서 $a = 11$, $b = 2$, $c = 1$, $d = 1$이므로

$\quad a+b+c+d = 11+2+1+1 = 15$ 　답 ④

0197 $5^4 \times (5^x)^3 = 5^{16}$에서 $\quad 5^4 \times 5^{3x} = 5^{16}, \quad 5^{4+3x} = 5^{16}$

즉 $4+3x = 16$이므로 $\quad 3x = 12 \quad \therefore x = 4$ 　답 4

0198 $(x^3)^2 \times y^3 \times x \times (y^2)^5 = x^6 \times y^3 \times x \times y^{10}$

$\qquad\qquad\qquad\qquad\qquad = x^{6+1} \times y^{3+10} = x^7y^{13}$ 　답 ⑤

0199 $27^{2x-1} = (3^3)^{2x-1} = 3^{6x-3}$ 　⋯ 1단계

즉 $3^{6x-3} = 3^{11-x}$이므로 $\quad 6x-3 = 11-x, \quad 7x = 14$

$\quad \therefore x = 2$ 　⋯ 2단계

답 2

단계	채점 요소	비율
1	27^{2x-1}을 3의 거듭제곱으로 변형하기	50 %
2	x의 값 구하기	50 %

0200 ① $2^{40} = (2^4)^{10} = 16^{10}$

② $3^{30} = (3^3)^{10} = 27^{10}$

③ $4^{25} = (2^2)^{25} = 2^{50} = (2^5)^{10} = 32^{10}$

④ $5^{20} = (5^2)^{10} = 25^{10}$

⑤ 18^{10}

이때 지수는 모두 10으로 같으므로 밑이 가장 큰 수가 크다.

따라서 가장 큰 수는 ③이다. 　답 ③

RPM 비법 노트

자연수 a, b, m, n에 대하여

① $a < b$이면 $\quad a^m < b^m$

　➡ 지수가 같을 때, 밑이 클수록 큰 수이다.

② $m < n$이면 $\quad a^m < a^n$ (단, $a \ne 1$)

　➡ 밑이 같을 때, 지수가 클수록 큰 수이다.

0201 ① $a^9 \div a^3 = a^{9-3} = a^6$

② $a^5 \div a^5 = 1$

③ $(a^3)^2 \div a^3 = a^6 \div a^3 = a^{6-3} = a^3$

④ $a^2 \div a \div a^3 = a^{2-1} \div a^3 = a \div a^3 = \dfrac{1}{a^{3-1}} = \dfrac{1}{a^2}$

⑤ $a^5 \div a^4 \div a = a^{5-4} \div a = a \div a = 1$

따라서 옳은 것은 ④이다. 　답 ④

0202 ① $x^3 \times x^2 = x^{3+2} = x^5$

② $x^7 \div x^4 \times x^2 = x^{7-4} \times x^2 = x^3 \times x^2 = x^{3+2} = x^5$

③ $(x^2)^4 \div x^3 = x^8 \div x^3 = x^{8-3} = x^5$

④ $x^{10} \div x^4 \div x = x^{10-4} \div x = x^6 \div x = x^{6-1} = x^5$

⑤ $x^7 \div (x^4 \div x) = x^7 \div x^{4-1} = x^7 \div x^3 = x^{7-3} = x^4$

따라서 계산 결과가 나머지 넷과 다른 하나는 ⑤이다. 　답 ⑤

0203 $x^{10} \div x^{\square} \div (x^2)^3 = x$ 에서 $\quad x^{10} \div x^{\square} \div x^6 = x$

$x^{10-\square-6} = x, \quad x^{4-\square} = x$

즉 $4 - \square = 1$이므로 $\quad \square = 3$ 〔답〕 3

0204 $8^3 \times 2^a \div 16^2 = 2^{15}$ 에서 $\quad (2^3)^3 \times 2^a \div (2^4)^2 = 2^{15}$

$2^9 \times 2^a \div 2^8 = 2^{15}, \quad 2^{9+a-8} = 2^{15}, \quad 2^{1+a} = 2^{15}$

즉 $1 + a = 15$이므로 $\quad a = 14$ 〔답〕 14

0205 $(-3x^3 y^a)^b = (-3)^b x^{3b} y^{ab} = -27 x^c y^9$이므로

$(-3)^b = -27 = (-3)^3, \ 3b = c, \ ab = 9$

따라서 $a = 3, \ b = 3, \ c = 9$이므로

$a - b + c = 3 - 3 + 9 = 9$ 〔답〕 ②

0206 ⑤ $\left(\dfrac{1}{5} xy^2\right)^3 = \dfrac{1}{125} x^3 y^6$

따라서 옳지 않은 것은 ⑤이다. 〔답〕 ⑤

0207 $(Ax^4 y^B z^3)^5 = A^5 x^{20} y^{5B} z^{15} = -32 x^C y^{10} z^D$이므로

$A^5 = -32 = (-2)^5, \ 5B = 10, \ 20 = C, \ 15 = D$

따라서 $A = -2, \ B = 2, \ C = 20, \ D = 15$이므로

$A + B + C + D = -2 + 2 + 20 + 15 = 35$ 〔답〕 35

0208 $216 = 2^3 \times 3^3$이므로 $\quad \cdots$ **1단계**

$216^3 = (2^3 \times 3^3)^3 = 2^9 \times 3^9$

따라서 $x = 3, \ y = 9$이므로 $\quad \cdots$ **2단계**

$y - x = 9 - 3 = 6$ $\quad \cdots$ **3단계**

〔답〕 6

단계	채점 요소	비율
1	216을 소인수분해 하기	30 %
2	x, y의 값 구하기	60 %
3	$y - x$의 값 구하기	10 %

0209 $\left(\dfrac{2x^a}{y^2}\right)^4 = \dfrac{16 x^{4a}}{y^8} = \dfrac{bx^8}{y^c}$이므로

$4a = 8, \ 16 = b, \ 8 = c$

따라서 $a = 2, \ b = 16, \ c = 8$이므로

$a + b - c = 2 + 16 - 8 = 10$ 〔답〕 ③

0210 ① $(ab^2)^3 = a^3 b^6$ ② $(-10a)^2 = 100 a^2$

③ $\left(\dfrac{b^3}{a^2}\right)^2 = \dfrac{b^6}{a^4}$ ④ $\left(-\dfrac{a}{2}\right)^3 = -\dfrac{a^3}{8}$

따라서 옳은 것은 ⑤이다. 〔답〕 ⑤

0211 $\left(\dfrac{az^2}{x^3 y^b}\right)^3 = \dfrac{a^3 z^6}{x^9 y^{3b}} = -\dfrac{64 z^6}{x^c y^9}$이므로

$a^3 = -64 = (-4)^3, \ 3b = 9, \ 9 = c$

따라서 $a = -4, \ b = 3, \ c = 9$이므로

$ab + c = -4 \times 3 + 9 = -3$ 〔답〕 -3

0212 $(x^5 y^a)^2 = x^{10} y^{2a} = x^{10} y^6$이므로

$2a = 6 \quad \therefore a = 3$

$\left(\dfrac{y^4}{x^a}\right)^5 = \left(\dfrac{y^4}{x^3}\right)^5 = \dfrac{y^{20}}{x^{15}} = \dfrac{y^{20}}{x^b}$이므로 $\quad b = 15$

$\therefore b - a = 15 - 3 = 12$ 〔답〕 12

0213 $2^{20} + 2^{20} + 2^{20} + 2^{20} = 4 \times 2^{20} = 2^2 \times 2^{20} = 2^{2+20} = 2^{22}$

〔답〕 ②

0214 ① $3^4 \times 3^4 \times 3^4 = 3^{4+4+4} = 3^{12}$

② $(3^6)^2 = 3^{6 \times 2} = 3^{12}$

③ $3^{11} + 3^{11} + 3^{11} = 3 \times 3^{11} = 3^{1+11} = 3^{12}$

④ $9^3 \times 9^3 = 9^{3+3} = 9^6 = (3^2)^6 = 3^{12}$

⑤ $9^8 \div 9^3 = 9^{8-3} = 9^5 = (3^2)^5 = 3^{10}$

따라서 계산 결과가 나머지 넷과 다른 하나는 ⑤이다. 〔답〕 ⑤

0215 $7^2 \times 7^2 \times 7^2 \times 7^2 = 7^{2+2+2+2} = 7^8$이므로

$a = 8$ $\quad \cdots$ **1단계**

$5^4 + 5^4 + 5^4 + 5^4 + 5^4 = 5 \times 5^4 = 5^{1+4} = 5^5$이므로

$b = 5$ $\quad \cdots$ **2단계**

$\therefore ab = 8 \times 5 = 40$ $\quad \cdots$ **3단계**

〔답〕 40

단계	채점 요소	비율
1	a의 값 구하기	40 %
2	b의 값 구하기	50 %
3	ab의 값 구하기	10 %

0216 $\dfrac{3^6 + 3^6 + 3^6}{4^6 + 4^6 + 4^6 + 4^6} \times \dfrac{2^6 + 2^6}{3^7}$

$= \dfrac{3 \times 3^6}{4 \times 4^6} \times \dfrac{2 \times 2^6}{3^7} = \dfrac{3^7}{4^7} \times \dfrac{2^7}{3^7} = \dfrac{2^7}{4^7}$

$= \dfrac{2^7}{(2^2)^7} = \dfrac{2^7}{2^{14}} = \dfrac{1}{2^7}$ 〔답〕 ⑤

0217 $A = 3^{x+1} = 3^x \times 3$이므로 $\quad 3^x = \dfrac{A}{3}$

$\therefore 81^x = (3^4)^x = 3^{4x} = (3^x)^4 = \left(\dfrac{A}{3}\right)^4 = \dfrac{A^4}{81}$ 〔답〕 ⑤

0218 $\dfrac{1}{32^4} = \dfrac{1}{(2^5)^4} = \dfrac{1}{2^{20}} = \dfrac{1}{(2^4)^5} = \dfrac{1}{A^5}$ 〔답〕 $\dfrac{1}{A^5}$

0219 $72^2 = (2^3 \times 3^2)^2 = (2^3)^2 \times (3^2)^2 = A^2 B^2$ 〔답〕 ③

0220 $A = 3^{x-1} = 3^x \div 3 = \dfrac{3^x}{3}$이므로 $\quad 3^x = 3A$

$B = 5^{x+1} = 5^x \times 5$이므로 $\quad 5^x = \dfrac{B}{5}$

$\therefore 15^x = (3 \times 5)^x = 3^x \times 5^x = 3A \times \dfrac{B}{5} = \dfrac{3}{5} AB$ 〔답〕 ②

0221 $2^7 \times 5^{10} = 5^3 \times (2^7 \times 5^7) = 5^3 \times (2 \times 5)^7 = 125 \times 10^7$
따라서 $2^7 \times 5^{10}$은 10자리 자연수이므로
$\qquad n = 10$ 　　　　답 ④

0222 $2^6 \times 4^7 \times 25^8 = 2^6 \times (2^2)^7 \times (5^2)^8$
$\qquad\qquad\qquad\quad = 2^6 \times 2^{14} \times 5^{16} = 2^{20} \times 5^{16}$
$\qquad\qquad\qquad\quad = 2^4 \times (2^{16} \times 5^{16}) = 2^4 \times (2 \times 5)^{16}$
$\qquad\qquad\qquad\quad = 16 \times 10^{16}$
따라서 $2^6 \times 4^7 \times 25^8$은 18자리 자연수이다. 　답 18자리

0223 $2^{16} \times 3^3 \times 5^{14} = 2^2 \times 3^3 \times (2^{14} \times 5^{14})$
$\qquad\qquad\qquad\qquad = 2^2 \times 3^3 \times (2 \times 5)^{14}$
$\qquad\qquad\qquad\qquad = 108 \times 10^{14}$ 　　… 1단계
따라서 $2^{16} \times 3^3 \times 5^{14}$은 17자리 자연수이므로
$\qquad n = 17$ 　　　　… 2단계
각 자리의 숫자의 합은 $1 + 8 = 9$이므로
$\qquad p = 9$ 　　　　… 3단계
$\qquad \therefore n + p = 17 + 9 = 26$ 　　… 4단계
　　　　답 26

단계	채점 요소	비율
1	주어진 식을 $a \times 10^k$의 꼴로 나타내기	40 %
2	n의 값 구하기	30 %
3	p의 값 구하기	20 %
4	$n + p$의 값 구하기	10 %

0224 $\dfrac{2^{10} \times 15^8}{18^3} = \dfrac{2^{10} \times (3 \times 5)^8}{(2 \times 3^2)^3} = \dfrac{2^{10} \times 3^8 \times 5^8}{2^3 \times 3^6}$
$\qquad\qquad\quad = 2^7 \times 3^2 \times 5^8 = 3^2 \times 5 \times (2^7 \times 5^7)$
$\qquad\qquad\quad = 3^2 \times 5 \times (2 \times 5)^7$
$\qquad\qquad\quad = 45 \times 10^7$
따라서 $\dfrac{2^{10} \times 15^8}{18^3}$은 9자리 자연수이므로
$\qquad n = 9$ 　　　　답 9

0225 1시간마다 박테리아의 수가 3배씩 증가하므로 7시간
후의 박테리아의 수는
$\qquad 9 \times 3^7 = 3^2 \times 3^7 = 3^{2+7} = 3^9$
$\qquad \therefore a = 9$ 　　　　답 ③

0226 종이를 반으로 접을 때마다 종이의 두께는 2배가 되
므로 6번 접었을 때 종이의 두께는
$\qquad (0.4 \times 2^6)\ \text{mm}$ 　　$\therefore a = 6$ 　　답 6

0227 $16\,\text{GB} = 16 \times 2^{30}\,(\text{B}) = 2^4 \times 2^{30}\,(\text{B})$
$\qquad\qquad\quad = 2^{4+30}\,(\text{B}) = 2^{34}\,(\text{B})$
$8\,\text{MB} = 8 \times 2^{20}\,(\text{B}) = 2^3 \times 2^{20}\,(\text{B}) = 2^{3+20}\,(\text{B}) = 2^{23}\,(\text{B})$
이때 $2^{34} \div 2^{23} = 2^{34-23} = 2^{11}$이므로 용량이 $16\,\text{GB}$인 메모리 카드
에 용량이 $8\,\text{MB}$인 사진을 최대 2^{11}장까지 저장할 수 있다.
　　　　답 ③

0228 $(4x^5 y)^3 \times \left(-\dfrac{3}{4}xy^3\right)^2 \times (-x^2 y)^4$
$= 64x^{15}y^3 \times \dfrac{9}{16}x^2 y^6 \times x^8 y^4 = 36x^{25}y^{13}$ 　　답 ⑤

0229 $(-3a^2 b)^3 \times \left(\dfrac{2}{3}b\right)^2 = (-27a^6 b^3) \times \dfrac{4}{9}b^2$
$\qquad\qquad\qquad\qquad\qquad = -12a^6 b^5$ 　　답 ②

0230 $9x^4 y^2 \times (-2xy^2)^3 \times \left(-\dfrac{1}{6}x^2 y^2\right)^2$
$= 9x^4 y^2 \times (-8x^3 y^6) \times \dfrac{1}{36}x^4 y^4 = -2x^{11}y^{12}$ 　… 1단계
따라서 $a = -2,\ b = 11,\ c = 12$이므로 　… 2단계
$\qquad a + b - c = -2 + 11 - 12 = -3$ 　… 3단계
　　　　답 -3

단계	채점 요소	비율
1	좌변을 계산하기	60 %
2	a, b, c의 값 구하기	30 %
3	$a + b - c$의 값 구하기	10 %

0231 $(-5xy^3)^A \times x^5 y^B = (-5)^A x^A y^{3A} \times x^5 y^B$
$\qquad\qquad\qquad\qquad\quad = (-5)^A x^{A+5} y^{3A+B}$
즉 $(-5)^A x^{A+5} y^{3A+B} = Cx^7 y^9$이므로
$\qquad (-5)^A = C,\ A + 5 = 7,\ 3A + B = 9$
$A + 5 = 7$에서 $\quad A = 2$
$3A + B = 9$에서 $\quad 6 + B = 9$ $\quad \therefore B = 3$
$(-5)^A = (-5)^2 = C$에서 $\quad C = 25$
$\qquad \therefore A + B + C = 2 + 3 + 25 = 30$ 　　답 30

0232 $12x^8 y^3 \div (-2x^3 y^2)^2 \div \left(-\dfrac{1}{5}x^2 y^4\right)$
$= 12x^8 y^3 \div 4x^6 y^4 \div \left(-\dfrac{1}{5}x^2 y^4\right)$
$= 12x^8 y^3 \times \dfrac{1}{4x^6 y^4} \times \left(-\dfrac{5}{x^2 y^4}\right) = -\dfrac{15}{y^5}$ 　　답 ①

0233 $(-32a^7 b^5) \div \left(-\dfrac{2a}{b}\right)^3 = (-32a^7 b^5) \div \left(-\dfrac{8a^3}{b^3}\right)$
$\qquad\qquad\qquad\qquad\quad = (-32a^7 b^5) \times \left(-\dfrac{b^3}{8a^3}\right)$
$\qquad\qquad\qquad\qquad\quad = 4a^4 b^8$ 　　답 $4a^4 b^8$

0234 $(-x^2 y^3)^5 \div \left(-\dfrac{2}{3}x^3 y\right)^2 \div \dfrac{3}{8}y^4$
$= (-x^{10}y^{15}) \div \dfrac{4}{9}x^6 y^2 \div \dfrac{3}{8}y^4$
$= (-x^{10}y^{15}) \times \dfrac{9}{4x^6 y^2} \times \dfrac{8}{3y^4} = -6x^4 y^9$
따라서 $a = -6,\ b = 4,\ c = 9$이므로
$\qquad a - b + c = -6 - 4 + 9 = -1$ 　　답 -1

0235 $(4x^2y^a)^b \div (2x^c y^3)^3 = 4^b x^{2b} y^{ab} \div 8x^{3c} y^9$
$$= \frac{4^b x^{2b} y^{ab}}{8x^{3c} y^9} \qquad \cdots \text{1단계}$$

즉 $\dfrac{4^b x^{2b} y^{ab}}{8x^{3c} y^9} = \dfrac{2}{x^8 y^3}$이므로 $\dfrac{4^b}{8} = 2$, $3c - 2b = 8$, $9 - ab = 3$

$\dfrac{4^b}{8} = 2$에서 $4^b = 16$ $\therefore b = 2$

$9 - ab = 3$에서 $9 - 2a = 3$
$\qquad -2a = -6$ $\therefore a = 3$

$3c - 2b = 8$에서 $3c - 4 = 8$
$\qquad 3c = 12$ $\therefore c = 4$ $\cdots$ 2단계
$\qquad \therefore a + bc = 3 + 2 \times 4 = 11$ $\cdots$ 3단계

답 11

단계	채점 요소	비율
1	좌변을 간단히 하기	30 %
2	a, b, c의 값 구하기	60 %
3	$a + bc$의 값 구하기	10 %

0236 $(-ab^2)^3 \times \left(-\dfrac{a}{b^2}\right)^2 \div (-a^2 b)$

$= (-a^3 b^6) \times \dfrac{a^2}{b^4} \times \left(-\dfrac{1}{a^2 b}\right) = a^3 b$ 답 ⑤

0237 ① $2a \times (-3b^2)^2 = 2a \times 9b^4 = 18ab^4$

② $(-16ab) \div 2b^2 = \dfrac{-16ab}{2b^2} = -\dfrac{8a}{b}$

③ $6x^3 y^3 \div (-2x^2 y)^2 \times 8x^2 y = 6x^3 y^3 \times \dfrac{1}{4x^4 y^2} \times 8x^2 y = 12xy^2$

④ $x^2 y^5 \times (-3x)^3 \div 9x^3 y^2$
$\quad = x^2 y^5 \times (-27x^3) \times \dfrac{1}{9x^3 y^2} = -3x^2 y^3$

⑤ $(-3x^2) \div \left(-\dfrac{1}{4}x^2\right)^2 \times x^5 = (-3x^2) \div \dfrac{1}{16}x^4 \times x^5$
$\qquad = (-3x^2) \times \dfrac{16}{x^4} \times x^5 = -48x^3$

따라서 옳지 않은 것은 ⑤이다. 답 ⑤

0238 $(-2x^3 y)^A \div 4x^B y \times 2x^5 y^2$

$= (-2)^A x^{3A} y^A \times \dfrac{1}{4x^B y} \times 2x^5 y^2$

$= (-2)^A \times \dfrac{1}{4} \times 2 \times \dfrac{x^{3A} y^A \times x^5 y^2}{x^B y}$

$= \dfrac{(-2)^A}{2} x^{3A+5-B} y^{A+2-1}$

즉 $\dfrac{(-2)^A}{2} x^{3A+5-B} y^{A+1} = Cx^2 y^3$이므로

$\qquad \dfrac{(-2)^A}{2} = C$, $3A + 5 - B = 2$, $A + 1 = 3$

$A + 1 = 3$에서 $A = 2$

$3A + 5 - B = 2$에서 $6 + 5 - B = 2$ $\therefore B = 9$

$\dfrac{(-2)^A}{2} = \dfrac{(-2)^2}{2} = C$에서 $C = 2$

$\qquad \therefore ABC = 2 \times 9 \times 2 = 36$ 답 ④

0239 $(-8x^3 y)^2 \div (4x^2 y)^2 \times \boxed{} = -20x^3 y^2$에서

$64x^6 y^2 \times \dfrac{1}{16x^4 y^2} \times \boxed{} = -20x^3 y^2$

$\therefore \boxed{} = \dfrac{1}{64x^6 y^2} \times 16x^4 y^2 \times (-20x^3 y^2) = -5xy^2$

답 ③

0240 $9x^4 y^2 \times (-2xy^2)^3 \div \boxed{} = 12x^2 y$에서

$9x^4 y^2 \times (-8x^3 y^6) \times \dfrac{1}{\boxed{}} = 12x^2 y$

$\therefore \boxed{} = 9x^4 y^2 \times (-8x^3 y^6) \times \dfrac{1}{12x^2 y} = -6x^5 y^7$

답 $-6x^5 y^7$

0241 어떤 식을 A라 하면 $A \times \left(-\dfrac{7y}{x^2}\right) = 14x^3 y^4$

$\therefore A = 14x^3 y^4 \times \left(-\dfrac{x^2}{7y}\right) = -2x^5 y^3$ 답 $-2x^5 y^3$

0242 $\left(-\dfrac{1}{2}x^2 y^3\right)^3 \div \boxed{} \div \left(-\dfrac{1}{3}x^2 y^3\right)^2 = -x^2 y$에서

$\left(-\dfrac{x^6 y^9}{8}\right) \times \dfrac{1}{\boxed{}} \times \dfrac{9}{x^4 y^6} = -x^2 y$

$\therefore \boxed{} = \left(-\dfrac{x^6 y^9}{8}\right) \times \dfrac{9}{x^4 y^6} \times \left(-\dfrac{1}{x^2 y}\right) = \dfrac{9}{8}y^2$ 답 $\dfrac{9}{8}y^2$

0243 (원기둥의 부피) $= \pi \times (2xy^5)^2 \times \dfrac{6x^3}{y}$
$$= \pi \times 4x^2 y^{10} \times \dfrac{6x^3}{y}$$
$$= 24\pi x^5 y^9 \qquad \text{답 } 24\pi x^5 y^9$$

0244 (삼각형의 넓이) $= \dfrac{1}{2} \times 4a^2 b \times 3ab = 6a^3 b^2$ 답 ④

0245 (직사각형의 넓이) = (가로의 길이) × (세로의 길이)이므로

$5ab \times$ (세로의 길이) $= 20a^3 b^2$

$\therefore$ (세로의 길이) $= \dfrac{20a^3 b^2}{5ab} = 4a^2 b$ 답 $4a^2 b$

0246 (원뿔의 부피) $= \dfrac{1}{3} \times$ (밑넓이) × (높이)이므로

$\dfrac{1}{3} \times \pi \times (3a)^2 \times$ (높이) $= 24\pi a^3$ $\cdots$ 1단계

$3\pi a^2 \times$ (높이) $= 24\pi a^3$

$\therefore$ (높이) $= \dfrac{24\pi a^3}{3\pi a^2} = 8a$ $\cdots$ 2단계

답 $8a$

단계	채점 요소	비율
1	식 세우기	50 %
2	원뿔의 높이 구하기	50 %

0247 $3^{x+2}+3^{x+1}+3^x=3^x\times3^2+3^x\times3+3^x$
$=(9+3+1)\times3^x$
$=13\times3^x=351$
따라서 $3^x=27=3^3$이므로 $x=3$ 답 ③

0248 $2^{x+1}+2^x=2^x\times2+2^x$
$=(2+1)\times2^x$
$=3\times2^x=192$
따라서 $2^x=64=2^6$이므로 $x=6$ 답 ④

0249 $7^{x+1}+7^x+7^{x-1}=7^x\times7+7^x+7^x\div7$
$=7^x\times7+7^x+7^x\times\frac{1}{7}$
$=\left(7+1+\frac{1}{7}\right)\times7^x$
$=\frac{57}{7}\times7^x$
$20^2-1=400-1=399$이므로
$\frac{57}{7}\times7^x=399,\quad 7^x=49=7^2$
$\therefore x=2$ 답 2

0250 $3^{20}\times9^{20}=3^{20}\times(3^2)^{20}=3^{20}\times3^{40}=3^{60}$
$3^1=3$, $3^2=9$, $3^3=27$, $3^4=81$, $3^5=243$, …이므로 3의 거듭제곱의 일의 자리의 숫자는 3, 9, 7, 1의 순서대로 반복된다.
이때 $60=4\times15$이므로 3^{60}의 일의 자리의 숫자는 1이다. 답 ①

0251 $(7^3)^5\times49^8=7^{15}\times(7^2)^8=7^{15}\times7^{16}=7^{31}$ … 1단계
$7^1=7$, $7^2=49$, $7^3=343$, $7^4=2401$, $7^5=16807$, …이므로 7의 거듭제곱의 일의 자리의 숫자는 7, 9, 3, 1의 순서대로 반복된다.
이때 $31=4\times7+3$이므로 7^{31}의 일의 자리의 숫자는 3이다. … 2단계
답 3

단계	채점 요소	비율
1	주어진 식을 간단히 하기	50 %
2	일의 자리의 숫자 구하기	50 %

0252 $\frac{4^{29}+2^{58}}{16^3+8^4}=\frac{(2^2)^{29}+2^{58}}{(2^4)^3+(2^3)^4}$
$=\frac{2^{58}+2^{58}}{2^{12}+2^{12}}$
$=\frac{2\times2^{58}}{2\times2^{12}}=2^{46}$
$2^1=2$, $2^2=4$, $2^3=8$, $2^4=16$, $2^5=32$, …이므로 2의 거듭제곱의 일의 자리의 숫자는 2, 4, 8, 6의 순서대로 반복된다.
이때 $46=4\times11+2$이므로 2^{46}의 일의 자리의 숫자는 4이다. 답 4

시험에 꼭 나오는 문제
본문 40~43쪽

0253 (전략) 27을 3의 거듭제곱으로 나타낸 후 지수법칙을 이용한다.
$27=3^3$이므로 $3^x\times27=3^x\times3^3=3^{x+3}=3^{10}$
즉 $x+3=10$이므로 $x=7$ 답 ④

0254 (전략) 지수법칙을 이용하여 지수를 같게 한 후 밑의 대소를 비교한다.
$A=2^{24}=(2^4)^6=16^6$
$B=3^{18}=(3^3)^6=27^6$
$C=5^{12}=(5^2)^6=25^6$
$16<25<27$이므로 $16^6<25^6<27^6$
$\therefore A<C<B$ 답 ②

0255 (전략) 지수법칙을 이용하여 식을 간단히 한다.
① $x^8\div x^2=x^{8-2}=x^6$
② $x^{11}\div x^4\div x^7=x^{11-4}\div x^7=x^7\div x^7=1$
③ $x^5\div(x^2)^4=x^5\div x^8=\frac{1}{x^{8-5}}=\frac{1}{x^3}$
④ $(x^3)^3\div x=x^9\div x=x^{9-1}=x^8$
⑤ $(x^3)^4\div(x^2)^3=x^{12}\div x^6=x^{12-6}=x^6$
따라서 옳지 않은 것은 ⑤이다. 답 ⑤

0256 (전략) 지수법칙을 이용하여 각 식의 좌변을 간단히 한 후 우변과 비교한다.
$(a^4)^2\times(a^2)^m=a^8\times a^{2m}=a^{8+2m}=a^{20}$이므로
$8+2m=20$ $\therefore m=6$
$(b^n)^4\div b^5=b^{4n}\div b^5=b^{4n-5}=b^3$이므로
$4n-5=3$ $\therefore n=2$
$\therefore mn=6\times2=12$ 답 12

0257 (전략) 지수법칙을 이용하여 □ 안에 알맞은 수를 구한다.
① $a^{□}\times a^4=a^{□+4}=a^7$이므로
$□+4=7$ $\therefore □=3$
② $(a^6)^{□}=a^{6\times□}=a^{18}$이므로
$6\times□=18$ $\therefore □=3$
③ $a^9\div a^{□}=a^{9-□}=a^3$이므로
$9-□=3$ $\therefore □=6$
④ $(ab^2)^{□}=a^{□}b^{2\times□}=a^3b^6$이므로 $□=3$
⑤ $\left(\frac{a^{□}}{b}\right)^4=\frac{a^{□\times4}}{b^4}=\frac{a^{12}}{b^4}$이므로
$□\times4=12$ $\therefore □=3$
따라서 □ 안에 알맞은 수가 나머지 넷과 다른 하나는 ③이다. 답 ③

0258 (전략) 48을 소인수분해 한다.
$48=2^4\times3$이므로 $48^4=(2^4\times3)^4=2^{16}\times3^4$
따라서 $x=4$, $y=16$이므로 $x+y=4+16=20$ 답 ④

0259 전략 지수법칙을 이용하여 좌변을 간단히 한 후 우변과 비교한다.

$\left(\dfrac{2y^a z}{x^3}\right)^5 = \dfrac{32y^{5a}z^5}{x^{15}} = \dfrac{cy^{10}z^5}{x^b}$ 이므로

$5a=10,\ 15=b,\ 32=c$

따라서 $a=2,\ b=15,\ c=32$ 이므로

$a+b-c=2+15-32=-15$　　　답 ①

0260 전략 같은 수의 덧셈은 곱셈으로 바꾸어 나타낸다.

$9^5+9^5+9^5=3\times9^5=3\times(3^2)^5=3\times3^{10}=3^{1+10}=3^{11}$ 이므로

$x=11$

$2^3\times2^3\times2^3=2^{3+3+3}=2^9$ 이므로　　　$y=9$

$\{(5^2)^3\}^4=5^{2\times3\times4}=5^{24}$ 이므로　　　$z=24$

$\therefore x-y+z=11-9+24=26$　　　답 26

0261 전략 먼저 2^x을 a를 사용한 식으로 나타낸다.

$a=2^{x-1}=2^x\div2=\dfrac{2^x}{2}$ 이므로　　　$2^x=2a$

$\therefore 8^x=(2^3)^x=2^{3x}=(2^x)^3=(2a)^3=8a^3$　　　답 ④

0262 전략 주어진 식을 $a\times10^k$의 꼴로 나타낸다.

$\dfrac{2^6\times15^{13}}{45^6}=\dfrac{2^6\times(3\times5)^{13}}{(3^2\times5)^6}$

$=\dfrac{2^6\times3^{13}\times5^{13}}{3^{12}\times5^6}$

$=2^6\times3\times5^7$

$=3\times5\times(2^6\times5^6)$

$=3\times5\times(2\times5)^6$

$=15\times10^6$

따라서 $\dfrac{2^6\times15^{13}}{45^6}$은 8자리 자연수이므로

$n=8$　　　답 ③

0263 전략 박테리아의 수가 1시간마다 몇 배씩 증가하는지 알아본다.

30분마다 박테리아의 수가 2배씩 증가하므로 1시간마다 2^2배씩 증가한다.

따라서 5시간 후의 박테리아의 수는

$4\times(2^2)^5=2^2\times2^{10}=2^{2+10}=2^{12}$

$\therefore n=12$　　　답 12

0264 전략 단항식의 곱셈 ➡ 계수는 계수끼리, 문자는 문자끼리 곱한다.

$\left(\dfrac{1}{4}x^2y\right)^2\times\left(-\dfrac{2y^2}{x}\right)^3=\dfrac{1}{16}x^4y^2\times\left(-\dfrac{8y^6}{x^3}\right)=-\dfrac{1}{2}xy^8$

따라서 $a=-\dfrac{1}{2},\ b=1,\ c=8$ 이므로

$abc=-\dfrac{1}{2}\times1\times8=-4$　　　답 ②

0265 전략 단항식의 나눗셈 ➡ 분수의 꼴로 바꾸어 계산하거나 나눗셈을 곱셈으로 바꾸어 계산한다.

$64x^{10}y^4\div(-3xy)^2\div\left(-\dfrac{4}{3}x^2y\right)^3$

$=64x^{10}y^4\times\dfrac{1}{9x^2y^2}\times\left(-\dfrac{27}{64x^6y^3}\right)=-\dfrac{3x^2}{y}$　　　답 ①

0266 전략 단항식의 곱셈과 나눗셈의 혼합 계산 ➡ 나눗셈을 곱셈으로 바꾸어 계산한다.

① $8x^2\times(-3x^3)\div6x^4=8x^2\times(-3x^3)\times\dfrac{1}{6x^4}=-4x$

② $(-4x^5)\div2x^4\times3x^3=(-4x^5)\times\dfrac{1}{2x^4}\times3x^3=-6x^4$

③ $(-2x^3y)^3\div4x^2y^3\div\left(-\dfrac{x^2}{y}\right)^2$

$=(-8x^9y^3)\times\dfrac{1}{4x^2y^3}\times\dfrac{y^2}{x^4}=-2x^3y^2$

④ $(-4a^2b)^2\times\left(-\dfrac{5}{2}ab^4\right)\div(-2ab)^3$

$=16a^4b^2\times\left(-\dfrac{5}{2}ab^4\right)\times\left(-\dfrac{1}{8a^3b^3}\right)=5a^2b^3$

⑤ $\left(\dfrac{1}{2}x^2y\right)^3\times8xy^2\div6x^4y^3$

$=\dfrac{1}{8}x^6y^3\times8xy^2\times\dfrac{1}{6x^4y^3}=\dfrac{1}{6}x^3y^2$

따라서 옳지 않은 것은 ③이다.　　　답 ③

0267 전략 $\square\div A\times B=C\ \Rightarrow\ \square=A\times\dfrac{1}{B}\times C$

$\boxed{}\div(-5x^3y^4)\times(-2xy)^2=\dfrac{8x}{y}$ 에서

$\boxed{}\times\left(-\dfrac{1}{5x^3y^4}\right)\times4x^2y^2=\dfrac{8x}{y}$

$\therefore \boxed{}=(-5x^3y^4)\times\dfrac{1}{4x^2y^2}\times\dfrac{8x}{y}=-10x^2y$　　　답 ②

0268 전략 주어진 계산 과정에 따라 식을 세운다.

$C\div6x^3y^2=-x$ 이므로　　　$C=(-x)\times6x^3y^2=-6x^4y^2$

$B\times(-2x^2y)^3=-6x^4y^2$ 이므로

$B=(-6x^4y^2)\div(-2x^2y)^3$

$=(-6x^4y^2)\times\left(-\dfrac{1}{8x^6y^3}\right)=\dfrac{3}{4x^2y}$

$A\div(-4x^4y^2)=\dfrac{3}{4x^2y}$ 이므로

$A=\dfrac{3}{4x^2y}\times(-4x^4y^2)=-3x^2y$

답 $A=-3x^2y,\ B=\dfrac{3}{4x^2y},\ C=-6x^4y^2$

0269 전략 어떤 식을 A로 놓고 식을 세운다.

어떤 식을 A라 하면　　　$A\div\left(-\dfrac{2}{3}a^2b\right)=9a^4b^3$

$\therefore A=9a^4b^3\times\left(-\dfrac{2}{3}a^2b\right)=-6a^6b^4$

따라서 바르게 계산한 식은

$(-6a^6b^4)\times\left(-\dfrac{2}{3}a^2b\right)=4a^8b^5$　　　답 $4a^8b^5$

0270 <전략> (뿔의 부피)$=\dfrac{1}{3}\times$(밑넓이)$\times$(높이)임을 이용하여 식을 세운다.

$\dfrac{1}{3}\times(2a^2b)^2\times$(높이)$=8a^5b^3$이므로

$$\dfrac{4a^4b^2}{3}\times(높이)=8a^5b^3$$

$$\therefore (높이)=8a^5b^3\times\dfrac{3}{4a^4b^2}=6ab$$

답 $6ab$

0271 <전략> 주어진 등식의 좌변을 $a\times2^x$의 꼴로 나타낸다.

$$2^{x+2}+2^{x+1}+2^x=2^x\times2^2+2^x\times2+2^x$$
$$=(4+2+1)\times2^x$$
$$=7\times2^x=224$$

따라서 $2^x=32=2^5$이므로 $\quad x=5$

답 ③

0272 <전략> 조건 (개)에서 밑이 같아지도록 식을 변형한다.

조건 (개)에서 $49^x\times7^{2x-1}=7^{15}$이므로

$$(7^2)^x\times7^{2x-1}=7^{15}, \quad 7^{2x}\times7^{2x-1}=7^{15}$$
$$7^{2x+2x-1}=7^{15}, \quad 7^{4x-1}=7^{15}$$

즉 $4x-1=15$이므로 $\quad 4x=16 \quad \therefore x=4$ $\quad$ … 1단계

조건 (내)에서

$$2^{15}\times5^{13}=2^2\times(2^{13}\times5^{13})=2^2\times(2\times5)^{13}=4\times10^{13}$$

즉 $2^{15}\times5^{13}$은 14자리 자연수이므로 $\quad y=14$ $\quad$ … 2단계

$$\therefore y-x=14-4=10 \quad \text{… 3단계}$$

답 10

단계	채점 요소	비율
1	x의 값 구하기	40 %
2	y의 값 구하기	50 %
3	$y-x$의 값 구하기	10 %

0273 <전략> 좌변을 간단히 한 후 우변과 비교한다.

$$(-3x^3y^2)^A\div6x^By\times8x^5y^3$$
$$=(-3)^Ax^{3A}y^{2A}\times\dfrac{1}{6x^By}\times8x^5y^3$$
$$=\dfrac{(-3)^A\times4}{3}\times\dfrac{x^{3A+5}y^{2A+3}}{x^By}$$
$$=\dfrac{(-3)^A\times4}{3}x^{3A+5-B}y^{2A+2} \quad \text{… 1단계}$$

즉 $\dfrac{(-3)^A\times4}{3}x^{3A+5-B}y^{2A+2}=Cx^2y^8$이므로

$$\dfrac{(-3)^A\times4}{3}=C, \ 3A+5-B=2, \ 2A+2=8$$

$2A+2=8$에서 $\quad 2A=6 \quad \therefore A=3$

$3A+5-B=2$에서 $\quad 9+5-B=2 \quad \therefore B=12$

$$C=\dfrac{(-3)^3\times4}{3}=\dfrac{-27\times4}{3}=-36 \quad \text{… 2단계}$$

$$\therefore \dfrac{AB}{C}=\dfrac{3\times12}{-36}=-1 \quad \text{… 3단계}$$

답 -1

단계	채점 요소	비율
1	좌변을 간단히 하기	60 %
2	A, B, C의 값 구하기	30 %
3	$\dfrac{AB}{C}$의 값 구하기	10 %

0274 <전략> 공식을 이용하여 구의 부피와 원뿔의 부피를 각각 구한다.

(구의 부피)$=\dfrac{4}{3}\pi\times(2ab)^3=\dfrac{32}{3}\pi a^3b^3$ $\quad$ … 1단계

(원뿔의 부피)$=\dfrac{1}{3}\times\pi\times(2a)^2\times ab^3=\dfrac{4}{3}\pi a^3b^3$ $\quad$ … 2단계

이때 $\dfrac{32}{3}\pi a^3b^3\div\dfrac{4}{3}\pi a^3b^3=8$이므로 구의 부피는 원뿔의 부피의 8배이다. $\quad$ … 3단계

답 8배

단계	채점 요소	비율
1	구의 부피 구하기	40 %
2	원뿔의 부피 구하기	40 %
3	구의 부피가 원뿔의 부피의 몇 배인지 구하기	20 %

0275 <전략> d의 값이 될 수 있는 자연수는 x, y, z의 지수의 공약수임을 이용한다.

$(x^ay^bz^c)^d=x^{ad}y^{bd}z^{cd}=x^{30}y^{12}z^{24}$이므로

$$ad=30, \ bd=12, \ cd=24 \quad \cdots\cdots \ ㉠$$

따라서 이를 만족시키는 가장 큰 자연수 d는 30, 12, 24의 최대 공약수이어야 하므로 $\quad d=6$

$d=6$을 ㉠에 대입하면 $\quad 6a=30, \ 6b=12, \ 6c=24$

따라서 $a=5$, $b=2$, $c=4$이므로

$$a+b-c-d=5+2-4-6=-3 \quad \text{답 } -3$$

0276 <전략> 같은 수의 덧셈을 곱셈으로 바꾸어 나타낸 후 지수 법칙을 이용하여 간단히 한다.

$$\dfrac{5^5+5^5+5^5+5^5}{4^5+4^5+4^5}\times\dfrac{2^5+2^5+2^5}{3^5+3^5+3^5+3^5}$$
$$=\dfrac{4\times5^5}{3\times4^5}\times\dfrac{3\times2^5}{4\times3^5}=\dfrac{5^5}{(2^2)^5}\times\dfrac{2^5}{3^5}$$
$$=\dfrac{5^5}{2^{10}}\times\dfrac{2^5}{3^5}=\dfrac{5^5}{2^5\times3^5}=\dfrac{5^5}{(2\times3)^5}$$
$$=\dfrac{5^5}{6^5}=\left(\dfrac{5}{6}\right)^5$$

따라서 $m=5$, $a=5$, $b=6$이므로

$$m-a+b=5-5+6=6 \quad \text{답 } 6$$

0277 <전략> 주어진 수를 a^n의 꼴로 나타낸 후 일의 자리의 숫자의 규칙을 찾는다.

$$(3^7)^{10}\times81^5=3^{70}\times(3^4)^5=3^{70}\times3^{20}=3^{90}$$

$3^1=3$, $3^2=9$, $3^3=27$, $3^4=81$, $3^5=243$, $\cdots$이므로 3의 거듭제곱의 일의 자리의 숫자는 3, 9, 7, 1의 순서대로 반복된다.

이때 $90=4\times22+2$이므로 3^{90}의 일의 자리의 숫자는 9이다.

$$\therefore <(3^7)^{10}\times81^5>=9 \quad \text{답 } 9$$

03 다항식의 계산

 교과서문제 정복하기 > 본문 45쪽

0278 $(a+3b)+(3a-4b)=a+3b+3a-4b$
$=4a-b$ 답 $4a-b$

0279 $(2x-5y+7)-(4x-y-2)$
$=2x-5y+7-4x+y+2$
$=-2x-4y+9$ 답 $-2x-4y+9$

0280 $\left(a-\dfrac{1}{3}b\right)+\left(\dfrac{1}{3}a+\dfrac{1}{2}b\right)=a-\dfrac{1}{3}b+\dfrac{1}{3}a+\dfrac{1}{2}b$
$=\dfrac{3}{3}a+\dfrac{1}{3}a-\dfrac{2}{6}b+\dfrac{3}{6}b$
$=\dfrac{4}{3}a+\dfrac{1}{6}b$ 답 $\dfrac{4}{3}a+\dfrac{1}{6}b$

0281 $\dfrac{x+y}{2}-\dfrac{3x-2y}{5}=\dfrac{5(x+y)-2(3x-2y)}{10}$
$=\dfrac{5x+5y-6x+4y}{10}$
$=-\dfrac{1}{10}x+\dfrac{9}{10}y$
답 $-\dfrac{1}{10}x+\dfrac{9}{10}y$

RPM 비법 노트

분수의 꼴인 다항식의 덧셈과 뺄셈은 분모의 최소공배수로 통분한
후 동류항끼리 모아서 계산한다.
이때 부호에 주의한다.
→ $-\dfrac{B+C}{A}=\dfrac{-B-C}{A}$, $-\dfrac{B-C}{A}=\dfrac{-B+C}{A}$

0282 $(-3a^2+2a-1)+(a^2-a+7)$
$=-3a^2+2a-1+a^2-a+7$
$=-2a^2+a+6$ 답 $-2a^2+a+6$

0283 $(x^2-x-5)-(-2x^2+x-1)$
$=x^2-x-5+2x^2-x+1$
$=3x^2-2x-4$ 답 $3x^2-2x-4$

0284 $2(a^2+a)+3(a^2-a-1)$
$=2a^2+2a+3a^2-3a-3$
$=5a^2-a-3$ 답 $5a^2-a-3$

0285 $(2x^2-3x+7)-2(3x^2-5x+1)$
$=2x^2-3x+7-6x^2+10x-2$
$=-4x^2+7x+5$ 답 $-4x^2+7x+5$

0286 $5a+\{2b-(3a-b)\}=5a+(2b-3a+b)$
$=5a+(-3a+3b)$
$=5a-3a+3b$
$=2a+3b$ 답 $2a+3b$

0287 $4x^2+x-\{7x^2-(2x^2+5x)\}$
$=4x^2+x-(7x^2-2x^2-5x)$
$=4x^2+x-(5x^2-5x)$
$=4x^2+x-5x^2+5x$
$=-x^2+6x$ 답 $-x^2+6x$

0288 $3a(4a-3)=12a^2-9a$ 답 $12a^2-9a$

0289 $-4x(2x-y-3)=-8x^2+4xy+12x$
답 $-8x^2+4xy+12x$

0290 $(x^2-3x+1)\times 5x=5x^3-15x^2+5x$
답 $5x^3-15x^2+5x$

0291 $(2a+4b-6ab)\times\left(-\dfrac{b}{2}\right)=-ab-2b^2+3ab^2$
답 $-ab-2b^2+3ab^2$

0292 $(6x^2y+3xy)\div 3xy=\dfrac{6x^2y+3xy}{3xy}$
$=2x+1$ 답 $2x+1$

0293 $(21a^2-14ab+35a)\div(-7a)$
$=\dfrac{21a^2-14ab+35a}{-7a}$
$=-3a+2b-5$ 답 $-3a+2b-5$

0294 $(8x^2-6x)\div\dfrac{2}{3}x=(8x^2-6x)\times\dfrac{3}{2x}$
$=12x-9$ 답 $12x-9$

0295 $(2a^2b+3ab^2-ab)\div\left(-\dfrac{1}{2}ab\right)$
$=(2a^2b+3ab^2-ab)\times\left(-\dfrac{2}{ab}\right)$
$=-4a-6b+2$ 답 $-4a-6b+2$

0296 $x(-x+1)+3x(x-4)=-x^2+x+3x^2-12x$
$=2x^2-11x$
답 $2x^2-11x$

0297 $\dfrac{8x^2+6x}{2x}-\dfrac{15x^2y-9xy}{3xy}=4x+3-(5x-3)$
$=4x+3-5x+3$
$=-x+6$ 답 $-x+6$

0298
$$\dfrac{x^3y-2x^2y^2}{x}-xy(x-y)=x^2y-2xy^2-x^2y+xy^2$$
$$=-xy^2 \qquad \text{답 } -xy^2$$

0299 $2x(x+2y)+(x^3-4x^2y)\div\dfrac{x}{3}$
$$=2x(x+2y)+(x^3-4x^2y)\times\dfrac{3}{x}$$
$$=2x^2+4xy+3x^2-12xy$$
$$=5x^2-8xy \qquad \text{답 } 5x^2-8xy$$

0300 $2x+3y=2x+3(x-3)$
$$=2x+3x-9$$
$$=5x-9 \qquad \text{답 } 5x-9$$

0301 $x-4y-7=x-4(x-3)-7$
$$=x-4x+12-7$$
$$=-3x+5 \qquad \text{답 } -3x+5$$

0302 $-A+2B=-(x+2y)+2(4x-y)$
$$=-x-2y+8x-2y$$
$$=7x-4y \qquad \text{답 } 7x-4y$$

0303 $4A-3B=4(x+2y)-3(4x-y)$
$$=4x+8y-12x+3y$$
$$=-8x+11y \qquad \text{답 } -8x+11y$$

유형 익히기 ▶본문 46~52쪽

0304 $\left(\dfrac{1}{2}x-\dfrac{2}{3}y\right)-\left(\dfrac{3}{4}x-\dfrac{1}{6}y\right)=\dfrac{1}{2}x-\dfrac{2}{3}y-\dfrac{3}{4}x+\dfrac{1}{6}y$
$$=\dfrac{2}{4}x-\dfrac{3}{4}x-\dfrac{4}{6}y+\dfrac{1}{6}y$$
$$=-\dfrac{1}{4}x-\dfrac{1}{2}y$$

따라서 $a=-\dfrac{1}{4}$, $b=-\dfrac{1}{2}$이므로
$$b\div a=-\dfrac{1}{2}\div\left(-\dfrac{1}{4}\right)=-\dfrac{1}{2}\times(-4)=2 \qquad \text{답 } 2$$

0305 $-2(3a-b+3)+3(2a-3b+4)$
$$=-6a+2b-6+6a-9b+12$$
$$=-7b+6 \qquad \text{답 } ②$$

0306 $(x-4y-5)-3(-3x+4y+1)$
$$=x-4y-5+9x-12y-3$$
$$=10x-16y-8$$
따라서 x의 계수는 10, y의 계수는 -16이므로 구하는 합은
$$10+(-16)=-6 \qquad \text{답 } -6$$

0307 $\dfrac{5x-3y}{3}-\dfrac{x-2y}{2}+x$
$$=\dfrac{2(5x-3y)-3(x-2y)+6x}{6}$$
$$=\dfrac{10x-6y-3x+6y+6x}{6}$$
$$=\dfrac{13}{6}x \qquad \text{답 } \dfrac{13}{6}x$$

0308 $(x^2-6x+5)-(-4x^2-x+7)$
$$=x^2-6x+5+4x^2+x-7$$
$$=5x^2-5x-2$$
따라서 x^2의 계수는 5, 상수항은 -2이므로 구하는 합은
$$5+(-2)=3 \qquad \text{답 } ③$$

0309 ② 일차식이다.
③ 분모에 문자가 있으므로 다항식이 아니다.
④ $x^2+7x-x^2=7x$이므로 일차식이다.
⑤ $(x^2+2x)-(x+1)=x^2+2x-x-1=x^2+x-1$이므로 이차식이다.
따라서 이차식인 것은 ①, ⑤이다. 　　　 답 ①, ⑤

0310 $-5(2x^2-x-4)+4(3x^2+2x-6)$
$$=-10x^2+5x+20+12x^2+8x-24$$
$$=2x^2+13x-4 \qquad \text{답 } 2x^2+13x-4$$

0311 $(x^2+x-3)-2\left(\dfrac{5}{2}x^2-\dfrac{7}{2}x+1\right)$
$$=x^2+x-3-5x^2+7x-2$$
$$=-4x^2+8x-5 \qquad \cdots \text{ 1단계}$$
따라서 $a=-4$, $b=8$, $c=-5$이므로 $\cdots$ 2단계
$$a+b+c=-4+8+(-5)=-1 \qquad \cdots \text{ 3단계}$$
답 -1

단계	채점 요소	비율
1	좌변을 계산하기	60 %
2	a, b, c의 값 구하기	30 %
3	$a+b+c$의 값 구하기	10 %

0312 $3x-[2y-x-\{4y-5(x+2y)\}-6]$
$$=3x-\{2y-x-(4y-5x-10y)-6\}$$
$$=3x-\{2y-x-(-5x-6y)-6\}$$
$$=3x-(2y-x+5x+6y-6)$$
$$=3x-(4x+8y-6)$$
$$=3x-4x-8y+6$$
$$=-x-8y+6 \qquad \text{답 } ①$$

0313 $a+4b-\{6a-(a-b)\}=a+4b-(6a-a+b)$
$$=a+4b-(5a+b)$$
$$=a+4b-5a-b$$
$$=-4a+3b \qquad \text{답 } -4a+3b$$

0314 $7x-[2x-y-\{x+3y-(5x-4y)\}]$
$=7x-\{2x-y-(x+3y-5x+4y)\}$
$=7x-\{2x-y-(-4x+7y)\}$
$=7x-(2x-y+4x-7y)$
$=7x-(6x-8y)$
$=7x-6x+8y$
$=x+8y$
따라서 $a=1$, $b=8$이므로
$\qquad a-b=1-8=-7$ 　　　답 -7

0315 $5x^2-[x-2x^2-\{2x-3x^2+(-4x+2x^2)\}]$
$=5x^2-\{x-2x^2-(2x-3x^2-4x+2x^2)\}$
$=5x^2-\{x-2x^2-(-x^2-2x)\}$
$=5x^2-(x-2x^2+x^2+2x)$
$=5x^2-(-x^2+3x)$
$=5x^2+x^2-3x$
$=6x^2-3x$ 　　　답 ③

0316 어떤 식을 A라 하면
$\qquad A+(2x^2-x+7)=-x^2+4x-2$
$\therefore A=-x^2+4x-2-(2x^2-x+7)$
$\qquad =-x^2+4x-2-2x^2+x-7$
$\qquad =-3x^2+5x-9$ 　　답 $-3x^2+5x-9$

0317 $\boxed{}-(5x+2y-3)=-3x-8y+4$에서
$\qquad \boxed{}=-3x-8y+4+(5x+2y-3)$
$\qquad\qquad =-3x-8y+4+5x+2y-3$
$\qquad\qquad =2x-6y+1$ 　　　답 $2x-6y+1$

0318 $(-a^2+2a-3)+A=a^2+4a-1$이므로
$\qquad A=a^2+4a-1-(-a^2+2a-3)$
$\qquad\quad =a^2+4a-1+a^2-2a+3$
$\qquad\quad =2a^2+2a+2$ 　　　 … 1단계
또 $(3a^2+6a-5)-B=10a^2-a+3$이므로
$\qquad B=3a^2+6a-5-(10a^2-a+3)$
$\qquad\quad =3a^2+6a-5-10a^2+a-3$
$\qquad\quad =-7a^2+7a-8$ 　　　 … 2단계
$\therefore A+B=(2a^2+2a+2)+(-7a^2+7a-8)$
$\qquad\qquad =-5a^2+9a-6$ 　　 … 3단계
답 $-5a^2+9a-6$

단계	채점 요소	비율
1	A 구하기	40 %
2	B 구하기	40 %
3	$A+B$ 계산하기	20 %

0319 $x-[6x+3y-\{2x+3y-(y-\boxed{})\}]$
$=x-\{6x+3y-(2x+3y-y+\boxed{})\}$
$=x-\{6x+3y-(2x+2y+\boxed{})\}$
$=x-(6x+3y-2x-2y-\boxed{})$
$=x-(4x+y-\boxed{})$
$=x-4x-y+\boxed{}$
$=-3x-y+\boxed{}$
즉 $-3x-y+\boxed{}=x+3y$이므로
$\qquad \boxed{}=x+3y-(-3x-y)$
$\qquad\qquad =x+3y+3x+y$
$\qquad\qquad =4x+4y$ 　　　답 $4x+4y$

0320 어떤 식을 A라 하면
$\qquad A-(3x^2-5x+1)=6x^2+x-2$
$\therefore A=6x^2+x-2+(3x^2-5x+1)$
$\qquad\quad =9x^2-4x-1$
따라서 바르게 계산한 식은
$\qquad (9x^2-4x-1)+(3x^2-5x+1)=12x^2-9x$ 　답 ④

0321 (1) 어떤 식을 A라 하면
$\qquad A+(-x+7y-3)=-5x-2y+1$
$\therefore A=-5x-2y+1-(-x+7y-3)$
$\qquad\quad =-5x-2y+1+x-7y+3$
$\qquad\quad =-4x-9y+4$
(2) 바르게 계산한 식은
$\qquad (-4x-9y+4)-(-x+7y-3)$
$\qquad =-4x-9y+4+x-7y+3$
$\qquad =-3x-16y+7$
답 (1) $-4x-9y+4$ (2) $-3x-16y+7$

0322 어떤 식을 A라 하면
$\qquad (4x^2-3x+6)-A=-2x^2+x-3$
$\therefore A=4x^2-3x+6-(-2x^2+x-3)$
$\qquad\quad =4x^2-3x+6+2x^2-x+3$
$\qquad\quad =6x^2-4x+9$ 　　　 … 1단계
바르게 계산한 식은
$\qquad (4x^2-3x+6)+(6x^2-4x+9)$
$\qquad =4x^2-3x+6+6x^2-4x+9$
$\qquad =10x^2-7x+15$ 　　　 … 2단계
따라서 $a=10$, $b=-7$, $c=15$이므로 　… 3단계
$\qquad a-b-c=10-(-7)-15=2$ 　… 4단계
답 2

단계	채점 요소	비율
1	어떤 식 구하기	30 %
2	바르게 계산한 식 구하기	30 %
3	a, b, c의 값 구하기	30 %
4	$a-b-c$의 값 구하기	10 %

0323 $-5xy(x-2y+4)=-5x^2y+10xy^2-20xy$ 답 ②

0324 ⑤ $(-x+4y-9)\times(-x^2)=x^3-4x^2y+9x^2$
따라서 옳지 않은 것은 ⑤이다. 답 ⑤

0325 $(21x^2+14x-35)\times\left(-\dfrac{2}{7}x\right)=-6x^3-4x^2+10x$
따라서 $a=-6$, $b=-4$, $c=10$이므로
$a+b-c=-6+(-4)-10=-20$ 답 -20

0326 $(6x^2y+12xy^2-8y^2)\div\dfrac{2}{3}y$
$=(6x^2y+12xy^2-8y^2)\times\dfrac{3}{2y}$
$=9x^2+18xy-12y$ 답 ④

0327 $(-12a^3+30a^2b)\div(-6a^2)=\dfrac{-12a^3+30a^2b}{-6a^2}$
$=2a-5b$
답 $2a-5b$

0328 $\boxed{}\div\dfrac{3}{4}y=8x^2y^2+16x-36y$에서
$\boxed{}=(8x^2y^2+16x-36y)\times\dfrac{3}{4}y$
$=6x^2y^3+12xy-27y^2$ 답 ⑤

0329 $A=(16x^2-12xy)\div4x$
$=\dfrac{16x^2-12xy}{4x}=4x-3y$ … 1단계
$B=(20x^2y-15xy^2)\div\left(-\dfrac{5}{4}xy\right)$
$=(20x^2y-15xy^2)\times\left(-\dfrac{4}{5xy}\right)=-16x+12y$ … 2단계
$\therefore A+B=(4x-3y)+(-16x+12y)$
$=4x-3y-16x+12y$
$=-12x+9y$ … 3단계
답 $-12x+9y$

단계	채점 요소	비율
1	A 구하기	40 %
2	B 구하기	40 %
3	$A+B$ 계산하기	20 %

0330 $2x(3x+7)-(27x^3-36x^2)\div(-9x)$
$=2x(3x+7)-\dfrac{27x^3-36x^2}{-9x}$
$=6x^2+14x-(-3x^2+4x)$
$=6x^2+14x+3x^2-4x$
$=9x^2+10x$ 답 ⑤

0331 $a(2a-b)+3a(-a+4b)$
$=2a^2-ab-3a^2+12ab$
$=-a^2+11ab$ 답 $-a^2+11ab$

0332 $\dfrac{16x^2y-2xy^2}{4xy}-\dfrac{3xy-8x^2}{2x}$
$=4x-\dfrac{1}{2}y-\left(\dfrac{3}{2}y-4x\right)$
$=4x-\dfrac{1}{2}y-\dfrac{3}{2}y+4x$
$=8x-2y$ 답 ④

0333 $\dfrac{2}{3}x(9x-3y)-\left(\dfrac{2}{3}x^2y-6xy\right)\div\dfrac{2}{3}x$
$=\dfrac{2}{3}x(9x-3y)-\left(\dfrac{2}{3}x^2y-6xy\right)\times\dfrac{3}{2x}$
$=6x^2-2xy-(xy-9y)$
$=6x^2-2xy-xy+9y$
$=6x^2-3xy+9y$
따라서 x^2의 계수는 6, xy의 계수는 -3이므로
$a=6$, $b=-3$
$\therefore ab=6\times(-3)=-18$ 답 -18

0334 $2a\times3b\times$(높이)$=24a^2b-6ab^3$이므로
(높이)$=\dfrac{24a^2b-6ab^3}{6ab}=4a-b^2$ 답 ③

0335 (사다리꼴의 넓이)$=\dfrac{1}{2}\times\{(a+b)+5b\}\times2ab$
$=\dfrac{1}{2}\times(a+6b)\times2ab$
$=a^2b+6ab^2$ 답 a^2b+6ab^2

0336 (색칠한 부분의 넓이)
$=\dfrac{1}{2}\times(4a-2b)\times3b+\dfrac{1}{2}\times4a\times b+\dfrac{1}{2}\times2b\times2b$
$=6ab-3b^2+2ab+2b^2$
$=8ab-b^2$ 답 ④

0337 $\dfrac{1}{3}\times\pi\times(3a)^2\times$(높이)$=24\pi a^3b^3-18\pi a^2b$이므로
$3\pi a^2\times$(높이)$=24\pi a^3b^3-18\pi a^2b$
$\therefore$ (높이)$=\dfrac{24\pi a^3b^3-18\pi a^2b}{3\pi a^2}=8ab^3-6b$ 답 ④

0338 남아 있는 꽃밭 전체의 가로의 길이는
$5x+2-x=4x+2$
세로의 길이는
$4x-x=3x$
따라서 남아 있는 꽃밭의 넓이는
$(4x+2)\times3x=12x^2+6x$ 답 ②

0339 $\frac{1}{2} \times 2a \times (3b-1) \times b = 3a \times 2b \times (물의 높이)$이므로 ··· **1단계**

$3ab^2 - ab = 6ab \times (물의 높이)$

$\therefore (물의 높이) = \frac{3ab^2 - ab}{6ab} = \frac{1}{2}b - \frac{1}{6}$ ··· **2단계**

답 $\frac{1}{2}b - \frac{1}{6}$

단계	채점 요소	비율
1	식 세우기	50 %
2	물의 높이 구하기	50 %

0340 $\frac{6x^2y - 3xy^2}{3xy} - \frac{15y^2 - 10xy}{5y}$

$= 2x - y - (3y - 2x)$

$= 2x - y - 3y + 2x$

$= 4x - 4y$

$= 4 \times (-1) - 4 \times 2$

$= -4 - 8$

$= -12$

답 ①

0341 $(18x^3y - 42xy^2) \div 6xy = \frac{18x^3y - 42xy^2}{6xy}$

$= 3x^2 - 7y$

$= 3 \times (-3)^2 - 7 \times \left(-\frac{1}{7}\right)$

$= 27 + 1$

$= 28$

답 28

0342 $xy(x+y) - y(3xy + x^2) = x^2y + xy^2 - 3xy^2 - x^2y$

$= -2xy^2$

$= -2 \times 2 \times (-3)^2$

$= -36$

답 -36

0343 $\frac{8xy + 20yz - 12xz}{4xyz} = \frac{2}{z} + \frac{5}{x} - \frac{3}{y}$

$= 2 \div z + 5 \div x - 3 \div y$

$= 2 \div \frac{2}{3} + 5 \div \frac{1}{2} - 3 \div \left(-\frac{3}{4}\right)$

$= 2 \times \frac{3}{2} + 5 \times 2 - 3 \times \left(-\frac{4}{3}\right)$

$= 3 + 10 + 4$

$= 17$

답 17

0344 $-4A + 2B - (B - 2A)$

$= -4A + 2B - B + 2A$

$= -2A + B$

$= -2(3x - 4y) + (-x + 2y)$

$= -6x + 8y - x + 2y$

$= -7x + 10y$

답 ②

0345 $\frac{A}{3} + \frac{B}{2} = \frac{x-y}{3} + \frac{2x+y}{2}$

$= \frac{2(x-y) + 3(2x+y)}{6}$

$= \frac{2x - 2y + 6x + 3y}{6}$

$= \frac{8x + y}{6}$

$= \frac{4}{3}x + \frac{1}{6}y$

답 $\frac{4}{3}x + \frac{1}{6}y$

0346 $3(3A - B) - 4(A + B)$

$= 9A - 3B - 4A - 4B$

$= 5A - 7B$ ··· **1단계**

$= 5 \times \frac{3x+y}{5} - 7 \times \frac{x-2y}{7}$

$= 3x + y - (x - 2y)$

$= 3x + y - x + 2y$

$= 2x + 3y$ ··· **2단계**

답 $2x + 3y$

단계	채점 요소	비율
1	주어진 식을 간단히 하기	50 %
2	x, y에 대한 식으로 나타내기	50 %

0347 $5A + 2\{B - (2A + C)\}$

$= 5A + 2(B - 2A - C)$

$= 5A + 2B - 4A - 2C$

$= A + 2B - 2C$

$= -x + 1 + 2(3x^2 - 1) - 2(x^2 - 4x + 1)$

$= -x + 1 + 6x^2 - 2 - 2x^2 + 8x - 2$

$= 4x^2 + 7x - 3$

답 ④

0348 세로에 있는 세 다항식의 합은

$(a^2 - 3) + (2a^2 - a) + (-a + 1) = 3a^2 - 2a - 2$

$a^2 - 3$	$-a + 5$	
$2a^2 - a$	(가)	
$-a + 1$	㉠	$a^2 + 3a - 2$

마지막 줄 가운데 칸에 들어갈 식을 ㉠이라 하면

$(-a + 1) + ㉠ + (a^2 + 3a - 2) = 3a^2 - 2a - 2$

$㉠ + a^2 + 2a - 1 = 3a^2 - 2a - 2$

$\therefore ㉠ = 3a^2 - 2a - 2 - (a^2 + 2a - 1)$

$= 3a^2 - 2a - 2 - a^2 - 2a + 1$

$= 2a^2 - 4a - 1$

$(-a + 5) + (가) + (2a^2 - 4a - 1) = 3a^2 - 2a - 2$이므로

$(가) + 2a^2 - 5a + 4 = 3a^2 - 2a - 2$

$\therefore (가) = 3a^2 - 2a - 2 - (2a^2 - 5a + 4)$

$= 3a^2 - 2a - 2 - 2a^2 + 5a - 4$

$= a^2 + 3a - 6$

답 $a^2 + 3a - 6$

0349 $(3x+4y)+A=5x-2y$이므로
$$A=5x-2y-(3x+4y)$$
$$=5x-2y-3x-4y$$
$$=2x-6y$$

		B		
	㉠		$5x-2y$
$2x-y$	$3x+4y$		A

가운데 줄 첫 번째 칸에 들어갈 식을 ㉠이라 하면
$$㉠=(2x-y)+(3x+4y)$$
$$=5x+3y$$
$$\therefore B=(5x+3y)+(5x-2y)$$
$$=10x+y$$
$$\therefore 2A-B=2(2x-6y)-(10x+y)$$
$$=4x-12y-10x-y$$
$$=-6x-13y$$
답 $-6x-13y$

0350 마주 보는 면에 적힌 두 다항식의 합은
$$(a^2+4)+(2a^2-3a+1)=3a^2-3a+5$$
따라서 $A+(a^2-2a-3)=3a^2-3a+5$이므로
$$A=3a^2-3a+5-(a^2-2a-3)$$
$$=3a^2-3a+5-a^2+2a+3$$
$$=2a^2-a+8$$
답 $2a^2-a+8$

0351 $(-3x^a)^b=(-3)^b x^{ab}=-27x^{12}$이므로
$$(-3)^b=-27,\ ab=12$$
$$\therefore a=4,\ b=3$$
$$4a-[-a+2b-\{3a-(5a-b)\}]$$
$$=4a-\{-a+2b-(3a-5a+b)\}$$
$$=4a-\{-a+2b-(-2a+b)\}$$
$$=4a-(-a+2b+2a-b)$$
$$=4a-(a+b)$$
$$=4a-a-b$$
$$=3a-b$$
따라서 $3a-b$에 $a=4,\ b=3$을 대입하면
$$3a-b=3\times4-3=9$$
답 ②

0352 $(5x^a)^b=5^b x^{ab}=25x^6$이므로
$$5^b=25,\ ab=6$$
$$\therefore a=3,\ b=2$$
$$(20a^3b^2-32a^2b^3)\div(-2ab)^2\times ab$$
$$=\frac{20a^3b^2-32a^2b^3}{4a^2b^2}\times ab$$
$$=(5a-8b)\times ab$$
$$=5a^2b-8ab^2$$
따라서 $5a^2b-8ab^2$에 $a=3,\ b=2$를 대입하면
$$5a^2b-8ab^2=5\times3^2\times2-8\times3\times2^2$$
$$=90-96$$
$$=-6$$
답 -6

0353 $(-2x^a)^3=-8x^{3a}=bx^{15}$이므로
$$-8=b,\ 3a=15$$
$$\therefore a=5,\ b=-8$$
$$(5ab-2a^2)\times\frac{3}{a}-(2ab-3b^2)\div\left(-\frac{1}{2}b\right)$$
$$=(5ab-2a^2)\times\frac{3}{a}-(2ab-3b^2)\times\left(-\frac{2}{b}\right)$$
$$=15b-6a-(-4a+6b)$$
$$=15b-6a+4a-6b$$
$$=-2a+9b$$
따라서 $-2a+9b$에 $a=5,\ b=-8$을 대입하면
$$-2a+9b=-2\times5+9\times(-8)$$
$$=-10-72$$
$$=-82$$
답 -82

시험에 꼭 나오는 문제 ＞본문 53~55쪽

0354 전략 괄호를 풀고 동류항끼리 모아서 계산한다.
$$2(4x+3y-1)-3(-x+2y-2)$$
$$=8x+6y-2+3x-6y+6$$
$$=11x+4$$
답 ④

0355 전략 분모를 통분한 후 동류항끼리 모아서 계산한다.
$$\frac{2x^2-x}{3}-\frac{x^2+3x}{2}=\frac{2(2x^2-x)-3(x^2+3x)}{6}$$
$$=\frac{4x^2-2x-3x^2-9x}{6}$$
$$=\frac{1}{6}x^2-\frac{11}{6}x$$
따라서 $a=\frac{1}{6},\ b=-\frac{11}{6}$이므로
$$a-b=\frac{1}{6}-\left(-\frac{11}{6}\right)=2$$
답 ⑤

0356 전략 (소괄호) ➡ {중괄호} ➡ [대괄호]의 순서로 괄호를 풀어서 계산한다.
$$3x^2+2-[2x^2+x-\{3x-(-x+5)\}]$$
$$=3x^2+2-\{2x^2+x-(3x+x-5)\}$$
$$=3x^2+2-\{2x^2+x-(4x-5)\}$$
$$=3x^2+2-(2x^2+x-4x+5)$$
$$=3x^2+2-(2x^2-3x+5)$$
$$=3x^2+2-2x^2+3x-5$$
$$=x^2+3x-3$$
따라서 x^2의 계수는 1, 상수항은 -3이므로 구하는 곱은
$$1\times(-3)=-3$$
답 -3

0357 전략 $X-A=Y \Rightarrow A=X-Y$임을 이용한다.

$2(-a+3b)-A=-8a+9b$이므로

$\quad A=2(-a+3b)-(-8a+9b)$

$\quad\quad =-2a+6b+8a-9b$

$\quad\quad =6a-3b$ 　　　　　　　답 $6a-3b$

0358 전략 어떤 식을 A로 놓고 식을 세운다.

어떤 식을 A라 하면

$\quad (-x^2+5x+3)+A=2x^2-x-7$

$\quad \therefore A=2x^2-x-7-(-x^2+5x+3)$

$\quad\quad =2x^2-x-7+x^2-5x-3$

$\quad\quad =3x^2-6x-10$

따라서 바르게 계산한 식은

$\quad (-x^2+5x+3)-(3x^2-6x-10)$

$\quad =-x^2+5x+3-3x^2+6x+10$

$\quad =-4x^2+11x+13$ 　　　　　답 ②

0359 전략 (단항식)×(다항식) $\Rightarrow$ 분배법칙을 이용하여 단항식을 다항식의 각 항에 곱한다.

① $3x(x+1)=3x^2+3x$

② $x(-2x+y+1)=-2x^2+xy+x$

⑤ $-y(x^2-2y+2)=-x^2y+2y^2-2y$

따라서 옳은 것은 ③, ④이다. 　　　　답 ③, ④

0360 전략 $A÷\square=B \Rightarrow \square=A÷B$임을 이용한다.

$(3a^2b+4a^2b^3-2ab)÷\boxed{}=\dfrac{1}{2}ab$에서

$\quad \boxed{}=(3a^2b+4a^2b^3-2ab)÷\dfrac{1}{2}ab$

$\quad\quad =(3a^2b+4a^2b^3-2ab)×\dfrac{2}{ab}$

$\quad\quad =6a+8ab^2-4$

　　　　　　　　　　답 $6a+8ab^2-4$

0361 전략 곱셈을 먼저 계산한 후 덧셈, 뺄셈을 계산한다.

$\dfrac{1}{2}x(x+1)-\dfrac{2}{3}x(6x-9)-(-7x^2+x-1)$

$=\dfrac{1}{2}x^2+\dfrac{1}{2}x-4x^2+6x+7x^2-x+1$

$=\dfrac{7}{2}x^2+\dfrac{11}{2}x+1$

따라서 $A=\dfrac{7}{2}$, $B=\dfrac{11}{2}$, $C=1$이므로

$\quad A+B-C=\dfrac{7}{2}+\dfrac{11}{2}-1=8$ 　　　답 ④

0362 전략 나눗셈을 곱셈으로 바꾸어 먼저 계산한 후 덧셈, 뺄셈을 계산한다.

$(10a^2b-8ab^2)÷(-2a)-(ab^2-b^3)÷\dfrac{1}{3}b$

$=\dfrac{10a^2b-8ab^2}{-2a}-(ab^2-b^3)×\dfrac{3}{b}$

$=-5ab+4b^2-(3ab-3b^2)$

$=-5ab+4b^2-3ab+3b^2$

$=-8ab+7b^2$ 　　　　　　　　　答 ②

0363 전략 (기둥의 부피)=(밑넓이)×(높이)임을 이용하여 식을 세운다.

$\pi×(2a)^2×(높이)=8\pi a^3-12\pi a^2b^2$이므로

$\quad 4\pi a^2×(높이)=8\pi a^3-12\pi a^2b^2$

$\quad \therefore (높이)=\dfrac{8\pi a^3-12\pi a^2b^2}{4\pi a^2}=2a-3b^2$ 　답 ④

0364 전략 주어진 식을 간단히 한 후 식을 대입한다.

$2(A-4B)+3A+5B=2A-8B+3A+5B$

$\quad\quad\quad\quad\quad\quad\quad =5A-3B$

$\quad\quad\quad\quad\quad\quad\quad =5(2x+y)-3(3x-y)$

$\quad\quad\quad\quad\quad\quad\quad =10x+5y-9x+3y$

$\quad\quad\quad\quad\quad\quad\quad =x+8y$ 　　　　답 ④

0365 전략 주어진 규칙에 따라 A를 먼저 구한다.

$A+(4x^2+x-3)+(2x^2-x-5)=12x^2+3x-9$이므로

$\quad A+6x^2-8=12x^2+3x-9$

$\quad \therefore A=12x^2+3x-9-(6x^2-8)$

$\quad\quad =12x^2+3x-9-6x^2+8$

$\quad\quad =6x^2+3x-1$

x^2-2x-6		B
A	$4x^2+x-3$	$2x^2-x-5$
㉠		

마지막 줄 첫 번째 칸에 들어갈 식을 ㉠이라 하면

$\quad (x^2-2x-6)+(6x^2+3x-1)+㉠=12x^2+3x-9$

$\quad 7x^2+x-7+㉠=12x^2+3x-9$

$\quad \therefore ㉠=12x^2+3x-9-(7x^2+x-7)$

$\quad\quad =12x^2+3x-9-7x^2-x+7$

$\quad\quad =5x^2+2x-2$

$B+(4x^2+x-3)+(5x^2+2x-2)=12x^2+3x-9$이므로

$\quad B+9x^2+3x-5=12x^2+3x-9$

$\quad \therefore B=12x^2+3x-9-(9x^2+3x-5)$

$\quad\quad =12x^2+3x-9-9x^2-3x+5$

$\quad\quad =3x^2-4$

$\quad \therefore A-3B=(6x^2+3x-1)-3(3x^2-4)$

$\quad\quad =6x^2+3x-1-9x^2+12$

$\quad\quad =-3x^2+3x+11$

　　　　　　　　　답 $-3x^2+3x+11$

0366 전략 주어진 식을 계산한 후 계수를 비교한다.

$2x^2-3x+1-(ax^2-5x+4)$

$=2x^2-3x+1-ax^2+5x-4$

$=(2-a)x^2+2x-3$ ··· **1단계**

따라서 $2-a=4$, $2=b$이므로 $a=-2$, $b=2$ ··· **2단계**

$\therefore a+b=-2+2=0$ ··· **3단계**

답 0

단계	채점 요소	비율
1	주어진 식을 계산하기	70 %
2	a, b의 값 구하기	20 %
3	$a+b$의 값 구하기	10 %

0367 전략 어떤 식을 A로 놓고 식을 세운다.

어떤 식을 A라 하면

$A\times\left(-\dfrac{3}{2}ab\right)=-27a^2b^3+36a^3b^2-18a^2b^2$

$\therefore A=(-27a^2b^3+36a^3b^2-18a^2b^2)\div\left(-\dfrac{3}{2}ab\right)$

$=(-27a^2b^3+36a^3b^2-18a^2b^2)\times\left(-\dfrac{2}{3ab}\right)$

$=18ab^2-24a^2b+12ab$ ··· **1단계**

따라서 바르게 계산한 식은

$(18ab^2-24a^2b+12ab)\div\left(-\dfrac{3}{2}ab\right)$

$=(18ab^2-24a^2b+12ab)\times\left(-\dfrac{2}{3ab}\right)$

$=16a-12b-8$ ··· **2단계**

답 $16a-12b-8$

단계	채점 요소	비율
1	어떤 식 구하기	60 %
2	바르게 계산한 식 구하기	40 %

0368 전략 주어진 식을 계산한 후 문자 대신 수를 대입한다.

$\dfrac{1}{3}x(12xy-9y)-(8x^2y^2-6xy^2)\div(-2y)$

$=\dfrac{1}{3}x(12xy-9y)-\dfrac{8x^2y^2-6xy^2}{-2y}$

$=4x^2y-3xy-(-4x^2y+3xy)$

$=4x^2y-3xy+4x^2y-3xy$

$=8x^2y-6xy$ ··· **1단계**

$8x^2y-6xy$에 $x=-3$, $y=\dfrac{1}{6}$을 대입하면

$8\times(-3)^2\times\dfrac{1}{6}-6\times(-3)\times\dfrac{1}{6}$

$=12+3=15$ ··· **2단계**

답 15

단계	채점 요소	비율
1	주어진 식을 계산하기	60 %
2	식의 값 구하기	40 %

0369 전략 만들어진 직사각형의 가로의 길이와 세로의 길이를 구한다.

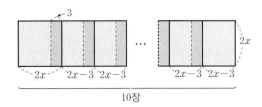

만들어진 직사각형의 가로의 길이는

$2x+9(2x-3)=2x+18x-27=20x-27$

세로의 길이는 $2x$

따라서 구하는 넓이는

$(20x-27)\times2x=40x^2-54x$ 답 $40x^2-54x$

0370 전략 먼저 A, B를 각각 구한 후 주어진 식에 대입한다.

$A=\left(-4x^3y+\dfrac{1}{5}x^2y^2\right)\div\dfrac{2}{5}x^2y$

$=\left(-4x^3y+\dfrac{1}{5}x^2y^2\right)\times\dfrac{5}{2x^2y}=-10x+\dfrac{y}{2}$

$B=\dfrac{4}{3}\left(6x-\dfrac{3}{4}y\right)=8x-y$

$6A-(C-B)=-15x-y+5$에서

$6A-C+B=-15x-y+5$

$\therefore C=6A+B-(-15x-y+5)$

$=6\left(-10x+\dfrac{y}{2}\right)+(8x-y)+15x+y-5$

$=-60x+3y+8x-y+15x+y-5$

$=-37x+3y-5$ 답 $-37x+3y-5$

0371 전략 지수법칙을 이용하여 a, b의 값을 구한다.

$(-2x^a)^b=(-2)^bx^{ab}=16x^8$이므로

$(-2)^b=16$, $ab=8$

$\therefore a=2$, $b=4$

$\{(-10a^3+15a^2b)\div(-5a)+7ab\}\div\dfrac{1}{2}a$

$=\left(\dfrac{-10a^3+15a^2b}{-5a}+7ab\right)\div\dfrac{1}{2}a$

$=(2a^2-3ab+7ab)\div\dfrac{1}{2}a$

$=(2a^2+4ab)\div\dfrac{1}{2}a$

$=(2a^2+4ab)\times\dfrac{2}{a}$

$=4a+8b$

따라서 $4a+8b$에 $a=2$, $b=4$를 대입하면

$4a+8b=4\times2+8\times4=40$ 답 40

04 일차부등식

 교과서문제 정복하기 > 본문 59, 61쪽

0372 답 ○

0373 부등호가 없으므로 부등식이 아니다. 답 ×

0374 등식이다. 답 ×

0375 답 ○

0376 답 $x-5>18$

0377 답 $2x \leq 10$

0378 (작지 않다.)=(크거나 같다.)이므로
$3x+7 \geq 25$ 답 $3x+7 \geq 25$

0379 $300 \times 3 + 500 \times x < 5000$이므로
$900 + 500x < 5000$ 답 $900+500x<5000$

0380 답 $8x+500 \geq 20000$

0381 $-1+2<0$에서 $1<0$ (거짓) 답 ×

0382 $2 \times (-1) > -3$에서 $-2>-3$ (참) 답 ○

0383 $3 \times (-1) + 4 \geq 1$에서 $1 \geq 1$ (참) 답 ○

0384 $5-(-1) \leq 1 - 2 \times (-1)$에서 $6 \leq 3$ (거짓) 답 ×

0385 $x=-1, 0, 1, 2$를 부등식 $4x-1>2$에 차례대로 대입하면
$x=-1$일 때, $4 \times (-1) - 1 > 2$에서 $-5>2$ (거짓)
$x=0$일 때, $4 \times 0 - 1 > 2$에서 $-1>2$ (거짓)
$x=1$일 때, $4 \times 1 - 1 > 2$에서 $3>2$ (참)
$x=2$일 때, $4 \times 2 - 1 > 2$에서 $7>2$ (참)
따라서 부등식 $4x-1>2$의 해는 1, 2이다. 답 1, 2

0386 $x=-1, 0, 1, 2$를 부등식 $6x+3<5$에 차례대로 대입하면
$x=-1$일 때, $6 \times (-1) + 3 < 5$에서 $-3<5$ (참)

$x=0$일 때, $6 \times 0 + 3 < 5$에서 $3<5$ (참)
$x=1$일 때, $6 \times 1 + 3 < 5$에서 $9<5$ (거짓)
$x=2$일 때, $6 \times 2 + 3 < 5$에서 $15<5$ (거짓)
따라서 부등식 $6x+3<5$의 해는 -1, 0이다. 답 -1, 0

0387 $a<b$의 양변에 1을 더하면 $a+1 \boxed{<} b+1$ 답 <

0388 $a<b$의 양변에서 3을 빼면 $a-3 \boxed{<} b-3$ 답 <

0389 $a<b$의 양변에 5를 곱하면 $5a \boxed{<} 5b$ 답 <

0390 $a<b$의 양변에 -7을 곱하면 $-7a \boxed{>} -7b$ 답 >

0391 $a<b$의 양변을 8로 나누면 $\dfrac{a}{8} \boxed{<} \dfrac{b}{8}$ 답 <

0392 $a<b$의 양변을 -4로 나누면 $-\dfrac{a}{4} \boxed{>} -\dfrac{b}{4}$ 답 >

0393 $a+6>b+6$의 양변에서 6을 빼면 $a \boxed{>} b$ 답 >

0394 $a-5<b-5$의 양변에 5를 더하면 $a \boxed{<} b$ 답 <

0395 $\dfrac{a}{10} > \dfrac{b}{10}$의 양변에 10을 곱하면 $a \boxed{>} b$ 답 >

0396 $-2a \leq -2b$의 양변을 -2로 나누면 $a \boxed{\geq} b$ 답 $\geq$

0397 $-\dfrac{a}{3} \geq -\dfrac{b}{3}$의 양변에 -3을 곱하면 $a \boxed{\leq} b$ 답 $\leq$

0398 $x^2-3x>-4$에서 $x^2-3x+4>0$이므로 일차부등식이 아니다. 답 ×

0399 $2x<4x+1$에서 $-2x-1<0$이므로 일차부등식이다. 답 ○

0400 $x-2 \geq 3+x$에서 $-5 \geq 0$이므로 일차부등식이 아니다. 답 ×

0401 $5x-x^2 \leq 8-x^2$에서 $5x-8 \leq 0$이므로 일차부등식이다. 답 ○

0402 $x-3>1$에서 $x>4$ 답 $x>4$

0403 $1-4x\le -7$에서 $-4x\le -8$ $\therefore x\ge 2$

답 $x\ge 2$

0404 $3x+5<-2x$에서 $5x<-5$ $\therefore x<-1$

답 $x<-1$

0405 답 $x\le 1$

0406 답 $x>-1$

0407 $2x+1<x-1$에서 $x<-2$

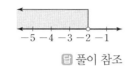

답 풀이 참조

0408 $-x+4<x+2$에서 $-2x<-2$ $\therefore x>1$

답 풀이 참조

0409 $x-2\ge 2x+3$에서 $-x\ge 5$ $\therefore x\le -5$

답 풀이 참조

0410 $2x-3\le 5x+6$에서 $-3x\le 9$ $\therefore x\ge -3$

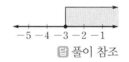

답 풀이 참조

0411 $2(x-1)>5x+1$에서 $2x-2>5x+1$ $-3x>3$ $\therefore x<-1$

답 $x<-1$

0412 $5x+6\le 3(x-2)$에서 $5x+6\le 3x-6$ $2x\le -12$ $\therefore x\le -6$

답 $x\le -6$

0413 $2-3(x-1)<-2x$에서 $2-3x+3<-2x$ $-x<-5$ $\therefore x>5$

답 $x>5$

0414 $4(x+3)\ge 3(x+1)$에서 $4x+12\ge 3x+3$ $\therefore x\ge -9$

답 $x\ge -9$

0415 $0.5x+1.6\le 0.3x$의 양변에 10을 곱하면 $5x+16\le 3x$, $2x\le -16$ $\therefore x\le -8$ 답 $x\le -8$

0416 $0.01x>0.1x+0.18$의 양변에 100을 곱하면 $x>10x+18$, $-9x>18$ $\therefore x<-2$ 답 $x<-2$

0417 $0.2-0.4x>0.3x+0.9$의 양변에 10을 곱하면 $2-4x>3x+9$, $-7x>7$ $\therefore x<-1$ 답 $x<-1$

0418 $0.7(x-1)\ge 0.1x+0.5$의 양변에 10을 곱하면 $7(x-1)\ge x+5$, $7x-7\ge x+5$ $6x\ge 12$ $\therefore x\ge 2$ 답 $x\ge 2$

0419 $\dfrac{3}{4}x-1<\dfrac{3}{2}x$의 양변에 4를 곱하면 $3x-4<6x$, $-3x<4$ $\therefore x>-\dfrac{4}{3}$ 답 $x>-\dfrac{4}{3}$

0420 $\dfrac{x}{2}+\dfrac{1}{6}\ge \dfrac{x}{3}+1$의 양변에 6을 곱하면 $3x+1\ge 2x+6$ $\therefore x\ge 5$ 답 $x\ge 5$

0421 $\dfrac{x+1}{6}\le \dfrac{x-3}{4}$의 양변에 12를 곱하면 $2(x+1)\le 3(x-3)$, $2x+2\le 3x-9$ $-x\le -11$ $\therefore x\ge 11$ 답 $x\ge 11$

0422 $\dfrac{x}{5}-1>\dfrac{x-5}{3}$의 양변에 15를 곱하면 $3x-15>5(x-5)$, $3x-15>5x-25$ $-2x>-10$ $\therefore x<5$ 답 $x<5$

유형 익히기

> 본문 **62~68**쪽

0423 ① 등식이다.
④ 부등호가 없으므로 부등식이 아니다.
따라서 부등식이 아닌 것은 ①, ④이다. 답 ①, ④

0424 ㄴ. 부등호가 없으므로 부등식이 아니다.
ㄹ, ㅂ. 등식이다.
이상에서 부등식은 ㄱ, ㄷ, ㅁ의 3개이다. 답 ③

0425 $3x-1=8$, $8+7=15$ ➡ 등식이다.
$-4x+1$, $x-2y$ ➡ 부등호가 없으므로 부등식이 아니다.
따라서 부등식이 있는 칸을 모두 색칠하면 다음과 같으므로 나타나는 알파벳은 L이다.

$-5<9$	$3x-1=8$	$x-2y$
$x+5>-1$	$-4x+1$	$8+7=15$
$4x\ge 10-x$	$10-8<5$	$2x\le 8$

답 L

0426 ② (작지 않다.)=(크거나 같다.)이므로
$2x\ge x+7$
④ $2(10+x)<35$
따라서 옳지 않은 것은 ④이다. 답 ④

0427 (크지 않다.)=(작거나 같다.)이므로

$a+3 \leq 5b$

답 $a+3 \leq 5b$

0428 ② $x+7<30$

③ $3x \geq 25$

⑤ $500x \leq 10000$

따라서 옳은 것은 ①, ④이다.

답 ①, ④

0429 [ ] 안의 수를 각각의 부등식의 x에 대입하면

① $2+2>3$에서 $4>3$ (참)

② $2 \times 5-1 \leq 10$에서 $9 \leq 10$ (참)

③ $3 \times (-1) > -1+2$에서 $-3>1$ (거짓)

④ $-2 \times (-2) \leq -2+6$에서 $4 \leq 4$ (참)

⑤ $5 \times (-3)+8 < 2 \times (-3)+1$에서 $-7<-5$ (참)

따라서 [ ] 안의 수가 주어진 부등식의 해가 아닌 것은 ③이다.

답 ③

0430 주어진 수를 부등식 $4-x<2$에 대입하면

① $4-0<2$에서 $4<2$ (거짓)

② $4-1<2$에서 $3<2$ (거짓)

③ $4-2<2$에서 $2<2$ (거짓)

④ $4-3<2$에서 $1<2$ (참)

⑤ $4-4<2$에서 $0<2$ (참)

따라서 부등식 $4-x<2$의 해가 되는 것은 ④, ⑤이다.

답 ④, ⑤

0431 $x=3$을 각각의 부등식에 대입하면

① $3+5>10$에서 $8>10$ (거짓)

② $2 \times 3-7>0$에서 $-1>0$ (거짓)

③ $2 \times (3+1) \leq 7$에서 $8 \leq 7$ (거짓)

④ $7-3 \times 3 < -3$에서 $-2<-3$ (거짓)

⑤ $13-3 \geq 3+7$에서 $10 \geq 10$ (참)

따라서 $x=3$을 해로 갖는 것은 ⑤이다.

답 ⑤

0432 $x=-2, -1, 0, 1$을 각각의 부등식에 대입하여 해를 구하면

① $0, 1$　　　　　② $-2, -1$　　　　③ -2

④ $-2, -1$　　　　⑤ 해가 없다.

따라서 해가 없는 것은 ⑤이다.

답 ⑤

0433 ① $a>b$의 양변에 7을 더하면

$a+7>b+7$

② $a>b$의 양변에 -3을 곱하면 $-3a<-3b$

③ $a>b$의 양변을 2로 나누면 $\dfrac{a}{2} > \dfrac{b}{2}$

$\dfrac{a}{2} > \dfrac{b}{2}$의 양변에서 4를 빼면 $\dfrac{a}{2}-4 > \dfrac{b}{2}-4$

④ $a>b$의 양변에 -1을 곱하면 $-a<-b$

$-a<-b$의 양변에 10을 더하면 $10-a<10-b$

⑤ $a>b$의 양변에 -5를 곱하면 $-5a<-5b$

$-5a<-5b$의 양변에서 8을 빼면

$-5a-8<-5b-8$

따라서 옳지 않은 것은 ④이다.

답 ④

0434 ① $a<b$의 양변에 4를 더하면

$4+a \boxed{<} 4+b$

② $a<b$의 양변에서 9를 빼면

$a-9 \boxed{<} b-9$

③ $a<b$의 양변에 -2를 곱하면 $-2a>-2b$

$-2a>-2b$의 양변에 3을 더하면

$3-2a \boxed{>} 3-2b$

④ $a<b$의 양변에 $\dfrac{2}{3}$를 곱하면 $\dfrac{2}{3}a < \dfrac{2}{3}b$

$\dfrac{2}{3}a < \dfrac{2}{3}b$의 양변에 1을 더하면

$\dfrac{2}{3}a+1 \boxed{<} \dfrac{2}{3}b+1$

⑤ $a<b$의 양변에 4를 곱하면 $4a<4b$

$4a<4b$의 양변에서 7을 빼면

$-7+4a \boxed{<} -7+4b$

따라서 부등호의 방향이 나머지 넷과 다른 하나는 ③이다.

답 ③

0435 ① $-5a-6<-5b-6$의 양변에 6을 더하면

$-5a<-5b$

$-5a<-5b$의 양변을 -5로 나누면 $a>b$

② $a>b$의 양변에 -8을 곱하면 $-8a<-8b$

③ $a>b$의 양변을 6으로 나누면 $\dfrac{a}{6} > \dfrac{b}{6}$

④ $a>b$의 양변을 -2로 나누면 $-\dfrac{a}{2} < -\dfrac{b}{2}$

$-\dfrac{a}{2} < -\dfrac{b}{2}$의 양변에 1을 더하면 $1-\dfrac{a}{2} < 1-\dfrac{b}{2}$

⑤ $a>b$의 양변에 4를 곱하면 $4a>4b$

$4a>4b$의 양변에서 3을 빼면 $4a-3>4b-3$

따라서 옳은 것은 ⑤이다.

답 ⑤

0436 ① $a<b$의 양변에 7을 곱하면 $7a<7b$

② $a-1>b-1$의 양변에 1을 더하면 $a>b$

$a>b$의 양변에 -3을 곱하면 $-3a<-3b$

③ $5a \geq 5b$의 양변을 5로 나누면 $a \geq b$

$a \geq b$의 양변을 -2로 나누면 $-\dfrac{a}{2} \leq -\dfrac{b}{2}$

④ $a+2<b+2$의 양변에서 2를 빼면 $a<b$

$a<b$의 양변에 -6을 곱하면 $-6a>-6b$

$-6a>-6b$의 양변에서 1을 빼면 $-6a-1>-6b-1$

⑤ $-\dfrac{a}{4} \leq -\dfrac{b}{4}$의 양변에 -4를 곱하면 $a \geq b$

$a \geq b$의 양변에서 4를 빼면 $a-4 \geq b-4$

따라서 옳지 않은 것은 ⑤이다.

답 ⑤

0437 $2 < x < 5$의 각 변에 -2를 곱하면

$-10 < -2x < -4$

$-10 < -2x < -4$의 각 변에 5를 더하면

$-5 < -2x+5 < 1$

$\therefore -5 < A < 1$ **답 ①**

0438 $-1 \leq x < 3$의 각 변에 4를 곱하면

$-4 \leq 4x < 12$

$-4 \leq 4x < 12$의 각 변에서 3을 빼면

$-7 \leq 4x-3 < 9$

따라서 $4x-3$의 값이 될 수 있는 것은 ②, ③이다. **답 ②, ③**

0439 $-3 < 4-\dfrac{x}{2} \leq 2$의 각 변에서 4를 빼면

$-7 < -\dfrac{x}{2} \leq -2$

$-7 < -\dfrac{x}{2} \leq -2$의 각 변에 -2를 곱하면

$4 \leq x < 14$ **답 $4 \leq x < 14$**

0440 $-9 < x \leq 12$의 각 변을 -3으로 나누면

$-4 \leq -\dfrac{x}{3} < 3$

$-4 \leq -\dfrac{x}{3} < 3$의 각 변에 2를 더하면

$-2 \leq -\dfrac{x}{3}+2 < 5$

$\therefore -2 \leq A < 5$ ··· **1단계**

따라서 A의 값이 될 수 있는 가장 큰 정수는 4, 가장 작은 정수는 -2이므로 $m=4$, $n=-2$ ··· **2단계**

$\therefore m+n=4+(-2)=2$ ··· **3단계**

답 2

단계	채점 요소	비율
1	A의 값의 범위 구하기	70 %
2	m, n의 값 구하기	20 %
3	$m+n$의 값 구하기	10 %

0441 ① 일차방정식이다.

② $6(1-x) \geq -2+3x$에서 $-9x+8 \geq 0$이므로 일차부등식이다.

③ x^2+x-1이 일차식이 아니므로 일차부등식이 아니다.

④ $3-x < 5-x$에서 $-2 < 0$이므로 일차부등식이 아니다.

⑤ $x^2-6 \leq x^2-x$에서 $x-6 \leq 0$이므로 일차부등식이다.

따라서 일차부등식인 것은 ②, ⑤이다. **답 ②, ⑤**

0442 ① $5-3x \geq x+9$에서 $-4x-4 \geq 0$이므로 일차부등식이다.

② $6x \leq 3x+1$에서 $3x-1 \leq 0$이므로 일차부등식이다.

③ $x-2x^2 > 7-2x^2$에서 $x-7 > 0$이므로 일차부등식이다.

④ $2x+3+4x > 2(3x+1)$에서 $1 > 0$이므로 일차부등식이 아니다.

따라서 일차부등식이 아닌 것은 ④이다. **답 ④**

0443 ① $2(x+5) \leq 35$이므로 $2x-25 \leq 0$

② $\dfrac{x+80}{2} > 90$이므로 $x-100 > 0$

③ $70x < 500$이므로 $70x-500 < 0$

④ $\dfrac{1}{2} \times 6 \times x < 20$이므로 $3x-20 < 0$

⑤ $\dfrac{10}{x} \geq 2$이므로 $\dfrac{10}{x}-2 \geq 0$

따라서 일차부등식이 아닌 것은 ⑤이다. **답 ⑤**

0444 $2x-10 \geq ax+3+4x$에서 $(-a-2)x-13 \geq 0$

이 부등식이 x에 대한 일차부등식이 되려면

$-a-2 \neq 0$ $\therefore a \neq -2$

따라서 a의 값이 될 수 없는 것은 ①이다. **답 ①**

0445 $-2x+5 < 2x-3$에서

$-4x < -8$ $\therefore x > 2$

따라서 부등식의 해를 수직선 위에 나타내면 ④와 같다. **답 ④**

0446 ① $5x+7 > -23$에서 $5x > -30$ $\therefore x > -6$

② $x-6 < 2x$에서 $-x < 6$ $\therefore x > -6$

③ $10-x < x-2$에서 $-2x < -12$ $\therefore x > 6$

④ $7x+9 > 4x-9$에서 $3x > -18$ $\therefore x > -6$

⑤ $-2x-11 < 3x+19$에서 $-5x < 30$ $\therefore x > -6$

따라서 해가 나머지 넷과 다른 하나는 ③이다. **답 ③**

0447 주어진 수직선이 나타내는 x의 값의 범위는 $x \leq 4$

① $2x-6 \leq x-2$에서 $x \leq 4$

② $4x+3 \leq x+15$에서 $3x \leq 12$ $\therefore x \leq 4$

③ $5x+1 \geq 6x-3$에서 $-x \geq -4$ $\therefore x \leq 4$

④ $2x+6 \geq 4x-4$에서 $-2x \geq -10$ $\therefore x \leq 5$

⑤ $8-x \geq 3x-8$에서 $-4x \geq -16$ $\therefore x \leq 4$

따라서 해가 $x \leq 4$가 아닌 것은 ④이다. **답 ④**

0448 $5(x+9) \geq -3(x-5)-10$에서

$5x+45 \geq -3x+15-10$, $8x \geq -40$

$\therefore x \geq -5$ **답 ②**

0449 $3(x+1)-2(x-1) < 6$에서

$3x+3-2x+2 < 6$ $\therefore x < 1$

따라서 부등식의 해를 수직선 위에 나타내면 ①과 같다. **답 ①**

0450 $2(x+3)-3x < x+1$에서

$2x+6-3x < x+1$, $-2x < -5$

$\therefore x > \dfrac{5}{2}$ ··· **1단계**

따라서 부등식을 만족시키는 가장 작은 정수 x의 값은 3이다.

··· **2단계**

답 3

단계	채점 요소	비율
1	일차부등식의 해 구하기	70 %
2	가장 작은 정수 x의 값 구하기	30 %

0451 $1-(3-x)\geq2x-9$에서 $1-3+x\geq2x-9$
$-x\geq-7$ $\therefore x\leq7$
따라서 부등식을 만족시키는 자연수 x는 1, 2, $\cdots$, 7의 7개이다.
답 7

0452 $\dfrac{x-2}{3}-0.3x\leq-\dfrac{1}{2}$에서 $\dfrac{x-2}{3}-\dfrac{3}{10}x\leq-\dfrac{1}{2}$
양변에 30을 곱하면
$10(x-2)-9x\leq-15$, $10x-20-9x\leq-15$
$\therefore x\leq5$
따라서 부등식을 만족시키는 자연수 x는 1, 2, 3, 4, 5의 5개이다.
답 ⑤

RPM 비법 노트

계수에 소수와 분수가 섞여 있는 일차부등식
➡ 소수를 분수로 바꾼 후 양변에 분모의 최소공배수를 곱하여 계수를 정수로 고치면 편리하다.

0453 $0.14x-0.5>0.03(x-2)$의 양변에 100을 곱하면
$14x-50>3(x-2)$, $14x-50>3x-6$
$11x>44$ $\therefore x>4$
답 ④

0454 $\dfrac{2x-1}{3}-\dfrac{5x-3}{4}>1$의 양변에 12를 곱하면
$4(2x-1)-3(5x-3)>12$
$8x-4-15x+9>12$
$-7x>7$ $\therefore x<-1$
따라서 부등식을 만족시키는 가장 큰 정수 x의 값은 -2이다.
답 -2

0455 $0.7x-5<1.5x+0.6$의 양변에 10을 곱하면
$7x-50<15x+6$, $-8x<56$ $\therefore x>-7$
$\therefore a=-7$ … 1단계
$\dfrac{1}{2}x-1<\dfrac{3}{7}x+\dfrac{1}{2}$의 양변에 14를 곱하면
$7x-14<6x+7$ $\therefore x<21$
$\therefore b=21$ … 2단계
$\therefore b-a=21-(-7)=28$ … 3단계
답 28

단계	채점 요소	비율
1	a의 값 구하기	40 %
2	b의 값 구하기	40 %
3	$b-a$의 값 구하기	20 %

0456 $2-ax<5$에서 $-ax<3$
$a<0$에서 $-a>0$이므로 양변을 $-a$로 나누면
$x<-\dfrac{3}{a}$
답 ①

0457 $a>0$에서 $-a<0$이므로 양변을 $-a$로 나누면
$x<-6$
답 ①

0458 $4(ax-2)\leq ax+7$에서
$4ax-8\leq ax+7$, $3ax\leq15$
$a<0$에서 $3a<0$이므로 양변을 $3a$로 나누면
$x\geq\dfrac{5}{a}$
답 $x\geq\dfrac{5}{a}$

0459 $3x+2a\geq6+ax$에서 $3x-ax\geq6-2a$
$(3-a)x\geq2(3-a)$
$a>3$에서 $3-a<0$이므로 양변을 $3-a$로 나누면
$x\leq2$
따라서 부등식을 만족시키는 자연수 x는 1, 2이므로 구하는 합은 $1+2=3$
답 3

0460 $5x-1>8x+a$에서
$-3x>a+1$ $\therefore x<-\dfrac{a+1}{3}$
부등식의 해가 $x<-3$이므로
$-\dfrac{a+1}{3}=-3$, $a+1=9$ $\therefore a=8$
답 8

0461 $x+11<3(x+a)$에서 $x+11<3x+3a$
$-2x<3a-11$ $\therefore x>-\dfrac{3a-11}{2}$
부등식의 해가 $x>7$이므로 $-\dfrac{3a-11}{2}=7$
$3a-11=-14$, $3a=-3$ $\therefore a=-1$
답 ③

0462 $2x+5\geq-2x+a+1$에서
$4x\geq a-4$ $\therefore x\geq\dfrac{a-4}{4}$
부등식의 해 중 가장 작은 수가 4이므로
$\dfrac{a-4}{4}=4$, $a-4=16$ $\therefore a=20$
답 20

RPM 비법 노트

일차부등식 $ax\geq b$의 해 중에서
① 가장 작은 수가 p이면 $x\geq p$이므로
$a>0$, $\dfrac{b}{a}=p$
② 가장 큰 수가 q이면 $x\leq q$이므로
$a<0$, $\dfrac{b}{a}=q$

0463 $2-\dfrac{2x+a}{3}>\dfrac{x}{6}-1$의 양변에 6을 곱하면

$12-2(2x+a)>x-6$

$12-4x-2a>x-6$

$-5x>2a-18$

$\therefore x<-\dfrac{2a-18}{5}$ ··· **1단계**

부등식의 해가 $x<-2$이므로 ··· **2단계**

$-\dfrac{2a-18}{5}=-2,\quad 2a-18=10$

$2a=28\quad\therefore a=14$ ··· **3단계**

답 14

단계	채점 요소	비율
1	주어진 부등식의 해 구하기	50 %
2	부등식의 해가 $x<-2$임을 알기	20 %
3	a의 값 구하기	30 %

0464 $\dfrac{3}{4}x-4\geq-1$에서 $3x-16\geq-4$

$3x\geq12\quad\therefore x\geq4$

$4(5-x)\leq a+1$에서 $20-4x\leq a+1$

$-4x\leq a-19\quad\therefore x\geq\dfrac{19-a}{4}$

두 부등식의 해가 서로 같으므로

$4=\dfrac{19-a}{4},\quad 19-a=16\quad\therefore a=3$ **답** ③

0465 $5x+2<2x-1$에서 $3x<-3$

$\therefore x<-1$

$3x<a-x$에서 $4x<a$

$\therefore x<\dfrac{a}{4}$

두 부등식의 해가 서로 같으므로

$-1=\dfrac{a}{4}\quad\therefore a=-4$ **답** -4

0466 $2(x+8)-4x\geq-x+6$에서

$2x+16-4x\geq-x+6,\quad -x\geq-10$

$\therefore x\leq10$

$0.2x+1\geq x+k$에서

$2x+10\geq10x+10k,\quad -8x\geq10k-10$

$\therefore x\leq\dfrac{10-10k}{8}$

두 부등식의 해가 서로 같으므로

$10=\dfrac{10-10k}{8},\quad 10-10k=80$

$-10k=70\quad\therefore k=-7$ **답** -7

0467 $0.12x+0.1>0.05(x-5)$에서

$12x+10>5(x-5),\quad 12x+10>5x-25$

$7x>-35\quad\therefore x>-5$

$\dfrac{x-a}{2}<\dfrac{2x-1}{3}+\dfrac{1}{6}$에서

$3(x-a)<2(2x-1)+1,\quad 3x-3a<4x-2+1$

$-x<-1+3a\quad\therefore x>-3a+1$

두 부등식의 해가 서로 같으므로

$-5=-3a+1,\quad 3a=6\quad\therefore a=2$ **답** 2

0468 $ax+5<5x-4$에서 $(a-5)x<-9$

그런데 부등식의 해가 $x>3$이므로 $a-5<0$

따라서 $x>-\dfrac{9}{a-5}$이므로 $-\dfrac{9}{a-5}=3$

$a-5=-3\quad\therefore a=2$ **답** ④

0469 $ax+2<2(x-1)$에서 $ax+2<2x-2$

$(a-2)x<-4$

그런데 부등식의 해가 $x>1$이므로 $a-2<0$

따라서 $x>-\dfrac{4}{a-2}$이므로 $-\dfrac{4}{a-2}=1$

$a-2=-4\quad\therefore a=-2$ **답** ⑤

0470 $\dfrac{2}{3}x-2>\dfrac{a}{5}x-\dfrac{2}{3}$에서 $10x-30>3ax-10$

$(10-3a)x>20$

그런데 부등식의 해가 $x<-10$이므로 $10-3a<0$

따라서 $x<\dfrac{20}{10-3a}$이므로 $\dfrac{20}{10-3a}=-10$

$10-3a=-2,\quad -3a=-12\quad\therefore a=4$ **답** 4

0471 $a-5x\geq-3x$에서

$-2x\geq-a\quad\therefore x\leq\dfrac{a}{2}$

이를 만족시키는 자연수 x가 2개이려면
오른쪽 그림과 같아야 하므로

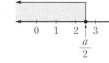

$2\leq\dfrac{a}{2}<3$

$\therefore 4\leq a<6$ **답** ④

0472 $6x+a<5x+2$에서 $x<-a+2$ ··· **1단계**

이를 만족시키는 자연수 x가 3개이려면
오른쪽 그림과 같아야 하므로

$3<-a+2\leq4$ ··· **2단계**

$1<-a\leq2$

$\therefore -2\leq a<-1$ ··· **3단계**

답 $-2\leq a<-1$

단계	채점 요소	비율
1	주어진 부등식의 해 구하기	30 %
2	$-a+2$의 값의 범위 구하기	40 %
3	a의 값의 범위 구하기	30 %

0473 $\dfrac{x-5}{2}-\dfrac{2x+a}{3}>0$에서

$$3(x-5)-2(2x+a)>0$$
$$3x-15-4x-2a>0$$
$$-x>2a+15$$
$$\therefore x<-2a-15$$

이를 만족시키는 자연수 x가 존재하지
않으려면 오른쪽 그림과 같아야 하므로

$$-2a-15\leq 1, \qquad -2a\leq 16$$
$$\therefore a\geq -8$$

따라서 a의 값 중 가장 작은 수는 -8이다.　　　**답** -8

 시험에 꼭 나오는 문제　▶ 본문 69~71쪽

0474　전략 주어진 문장을 조건에 맞게 부등식으로 나타내어
본다.

⑤ $\dfrac{x}{100}\times 200<15$이므로　　$2x<15$

따라서 옳지 않은 것은 ⑤이다.　　　**답** ⑤

0475　전략 [ ] 안의 수를 x에 대입하여 부등식이 참이 되는지
확인한다.

[ ] 안의 수를 각각의 부등식의 x에 대입하면

① $-3+3>-1$에서　　$0>-1$ (참)

② $-4\times(-2)-1\leq 7$에서　　$7\leq 7$ (참)

③ $3\times 2-2<6$에서　　$4<6$ (참)

④ $5\times 3\geq 3\times 3+7$에서　　$15\geq 16$ (거짓)

⑤ $\dfrac{2}{3}\times 6-1<5$에서　　$3<5$ (참)

따라서 [ ] 안의 수가 주어진 부등식의 해가 아닌 것은 ④이다.
　　　답 ④

0476　전략 부등식의 양변에 같은 음수를 곱하거나 양변을 같은
음수로 나누면 부등호의 방향이 바뀐다.

① $a-2<b-2$의 양변에 2를 더하면　　$a\boxed{<}b$

② $-\dfrac{a}{7}>-\dfrac{b}{7}$의 양변에 -7을 곱하면　　$a\boxed{<}b$

③ $1-a<1-b$의 양변에서 1을 빼면　　$-a<-b$

　　$-a<-b$의 양변에 -1을 곱하면　　$a\boxed{>}b$

④ $\dfrac{a}{3}-1<\dfrac{b}{3}-1$의 양변에 1을 더하면　　$\dfrac{a}{3}<\dfrac{b}{3}$

　　$\dfrac{a}{3}<\dfrac{b}{3}$의 양변에 3을 곱하면　　$a\boxed{<}b$

⑤ $-2a+3>-2b+3$의 양변에서 3을 빼면　　$-2a>-2b$

　　$-2a>-2b$의 양변을 -2로 나누면　　$a\boxed{<}b$

따라서 부등호의 방향이 나머지 넷과 다른 하나는 ③이다.
　　　답 ③

0477　전략 부등식의 성질을 이용하여 $-8\leq -5x+2<7$을
만족시키는 x의 값의 범위를 구한다.

$y=-5x+2$이므로　　$-8\leq -5x+2<7$

$-8\leq -5x+2<7$의 각 변에서 2를 빼면

$$-10\leq -5x<5$$

$-10\leq -5x<5$의 각 변을 -5로 나누면

$$-1<x\leq 2$$
　　　답 ③

0478　전략 모든 항을 좌변으로 이항하여 (x의 계수)$\neq 0$임을
이용한다.

$ax-3x+1<x-7$에서　　$ax-3x+1-x+7<0$

$$(a-4)x+8<0$$

이 부등식이 x에 대한 일차부등식이 되려면

$$a-4\neq 0 \qquad \therefore a\neq 4$$

따라서 a의 값이 될 수 없는 것은 ⑤이다.　　　**답** ⑤

0479　전략 괄호가 있으면 분배법칙을 이용하여 괄호를 먼저
푼다.

$2(x+4)-3(x+1)>2$에서　　$2x+8-3x-3>2$

$$-x>-3 \qquad \therefore x<3$$

$x<3$의 양변에 4를 곱하면　　$4x<12$

$4x<12$의 양변에서 7을 빼면　　$4x-7<5$

$$\therefore A<5$$

따라서 자연수 A는 $1, 2, 3, 4$의 4개이다.　　　**답** 4

0480　전략 계수가 소수이면 양변에 10의 거듭제곱을 곱하고,
계수가 분수이면 양변에 분모의 최소공배수를 곱하여 계수를 정수로
고친다.

① $2-x<5$에서　　$-x<3$　　$\therefore x>-3$

② $2x-5<5x+4$에서　　$-3x<9$　　$\therefore x>-3$

③ $3(2x+1)>4x-3$에서　　$6x+3>4x-3$

　　$2x>-6$　　$\therefore x>-3$

④ $0.2x-0.8<0.6x+0.4$의 양변에 10을 곱하면

　　$2x-8<6x+4$,　　$-4x<12$　　$\therefore x>-3$

⑤ $\dfrac{2x-1}{5}>\dfrac{1}{3}x$의 양변에 15를 곱하면

　　$3(2x-1)>5x$,　　$6x-3>5x$　　$\therefore x>3$

따라서 해가 나머지 넷과 다른 하나는 ⑤이다.　　　**답** ⑤

0481　전략 소수인 계수를 분수로 바꾼 후 양변에 분모의 최소
공배수를 곱한다.

$0.25(3x-2)-\dfrac{2x+1}{3}>\dfrac{1}{6}$에서

$$\dfrac{1}{4}(3x-2)-\dfrac{2x+1}{3}>\dfrac{1}{6}$$

양변에 12를 곱하면　　$3(3x-2)-4(2x+1)>2$

$$9x-6-8x-4>2 \qquad \therefore x>12$$

따라서 부등식의 해를 수직선 위에 나타내면 ②와 같다.　**답** ②

0482 전략 주어진 부등식을 정리한 후 x의 계수의 부호를 따져 본다.

$5x+6a<ax+30$에서 $\quad(5-a)x<6(5-a)$

이때 $a>5$에서 $5-a<0$이므로 양변을 $5-a$로 나누면

$\quad x>6$ ⋯⋯⋯⋯⋯⋯⋯⋯⋯⋯⋯⋯⋯⋯ 답 ⑤

0483 전략 먼저 주어진 부등식의 해를 구한다.

$x+3\geq5x-a$에서 $\quad-4x\geq-a-3$

$\quad\therefore x\leq\dfrac{a+3}{4}$

이때 부등식의 해 중 가장 큰 수가 -1이므로

$\quad\dfrac{a+3}{4}=-1, \quad a+3=-4$

$\quad\therefore a=-7$ ⋯⋯⋯⋯⋯⋯⋯⋯⋯⋯⋯⋯ 답 -7

0484 전략 부등식의 해가 $x\leq-3$임을 이용한다.

$4x-2(x-5)\leq a$에서 $\quad4x-2x+10\leq a$

$\quad2x\leq a-10 \quad\therefore x\leq\dfrac{a-10}{2}$

부등식의 해가 $x\leq-3$이므로

$\quad\dfrac{a-10}{2}=-3, \quad a-10=-6 \quad\therefore a=4$ 답 ②

0485 전략 주어진 부등식을 정리한 후 부등식의 해가 $x>-9$임을 이용하여 x의 계수의 부호를 따져 본다.

$ax+11>-7$에서 $\quad ax>-18$

그런데 부등식의 해가 $x>-9$이므로 $\quad a>0$

따라서 $x>-\dfrac{18}{a}$이므로

$\quad-\dfrac{18}{a}=-9 \quad\therefore a=2$ 답 2

0486 전략 주어진 부등식의 해를 구한 후 수직선을 이용하여 조건을 만족시키는 a의 값의 범위를 구한다.

$9x-10<4x+2a$에서 $\quad5x<2a+10$

$\quad\therefore x<\dfrac{2a+10}{5}$

이를 만족시키는 자연수 x가 3개이려면 오른쪽 그림과 같아야 하므로

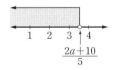

$\quad3<\dfrac{2a+10}{5}\leq4$

$\quad15<2a+10\leq20$

$\quad5<2a\leq10$

$\quad\therefore\dfrac{5}{2}<a\leq5$ 답 ③

0487 전략 부등식의 성질을 이용하여 A의 값의 범위를 구한다.

$-2<x\leq8$의 각 변을 -2로 나누면

$\quad-4\leq-\dfrac{x}{2}<1$

$-4\leq-\dfrac{x}{2}<1$의 각 변에 3을 더하면

$\quad-1\leq3-\dfrac{x}{2}<4 \quad\therefore-1\leq A<4$ ⋯ 1단계

따라서 이를 만족시키는 정수 A는 -1, 0, 1, 2, 3이므로 구하는 합은

$\quad-1+0+1+2+3=5$ ⋯⋯⋯⋯⋯⋯⋯ 2단계

답 5

단계	채점 요소	비율
1	A의 값의 범위 구하기	70 %
2	모든 정수 A의 값의 합 구하기	30 %

0488 전략 두 부등식의 해를 각각 구한 후 조건을 만족시키는 a, b의 값을 구한다.

$3(7-3x)>2(x+2)-5$에서 $\quad21-9x>2x+4-5$

$\quad-11x>-22 \quad\therefore x<2$

이때 x의 값 중에서 가장 큰 정수는 1이므로

$\quad a=1$ ⋯⋯⋯⋯⋯⋯⋯⋯⋯⋯⋯⋯ 1단계

$1.8x+0.5>1.3x-1$에서 $\quad18x+5>13x-10$

$\quad5x>-15 \quad\therefore x>-3$

이때 x의 값 중에서 가장 작은 정수는 -2이므로

$\quad b=-2$ ⋯⋯⋯⋯⋯⋯⋯⋯⋯⋯⋯⋯ 2단계

$\quad\therefore ab=1\times(-2)=-2$ ⋯⋯⋯⋯⋯⋯ 3단계

답 -2

단계	채점 요소	비율
1	a의 값 구하기	40 %
2	b의 값 구하기	40 %
3	ab의 값 구하기	20 %

0489 전략 두 부등식의 해를 각각 구한 후 해를 비교한다.

$\dfrac{x}{2}-\dfrac{x-4}{4}<\dfrac{5}{2}$에서

$\quad2x-(x-4)<10, \quad2x-x+4<10$

$\quad\therefore x<6$ ⋯⋯⋯⋯⋯⋯⋯⋯⋯⋯ 1단계

$3-\dfrac{1}{6}x<-x+2a$에서

$\quad18-x<-6x+12a, \quad5x<12a-18$

$\quad\therefore x<\dfrac{12a-18}{5}$ ⋯⋯⋯⋯⋯⋯⋯ 2단계

두 부등식의 해가 서로 같으므로

$\quad\dfrac{12a-18}{5}=6, \quad12a-18=30$

$\quad12a=48 \quad\therefore a=4$ ⋯⋯⋯⋯⋯⋯ 3단계

답 4

단계	채점 요소	비율
1	$\dfrac{x}{2}-\dfrac{x-4}{4}<\dfrac{5}{2}$의 해 구하기	40 %
2	$3-\dfrac{1}{6}x<-x+2a$의 해 구하기	40 %
3	a의 값 구하기	20 %

04 일차부등식

0490 (전략) $(a+b)x+2a-3b<0$의 해가 $x>-\dfrac{3}{4}$임을 이용하여 a, b 사이의 관계를 식으로 나타낸다.

$(a+b)x+2a-3b<0$에서

$\qquad (a+b)x<3b-2a$

부등식의 해가 $x>-\dfrac{3}{4}$이므로

$\qquad a+b<0 \qquad \cdots\cdots$ ㉠

따라서 $x>\dfrac{3b-2a}{a+b}$이므로 $\qquad \dfrac{3b-2a}{a+b}=-\dfrac{3}{4}$

$\qquad 12b-8a=-3a-3b$

$\qquad 5a=15b \qquad \therefore a=3b \qquad \cdots\cdots$ ㉡

㉡을 ㉠에 대입하면

$\qquad 3b+b<0, \qquad 4b<0 \qquad \therefore b<0$

㉡을 $(a-2b)x+3a-b<0$에 대입하면

$\qquad bx+8b<0, \qquad bx<-8b$

이때 $b<0$이므로 $\qquad x>-8 \qquad$ 답 $x>-8$

0491 (전략) 가능한 b의 값에 따라 경우를 나누어 생각해 본다.

$(a-1)x>b$의 해가 $x<\dfrac{1}{3}$이므로

$\qquad a-1<0 \qquad \cdots\cdots$ ㉠

따라서 $x<\dfrac{b}{a-1}$이므로 $\qquad \dfrac{b}{a-1}=\dfrac{1}{3}$

$\qquad a-1=3b$

$\qquad \therefore a=1+3b \qquad \cdots\cdots$ ㉡

한편 $|b|=1$에서 $\qquad b=1$ 또는 $b=-1$

(i) $b=1$일 때, ㉡에서 $\qquad a=4$

 그런데 $a=4$는 ㉠을 만족시키지 않는다.

(ii) $b=-1$일 때, ㉡에서 $\qquad a=-2$

 $a=-2$는 ㉠을 만족시킨다.

(i), (ii)에서 $\qquad a=-2, b=-1$

$\qquad \therefore a-b=-2-(-1)=-1 \qquad$ 답 -1

0492 (전략) 주어진 부등식의 해를 구한 후 수직선을 이용하여 조건을 만족시키는 a의 값의 범위를 구한다.

$\dfrac{4}{3}x+\dfrac{a}{6}\geq x-0.5$에서 $\qquad 8x+a\geq 6x-3$

$\qquad 2x\geq -a-3 \qquad \therefore x\geq \dfrac{-a-3}{2}$

이를 만족시키는 음의 정수 x가 2개 이상이려면 오른쪽 그림과 같아야 하므로

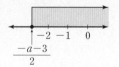

$\qquad \dfrac{-a-3}{2}\leq -2$

$\qquad -a-3\leq -4$

$\qquad -a\leq -1$

$\qquad \therefore a\geq 1$

따라서 a의 값 중 가장 작은 수는 1이다. 답 1

III. 일차부등식

05 일차부등식의 활용

교과서문제 정복하기 ▸본문 73쪽

0493 답 $3x+7$, $3x+7$, 10, 9

0494 큰 수는 $x+1$이므로

$\qquad x+(x+1)>53 \qquad$ 답 $x+(x+1)>53$

0495 $x+(x+1)>53$에서 $\qquad 2x>52 \qquad \therefore x>26$

$\qquad$ 답 $x>26$

0496 가장 작은 두 자연수는 27, 28이다. 답 27, 28

0497 초콜릿을 x개 산다고 할 때, 초콜릿을 사는 데 드는 비용은 $(800x+1000)$원이다.

전체 금액이 10000원 이하가 되어야 하므로

$\qquad 800x+1000\leq 10000 \qquad$ 답 $800x+1000\leq 10000$

0498 $800x+1000\leq 10000$에서

$\qquad 800x\leq 9000 \qquad \therefore x\leq \dfrac{45}{4} \qquad$ 답 $x\leq \dfrac{45}{4}$

0499 $\dfrac{45}{4}=11.25$이므로 초콜릿을 최대 11개까지 살 수 있다.

$\qquad$ 답 11개

0500 답

	올라갈 때	내려올 때
거리	x km	x km
속력	시속 2 km	시속 3 km
시간	$\dfrac{x}{2}$시간	$\dfrac{x}{3}$시간

0501 전체 걸리는 시간이 4시간 이내이어야 하므로

$\qquad \dfrac{x}{2}+\dfrac{x}{3}\leq 4 \qquad$ 답 $\dfrac{x}{2}+\dfrac{x}{3}\leq 4$

0502 $\dfrac{x}{2}+\dfrac{x}{3}\leq 4$에서 $\qquad 3x+2x\leq 24$

$\qquad 5x\leq 24 \qquad \therefore x\leq \dfrac{24}{5} \qquad$ 답 $x\leq \dfrac{24}{5}$

0503 최대 $\dfrac{24}{5}$ km 떨어진 지점까지 올라갔다 내려올 수 있다.

$\qquad$ 답 $\dfrac{24}{5}$ km

0504 답

	물을 넣기 전	물을 넣은 후
농도 (%)	10	8
소금물의 양 (g)	400	$400+x$
소금의 양 (g)	$\dfrac{10}{100}\times 400$	$\dfrac{8}{100}\times(400+x)$

0505 농도가 8 % 이하이어야 하므로

$$\frac{10}{100} \times 400 \leq \frac{8}{100} \times (400+x)$$

답 $\frac{10}{100} \times 400 \leq \frac{8}{100} \times (400+x)$

0506 $\frac{10}{100} \times 400 \leq \frac{8}{100} \times (400+x)$ 에서

$$4000 \leq 3200+8x, \qquad -8x \leq -800$$

$$\therefore x \geq 100$$

답 $x \geq 100$

0507 최소 100 g의 물을 넣어야 한다.

답 100 g

 유형 익히기 ▶본문 74~80쪽

0508 연속하는 두 홀수를 x, $x+2$라 하면

$$4x-10 \geq 2(x+2), \qquad 4x-10 \geq 2x+4$$

$$2x \geq 14 \qquad \therefore x \geq 7$$

이때 x의 값 중 가장 작은 홀수는 7이므로 가장 작은 두 홀수는 7, 9이다.

따라서 구하는 합은 $7+9=16$

답 16

0509 어떤 자연수를 x라 하면

$$2x-8 < 36, \qquad 2x < 44 \quad \therefore x < 22$$

따라서 가장 큰 자연수는 21이다.

답 ⑤

0510 두 수 중 큰 수는 $x+4$이므로

$$x+(x+4) > 19, \qquad 2x > 15 \qquad \therefore x > \frac{15}{2} = 7.5$$

따라서 x의 값이 될 수 있는 가장 작은 수는 8이다.

답 8

0511 연속하는 세 자연수를 $x-1$, x, $x+1$이라 하면

$$(x-1)+x+(x+1) < 150 \qquad \cdots \boxed{1단계}$$

$$3x < 150 \qquad \therefore x < 50 \qquad \cdots \boxed{2단계}$$

이때 x의 값 중 가장 큰 자연수는 49이므로 구하는 세 자연수는 48, 49, 50이다. $\cdots \boxed{3단계}$

답 48, 49, 50

단계	채점 요소	비율
1	일차부등식 세우기	50 %
2	일차부등식 풀기	30 %
3	가장 큰 세 자연수 구하기	20 %

0512 x개월 후부터 민구의 예금액이 가은이의 예금액보다 많아진다고 하면

$$39000+7000x > 60000+4000x$$

$$3000x > 21000 \qquad \therefore x > 7$$

따라서 8개월 후부터이다.

답 ②

0513 x개월 후부터 병주의 예금액이 300000원보다 많아진 다고 하면

$$120000+8000x > 300000, \qquad 8000x > 180000$$

$$\therefore x > \frac{45}{2} = 22.5$$

따라서 23개월 후부터이다.

답 23개월

0514 x개월 후부터 형의 예금액이 동생의 예금액의 2배보다 적어진다고 하면

$$30000+3000x < 2(10000+2000x)$$

$$30000+3000x < 20000+4000x$$

$$-1000x < -10000 \qquad \therefore x > 10$$

따라서 11개월 후부터이다.

답 ③

0515 네 번째 시험에서 x점을 받는다고 하면

$$\frac{80+76+86+x}{4} \geq 84, \qquad 242+x \geq 336 \qquad \therefore x \geq 94$$

따라서 네 번째 시험에서 94점 이상을 받아야 한다.

답 94점

0516 다음 달 휴대 전화 요금을 x원이라 하면

$$\frac{40000+32000+x}{3} \leq 35000, \qquad 72000+x \leq 105000$$

$$\therefore x \leq 33000$$

따라서 다음 달 휴대 전화 요금은 33000원 이하이어야 한다.

답 33000원

0517 4회까지의 영어 시험 점수의 합은

$$83 \times 4 = 332 \text{ (점)}$$

다섯 번째 시험에서 x점을 받는다고 하면

$$\frac{332+x}{5} \geq 86, \qquad 332+x \geq 430 \qquad \therefore x \geq 98$$

따라서 다섯 번째 시험에서 98점 이상을 받아야 한다.

답 98점

0518 여학생 수를 x라 하면 전체 학생 수는 $15+x$이므로

$$\frac{170 \times 15+160x}{15+x} \geq 166$$

$$2550+160x \geq 2490+166x$$

$$-6x \geq -60 \qquad \therefore x \leq 10$$

따라서 여학생은 최대 10명이다.

답 10명

0519 음료수를 x개 산다고 하면 빵은 $(20-x)$개 살 수 있으므로

$$1200(20-x)+1600x \leq 30000$$

$$24000-1200x+1600x \leq 30000$$

$$400x \leq 6000 \qquad \therefore x \leq 15$$

따라서 음료수는 최대 15개까지 살 수 있다.

답 ②

0520 한 번에 x개의 상자를 운반한다고 하면

$$90+30x \leq 900, \qquad 30x \leq 810 \qquad \therefore x \leq 27$$

따라서 최대 27개의 상자를 운반할 수 있다.

답 27개

0521 어른을 x명이라 하면 어린이는 $(30-x)$명이므로

$3000x+1200(30-x)\leq50000$

$3000x+36000-1200x\leq50000$

$1800x\leq14000$

$\therefore x\leq\dfrac{70}{9}=7.777\cdots$

따라서 어른은 최대 7명까지 관람할 수 있다. **답** 7명

0522 배를 x개 산다고 하면 사과는 $(15-x)$개 살 수 있으므로

$4000x+2500(15-x)+3000\leq45000$ … 1단계

$4000x+37500-2500x+3000\leq45000$

$1500x\leq4500$ $\therefore x\leq3$ … 2단계

따라서 배는 최대 3개까지 살 수 있다. … 3단계

답 3개

단계	채점 요소	비율
1	일차부등식 세우기	50 %
2	일차부등식 풀기	40 %
3	배는 최대 몇 개까지 살 수 있는지 구하기	10 %

0523 x분 동안 주차한다고 하면

$2000+50(x-10)\leq5000$

$2000+50x-500\leq5000$

$50x\leq3500$ $\therefore x\leq70$

띠라서 최대 70분까지 주차할 수 있다. **답** ④

0524 문자 메시지를 x개 보낸다고 하면

$20(x-200)\leq6000,$ $20x-4000\leq6000$

$20x\leq10000$ $\therefore x\leq500$

따라서 문자 메시지를 최대 500개까지 보낼 수 있다. **답** 500개

0525 x명이 입장한다고 하면

$5000\times4+4000(x-4)\leq50000$

$20000+4000x-16000\leq50000$

$4000x\leq46000$ $\therefore x\leq\dfrac{23}{2}=11.5$

따라서 최대 11명까지 입장할 수 있다. **답** 11명

0526 증명사진을 x장 인화한다고 하면

$18000+900(x-8)\leq1500x$ … 1단계

$18000+900x-7200\leq1500x$

$-600x\leq-10800$ $\therefore x\geq18$ … 2단계

따라서 증명사진을 18장 이상 인화해야 한다. … 3단계

답 18장

단계	채점 요소	비율
1	일차부등식 세우기	50 %
2	일차부등식 풀기	40 %
3	증명사진을 몇 장 이상 인화해야 하는지 구하기	10 %

0527 장미를 x송이 산다고 하면

$3000x>1800x+6000,$ $1200x>6000$

$\therefore x>5$

따라서 장미를 6송이 이상 사는 경우 꽃 도매 시장에서 사는 것이 유리하다. **답** 6송이

0528 볼펜을 x자루 산다고 하면

$1000x>700x+2500,$ $300x>2500$

$\therefore x>\dfrac{25}{3}=8.333\cdots$

따라서 볼펜을 9자루 이상 사는 경우 인터넷 쇼핑몰에서 사는 것이 유리하다. **답** 9자루

0529 과자를 x개 산다고 하면

$800x>800\times0.8\times x+1600$

$800x>640x+1600$

$160x>1600$ $\therefore x>10$

따라서 과자를 11개 이상 사는 경우 할인 매장에서 사는 것이 유리하다. **답** 11개

0530 1년에 x회 주문한다고 하면

$3500x>1000x+11500,$ $2500x>11500$

$\therefore x>\dfrac{23}{5}=4.6$

따라서 5회 이상 주문하면 회원으로 가입하는 것이 경제적이다. **답** 5회

0531 x명이 입장한다고 하면

$7000x>7000\times0.7\times50$ $\therefore x>35$

따라서 36명 이상부터 50명의 단체 입장권을 사는 것이 유리하다. **답** ⑤

0532 x명이 입장한다고 하면

$3000x>2000\times20,$ $3000x>40000$

$\therefore x>\dfrac{40}{3}=13.333\cdots$

따라서 14명 이상부터 20명의 단체 입장권을 사는 것이 유리하다. **답** 14명

0533 x명이 입장한다고 하면

$5000x>5000\times0.8\times25$ … 1단계

$\therefore x>20$ … 2단계

따라서 21명 이상부터 25명의 단체 입장권을 사는 것이 유리하다. … 3단계

답 21명

단계	채점 요소	비율
1	일차부등식 세우기	50 %
2	일차부등식 풀기	40 %
3	몇 명 이상부터 단체 입장권을 사는 것이 유리한지 구하기	10 %

0534 x명이 입장한다고 하면

$$8000 \times 0.9 \times x > 8000 \times 0.8 \times 30$$

$$9x > 240$$

$$\therefore x > \frac{80}{3} = 26.666\cdots$$

따라서 27명 이상부터 30명의 단체 입장권을 사는 것이 유리하다.　　　　　　　　　　　　　　　　　　　　🗒 27명

0535 가장 긴 변의 길이가 $x+10$이므로

$$x+10 < (x+1)+(x+6)$$

$$-x < -3 \quad \therefore x > 3$$

따라서 x의 값이 될 수 없는 것은 ①이다.　　　🗒 ①

0536 직사각형의 세로의 길이를 x cm라 하면

$$2(10+x) \geq 28, \qquad 20+2x \geq 28$$

$$2x \geq 8 \quad \therefore x \geq 4$$

따라서 세로의 길이는 4 cm 이상이어야 한다.　🗒 4 cm

0537 원뿔의 높이를 x cm라 하면

$$\frac{1}{3} \times \pi \times 3^2 \times x \geq 42\pi$$

$$3\pi x \geq 42\pi$$

$$\therefore x \geq 14$$

따라서 원뿔의 높이는 14 cm 이상이어야 한다.　🗒 14 cm

0538 사다리꼴의 아랫변의 길이를 x cm라 하면

$$\frac{1}{2} \times (8+x) \times 4 \leq 40 \qquad \cdots \boxed{\text{1단계}}$$

$$16+2x \leq 40, \qquad 2x \leq 24$$

$$\therefore x \leq 12 \qquad \cdots \boxed{\text{2단계}}$$

따라서 아랫변의 길이는 12 cm 이하이어야 한다.　$\cdots \boxed{\text{3단계}}$

🗒 12 cm

단계	채점 요소	비율
1	일차부등식 세우기	50 %
2	일차부등식 풀기	40 %
3	아랫변의 길이는 몇 cm 이하이어야 하는지 구하기	10 %

0539 정가를 x원이라 하면

$$\left(1-\frac{10}{100}\right)x - 6000 \geq \frac{20}{100} \times 6000$$

$$\frac{9}{10}x - 6000 \geq 1200$$

$$\frac{9}{10}x \geq 7200$$

$$\therefore x \geq 8000$$

따라서 정가는 8000원 이상으로 정하면 된다.　🗒 ③

0540 정가를 x원이라 하면

$$\left(1-\frac{40}{100}\right)x - 15000 \geq 3000$$

$$\frac{3}{5}x \geq 18000 \quad \therefore x \geq 30000$$

따라서 정가는 30000원 이상으로 정해야 한다.　🗒 30000원

0541 원가를 x원이라 하면

$$\left\{\left(1+\frac{30}{100}\right)x - 1500\right\} - x \geq \frac{10}{100}x$$

$$\frac{1}{5}x \geq 1500 \quad \therefore x \geq 7500$$

따라서 원가는 7500원 이상이다.　🗒 7500원

0542 x km 떨어진 지점까지 올라갔다 내려올 수 있다고 하면

$$\frac{x}{3} + \frac{x}{4} \leq 4\frac{40}{60}, \qquad 4x+3x \leq 56$$

$$7x \leq 56 \quad \therefore x \leq 8$$

따라서 최대 8 km 떨어진 지점까지 올라갔다 내려올 수 있다.

🗒 8 km

0543 동원이와 아버지가 갈 때 걸은 거리를 x km라 하면 올 때 걸은 거리는 $(x+1)$ km이므로

$$\frac{x}{4} + \frac{x+1}{5} \leq 2 \qquad \cdots \boxed{\text{1단계}}$$

$$5x+4(x+1) \leq 40, \qquad 5x+4x+4 \leq 40$$

$$9x \leq 36 \quad \therefore x \leq 4 \qquad \cdots \boxed{\text{2단계}}$$

따라서 갈 때 걸은 거리는 최대 4 km이다.　$\cdots \boxed{\text{3단계}}$

🗒 4 km

단계	채점 요소	비율
1	일차부등식 세우기	50 %
2	일차부등식 풀기	40 %
3	갈 때 걸은 거리는 최대 몇 km인지 구하기	10 %

0544 터미널에서 상점까지의 거리를 x km라 하면

$$\frac{x}{3} + \frac{10}{60} + \frac{x}{3} \leq 1, \qquad 2x+1+2x \leq 6$$

$$4x \leq 5 \quad \therefore x \leq \frac{5}{4}$$

따라서 터미널에서 $\frac{5}{4}$ km 이내에 있는 상점을 이용해야 한다.

🗒 ④

0545 시속 5 km로 걸은 거리를 x km라 하면 시속 3 km로 걸은 거리는 $(10-x)$ km이므로

$$\frac{x}{5} + \frac{10-x}{3} \leq 3, \qquad 3x+5(10-x) \leq 45$$

$$3x+50-5x \leq 45, \qquad -2x \leq -5$$

$$\therefore x \geq \frac{5}{2} = 2.5$$

따라서 2.5 km 이상을 시속 5 km로 걸어야 한다.　🗒 ②

0546 분속 180 m로 뛰어간 거리를 x m라 하면 분속 60 m로 걸어간 거리는 $(2000-x)$ m이므로

$$\frac{2000-x}{60}+\frac{x}{180}\leq 20$$
$$3(2000-x)+x\leq 3600$$
$$6000-3x+x\leq 3600$$
$$-2x\leq -2400$$
$$\therefore x\geq 1200$$

따라서 1200 m 이상을 분속 180 m로 뛰어야 한다. 답 ⑤

0547 시속 3 km로 걸은 거리를 x km라 하면 시속 9 km로 자전거를 타고 달린 거리는 $(16-x)$ km이므로

$$\frac{16-x}{9}+\frac{x}{3}\leq 2\frac{40}{60}, \qquad 16-x+3x\leq 24$$
$$2x\leq 8 \qquad \therefore x\leq 4$$

따라서 시속 3 km로 걸은 거리는 최대 4 km이다. 답 4 km

0548 물을 x g 증발시킨다고 하면 증발시킨 후의 소금물의 양은 $(600-x)$ g이므로

$$\frac{10}{100}\times 600\geq \frac{15}{100}\times(600-x)$$
$$6000\geq 9000-15x$$
$$15x\geq 3000$$
$$\therefore x\geq 200$$

따라서 최소 200 g의 물을 증발시켜야 한다. 답 200 g

0549 물을 x g 넣는다고 하면 물을 넣은 후의 소금물의 양은 $(300+x)$ g이므로

$$\frac{7}{100}\times 300\leq \frac{5}{100}\times(300+x)$$ ··· 1단계
$$2100\leq 1500+5x$$
$$-5x\leq -600$$
$$\therefore x\geq 120$$ ··· 2단계

따라서 물을 120 g 이상 더 넣어야 한다. ··· 3단계

답 120 g

단계	채점 요소	비율
1	일차부등식 세우기	50 %
2	일차부등식 풀기	40 %
3	물을 몇 g 이상 더 넣어야 하는지 구하기	10 %

0550 소금을 x g 넣는다고 하면 소금을 넣은 후의 소금물의 양은 $(200+x)$ g이므로

$$\frac{8}{100}\times 200+x\geq \frac{20}{100}\times(200+x)$$
$$1600+100x\geq 4000+20x$$
$$80x\geq 2400$$
$$\therefore x\geq 30$$

따라서 소금을 30 g 이상 더 넣어야 한다. 답 ③

0551 9 %의 소금물의 양을 x g이라 하면 섞은 후의 소금물의 양은 $(300+x)$ g이므로

$$\frac{14}{100}\times 300+\frac{9}{100}\times x\leq \frac{12}{100}\times(300+x)$$
$$4200+9x\leq 3600+12x$$
$$-3x\leq -600$$
$$\therefore x\geq 200$$

따라서 9 %의 소금물을 200 g 이상 섞어야 한다. 답 ③

0552 8 %의 소금물의 양을 x g이라 하면 섞은 후의 소금물의 양은 $(400+x)$ g이므로

$$\frac{4}{100}\times 400+\frac{8}{100}\times x\leq \frac{7}{100}\times(400+x)$$
$$1600+8x\leq 2800+7x$$
$$\therefore x\leq 1200$$

따라서 8 %의 소금물을 1200 g 이하 섞어야 한다. 답 1200 g

0553 20 %의 설탕물의 양을 x g이라 하면 12 %의 설탕물의 양은 $(600-x)$ g이므로

$$\frac{12}{100}\times(600-x)+\frac{20}{100}\times x\geq \frac{14}{100}\times 600$$
$$7200-12x+20x\geq 8400$$
$$8x\geq 1200$$
$$\therefore x\geq 150$$

따라서 20 %의 설탕물을 150 g 이상 섞어야 한다. 답 150 g

0554 합금 B의 양을 x g이라 하면 합금 A의 양은 $(500-x)$ g이므로

$$\frac{20}{100}\times(500-x)+\frac{30}{100}\times x\geq 130$$
$$10000-20x+30x\geq 13000$$
$$10x\geq 3000$$
$$\therefore x\geq 300$$

따라서 합금 B는 최소 300 g이 필요하다. 답 300 g

0555 합금 A의 양을 x g이라 하면 합금 B의 양은 $(300-x)$ g이므로

$$\frac{40}{100}\times x+\frac{70}{100}\times(300-x)\geq 180$$
$$40x+21000-70x\geq 18000$$
$$-30x\geq -3000$$
$$\therefore x\leq 100$$

따라서 합금 A는 최대 100 g이 필요하다. 답 ②

0556 식품 B의 양을 x g이라 하면 식품 A의 양은 $(400-x)$ g이므로

$$\frac{150}{100}\times(400-x)+\frac{350}{100}\times x\geq 700$$
$$60000-150x+350x\geq 70000$$
$$200x\geq 10000$$
$$\therefore x\geq 50$$

따라서 식품 B는 최소 50 g을 섭취해야 한다. 답 50 g

시험에 꼭 **나오는 문제** > 본문 81~83쪽

0557 전략 연속하는 세 짝수를 $x-2$, x, $x+2$로 놓고 부등식을 세운다.

연속하는 세 짝수를 $x-2$, x, $x+2$라 하면
$$(x-2)+x+(x+2)>57$$
$$3x>57 \qquad \therefore x>19$$
이때 x의 값 중 가장 작은 짝수는 20이므로 구하는 세 짝수는 18, 20, 22이다. 답 18, 20, 22

0558 전략 형과 동생이 갖게 되는 구슬의 개수를 각각 미지수로 나타낸 후 부등식을 세운다.

형이 동생에게 x개의 구슬을 준다고 하면 형과 동생이 갖게 되는 구슬은 각각 $(21-x)$개, $(6+x)$개이므로
$$21-x<2(6+x), \qquad 21-x<12+2x$$
$$-3x<-9 \qquad \therefore x>3$$
따라서 형이 동생에게 준 구슬은 4개 이상이어야 한다.
답 ③

0559 전략 매월 일정한 금액을 x개월 동안 예금하는 경우
$(x$개월 후의 예금액$)=($현재의 예금액$)+($매월 예금액$)\times x$
임을 이용한다.

x개월 후부터 지유의 예금액이 태호의 예금액의 3배보다 많아진다고 하면
$$35000+8000x>3(20000+2000x)$$
$$35000+8000x>60000+6000x$$
$$2000x>25000$$
$$\therefore x>\frac{25}{2}=12.5$$
따라서 13개월 후부터이다. 답 ⑤

0560 전략 $($평균$)=\dfrac{($변량의 총합$)}{($변량의 개수$)}$임을 이용한다.

4회까지의 기록의 총합은 $8.6\times4=34.4$ (초)
5회째 대회에서의 달리기 기록을 x초라 하면
$$\frac{34.4+x}{5}\leq8.8, \qquad 34.4+x\leq44$$
$$\therefore x\leq9.6$$
따라서 5회째 대회에서 9.6초 이내로 들어와야 한다. 답 ③

0561 전략 공책의 수를 미지수로 놓고 전체 금액이 9000원 이하임을 이용하여 부등식을 세운다.

공책을 x권 살 수 있다고 하면
$$800x+500\times2\leq9000, \qquad 800x\leq8000$$
$$\therefore x\leq10$$
따라서 공책을 최대 10권까지 살 수 있다. 답 ④

0562 전략 $($전체 비용$)=($기본요금$)+($추가 요금$)$임을 이용한다.

x곡을 내려받는다고 하면
$$2000+300(x-4)\leq400x$$
$$2000+300x-1200\leq400x$$
$$-100x\leq-800$$
$$\therefore x\geq8$$
따라서 최소 8곡을 내려받으면 된다. 답 8곡

0563 전략 유리하려면 비용이 더 적게 들어야 한다.

x명이 입장한다고 하면
$$20000x>20000\times0.75\times40$$
$$\therefore x>30$$
따라서 31명 이상부터 40명의 단체 입장권을 사는 것이 유리하다. 답 ②

0564 전략 $($삼각형의 넓이$)=\dfrac{1}{2}\times($밑변의 길이$)\times($높이$)$임을 이용하여 식을 세운다.

$\overline{BP}=x$ cm라 하면 $\overline{PC}=(10-x)$ cm이므로
$$\triangle APM$$
$$=10\times8-\left\{\frac{1}{2}\times8\times x+\frac{1}{2}\times(10-x)\times4+\frac{1}{2}\times10\times4\right\}$$
$$=80-(4x+20-2x+20)$$
$$=-2x+40 \text{ (cm}^2)$$
$\triangle APM$의 넓이가 26 cm² 이하가 되어야 하므로
$$-2x+40\leq26, \qquad -2x\leq-14$$
$$\therefore x\geq7$$
따라서 점 B에서 7 cm 이상 떨어진 곳에 점 P를 정해야 한다.
답 7 cm

0565 전략 $($이익$)=($판매 가격$)-($원가$)$임을 이용한다.

원가를 x원이라 하면
$$\left(1-\frac{40}{100}\right)\times9000-x\geq\frac{20}{100}x$$
$$-\frac{6}{5}x\geq-5400$$
$$\therefore x\leq4500$$
따라서 원가는 4500원 이하이어야 한다. 답 ②

0566 전략 걸어가는 데 걸린 시간과 뛰어가는 데 걸린 시간의 합이 4시간 이내이어야 한다.

시속 6 km로 뛰어간 거리를 x km라 하면 시속 2 km로 걸어간 거리는 $(12-x)$ km이므로
$$\frac{12-x}{2}+\frac{x}{6}\leq4, \qquad 3(12-x)+x\leq24$$
$$36-3x+x\leq24, \qquad -2x\leq-12$$
$$\therefore x\geq6$$
따라서 6 km 이상을 시속 6 km로 뛰어야 한다. 답 6 km

0567 전략 민성이와 정윤이가 걸은 거리의 합이 $2\,km$ 이상이어야 한다.

민성이와 정윤이가 x시간 동안 걷는다고 하면

$$4x+2x\ge2,\quad 6x\ge2$$
$$\therefore x\ge\frac{1}{3}$$

따라서 민성이와 정윤이는 $\dfrac{1}{3}$시간, 즉 20분 이상 걸어야 한다.

답 ③

0568 전략 4 %의 설탕물의 양과 9 %의 설탕물의 양을 각각 미지수로 나타낸 후 부등식을 세운다.

4 %의 설탕물의 양을 $x\,g$이라 하면 9 %의 설탕물의 양은 $(700-x)\,g$이므로

$$\frac{4}{100}\times x+\frac{9}{100}\times(700-x)\ge\frac{7}{100}\times700$$
$$4x+6300-9x\ge4900$$
$$-5x\ge-1400$$
$$\therefore x\le280$$

따라서 4 %의 설탕물을 280 g 이하 섞어야 한다.

답 ④

0569 전략 소고기 초밥과 광어 초밥의 개수를 각각 미지수로 나타낸 후 부등식을 세운다.

소고기 초밥을 x개 주문한다고 하면 광어 초밥은 $(12-x)$개 주문할 수 있으므로

$$2000(12-x)+3000x+2000\le30000 \qquad\cdots\ 1단계$$
$$24000-2000x+3000x+2000\le30000$$
$$1000x\le4000$$
$$\therefore x\le4 \qquad\cdots\ 2단계$$

따라서 소고기 초밥을 최대 4개까지 주문할 수 있다. $\cdots\ 3단계$

답 4개

단계	채점 요소	비율
1	일차부등식 세우기	50 %
2	일차부등식 풀기	40 %
3	소고기 초밥을 최대 몇 개까지 주문할 수 있는지 구하기	10 %

0570 전략 B 회사를 이용했을 때의 요금이 A 회사를 이용했을 때의 요금보다 적게 들어야 한다.

한 달 사용 시간을 x시간이라 하면

$$6000+400x>30000 \qquad\cdots\ 1단계$$
$$400x>24000 \qquad\therefore x>60 \qquad\cdots\ 2단계$$

따라서 한 달 사용 시간이 60시간 초과이면 B 회사를 이용하는 것이 유리하다. $\cdots\ 3단계$

답 60시간

단계	채점 요소	비율
1	일차부등식 세우기	50 %
2	일차부등식 풀기	40 %
3	한 달 사용 시간이 몇 시간 초과일 때, B 회사를 이용하는 것이 유리한지 구하기	10 %

0571 전략 왕복하는 데 걸린 시간과 물건을 사는 데 걸린 시간의 합이 1시간 15분 이내이어야 한다.

역에서 상점까지의 거리를 $x\,km$라 하면

$$\frac{x}{4}+\frac{15}{60}+\frac{x}{4}\le1\frac{15}{60} \qquad\cdots\ 1단계$$
$$x+1+x\le5$$
$$2x\le4$$
$$\therefore x\le2 \qquad\cdots\ 2단계$$

따라서 2 km 이내에 있는 상점을 이용하면 된다. $\cdots\ 3단계$

답 2 km

단계	채점 요소	비율
1	일차부등식 세우기	50 %
2	일차부등식 풀기	40 %
3	역에서 몇 km 이내에 있는 상점을 이용하면 되는지 구하기	10 %

0572 전략 전체 일의 양을 1로 놓고 부등식을 세운다.

전체 일의 양을 1이라 하면 남자 한 명이 하루에 하는 일의 양은 $\dfrac{1}{10}$, 여자 한 명이 하루에 하는 일의 양은 $\dfrac{1}{12}$이다.

남자의 수를 x라 하면 여자의 수는 $11-x$이므로

$$\frac{1}{10}\times x+\frac{1}{12}\times(11-x)\ge1$$
$$6x+5(11-x)\ge60$$
$$6x+55-5x\ge60$$
$$\therefore x\ge5$$

따라서 남자는 최소 5명이 필요하다. 답 5명

0573 전략 소금물에서 물을 증발시켜도 소금의 양은 변하지 않는다.

증발시키는 물의 양을 $x\,g$이라 하면 더 넣을 소금의 양은 $x\,g$이므로

$$\frac{5}{100}\times200+x\ge\frac{8}{100}\times200$$
$$10+x\ge16$$
$$\therefore x\ge6$$

따라서 물을 6 g 이상 증발시켜야 한다. 답 6 g

0574 전략 두 식품 A, B에 포함된 단백질의 양을 각각 구해 본다.

식품 A의 양을 $x\,g$이라 하면 식품 B의 양은 $(300-x)\,g$이므로

$$\frac{15}{100}\times x+\frac{20}{100}\times(300-x)\ge56$$
$$15x+6000-20x\ge5600$$
$$-5x\ge-400$$
$$\therefore x\le80$$

따라서 식품 A는 80 g 이하 섭취해야 한다. 답 80 g

06 연립일차방정식

IV. 연립일차방정식

교과서문제 정복하기　　　▶본문 87, 89쪽

0575 y의 차수가 2이므로 일차방정식이 아니다.　답 ×

0576　답 ○

0577 x가 분모에 있으므로 일차방정식이 아니다.　답 ×

0578 $x+3y=2x+3y+2$에서　$-x-2=0$
즉 미지수가 1개인 일차방정식이다.　답 ×

0579 $3\times(-1)-1=-4\neq 4$　답 ×

0580 $3\times 0-(-4)=4$　답 ○

0581 $3\times 1-(-1)=4$　답 ○

0582 $3\times 3-5=4$　답 ○

0583

x	1	2	3	4	5
y	14	10	6	2	-2

따라서 $4x+y=18$의 해는
$(1, 14), (2, 10), (3, 6), (4, 2)$　답 풀이 참조

0584

x	12	7	2	-3
y	1	2	3	4

따라서 $x+5y=17$의 해는
$(12, 1), (7, 2), (2, 3)$　답 풀이 참조

0585

x	1	2	3	4	5
y	4	3	2	1	0

따라서 $x+y=5$의 해는
$(1, 4), (2, 3), (3, 2), (4, 1)$　답 풀이 참조

0586

x	5	3	1	-1
y	1	2	3	4

따라서 $x+2y=7$의 해는
$(5, 1), (3, 2), (1, 3)$　답 풀이 참조

0587 연립방정식의 해는 $(3, 2)$이다.　답 $(3, 2)$

0588 다음 표에서 $x+y=8$의 해는
$(1, 7), (2, 6), (3, 5), (4, 4), (5, 3), (6, 2), (7, 1)$

x	1	2	3	4	5	6	7	8
y	7	6	5	4	3	2	1	0

다음 표에서 $3x+y=16$의 해는
$(1, 13), (2, 10), (3, 7), (4, 4), (5, 1)$

x	1	2	3	4	5	6
y	13	10	7	4	1	-2

따라서 연립방정식의 해는　$(4, 4)$　답 $(4, 4)$

0589 $x=1$, $y=-2$를 $2x+y=0$에 대입하면
$2\times 1+(-2)=0$
$x=1$, $y=-2$를 $x-y=3$에 대입하면
$1-(-2)=3$
따라서 $x=1$, $y=-2$는 주어진 연립방정식의 해이다.　답 ○

0590 $x=1$, $y=-2$를 $x+y=-1$에 대입하면
$1+(-2)=-1$
$x=1$, $y=-2$를 $4x-y=5$에 대입하면
$4\times 1-(-2)=6\neq 5$
따라서 $x=1$, $y=-2$는 주어진 연립방정식의 해가 아니다.
답 ×

0591 $x=1$, $y=-2$를 $x=2y+6$에 대입하면
$1\neq 2\times(-2)+6=2$
$x=1$, $y=-2$를 $x=-2y-3$에 대입하면
$1=-2\times(-2)-3$
따라서 $x=1$, $y=-2$는 주어진 연립방정식의 해가 아니다.
답 ×

0592 $x=1$, $y=-2$를 $-7x+2y=-11$에 대입하면
$-7\times 1+2\times(-2)=-11$
$x=1$, $y=-2$를 $3x-8y=19$에 대입하면
$3\times 1-8\times(-2)=19$
따라서 $x=1$, $y=-2$는 주어진 연립방정식의 해이다.　답 ○

0593 ㉠에서 x를 y에 대한 식으로 나타내면
$x=\boxed{2y+1}$　　　⋯⋯ ㉢
㉢을 ㉡에 대입하면　$3(\boxed{2y+1})+4y=13$
$10y=\boxed{10}$　∴ $y=\boxed{1}$
$y=\boxed{1}$을 ㉢에 대입하면　$x=\boxed{3}$　답 풀이 참조

0594 $\begin{cases} y=x-5 & \cdots\cdots ㉠ \\ 4x-y=-4 & \cdots\cdots ㉡ \end{cases}$
㉠을 ㉡에 대입하면　$4x-(x-5)=-4$
$3x=-9$　∴ $x=-3$
$x=-3$을 ㉠에 대입하면　$y=-3-5=-8$
답 $x=-3$, $y=-8$

0595
$$\begin{cases} 3x+y=11 & \cdots\cdots \ \boxdot\boxtimes \\ 3x+4y=-1 & \cdots\cdots \ \boxtimes \end{cases}$$

$\boxdot\boxtimes$에서 $3x=11-y$ $\cdots\cdots$ ㉢

㉢을 ㉡에 대입하면 $(11-y)+4y=-1$

$\quad 3y=-12 \qquad \therefore y=-4$

$y=-4$를 ㉢에 대입하면

$\quad 3x=11-(-4) \qquad \therefore x=5$ 　답 $x=5, y=-4$

다른 풀이
$$\begin{cases} 3x+y=11 & \cdots\cdots \ \boxdot\boxtimes \\ 3x+4y=-1 & \cdots\cdots \ \boxtimes \end{cases}$$

㉠에서 $y=11-3x$ $\cdots\cdots$ ㉢

㉢을 ㉡에 대입하면 $3x+4(11-3x)=-1$

$\quad -9x=-45 \qquad \therefore x=5$

$x=5$를 ㉢에 대입하면 $y=11-3\times5=-4$

0596 y를 없애기 위해 ㉠$\times3+$㉡을 하면

$\quad 23x=\boxed{-23} \qquad \therefore x=\boxed{-1}$

$x=\boxed{-1}$을 ㉠에 대입하면 $6\times(\boxed{-1})-y=-8$

$\quad \therefore y=\boxed{2}$ 　답 풀이 참조

0597
$$\begin{cases} x-4y=-9 & \cdots\cdots \ \boxdot\boxtimes \\ -x+2y=3 & \cdots\cdots \ \boxtimes \end{cases}$$

㉠$+$㉡을 하면 $-2y=-6 \qquad \therefore y=3$

$y=3$을 ㉠에 대입하면

$\quad x-4\times3=-9 \qquad \therefore x=3$ 　답 $x=3, y=3$

0598
$$\begin{cases} 7x-3y=2 & \cdots\cdots \ \boxdot\boxtimes \\ -4x+y=-4 & \cdots\cdots \ \boxtimes \end{cases}$$

㉠$+$㉡$\times3$을 하면 $-5x=-10 \qquad \therefore x=2$

$x=2$를 ㉡에 대입하면

$\quad -4\times2+y=-4 \qquad \therefore y=4$ 　답 $x=2, y=4$

0599
$$\begin{cases} 3x-5y=7 & \cdots\cdots \ \boxdot\boxtimes \\ 4x-3(x-2y)=10 & \cdots\cdots \ \boxtimes \end{cases}$$

㉡을 정리하면 $x+6y=10$ $\cdots\cdots$ ㉢

㉠$-$㉢$\times3$을 하면 $-23y=-23 \qquad \therefore y=1$

$y=1$을 ㉢에 대입하면

$\quad x+6\times1=10 \qquad \therefore x=4$ 　답 $x=4, y=1$

0600
$$\begin{cases} 2(x-4)+y=-4 & \cdots\cdots \ \boxdot\boxtimes \\ 5x-(y-1)=18 & \cdots\cdots \ \boxtimes \end{cases}$$

㉠, ㉡을 정리하면 $\begin{cases} 2x+y=4 & \cdots\cdots \ ㉢ \\ 5x-y=17 & \cdots\cdots \ ㉣ \end{cases}$

㉢$+$㉣을 하면 $7x=21 \qquad \therefore x=3$

$x=3$을 ㉢에 대입하면 $2\times3+y=4 \qquad \therefore y=-2$

　답 $x=3, y=-2$

0601
$$\begin{cases} x+0.4y=1.2 & \cdots\cdots \ \boxdot\boxtimes \\ 0.2x-0.3y=1 & \cdots\cdots \ \boxtimes \end{cases}$$

㉠$\times10$, ㉡$\times10$을 하면

$$\begin{cases} 10x+4y=12 & \cdots\cdots \ ㉢ \\ 2x-3y=10 & \cdots\cdots \ ㉣ \end{cases}$$

㉢$-$㉣$\times5$를 하면 $19y=-38 \qquad \therefore y=-2$

$y=-2$를 ㉣에 대입하면

$\quad 2x-3\times(-2)=10, \qquad 2x=4$

$\quad \therefore x=2$ 　답 $x=2, y=-2$

0602
$$\begin{cases} 1.3x-y=-0.7 & \cdots\cdots \ \boxdot\boxtimes \\ 0.03x-0.1y=-0.17 & \cdots\cdots \ \boxtimes \end{cases}$$

㉠$\times10$, ㉡$\times100$을 하면

$$\begin{cases} 13x-10y=-7 & \cdots\cdots \ ㉢ \\ 3x-10y=-17 & \cdots\cdots \ ㉣ \end{cases}$$

㉢$-$㉣을 하면 $10x=10 \qquad \therefore x=1$

$x=1$을 ㉢에 대입하면

$\quad 13\times1-10y=-7, \qquad -10y=-20$

$\quad \therefore y=2$ 　답 $x=1, y=2$

0603
$$\begin{cases} \dfrac{x}{2}+\dfrac{y}{4}=1 & \cdots\cdots \ \boxdot\boxtimes \\ \dfrac{x}{3}-\dfrac{y}{4}=-\dfrac{8}{3} & \cdots\cdots \ \boxtimes \end{cases}$$

㉠$\times4$, ㉡$\times12$를 하면

$$\begin{cases} 2x+y=4 & \cdots\cdots \ ㉢ \\ 4x-3y=-32 & \cdots\cdots \ ㉣ \end{cases}$$

㉢$\times2-$㉣을 하면 $5y=40 \qquad \therefore y=8$

$y=8$을 ㉢에 대입하면 $2x+8=4$

$\quad 2x=-4 \qquad \therefore x=-2$ 　답 $x=-2, y=8$

0604
$$\begin{cases} \dfrac{1}{3}x-\dfrac{1}{2}y=2 & \cdots\cdots \ \boxdot\boxtimes \\ \dfrac{1}{5}x-\dfrac{7}{10}y=-\dfrac{2}{5} & \cdots\cdots \ \boxtimes \end{cases}$$

㉠$\times6$, ㉡$\times10$을 하면

$$\begin{cases} 2x-3y=12 & \cdots\cdots \ ㉢ \\ 2x-7y=-4 & \cdots\cdots \ ㉣ \end{cases}$$

㉢$-$㉣을 하면 $4y=16 \qquad \therefore y=4$

$y=4$를 ㉢에 대입하면 $2x-3\times4=12$

$\quad 2x=24 \qquad \therefore x=12$ 　답 $x=12, y=4$

0605 주어진 방정식에서

$$\begin{cases} 2x+y=-3 & \cdots\cdots \ \boxdot\boxtimes \\ x+2y=-3 & \cdots\cdots \ \boxtimes \end{cases}$$

㉠$-$㉡$\times2$를 하면 $-3y=3 \qquad \therefore y=-1$

$y=-1$을 ㉡에 대입하면 $x+2\times(-1)=-3$

$\quad \therefore x=-1$ 　답 $x=-1, y=-1$

0606 주어진 방정식에서

$$\begin{cases} 4x+y=x+11 \\ 6x-2y=x+11 \end{cases}, \ 즉 \begin{cases} 3x+y=11 & \cdots\cdots \ ㉠ \\ 5x-2y=11 & \cdots\cdots \ ㉡ \end{cases}$$

㉠$\times 2+$㉡을 하면 $11x=33$ $\therefore x=3$

$x=3$을 ㉠에 대입하면 $3\times 3+y=11$ $\therefore y=2$

답 $x=3, \ y=2$

0607 $$\begin{cases} 3x+6y=8 & \cdots\cdots \ ㉠ \\ 6x+12y=10 & \cdots\cdots \ ㉡ \end{cases}$$

㉠$\times 2$를 하면 $6x+12y=16$ $\cdots\cdots \ ㉢$

이때 ㉡과 ㉢에서 $x, \ y$의 계수는 각각 같으나 상수항은 다르므로 해가 없다. 답 해가 없다.

다른 풀이 $\dfrac{3}{6}=\dfrac{6}{12}\neq\dfrac{8}{10}$이므로 해가 없다.

0608 $$\begin{cases} 2x+y=4 & \cdots\cdots \ ㉠ \\ 4x+2y=8 & \cdots\cdots \ ㉡ \end{cases}$$

㉠$\times 2$를 하면 $4x+2y=8$ $\cdots\cdots \ ㉢$

이때 ㉡과 ㉢이 같으므로 해가 무수히 많다.

답 해가 무수히 많다.

다른 풀이 $\dfrac{2}{4}=\dfrac{1}{2}=\dfrac{4}{8}$이므로 해가 무수히 많다.

유형 익히기
▶ 본문 90~99쪽

0609 ㄱ. $3x-y=2$에서 $3x-y-2=0$

ㄷ. $\dfrac{1}{5}x+\dfrac{1}{3}y=1$에서 $\dfrac{1}{5}x+\dfrac{1}{3}y-1=0$

ㄹ. $3x+y=3(x-y+1)$에서 $4y-3=0$

ㅁ. $xy+3x+y=5$에서 $xy+3x+y-5=0$

ㅂ. $x+1=-4y$에서 $x+4y+1=0$

이상에서 미지수가 2개인 일차방정식은 ㄱ, ㄷ, ㅂ이다. 답 ③

RPM 비법 노트

xy의 차수 ➡ ① x에 대한 차수: 1
② y에 대한 차수: 1
③ $x, \ y$에 대한 차수: 2

0610 ② $x+6y=x-y-2$에서 $7y+2=0$

③ $2y-(x-y)$에서 $-x+3y$

④ $x=4y-3$에서 $x-4y+3=0$

⑤ $xy+x=7$에서 $xy+x-7=0$

따라서 미지수가 2개인 일차방정식은 ④이다. 답 ④

0611 $2(x+y)=49$에서 $2x+2y=49$

답 $2x+2y=49$

0612 $ax-3y=4x+5y-1$에서

$(a-4)x-8y+1=0$

이 식이 미지수가 2개인 일차방정식이 되려면

$a-4\neq 0$ $\therefore a\neq 4$

따라서 미지수가 2개인 일차방정식이 되도록 하는 상수 a의 값이 아닌 것은 ⑤이다. 답 ⑤

0613 주어진 순서쌍의 $x, \ y$의 값을 각 방정식에 대입하면

① $5\times(-1)+6=1\neq -2$

② $-1+2\times 4=7\neq 8$

③ $3\times 1-0=3\neq 0$

④ $-4\times(-4)+7\times(-3)=-5\neq 5$

⑤ $10\times\dfrac{1}{2}-6\times\left(-\dfrac{2}{3}\right)=9$

따라서 일차방정식의 해인 것은 ⑤이다. 답 ⑤

0614

x	$\dfrac{23}{2}$	10	$\dfrac{17}{2}$	7	$\dfrac{11}{2}$	4	$\dfrac{5}{2}$	1	$-\dfrac{1}{2}$	$\cdots$
y	1	2	3	4	5	6	7	8	9	$\cdots$

따라서 순서쌍 $(x, \ y)$는

$(10, \ 2), \ (7, \ 4), \ (4, \ 6), \ (1, \ 8)$

의 4개이다. 답 ②

0615 $x=-2, \ y=1$을 각 방정식에 대입하면

① $-2-1+1=-2\neq 0$

② $-2+1+3=2\neq 0$

③ $-2-2\times 1+4=0$

④ $-2+5\times 1-1=2\neq 0$

⑤ $4\times(-2)-3\times 1+11=0$

따라서 $x=-2, \ y=1$을 해로 갖는 것은 ③, ⑤이다. 답 ③, ⑤

0616 $x=-3, \ y=1$을 $ax+3y=6$에 대입하면

$-3a+3\times 1=6,$ $-3a=3$

$\therefore a=-1$ 답 ②

0617 $x=-4, \ y=k$를 $x-5y=16$에 대입하면

$-4-5k=16,$ $-5k=20$

$\therefore k=-4$ 답 ①

0618 $x=2, \ y=7$을 $ax-y-3=0$에 대입하면

$2a-7-3=0,$ $2a=10$

$\therefore a=5$

따라서 $y=-13$을 $5x-y-3=0$에 대입하면

$5x-(-13)-3=0,$ $5x=-10$

$\therefore x=-2$ 답 ①

0619 $x=4, \ y=a$를 $2x-y=4$에 대입하면

$2\times 4-a=4$ $\therefore a=4$ ··· 1단계

$x=b+1$, $y=3$을 $2x-y=4$에 대입하면

$$2(b+1)-3=4, \quad 2b=5 \quad \therefore b=\frac{5}{2} \quad \cdots \text{2단계}$$

$$\therefore a+6b=4+6\times\frac{5}{2}=19 \quad \cdots \text{3단계}$$

답 19

단계	채점 요소	비율
1	a의 값 구하기	40 %
2	b의 값 구하기	40 %
3	$a+6b$의 값 구하기	20 %

0620 $x=1$, $y=2$를 각 방정식에 대입하면

ㄱ. $\begin{cases} 1+2=3 \\ 1-2=-1\neq 1 \end{cases}$

ㄴ. $\begin{cases} 1+2\times 2=5 \\ 2\times 1+3\times 2=8 \end{cases}$

ㄷ. $\begin{cases} 2\times 1-2=0\neq -1 \\ 6\times 1+5\times 2=16 \end{cases}$

ㄹ. $\begin{cases} 4\times 1+2=6 \\ 3\times 1-2\times 2=-1 \end{cases}$

이상에서 $x=1$, $y=2$를 해로 갖는 것은 ㄴ, ㄹ이다. 답 ④

0621 초콜릿을 4개씩 받은 학생은 x명, 5개씩 받은 학생은 y명이므로

$$x+y=11$$

4개씩 x명에게 나누어 준 초콜릿은 $4x$개, 5개씩 y명에게 나누어 준 초콜릿은 $5y$개이므로

$$4x+5y=50$$

따라서 연립방정식으로 나타내면

$$\begin{cases} x+y=11 \\ 4x+5y=50 \end{cases}$$

답 ④

0622 다음 표에서 $2x+3y=19$의 해는

$(8, 1)$, $(5, 3)$, $(2, 5)$

x	8	$\frac{13}{2}$	5	$\frac{7}{2}$	2	$\frac{1}{2}$	-1
y	1	2	3	4	5	6	7

다음 표에서 $4x+y=13$의 해는 $(1, 9)$, $(2, 5)$, $(3, 1)$

x	1	2	3	4
y	9	5	1	-3

따라서 연립방정식의 해는 $x=2$, $y=5$이므로

$a=2$, $b=5$ $\therefore ab=2\times 5=10$ 답 10

0623 $x=4$, $y=-2$를 $x+y=a$에 대입하면

$$a=4+(-2)=2$$

$x=4$, $y=-2$를 $bx-y=10$에 대입하면

$$4b-(-2)=10, \quad 4b=8 \quad \therefore b=2$$

$$\therefore ab=2\times 2=4$$

답 4

0624 $y=-1$을 $2x-9y=3$에 대입하면

$$2x-9\times(-1)=3, \quad 2x=-6 \quad \therefore x=-3$$

따라서 $x=-3$, $y=-1$을 $ax+5y=-14$에 대입하면

$$-3a+5\times(-1)=-14, \quad -3a=-9$$

$$\therefore a=3$$

답 3

0625 $x=2$, $y=b$를 $-x+3y=-11$에 대입하면

$$-2+3b=-11, \quad 3b=-9 \quad \therefore b=-3$$

따라서 $x=2$, $y=-3$을 $3x+ay=9$에 대입하면

$$3\times 2-3a=9, \quad -3a=3 \quad \therefore a=-1$$

$$\therefore b-a=-3-(-1)=-2$$

답 -2

0626 $x=b+2$, $y=b-2$를 $x+2y=4$에 대입하면

$$b+2+2(b-2)=4, \quad 3b=6 \quad \therefore b=2$$

따라서 연립방정식의 해가 $x=4$, $y=0$이므로 이것을 $ax+y=16$에 대입하면

$$4a=16 \quad \therefore a=4$$

$$\therefore a+b=4+2=6$$

답 ①

0627 $\begin{cases} 2x-y=-6 & \cdots\cdots ㉠ \\ x=-3y+4 & \cdots\cdots ㉡ \end{cases}$

㉡을 ㉠에 대입하면 $2(-3y+4)-y=-6$

$$-7y=-14 \quad \therefore y=2$$

$y=2$를 ㉡에 대입하면 $x=-3\times 2+4=-2$

따라서 $p=-2$, $q=2$이므로 $p+q=-2+2=0$ 답 ③

0628 ㉠을 ㉡에 대입하면

$$3x-2(7-5x)=12, \quad 3x-14+10x=12$$

$$13x=26 \quad \therefore k=13$$

답 13

0629 $\begin{cases} y=4x-8 & \cdots\cdots ㉠ \\ y=-6x+22 & \cdots\cdots ㉡ \end{cases}$

㉠을 ㉡에 대입하면 $4x-8=-6x+22$

$$10x=30 \quad \therefore x=3$$

$x=3$을 ㉠에 대입하면 $y=4\times 3-8=4$ $\cdots$ 1단계

따라서 $x=3$, $y=4$를 $ax+y-10=0$에 대입하면

$$3a+4-10=0, \quad 3a=6 \quad \therefore a=2 \quad \cdots \text{2단계}$$

답 2

단계	채점 요소	비율
1	연립방정식 풀기	70 %
2	a의 값 구하기	30 %

0630 $\begin{cases} x-5y=14 & \cdots\cdots ㉠ \\ 2x-y=10 & \cdots\cdots ㉡ \end{cases}$

㉠×2-㉡을 하면 $-9y=18$ $\therefore y=-2$

$y=-2$를 ㉠에 대입하면 $x-5\times(-2)=14$

$$\therefore x=4$$

$$\therefore x-y=4-(-2)=6$$

답 6

0631 없애려는 y의 계수의 절댓값이 같아지도록 ㉠, ㉡에 각각 2, 3을 곱한 후 y의 계수의 부호가 서로 다르므로 두 식을 변끼리 더한다.

따라서 필요한 식은 ㉠×2+㉡×3이다. **답 ③**

0632 $\begin{cases} 2x-y=9 & \cdots\cdots ㉠ \\ 10x+3y=-11 & \cdots\cdots ㉡ \end{cases}$

㉠×5−㉡을 하면

$-8y=56$ ∴ $y=-7$

$y=-7$을 ㉠에 대입하면 $2x-(-7)=9$

$2x=2$ ∴ $x=1$

따라서 $a=1$, $b=-7$이므로

$5a+b=5\times 1+(-7)=-2$ **답 −2**

0633 ① $\begin{cases} x+y=-1 & \cdots\cdots ㉠ \\ x-y=5 & \cdots\cdots ㉡ \end{cases}$

㉠+㉡을 하면 $2x=4$

∴ $x=2$

$x=2$를 ㉠에 대입하면 $2+y=-1$

∴ $y=-3$

② $\begin{cases} x+2y=-4 & \cdots\cdots ㉠ \\ 4x-y=11 & \cdots\cdots ㉡ \end{cases}$

㉠+㉡×2를 하면 $9x=18$

∴ $x=2$

$x=2$를 ㉡에 대입하면 $4\times 2-y=11$

∴ $y=-3$

③ $\begin{cases} 3x+4y=-6 & \cdots\cdots ㉠ \\ 5x-y=13 & \cdots\cdots ㉡ \end{cases}$

㉠+㉡×4를 하면 $23x=46$

∴ $x=2$

$x=2$를 ㉡에 대입하면 $5\times 2-y=13$

∴ $y=-3$

④ $\begin{cases} 6x+y=9 & \cdots\cdots ㉠ \\ x+6y=-16 & \cdots\cdots ㉡ \end{cases}$

㉠−㉡×6을 하면 $-35y=105$

∴ $y=-3$

$y=-3$을 ㉡에 대입하면 $x+6\times(-3)=-16$

∴ $x=2$

⑤ $\begin{cases} 2x+3y=-2 & \cdots\cdots ㉠ \\ 3x-5y=16 & \cdots\cdots ㉡ \end{cases}$

㉠×3−㉡×2를 하면 $19y=-38$

∴ $y=-2$

$y=-2$를 ㉠에 대입하면 $2x+3\times(-2)=-2$

$2x=4$ ∴ $x=2$

따라서 해가 나머지 넷과 다른 하나는 ⑤이다. **답 ⑤**

0634 $\begin{cases} 3x+4(y-1)=-3 & \cdots\cdots ㉠ \\ 2(x-y)-12=y & \cdots\cdots ㉡ \end{cases}$

㉠, ㉡을 정리하면

$\begin{cases} 3x+4y=1 & \cdots\cdots ㉢ \\ 2x-3y=12 & \cdots\cdots ㉣ \end{cases}$

㉢×2−㉣×3을 하면 $17y=-34$ ∴ $y=-2$

$y=-2$를 ㉢에 대입하면 $3x+4\times(-2)=1$

$3x=9$ ∴ $x=3$

따라서 $a=3$, $b=-2$이므로

$a+b=3+(-2)=1$ **답 ④**

0635 $\begin{cases} 3(x+2y)-4y=2 & \cdots\cdots ㉠ \\ 7x-2(3x-y)=14 & \cdots\cdots ㉡ \end{cases}$

㉠, ㉡을 정리하면

$\begin{cases} 3x+2y=2 & \cdots\cdots ㉢ \\ x+2y=14 & \cdots\cdots ㉣ \end{cases}$

㉢−㉣을 하면 $2x=-12$ ∴ $x=-6$

$x=-6$을 ㉣에 대입하면

$-6+2y=14$, $2y=20$ ∴ $y=10$ **답 ②**

0636 $\begin{cases} 4(x+y)-3y=-7 & \cdots\cdots ㉠ \\ 3x-2(x+y)=5 & \cdots\cdots ㉡ \end{cases}$

㉠, ㉡을 정리하면

$\begin{cases} 4x+y=-7 & \cdots\cdots ㉢ \\ x-2y=5 & \cdots\cdots ㉣ \end{cases}$

㉢×2+㉣을 하면 $9x=-9$ ∴ $x=-1$

$x=-1$을 ㉢에 대입하면 $4\times(-1)+y=-7$

∴ $y=-3$

따라서 $x=-1$, $y=-3$을 $3x-2y=a$에 대입하면

$a=3\times(-1)-2\times(-3)=3$ **답 3**

0637 $\begin{cases} 5(x+2y)=7y-1 & \cdots\cdots ㉠ \\ 3(x-4)=4(x+y)-5 & \cdots\cdots ㉡ \end{cases}$

㉠, ㉡을 정리하면

$\begin{cases} 5x+3y=-1 & \cdots\cdots ㉢ \\ -x-4y=7 & \cdots\cdots ㉣ \end{cases}$ **1단계**

㉢+㉣×5를 하면 $-17y=34$

∴ $y=-2$

$y=-2$를 ㉣에 대입하면

$-x-4\times(-2)=7$ ∴ $x=1$ **2단계**

따라서 $a=1$, $b=-2$이므로 $bx=a$에 대입하면

$-2x=1$ ∴ $x=-\dfrac{1}{2}$ **3단계**

답 $x=-\dfrac{1}{2}$

단계	채점 요소	비율
1	연립방정식을 간단히 하기	20 %
2	연립방정식 풀기	50 %
3	일차방정식의 해 구하기	30 %

0638 $\begin{cases} \dfrac{1}{5}x+\dfrac{1}{2}y=-\dfrac{1}{2} & \cdots\cdots\ \bigcirc \\ 0.03x-0.01y=0.18 & \cdots\cdots\ \bigcirc \end{cases}$

$\bigcirc\times10$, $\bigcirc\times100$을 하면

$\begin{cases} 2x+5y=-5 & \cdots\cdots\ \boxdot \\ 3x-y=18 & \cdots\cdots\ \boxminus \end{cases}$

$\boxdot+\boxminus\times5$를 하면 $17x=85$ $\therefore x=5$

$x=5$를 $\boxminus$에 대입하면 $3\times5-y=18$

$\qquad \therefore y=-3$

따라서 $a=5$, $b=-3$이므로 $a-b=5-(-3)=8$ 　답 8

0639 $\begin{cases} 0.01x+0.07y=2 & \cdots\cdots\ \bigcirc \\ 0.4x-0.3y=-18 & \cdots\cdots\ \bigcirc \end{cases}$

$\bigcirc\times100$, $\bigcirc\times10$을 하면

$\begin{cases} x+7y=200 \\ 4x-3y=-180 \end{cases}$

따라서 바르게 고친 것은 ⑤이다. 　답 ⑤

0640 $\begin{cases} \dfrac{x+y}{4}-\dfrac{x+y}{6}=1 & \cdots\cdots\ \bigcirc \\ \dfrac{x-y}{2}-\dfrac{2x+y}{3}=-6 & \cdots\cdots\ \bigcirc \end{cases}$

$\bigcirc\times12$, $\bigcirc\times6$을 하면

$\begin{cases} 3(x+y)-2(x+y)=12 \\ 3(x-y)-2(2x+y)=-36 \end{cases}$, 즉

$\begin{cases} x+y=12 & \cdots\cdots\ \boxdot \\ -x-5y=-36 & \cdots\cdots\ \boxminus \end{cases}$

$\boxdot+\boxminus$을 하면 $-4y=-24$ $\therefore y=6$

$y=6$을 $\boxdot$에 대입하면 $x+6=12$ $\therefore x=6$

　답 $x=6$, $y=6$

0641 $\begin{cases} 0.01x+0.02y=0.07 & \cdots\cdots\ \bigcirc \\ \dfrac{1}{3}x-\dfrac{3}{2}y=-2 & \cdots\cdots\ \bigcirc \end{cases}$

$\bigcirc\times100$, $\bigcirc\times6$을 하면

$\begin{cases} x+2y=7 & \cdots\cdots\ \boxdot \\ 2x-9y=-12 & \cdots\cdots\ \boxminus \end{cases}$

$\boxdot\times2-\boxminus$을 하면 $13y=26$ $\therefore y=2$

$y=2$를 $\boxdot$에 대입하면 $x+2\times2=7$ $\therefore x=3$

따라서 $a=3$, $b=2$이므로 $ab=3\times2=6$ 　답 6

0642 $\begin{cases} (x+1):3y=3:2 & \cdots\cdots\ \bigcirc \\ 2(x-3)+3(2y-x)=-2 & \cdots\cdots\ \bigcirc \end{cases}$

$\bigcirc$에서 $2(x+1)=9y$

$\qquad \therefore 2x-9y=-2 \qquad \cdots\cdots\ \boxdot$

$\bigcirc$을 정리하면 $x-6y=-4 \qquad \cdots\cdots\ \boxminus$

$\boxdot-\boxminus\times2$를 하면 $3y=6$ $\therefore y=2$

$y=2$를 $\boxminus$에 대입하면 $x-6\times2=-4$

$\qquad \therefore x=8$

따라서 $a=8$, $b=2$이므로

$\qquad a+b=8+2=10$ 　답 ⑤

0643 $\begin{cases} 3:(x+4y)=2:(3x-2) & \cdots\cdots\ \bigcirc \\ 0.1x+0.4y=0.6 & \cdots\cdots\ \bigcirc \end{cases}$

$\bigcirc$에서 $3(3x-2)=2(x+4y)$

$\qquad \therefore 7x-8y=6 \qquad \cdots\cdots\ \boxdot$

$\bigcirc\times10$을 하면 $x+4y=6 \qquad \cdots\cdots\ \boxminus$

$\boxdot+\boxminus\times2$를 하면 $9x=18$ $\therefore x=2$

$x=2$를 $\boxminus$에 대입하면 $2+4y=6$

$\qquad 4y=4 \qquad \therefore y=1$

$\qquad \therefore x-y=2-1=1$ 　답 ①

0644 $\begin{cases} 1:(y-3)=4:(x+6) & \cdots\cdots\ \bigcirc \\ \dfrac{y}{5}-\dfrac{3x+2}{4}=-1 & \cdots\cdots\ \bigcirc \end{cases}$

$\bigcirc$에서 $x+6=4(y-3)$

$\qquad \therefore x-4y=-18 \qquad \cdots\cdots\ \boxdot$

$\bigcirc\times20$을 하면 $4y-5(3x+2)=-20$

$\qquad \therefore 15x-4y=10 \qquad \cdots\cdots\ \boxminus$ 　1단계

$\boxdot-\boxminus$을 하면 $-14x=-28$ $\therefore x=2$

$x=2$를 $\boxdot$에 대입하면 $2-4y=-18$

$\qquad -4y=-20 \qquad \therefore y=5$ 　2단계

따라서 $x=2$, $y=5$를 $6x-ky=8$에 대입하면

$\qquad 6\times2-5k=8, \qquad -5k=-4$

$\qquad \therefore k=\dfrac{4}{5}$ 　3단계

　답 $\dfrac{4}{5}$

단계	채점 요소	비율
1	연립방정식을 간단히 하기	30 %
2	연립방정식 풀기	40 %
3	k의 값 구하기	30 %

0645 주어진 방정식에서

$\begin{cases} x-2y+7=2x+3y+6 \\ x-2y+7=-5x-y-18 \end{cases}$, 즉

$\begin{cases} x+5y=1 & \cdots\cdots\ \bigcirc \\ 6x-y=-25 & \cdots\cdots\ \bigcirc \end{cases}$

$\bigcirc\times6-\bigcirc$을 하면 $31y=31$

$\qquad \therefore y=1$

$y=1$을 $\bigcirc$에 대입하면 $x+5=1$

$\qquad \therefore x=-4$ 　답 ②

0646 주어진 방정식에서

$\begin{cases} 5x-2y=8 \\ 3x+y-10=8 \end{cases}$, 즉 $\begin{cases} 5x-2y=8 & \cdots\cdots\ \bigcirc \\ 3x+y=18 & \cdots\cdots\ \bigcirc \end{cases}$

$\bigcirc+\bigcirc\times2$를 하면 $11x=44$ $\therefore x=4$

$x=4$를 $\bigcirc$에 대입하면 $3\times4+y=18$ $\therefore y=6$

$\qquad \therefore y-x=6-4=2$ 　답 2

0647 주어진 방정식에서
$$\begin{cases} 4(x-2)=2x+2y-4 \\ 4(x-2)=3x-3y+18 \end{cases}, 즉 \begin{cases} x-y=2 & \cdots\cdots ㉠ \\ x+3y=26 & \cdots\cdots ㉡ \end{cases}$$
㉠-㉡을 하면
$$-4y=-24 \quad \therefore y=6$$
$y=6$을 ㉠에 대입하면
$$x-6=2 \quad \therefore x=8$$
따라서 $a=8$, $b=6$이므로
$$a^2+b^2=64+36=100 \qquad\qquad 답 ⑤$$

0648 주어진 방정식에서
$$\begin{cases} x+2y=\dfrac{x-3y+1}{2} \\ x+2y=2x-\dfrac{y-1}{3} \end{cases}, 즉 \begin{cases} x+7y=1 & \cdots\cdots ㉠ \\ 3x-7y=-1 & \cdots\cdots ㉡ \end{cases}$$
㉠+㉡을 하면 $4x=0$ $\therefore x=0$
$x=0$을 ㉠에 대입하면
$$7y=1 \quad \therefore y=\dfrac{1}{7}$$
따라서 $a=0$, $b=\dfrac{1}{7}$이므로
$$2a+7b=2\times0+7\times\dfrac{1}{7}=1 \qquad\qquad 답 1$$

0649 $x=5$, $y=-1$을 주어진 연립방정식에 대입하면
$$\begin{cases} 5a-b=9 \\ 5b+a=7 \end{cases}, 즉 \begin{cases} 5a-b=9 & \cdots\cdots ㉠ \\ a+5b=7 & \cdots\cdots ㉡ \end{cases}$$
㉠-㉡×5를 하면
$$-26b=-26 \quad \therefore b=1$$
$b=1$을 ㉡에 대입하면
$$a+5=7 \quad \therefore a=2$$
$$\therefore a+b=2+1=3 \qquad\qquad 답 ⑤$$

0650 $x=2$, $y=-1$을 주어진 연립방정식에 대입하면
$$\begin{cases} 2a-b=13 \\ 2a+2b=-2 \end{cases}, 즉 \begin{cases} 2a-b=13 & \cdots\cdots ㉠ \\ a+b=-1 & \cdots\cdots ㉡ \end{cases}$$
㉠+㉡을 하면 $3a=12$ $\therefore a=4$
$a=4$를 ㉡에 대입하면
$$4+b=-1 \quad \therefore b=-5$$
$$\therefore ab=4\times(-5)=-20 \qquad\qquad 답 -20$$

0651 $x=3$, $y=b$를 주어진 연립방정식에 대입하면
$$\begin{cases} 4\times3+7b+a=0 \\ 3a-9b=24 \end{cases}, 즉$$
$$\begin{cases} a+7b=-12 & \cdots\cdots ㉠ \\ a-3b=8 & \cdots\cdots ㉡ \end{cases}$$
㉠-㉡을 하면 $10b=-20$ $\therefore b=-2$
$b=-2$를 ㉡에 대입하면 $a-3\times(-2)=8$
$$\therefore a=2$$
$$\therefore a+b=2+(-2)=0 \qquad\qquad 답 0$$

0652 $x=5$, $y=1$을 주어진 방정식에 대입하면
$$5a-3b+8=15a+b-6=10$$
위의 방정식에서
$$\begin{cases} 5a-3b+8=10 \\ 15a+b-6=10 \end{cases}, 즉 \begin{cases} 5a-3b=2 & \cdots\cdots ㉠ \\ 15a+b=16 & \cdots\cdots ㉡ \end{cases} \quad \cdots 1단계$$
㉠×3-㉡을 하면 $-10b=-10$ $\therefore b=1$
$b=1$을 ㉠에 대입하면
$$5a-3=2, \quad 5a=5 \quad \therefore a=1 \quad \cdots 2단계$$
$$\therefore a-2b=1-2\times1=-1 \quad \cdots 3단계$$
$$답 -1$$

단계	채점 요소	비율
1	a, b에 대한 연립방정식 세우기	30 %
2	a, b의 값 구하기	50 %
3	$a-2b$의 값 구하기	20 %

0653 $$\begin{cases} 5x+4y=11 & \cdots\cdots ㉠ \\ x-3y=6 & \cdots\cdots ㉡ \end{cases}$$
㉠-㉡×5를 하면 $19y=-19$ $\therefore y=-1$
$y=-1$을 ㉡에 대입하면 $x-3\times(-1)=6$ $\therefore x=3$
$x=3$, $y=-1$을 $2x+y=a$에 대입하면
$$a=2\times3+(-1)=5 \qquad\qquad 답 5$$

0654 $$\begin{cases} 2y=x & \cdots\cdots ㉠ \\ 3x+5y=11 & \cdots\cdots ㉡ \end{cases}$$
㉠을 ㉡에 대입하면 $3\times2y+5y=11$
$$11y=11 \quad \therefore y=1$$
$y=1$을 ㉠에 대입하면 $x=2$
$x=2$, $y=1$을 $x+ay=-6$에 대입하면
$$2+a=-6 \quad \therefore a=-8 \qquad\qquad 답 ②$$

0655 $$\begin{cases} x+2y=3 & \cdots\cdots ㉠ \\ 2x-3y=-1 & \cdots\cdots ㉡ \end{cases}$$
㉠×2-㉡을 하면
$$7y=7 \quad \therefore y=1$$
$y=1$을 ㉠에 대입하면
$$x+2=3 \quad \therefore x=1$$
$x=1$, $y=1$을 $2ax-3y=5$에 대입하면
$$2a-3=5, \quad 2a=8 \quad \therefore a=4 \qquad\qquad 답 4$$

0656 x의 값이 y의 값의 3배이므로
$$x=3y$$
$x=3y$를 주어진 연립방정식에 대입하면
$$\begin{cases} 2\times3y-y=-2a \\ 2\times3y-7y=a-3 \end{cases}, 즉 \begin{cases} 2a+5y=0 & \cdots\cdots ㉠ \\ a+y=3 & \cdots\cdots ㉡ \end{cases}$$
㉠-㉡×2를 하면 $3y=-6$ $\therefore y=-2$
$y=-2$를 ㉡에 대입하면 $a+(-2)=3$
$$\therefore a=5 \qquad\qquad 답 5$$

0657 x의 값이 y의 값보다 4만큼 크므로 $x=y+4$
$$\begin{cases} x=y+4 & \cdots\cdots\ \text{㉠} \\ 4x-y=1 & \cdots\cdots\ \text{㉡} \end{cases}$$
㉠을 ㉡에 대입하면 $4(y+4)-y=1$
      $3y=-15$ $\therefore y=-5$
$y=-5$를 ㉠에 대입하면 $x=-5+4=-1$
$x=-1$, $y=-5$를 $x+3y=a-10$에 대입하면
      $-1+3\times(-5)=a-10$ $\therefore a=-6$ **탭** -6

0658 $x>y$이고 x와 y의 값의 차가 8이므로 $x-y=8$
$$\begin{cases} x-y=8 & \cdots\cdots\ \text{㉠} \\ 3x+y=4 & \cdots\cdots\ \text{㉡} \end{cases}$$
㉠+㉡을 하면 $4x=12$ $\therefore x=3$
$x=3$을 ㉠에 대입하면 $3-y=8$ $\therefore y=-5$
$x=3$, $y=-5$를 $ax+5y=-7a$에 대입하면
      $3a+5\times(-5)=-7a$, $10a=25$
      $\therefore a=\dfrac{5}{2}$ **탭** ④

0659 주어진 방정식에서 $\begin{cases} 5x-y=10 \\ -ax+3y+8=10 \end{cases}$, 즉
$$\begin{cases} 5x-y=10 & \cdots\cdots\ \text{㉠} \quad \cdots\ \boxed{1\text{단계}} \\ -ax+3y=2 & \cdots\cdots\ \text{㉡} \end{cases}$$
또 $x:y=2:5$이므로 $5x=2y$ $\cdots\cdots$ ㉢ $\cdots\ \boxed{2\text{단계}}$
㉢을 ㉠에 대입하면 $2y-y=10$ $\therefore y=10$
$y=10$을 ㉢에 대입하면 $5x=2\times10$ $\therefore x=4$ $\boxed{3\text{단계}}$
$x=4$, $y=10$을 ㉡에 대입하면 $-4a+3\times10=2$
      $-4a=-28$ $\therefore a=7$ $\cdots\ \boxed{4\text{단계}}$
                                    탭 7

단계	채점 요소	비율
1	연립방정식으로 나타내기	20 %
2	x, y에 대한 조건을 식으로 나타내기	20 %
3	연립방정식 풀기	40 %
4	a의 값 구하기	20 %

0660 두 연립방정식의 해가 서로 같으므로 그 해는 다음 연립방정식의 해와 같다.
$$\begin{cases} -x+4y=11 & \cdots\cdots\ \text{㉠} \\ -2x-5y=-4 & \cdots\cdots\ \text{㉡} \end{cases}$$
㉠$\times2-$㉡을 하면 $13y=26$ $\therefore y=2$
$y=2$를 ㉠에 대입하면
      $-x+4\times2=11$ $\therefore x=-3$
$x=-3$, $y=2$를 $ax+2y=-5$에 대입하면
      $-3a+2\times2=-5$, $-3a=-9$ $\therefore a=3$
$x=-3$, $y=2$를 $3x+by=-13$에 대입하면
      $3\times(-3)+2b=-13$, $2b=-4$
      $\therefore b=-2$ **탭** ④

0661 두 연립방정식의 해가 서로 같으므로 그 해는 다음 연립방정식의 해와 같다.
$$\begin{cases} 4x+7y=-9 & \cdots\cdots\ \text{㉠} \\ 4x+15y=-1 & \cdots\cdots\ \text{㉡} \end{cases}$$
㉠$-$㉡을 하면 $-8y=-8$ $\therefore y=1$
$y=1$을 ㉠에 대입하면 $4x+7=-9$
      $4x=-16$ $\therefore x=-4$
$x=-4$, $y=1$을 $ax+by=-3$에 대입하면
      $-4a+b=-3$ $\cdots\cdots$ ㉢
$x=-4$, $y=1$을 $ax-by=-13$에 대입하면
      $-4a-b=-13$ $\cdots\cdots$ ㉣
㉢+㉣을 하면 $-8a=-16$ $\therefore a=2$
$a=2$를 ㉢에 대입하면 $-4\times2+b=-3$ $\therefore b=5$
      $\therefore a+b=2+5=7$ **탭** 7

0662 두 연립방정식의 해가 서로 같으므로 그 해는 다음 연립방정식의 해와 같다.
$$\begin{cases} 4x+3y=5 & \cdots\cdots\ \text{㉠} \\ 3x-5y=11 & \cdots\cdots\ \text{㉡} \end{cases}$$
㉠$\times3-$㉡$\times4$를 하면 $29y=-29$ $\therefore y=-1$
$y=-1$을 ㉠에 대입하면 $4x+3\times(-1)=5$
      $4x=8$ $\therefore x=2$
$x=2$, $y=-1$을 $ax+by=13$에 대입하면
      $2a-b=13$ $\cdots\cdots$ ㉢
$x=2$, $y=-1$을 $ax-2by=-2$에 대입하면
      $2a+2b=-2$, 즉 $a+b=-1$ $\cdots\cdots$ ㉣
㉢+㉣을 하면 $3a=12$ $\therefore a=4$
$a=4$를 ㉢에 대입하면 $2\times4-b=13$
      $\therefore b=-5$
      $\therefore a-b=4-(-5)=9$ **탭** 9

0663 주어진 연립방정식에서 a와 b를 바꾸어 놓으면
$$\begin{cases} bx+ay=4 \\ ax-by=3 \end{cases}$$
이 연립방정식의 해가 $x=2$, $y=1$이므로 대입하면
$$\begin{cases} 2b+a=4 \\ 2a-b=3 \end{cases}, \text{ 즉 } \begin{cases} a+2b=4 & \cdots\cdots\ \text{㉠} \\ 2a-b=3 & \cdots\cdots\ \text{㉡} \end{cases}$$
㉠+㉡$\times2$를 하면 $5a=10$ $\therefore a=2$
$a=2$를 ㉡에 대입하면 $2\times2-b=3$ $\therefore b=1$
      $\therefore b-a=1-2=-1$ **탭** -1

0664 윤호는 $4x+by=7$을 제대로 보고 풀었으므로
$4x+by=7$에 $x=1$, $y=1$을 대입하면
      $4+b=7$ $\therefore b=3$
우진이는 $ax-y=11$을 제대로 보고 풀었으므로 $ax-y=11$에
$x=5$, $y=-1$을 대입하면
      $5a-(-1)=11$, $5a=10$ $\therefore a=2$

따라서 처음 연립방정식은

$$\begin{cases} 2x-y=11 & \cdots\cdots ㉠ \\ 4x+3y=7 & \cdots\cdots ㉡ \end{cases}$$

㉠×2−㉡을 하면 $-5y=15$ ∴ $y=-3$

$y=-3$을 ㉠에 대입하면 $2x-(-3)=11$

$2x=8$ ∴ $x=4$ **답** $x=4,\ y=-3$

0665

$$\begin{cases} 2x-y=13 & \cdots\cdots ㉠ \\ 9x-8y=10 & \cdots\cdots ㉡ \end{cases}$$

㉠에서 13을 k로 잘못 보았다고 하면

$2x-y=k$ $\cdots\cdots ㉢$

이때 ㉡과 ㉢을 동시에 만족시키는 y의 값이 1이므로 $y=1$을 ㉡에 대입하면 $9x-8=10$

$9x=18$ ∴ $x=2$

$x=2,\ y=1$을 ㉢에 대입하면 $k=2\times 2-1=3$

따라서 13을 3으로 잘못 보고 풀었다. **답** 3

0666 주어진 연립방정식에서 a와 b를 바꾸어 놓으면

$$\begin{cases} bx-ay=6 \\ ax-by=1 \end{cases}$$

이 연립방정식의 해가 $x=3,\ y=2$이므로 대입하면

$$\begin{cases} 3b-2a=6 \\ 3a-2b=1 \end{cases},\ 즉\ \begin{cases} -2a+3b=6 & \cdots\cdots ㉠ \\ 3a-2b=1 & \cdots\cdots ㉡ \end{cases}$$ **1단계**

㉠×3+㉡×2를 하면

$5b=20$ ∴ $b=4$

$b=4$를 ㉠에 대입하면 $-2a+3\times 4=6$

$-2a=-6$ ∴ $a=3$ **2단계**

따라서 처음 연립방정식은

$$\begin{cases} 3x-4y=6 & \cdots\cdots ㉢ \\ 4x-3y=1 & \cdots\cdots ㉣ \end{cases}$$

㉢×4−㉣×3을 하면

$-7y=21$ ∴ $y=-3$

$y=-3$을 ㉢에 대입하면 $3x-4\times(-3)=6$

$3x=-6$ ∴ $x=-2$ **3단계**

답 $x=-2,\ y=-3$

단계	채점 요소	비율
1	$a,\ b$에 대한 연립방정식 세우기	30 %
2	$a,\ b$의 값 구하기	30 %
3	처음 연립방정식의 해 구하기	40 %

0667

$$\begin{cases} 3x-4y=a & \cdots\cdots ㉠ \\ bx-8y=4 & \cdots\cdots ㉡ \end{cases}$$

y의 계수가 같아지도록 ㉠×2를 하면

$6x-8y=2a$ $\cdots\cdots ㉢$

해가 무수히 많으므로 ㉡과 ㉢에서 x의 계수와 상수항이 각각 같다.

따라서 $b=6,\ 4=2a$이므로 $a=2,\ b=6$ **답** ⑤

다른 풀이 해가 무수히 많으므로 $\dfrac{3}{b}=\dfrac{-4}{-8}=\dfrac{a}{4}$

$\dfrac{3}{b}=\dfrac{-4}{-8}$에서 $-4b=-24$ ∴ $b=6$

$\dfrac{-4}{-8}=\dfrac{a}{4}$에서 $-8a=-16$ ∴ $a=2$

0668 ㄱ. $2y=4-3x$에서 $3x+2y=4$

ㄴ. $2x+3y-4=0$에서 $2x+3y=4$

ㄷ. $6x+4y-8=0$에서 $6x+4y=8$

ㄹ. $3y=6-2x$에서 $2x+3y=6$

ㄱ에서 일차방정식의 양변에 2를 곱하면 $6x+4y=8$

따라서 ㄷ의 일차방정식과 $x,\ y$의 계수와 상수항이 각각 같으므로 ㄱ, ㄷ의 일차방정식을 한 쌍으로 하는 연립방정식은 해가 무수히 많다. **답** ②

0669

$$\begin{cases} (a+6)x-2y=-8 & \cdots\cdots ㉠ \\ 3x+(b-5)y=8 & \cdots\cdots ㉡ \end{cases}$$

상수항이 같아지도록 ㉠×(−1)을 하면

$-(a+6)x+2y=8$ $\cdots\cdots ㉢$

해가 무수히 많으므로 ㉡과 ㉢의 $x,\ y$의 계수가 각각 같다.

따라서 $-(a+6)=3,\ 2=b-5$이므로

$a=-9,\ b=7$ **1단계**

∴ $a+b=-9+7=-2$ **2단계**

답 -2

단계	채점 요소	비율
1	$a,\ b$의 값 구하기	80 %
2	$a+b$의 값 구하기	20 %

0670

$$\begin{cases} 2y=3x-5 & \cdots\cdots ㉠ \\ ay=6x+3 & \cdots\cdots ㉡ \end{cases}$$

x의 계수가 같아지도록 ㉠×2를 하면

$4y=6x-10$ $\cdots\cdots ㉢$

해가 없으므로 ㉡과 ㉢에서 $x,\ y$의 계수는 각각 같고 상수항은 다르다.

∴ $a=4$ **답** 4

다른 풀이 해가 없으므로 $\dfrac{2}{a}=\dfrac{3}{6}\neq\dfrac{-5}{3}$

$\dfrac{2}{a}=\dfrac{3}{6}$에서 $3a=12$ ∴ $a=4$

0671 ① 연립방정식의 해는 $x=3,\ y=3$

② 연립방정식의 해는 $x=-1,\ y=4$

③ 주어진 연립방정식에서 $\begin{cases} 10x-15y=-5 \\ 2x-3y=-1 \end{cases}$

x의 계수를 같게 만들면 $\begin{cases} 10x-15y=-5 \\ 10x-15y=-5 \end{cases}$

따라서 해가 무수히 많다.

④ 주어진 연립방정식에서 $\begin{cases} x-2y=5 \\ 2x-4y=-9 \end{cases}$

x의 계수를 같게 만들면 $\begin{cases} 2x-4y=10 \\ 2x-4y=-9 \end{cases}$

따라서 해가 없다.

⑤ 연립방정식의 해는 $x=7$, $y=1$

따라서 해가 없는 것은 ④이다. **답** ④

0672 $\begin{cases} (a-1)x+y=3 & \cdots\cdots \, ㉠ \\ 4x+2y=a+b & \cdots\cdots \, ㉡ \end{cases}$

y의 계수가 같아지도록 ㉠×2를 하면

$2(a-1)x+2y=6$ $\cdots\cdots ㉢$

해가 없으므로 ㉡과 ㉢에서 x, y의 계수는 각각 같고 상수항은 다르다.

따라서 $4=2(a-1)$, $a+b\ne6$이므로

$a=3$, $b\ne3$ **답** $a=3$, $b\ne3$

0673 $\begin{cases} 0.0\dot{2}x+0.0\dot{3}y=0.1 & \cdots\cdots \, ㉠ \\ 1.\dot{3}x-y=3 & \cdots\cdots \, ㉡ \end{cases}$

㉠에서 $\dfrac{2}{90}x+\dfrac{3}{90}y=\dfrac{1}{10}$

양변에 90을 곱하면 $2x+3y=9$ $\cdots\cdots ㉢$

㉡에서 $\dfrac{12}{9}x-y=3$, 즉 $\dfrac{4}{3}x-y=3$

양변에 3을 곱하면 $4x-3y=9$ $\cdots\cdots ㉣$

㉢+㉣을 하면 $6x=18$ $\therefore x=3$

$x=3$을 ㉢에 대입하면 $2\times3+3y=9$

$3y=3$ $\therefore y=1$ **답** ③

0674 $\begin{cases} 0.\dot{5}x-0.\dot{1}y=-1.\dot{8} & \cdots\cdots \, ㉠ \\ \dfrac{x+3}{2}-\dfrac{5-y}{4}=1 & \cdots\cdots \, ㉡ \end{cases}$

㉠에서 $\dfrac{5}{9}x-\dfrac{1}{9}y=-\dfrac{17}{9}$

양변에 9를 곱하면 $5x-y=-17$ $\cdots\cdots ㉢$

㉡×4를 하면 $2(x+3)-(5-y)=4$

$\therefore 2x+y=3$ $\cdots\cdots ㉣$

㉢+㉣을 하면 $7x=-14$ $\therefore x=-2$

$x=-2$를 ㉣에 대입하면 $2\times(-2)+y=3$ $\therefore y=7$

따라서 $p=-2$, $q=7$이므로 $p+q=-2+7=5$ **답** ③

0675 $\begin{cases} 0.\dot{4}(x-1)+1.\dot{2}y=0.\dot{5} & \cdots\cdots \, ㉠ \\ 0.0\dot{1}x+0.0\dot{3}(y-6)=-0.1\dot{6} & \cdots\cdots \, ㉡ \end{cases}$

㉠에서 $\dfrac{4}{9}(x-1)+\dfrac{11}{9}y=\dfrac{5}{9}$

양변에 9를 곱한 후 정리하면

$4x+11y=9$ $\cdots\cdots ㉢$

㉡에서 $\dfrac{1}{90}x+\dfrac{3}{90}(y-6)=-\dfrac{15}{90}$

양변에 90을 곱한 후 정리하면

$x+3y=3$ $\cdots\cdots ㉣$ $\cdots$ **1단계**

㉢−㉣×4를 하면

$-y=-3$ $\therefore y=3$

$y=3$을 ㉣에 대입하면

$x+3\times3=3$ $\therefore x=-6$ $\cdots$ **2단계**

따라서 $a=-6$, $b=3$이므로

$b-a=3-(-6)=9$ $\cdots$ **3단계**

답 9

단계	채점 요소	비율
1	연립방정식을 간단히 하기	40 %
2	연립방정식 풀기	40 %
3	$b-a$의 값 구하기	20 %

0676 $\begin{cases} 2^{3x+2y}=2^{x+5}\times2^{3y-1} & \cdots\cdots \, ㉠ \\ 25^x\div5^{3y}=1 & \cdots\cdots \, ㉡ \end{cases}$

㉠에서 $2^{3x+2y}=2^{x+3y+4}$, $3x+2y=x+3y+4$

$\therefore 2x-y=4$ $\cdots\cdots ㉢$

㉡에서 $(5^2)^x\div5^{3y}=1$, $2x=3y$

$\therefore 2x-3y=0$ $\cdots\cdots ㉣$

㉢−㉣을 하면

$2y=4$ $\therefore y=2$

$y=2$를 ㉣에 대입하면

$2x-3\times2=0$, $2x=6$

$\therefore x=3$

따라서 $a=3$, $b=2$이므로 $ab=3\times2=6$ **답** 6

0677 $2^{x+1}\times4^{y-1}=16$에서 $2^{x+1}\times(2^2)^{y-1}=2^4$

$2^{x+2y-1}=2^4$, $x+2y-1=4$

$\therefore x+2y=5$ $\cdots\cdots ㉠$

$9^x\times3^y=81$에서 $(3^2)^x\times3^y=3^4$

$3^{2x+y}=3^4$

$\therefore 2x+y=4$ $\cdots\cdots ㉡$

㉠×2−㉡을 하면 $3y=6$ $\therefore y=2$

$y=2$를 ㉠에 대입하면 $x+2\times2=5$ $\therefore x=1$

$x=1$, $y=2$를 $ax+3y-8=0$에 대입하면

$a+3\times2-8=0$ $\therefore a=2$ **답** ⑤

0678 $(2^x\times2^y)^3\div16^y=8^3$에서 $2^{3(x+y)}\div(2^4)^y=(2^3)^3$

$2^{3(x+y)-4y}=2^9$, $3(x+y)-4y=9$

$\therefore 3x-y=9$ $\cdots\cdots ㉠$

$3^x\times(3^y)^2=3^{10}$에서 $3^{x+2y}=3^{10}$

$\therefore x+2y=10$ $\cdots\cdots ㉡$

㉠×2+㉡을 하면 $7x=28$

$\therefore x=4$

$x=4$를 ㉠에 대입하면 $3\times4-y=9$

$\therefore y=3$

$\therefore x+y=4+3=7$ **답** ⑤

시험에 꼭 **나오는 문제** > 본문 100~103쪽

0679 [전략] 주어진 식의 모든 항을 좌변으로 이항하여 정리한 식이 $ax+by+c=0$ (a, b, c는 상수, $a\neq 0$, $b\neq 0$)의 꼴인 것을 찾는다.

ㄴ. $\dfrac{2}{x}-\dfrac{5}{y}=6$에서 $\dfrac{2}{x}-\dfrac{5}{y}-6=0$

ㄷ. $y^2+x=4$에서 $x+y^2-4=0$

ㄹ. $x=y-7$에서 $x-y+7=0$

ㅁ. $2(x-y)=x-2y+1$에서 $x-1=0$

ㅂ. $x(y+3)=xy-y$에서 $3x+y=0$

이상에서 미지수가 2개인 일차방정식은 ㄱ, ㄹ, ㅂ이다.   답 ④

0680 [전략] 주어진 상황을 식으로 나타내어 본다.

④ $2(x+y)=54$에서 $2x+2y=54$

따라서 옳지 않은 것은 ④이다.   답 ④

0681 [전략] 주어진 순서쌍의 x, y의 값을 일차방정식에 대입한다.

주어진 순서쌍의 x, y의 값을 $2x-3y+9=0$에 대입하면

① $2\times(-6)-3\times(-1)+9=0$

② $2\times(-3)-3\times 1+9=0$

③ $2\times(-1)-3\times\dfrac{11}{3}+9=-4\neq 0$

④ $2\times 2-3\times\dfrac{13}{3}+9=0$

⑤ $2\times 3-3\times 5+9=0$

따라서 일차방정식의 해가 아닌 것은 ③이다.   답 ③

0682 [전략] 순서쌍의 x, y의 값을 일차방정식에 대입하여 a의 값을 먼저 구한다.

$x=6$, $y=-\dfrac{1}{3}$을 $ax-3y+1=0$에 대입하면

$6a-3\times\left(-\dfrac{1}{3}\right)+1=0$, $6a=-2$ $\therefore a=-\dfrac{1}{3}$

따라서 주어진 일차방정식은 $-\dfrac{1}{3}x-3y+1=0$이므로 $x=b$,

$y=-1$을 대입하면

$-\dfrac{1}{3}b-3\times(-1)+1=0$, $-\dfrac{1}{3}b=-4$ $\therefore b=12$

$\therefore 3a+b=3\times\left(-\dfrac{1}{3}\right)+12=11$ 답 ①

0683 [전략] $x=5$, $y=-2$를 해로 갖는 두 일차방정식을 찾는다.

$x=5$, $y=-2$를 각 방정식에 대입하면

ㄱ. $5+2\times(-2)=1\neq 4$

ㄴ. $3\times 5-2=13$

ㄷ. $2\times 5-5\times(-2)=20\neq 0$

ㄹ. $3\times 5+4\times(-2)=7$

이상에서 두 일차방정식은 ㄴ, ㄹ이다.   답 ④

0684 [전략] 주어진 연립방정식의 해를 각각의 일차방정식에 대입하여 a, b의 값을 구한다.

$x=2$, $y=1$을 $3x+ay=4$에 대입하면

$3\times 2+a=4$ $\therefore a=-2$

$x=2$, $y=1$을 $x-y=b$에 대입하면

$b=2-1=1$

$\therefore ab=-2\times 1=-2$ 답 ①

0685 [전략] 연립방정식의 해를 구한 후 각각의 일차방정식에 대입하여 등식이 성립하는 것을 찾는다.

$\begin{cases} 2x-3y=-4 & \cdots\cdots\ \unicode{x1D7E6} \\ 2x=5y+8 & \cdots\cdots\ \unicode{x1D7E7} \end{cases}$

ⓛ을 ㉠에 대입하면 $(5y+8)-3y=-4$

$2y=-12$ $\therefore y=-6$

$y=-6$을 ㉡에 대입하면 $2x=5\times(-6)+8=-22$

$\therefore x=-11$

$x=-11$, $y=-6$을 각 방정식에 대입하면

① $-11+(-6)=-17\neq -10$

② $-11-2\times(-6)=1\neq -1$

③ $3\times(-11)-5\times(-6)=-3$

④ $3\times(-6)-(-11)=-7\neq -4$

⑤ $4\times(-11)=7\times(-6)-2=-44$

따라서 주어진 연립방정식의 해를 한 해로 갖는 것은 ③, ⑤이다.   답 ③, ⑤

0686 [전략] x 또는 y를 없애기 위한 식을 생각해 본다.

① ㉠을 $y=3x+11$로 변형하여 ㉡에 대입하여 풀 수 있다.

② x를 없애려면 ㉠$\times 2-$㉡$\times 3$을 한다.

③ y를 없애려면 ㉠$\times 5+$㉡을 한다.

④ ㉠$\times 5+$㉡을 하면

$17x=-51$ $\therefore x=-3$

⑤ $x=-3$을 ㉠에 대입하면

$3\times(-3)-y=-11$ $\therefore y=2$

따라서 옳은 것은 ⑤이다.   답 ⑤

0687 [전략] 각각의 일차방정식의 괄호를 풀고 동류항끼리 정리한 후 연립방정식을 푼다.

$\begin{cases} 3(2x-y)-4y=5 & \cdots\cdots\ \unicode{x1D7E6} \\ 7x-2(x+2y)=6 & \cdots\cdots\ \unicode{x1D7E7} \end{cases}$

㉠, ㉡을 정리하면 $\begin{cases} 6x-7y=5 & \cdots\cdots\ \unicode{x1D7E8} \\ 5x-4y=6 & \cdots\cdots\ \unicode{x1D7E9} \end{cases}$

㉢$\times 5-$㉣$\times 6$을 하면 $-11y=-11$ $\therefore y=1$

$y=1$을 ㉣에 대입하면

$5x-4=6$, $5x=10$ $\therefore x=2$

따라서 $a+1=2$, $2-b=1$이므로 $a=1$, $b=1$

$\therefore a+b=1+1=2$ 답 2

06 연립일차방정식

0688 전략 주어진 연립방정식의 양변에 적당한 수를 곱하여 계수를 정수로 고쳐서 푼다.

$$\begin{cases} \dfrac{x-1}{2} - \dfrac{y+1}{3} = \dfrac{1}{2} & \cdots\cdots \text{㉠} \\ 0.2x - 0.3(x-y) = -0.5 & \cdots\cdots \text{㉡} \end{cases}$$

㉠×6, ㉡×10을 하면

$$\begin{cases} 3(x-1) - 2(y+1) = 3 \\ 2x - 3(x-y) = -5 \end{cases}, \text{ 즉}$$

$$\begin{cases} 3x - 2y = 8 & \cdots\cdots \text{㉢} \\ -x + 3y = -5 & \cdots\cdots \text{㉣} \end{cases}$$

㉢+㉣×3을 하면　$7y = -7$

$$\therefore y = -1$$

$y = -1$을 ㉣에 대입하면

$$-x + 3 \times (-1) = -5 \quad \therefore x = 2$$

$x = 2$, $y = -1$을 $ax + by = 5$에 대입하면

$$2a - b = 5$$

$$\therefore 4a - 2b = 2(2a-b) = 2 \times 5 = 10 \qquad \text{답 } 10$$

0689 전략 비례식에서 외항의 곱과 내항의 곱은 같음을 이용하여 비례식을 일차방정식으로 고쳐서 푼다.

$$\begin{cases} (x-1) : (y+1) = 2 : 1 & \cdots\cdots \text{㉠} \\ 2x - 3y = 7 & \cdots\cdots \text{㉡} \end{cases}$$

㉠에서　$x - 1 = 2(y+1)$　$\therefore x - 2y = 3$　$\cdots\cdots$ ㉢

㉡−㉢×2를 하면　$y = 1$

$y = 1$을 ㉢에 대입하면

$$x - 2 = 3 \quad \therefore x = 5 \qquad \text{답 ⑤}$$

0690 전략 $A = B = C$의 꼴의 방정식은 $\begin{cases} A = B \\ A = C \end{cases}$ 또는

$\begin{cases} A = B \\ B = C \end{cases}$ 또는 $\begin{cases} A = C \\ B = C \end{cases}$ 중 간단한 것을 택하여 푼다.

주어진 방정식에서

$$\begin{cases} \dfrac{x-2}{2} = \dfrac{-x+y-19}{4} & \cdots\cdots \text{㉠} \\ \dfrac{x-2}{2} = \dfrac{x+y-14}{5} & \cdots\cdots \text{㉡} \end{cases}$$

㉠×4, ㉡×10을 하면

$$\begin{cases} 2(x-2) = -x+y-19 \\ 5(x-2) = 2(x+y-14) \end{cases}, \text{ 즉}$$

$$\begin{cases} 3x - y = -15 & \cdots\cdots \text{㉢} \\ 3x - 2y = -18 & \cdots\cdots \text{㉣} \end{cases}$$

㉢−㉣을 하면　$y = 3$

$y = 3$을 ㉢에 대입하면

$$3x - 3 = -15, \quad 3x = -12$$

$$\therefore x = -4$$

$$\therefore y - x = 3 - (-4) = 7 \qquad \text{답 } 7$$

0691 전략 주어진 해를 일차방정식에 각각 대입한 후 새로운 연립방정식을 만들어 푼다.

$x = 1$, $y = -1$을 주어진 연립방정식에 대입하면

$$\begin{cases} \dfrac{a}{3} + \dfrac{b}{2} = 2 & \cdots\cdots \text{㉠} \\ \dfrac{a}{10} - \dfrac{b}{10} = 0.1 & \cdots\cdots \text{㉡} \end{cases}$$

㉠×6, ㉡×10을 하면　$\begin{cases} 2a + 3b = 12 & \cdots\cdots \text{㉢} \\ a - b = 1 & \cdots\cdots \text{㉣} \end{cases}$

㉢−㉣×2를 하면　$5b = 10$　$\therefore b = 2$

$b = 2$를 ㉣에 대입하면　$a - 2 = 1$　$\therefore a = 3$

$$\therefore 2a + b = 2 \times 3 + 2 = 8 \qquad \text{답 ④}$$

0692 전략 x, y 이외의 미지수가 존재하지 않는 두 일차방정식으로 연립방정식을 세운다.

$$\begin{cases} x - 2y = a & \cdots\cdots \text{㉠} \\ 4x + 3y = a - 1 & \cdots\cdots \text{㉡} \end{cases}$$

㉠−㉡을 하면　$-3x - 5y = 1$　$\cdots\cdots$ ㉢

한편 주어진 조건에서　$x + y = -1$　$\cdots\cdots$ ㉣

㉢+㉣×3을 하면　$-2y = -2$　$\therefore y = 1$

$y = 1$을 ㉣에 대입하면　$x + 1 = -1$　$\therefore x = -2$

따라서 $x = -2$, $y = 1$을 ㉠에 대입하면

$$a = -2 - 2 = -4 \qquad \text{답 } -4$$

0693 전략 계수와 상수항이 모두 주어진 두 일차방정식으로 연립방정식을 세워 해를 구한다.

두 연립방정식의 해가 같으므로 그 해는 다음 연립방정식의 해와 같다.

$$\begin{cases} 7x - 5y = 9 & \cdots\cdots \text{㉠} \\ -3x + y = -5 & \cdots\cdots \text{㉡} \end{cases}$$

㉠+㉡×5를 하면　$-8x = -16$　$\therefore x = 2$

$x = 2$를 ㉡에 대입하면　$-3 \times 2 + y = -5$　$\therefore y = 1$

$x = 2$, $y = 1$을 $2x + ay = 7$에 대입하면

$$2 \times 2 + a = 7 \quad \therefore a = 3$$

$x = 2$, $y = 1$을 $bx + 9y = 5$에 대입하면

$$2b + 9 = 5, \quad 2b = -4 \quad \therefore b = -2$$

$$\therefore a - b = 3 - (-2) = 5 \qquad \text{답 ⑤}$$

0694 전략 바르게 본 일차방정식에 주어진 해를 대입한다.

$x = 3$, $y = -3$을 주어진 연립방정식에 대입하면

$$\begin{cases} 3a - 3b = 3 & \cdots\cdots \text{㉠} \\ 3c + 6 = 9 & \cdots\cdots \text{㉡} \end{cases}$$

㉡에서　$3c = 3$　$\therefore c = 1$

지훈이는 c를 잘못 보고 풀어서 $x = -2$, $y = 3$을 얻었으므로

$x = -2$, $y = 3$을 $ax + by = 3$에 대입하면

$$-2a + 3b = 3 \qquad \cdots\cdots \text{㉢}$$

㉠+㉢을 하면　$a = 6$

$a = 6$을 ㉢에 대입하면　$-2 \times 6 + 3b = 3, \quad 3b = 15$

$$\therefore b = 5$$

$$\therefore a - b + c = 6 - 5 + 1 = 2 \qquad \text{답 ②}$$

0695 전략 한 일차방정식에 적당한 수를 곱하였을 때, 두 일차방정식이 같아지면 연립방정식의 해는 무수히 많다.

$$\begin{cases} (a-1)x+2y=4 & \cdots\cdots ㉠ \\ 2x+y=2 & \cdots\cdots ㉡ \end{cases}$$

상수항이 같아지도록 ㉡×2를 하면

$$4x+2y=4 \qquad\qquad \cdots\cdots ㉢$$

해가 무수히 많으려면 ㉠과 ㉢에서 x의 계수가 같아야 하므로

$$a-1=4 \quad \therefore a=5 \qquad 답 ⑤$$

0696 전략 한 일차방정식에 적당한 수를 곱하였을 때, x, y의 계수는 각각 같고, 상수항은 다르면 연립방정식의 해는 없다.

① x의 계수를 같게 만들면 $\begin{cases} 4x+2y=12 \\ 4x+2y=2 \end{cases}$

  따라서 해가 없다.

② 연립방정식의 해는 $\quad x=4$, $y=1$

③ x의 계수를 같게 만들면 $\begin{cases} 4x+2y=4 \\ 4x+2y=4 \end{cases}$

  따라서 해가 무수히 많다.

④ x의 계수를 같게 만들면 $\begin{cases} 6y=4x-16 \\ 6y=4x+8 \end{cases}$

  따라서 해가 없다.

⑤ 연립방정식의 해는 $\quad x=-\dfrac{3}{2}$, $y=\dfrac{9}{4}$

따라서 해가 없는 것은 ①, ④이다. 답 ①, ④

0697 전략 계수의 절댓값이 큰 미지수에 1, 2, 3, …을 대입하여 해를 구한다.

x	12	10	8	6	4	2	0	…
y	1	2	3	4	5	6	7	…

이때 x, y는 자연수이므로 구하는 해는

$(12, 1), (10, 2), (8, 3), (6, 4), (4, 5), (2, 6)$ … 1단계

따라서 $a=12+10+8+6+4+2=42$,

$b=1+2+3+4+5+6=21$, $n=6$이므로 … 2단계

$$a-b+n=42-21+6=27 \qquad\qquad \cdots 3단계$$

답 27

단계	채점 요소	비율
1	일차방정식의 해 구하기	50 %
2	a, b, n의 값 구하기	30 %
3	$a-b+n$의 값 구하기	20 %

0698 전략 x, y에 대한 조건을 식으로 나타낸 후 연립방정식을 세운다.

$x:y=2:3$이므로

$$3x=2y \quad \therefore 3x-2y=0 \qquad \cdots 1단계$$

$$\begin{cases} 3x-2y=0 & \cdots\cdots ㉠ \\ 2x+y=21 & \cdots\cdots ㉡ \end{cases}$$

㉠+㉡×2를 하면

$$7x=42 \quad \therefore x=6$$

$x=6$을 ㉡에 대입하면

$$2\times6+y=21 \quad \therefore y=9 \qquad \cdots 2단계$$

$x=6$, $y=9$를 $-4x+ay=3$에 대입하면

$$-4\times6+9a=3, \quad 9a=27 \quad \therefore a=3 \qquad \cdots 3단계$$

답 3

단계	채점 요소	비율
1	x, y에 대한 조건을 식으로 나타내기	30 %
2	연립방정식 풀기	40 %
3	a의 값 구하기	30 %

0699 전략 순환소수를 분수로 고쳐서 나타낸다.

$$\begin{cases} 0.4x-0.3y=2.1 & \cdots\cdots ㉠ \\ 0.\dot{3}x-0.\dot{1}y=1.\dot{3} & \cdots\cdots ㉡ \end{cases}$$

㉠×10을 하면 $\quad 4x-3y=21 \qquad \cdots\cdots ㉢$

㉡에서 $\quad \dfrac{3}{9}x-\dfrac{1}{9}y=\dfrac{12}{9}$

양변에 9를 곱하면 $\quad 3x-y=12 \qquad \cdots\cdots ㉣ \quad \cdots 1단계$

㉢-㉣×3을 하면

$$-5x=-15 \quad \therefore x=3$$

$x=3$을 ㉣에 대입하면

$$3\times3-y=12 \quad \therefore y=-3 \qquad \cdots 2단계$$

따라서 $a=3$, $b=-3$이므로

$$a-b=3-(-3)=6 \qquad\qquad \cdots 3단계$$

답 6

단계	채점 요소	비율
1	연립방정식을 간단히 하기	40 %
2	연립방정식 풀기	40 %
3	$a-b$의 값 구하기	20 %

0700 전략 한 연립방정식의 해를 $x=m$, $y=n$이라 하고 두 일차방정식을 m, n에 대한 식으로 나타낸다.

$$\begin{cases} x+3y=1 & \cdots\cdots ㉠ \\ bx+ay=2 & \cdots\cdots ㉡ \end{cases}$$

의 해를 $x=m$, $y=n$이라 하자.

$x=m$, $y=n$을 ㉠에 대입하면

$$m+3n=1 \qquad\qquad \cdots\cdots ㉢$$

$$\begin{cases} 2x+5y=3 & \cdots\cdots ㉣ \\ ax+by=-21 & \cdots\cdots ㉤ \end{cases}$$

의 해는 $x=3m$, $y=3n$이므로 ㉣에 대입하면

$$2\times3m+5\times3n=3, \ 즉 \ 6m+15n=3 \qquad \cdots\cdots ㉥$$

㉢×5-㉥을 하면

$$-m=2 \quad \therefore m=-2$$

$m=-2$를 ㉢에 대입하면

$$-2+3n=1, \quad 3n=3$$

$$\therefore n=1$$

$x=-2$, $y=1$을 ⓛ에 대입하면

$$-2b+a=2, \text{ 즉 } a-2b=2 \qquad \cdots\cdots \text{ⓢ}$$

$x=-6$, $y=3$을 ⓜ에 대입하면

$$-6a+3b=-21, \text{ 즉 } 2a-b=7 \qquad \cdots\cdots \text{ⓞ}$$

ⓢ×2−ⓞ을 하면

$$-3b=-3 \qquad \therefore b=1$$

$b=1$을 ⓢ에 대입하면

$$a-2=2 \qquad \therefore a=4$$

$$\therefore ab=4\times1=4 \qquad \qquad \text{답} 4$$

0701 (전략) 주어진 연립방정식의 두 일차방정식이 같아지도록 한 방정식의 양변에 적당한 수를 곱한다.

$$\begin{cases} ax+6y=2 & \cdots\cdots \text{㉠} \\ x-2y=b & \cdots\cdots \text{㉡} \end{cases}$$

y의 계수가 같아지도록 ㉡×(-3)을 하면

$$-3x+6y=-3b \qquad \cdots\cdots \text{㉢}$$

해가 무수히 많으므로 ㉠과 ㉢에서 x, y의 계수, 상수항이 각각 같다.

즉 $a=-3$, $2=-3b$이므로

$$a=-3, b=-\frac{2}{3}$$

따라서 $a=-3$, $b=-\frac{2}{3}$를 $ax+by=-12$에 대입하면

$$-3x-\frac{2}{3}y=-12$$

양변에 -3을 곱하면 $9x+2y=36$

x	1	2	3	4	$\cdots$
y	$\frac{27}{2}$	9	$\frac{9}{2}$	0	$\cdots$

이때 x, y는 자연수이므로 구하는 해는 $x=2$, $y=9$이다.

답 $x=2$, $y=9$

0702 (전략) 주어진 두 등식에서 지수법칙을 이용하여 x, y에 대한 연립방정식을 세운다.

$\dfrac{2^{x+y}}{4^{y+1}}=\dfrac{1}{8}$에서 $\dfrac{2^{x+y}}{(2^2)^{y+1}}=\dfrac{2^{x+y}}{2^{2y+2}}=\dfrac{1}{2^3}$

$$2y+2-(x+y)=3$$
$$-x+y+2=3 \qquad \therefore -x+y=1 \qquad \cdots\cdots \text{㉠}$$

$\dfrac{3^{3x-y}}{3^x}=3$에서 $3x-y-x=1$

$$\therefore 2x-y=1 \qquad \cdots\cdots \text{㉡}$$

㉠+㉡을 하면 $x=2$

$x=2$를 ㉠에 대입하면 $-2+y=1 \qquad \therefore y=3$

$$\therefore x+y=2+3=5 \qquad \qquad \text{답} 5$$

07 연립일차방정식의 활용

교과서문제 정복하기 > 본문 105쪽

0703 답 $\begin{cases} x+y=16 \\ x-y=4 \end{cases}$

0704 $\begin{cases} x+y=16 & \cdots\cdots \text{㉠} \\ x-y=4 & \cdots\cdots \text{㉡} \end{cases}$

㉠+㉡을 하면 $2x=20 \qquad \therefore x=10$

$x=10$을 ㉠에 대입하면 $10+y=16$

$$\therefore y=6 \qquad \qquad \text{답} 10, 6$$

0705 답 $\begin{cases} x+y=20 \\ 2x+4y=44 \end{cases}$

0706 $\begin{cases} x+y=20 \\ 2x+4y=44 \end{cases}$, 즉 $\begin{cases} x+y=20 & \cdots\cdots \text{㉠} \\ x+2y=22 & \cdots\cdots \text{㉡} \end{cases}$

㉠−㉡을 하면 $-y=-2 \qquad \therefore y=2$

$y=2$를 ㉠에 대입하면 $x+2=20 \qquad \therefore x=18$

따라서 닭은 18마리, 토끼는 2마리이다.

답 닭: 18마리, 토끼: 2마리

0707 답 $\begin{cases} x+y=12 \\ 2x+3y=28 \end{cases}$

0708 $\begin{cases} x+y=12 & \cdots\cdots \text{㉠} \\ 2x+3y=28 & \cdots\cdots \text{㉡} \end{cases}$

㉠×2−㉡을 하면 $-y=-4 \qquad \therefore y=4$

$y=4$를 ㉠에 대입하면 $x+4=12$

$$\therefore x=8$$

따라서 성공한 2점 슛은 8개, 3점 슛은 4개이다.

답 2점 슛: 8개, 3점 슛: 4개

0709 답 $\begin{cases} x+y=15 \\ 200x+300y=4200 \end{cases}$

0710 $\begin{cases} x+y=15 \\ 200x+300y=4200 \end{cases}$, 즉

$$\begin{cases} x+y=15 & \cdots\cdots \text{㉠} \\ 2x+3y=42 & \cdots\cdots \text{㉡} \end{cases}$$

㉠×2−㉡을 하면 $-y=-12 \qquad \therefore y=12$

$y=12$를 ㉠에 대입하면 $x+12=15 \qquad \therefore x=3$

따라서 구입한 사탕은 3개, 초콜릿은 12개이다.

답 사탕: 3개, 초콜릿: 12개

0711 답

	집 ~ 서점	서점 ~ 학교	전체
거리	x km	y km	6 km
속력	시속 2 km	시속 4 km	
시간	$\dfrac{x}{2}$시간	$\dfrac{y}{4}$시간	2시간

0712 답 $\begin{cases} x+y=6 \\ \dfrac{x}{2}+\dfrac{y}{4}=2 \end{cases}$

0713 $\begin{cases} x+y=6 \\ \dfrac{x}{2}+\dfrac{y}{4}=2 \end{cases}$, 즉 $\begin{cases} x+y=6 & \cdots\cdots ㉠ \\ 2x+y=8 & \cdots\cdots ㉡ \end{cases}$

㉠-㉡을 하면 $-x=-2$ $\therefore x=2$

$x=2$를 ㉠에 대입하면

     $2+y=6$ $\therefore y=4$

따라서 집에서 서점까지의 거리는 2 km, 서점에서 학교까지의 거리는 4 km이다.

답 집에서 서점까지의 거리: 2 km,
서점에서 학교까지의 거리: 4 km

0714 답

	섞기 전		섞은 후
농도(%)	3	8	6
소금물의 양(g)	x	y	100
소금의 양(g)	$\dfrac{3}{100}x$	$\dfrac{8}{100}y$	6

0715 답 $\begin{cases} x+y=100 \\ \dfrac{3}{100}x+\dfrac{8}{100}y=6 \end{cases}$

0716 $\begin{cases} x+y=100 \\ \dfrac{3}{100}x+\dfrac{8}{100}y=6 \end{cases}$, 즉 $\begin{cases} x+y=100 & \cdots\cdots ㉠ \\ 3x+8y=600 & \cdots\cdots ㉡ \end{cases}$

㉠×3-㉡을 하면 $-5y=-300$ $\therefore y=60$

$y=60$을 ㉠에 대입하면 $x+60=100$ $\therefore x=40$

따라서 3 %의 소금물의 양은 40 g, 8 %의 소금물의 양은 60 g이다.

답 3 %의 소금물: 40 g, 8 %의 소금물: 60 g

 유형 익히기   ▶본문 106~114쪽

0717 큰 수를 x, 작은 수를 y라 하면

$\begin{cases} x+y=49 & \cdots\cdots ㉠ \\ x=2y+4 & \cdots\cdots ㉡ \end{cases}$

㉡을 ㉠에 대입하면 $(2y+4)+y=49$

     $3y=45$ $\therefore y=15$

$y=15$를 ㉡에 대입하면 $x=2\times15+4=34$

따라서 두 수의 차는 $34-15=19$ 답 19

0718 큰 정수를 x, 작은 정수를 y라 하면

$\begin{cases} x+y=36 & \cdots\cdots ㉠ \\ x-y=4 & \cdots\cdots ㉡ \end{cases}$

㉠+㉡을 하면 $2x=40$ $\therefore x=20$

$x=20$을 ㉠에 대입하면 $20+y=36$ $\therefore y=16$

따라서 두 정수 중 큰 수는 20이다.   답 20

0719 큰 수를 x, 작은 수를 y라 하면

$\begin{cases} x-y=15 & \cdots\cdots ㉠ \\ 3y-x=13 & \cdots\cdots ㉡ \end{cases}$

㉠+㉡을 하면 $2y=28$ $\therefore y=14$

$y=14$를 ㉠에 대입하면 $x-14=15$ $\therefore x=29$

따라서 작은 수는 14이다.   답 ②

0720 큰 수를 x, 작은 수를 y라 하면

$\begin{cases} x=7y+4 & \cdots\cdots ㉠ \\ 2x=15y+2 & \cdots\cdots ㉡ \end{cases}$ 1단계

㉠을 ㉡에 대입하면 $2(7y+4)=15y+2$

     $14y+8=15y+2$ $\therefore y=6$

$y=6$을 ㉠에 대입하면 $x=7\times6+4=46$ 2단계

따라서 두 수의 합은 $46+6=52$ 3단계

답 52

단계	채점 요소	비율
1	연립방정식 세우기	50 %
2	연립방정식 풀기	40 %
3	두 수의 합 구하기	10 %

0721 처음 수의 십의 자리의 숫자를 x, 일의 자리의 숫자를 y라 하면

$\begin{cases} x+y=10 \\ 10y+x=(10x+y)+54 \end{cases}$, 즉 $\begin{cases} x+y=10 & \cdots\cdots ㉠ \\ x-y=-6 & \cdots\cdots ㉡ \end{cases}$

㉠+㉡을 하면 $2x=4$ $\therefore x=2$

$x=2$를 ㉠에 대입하면 $2+y=10$ $\therefore y=8$

따라서 처음 수는 28이다.   답 28

0722 처음 수의 십의 자리의 숫자를 x, 일의 자리의 숫자를 y라 하면

$\begin{cases} 2x=y+1 \\ 10y+x=(10x+y)+9 \end{cases}$, 즉 $\begin{cases} 2x-y=1 & \cdots\cdots ㉠ \\ x-y=-1 & \cdots\cdots ㉡ \end{cases}$

㉠-㉡을 하면 $x=2$

$x=2$를 ㉡에 대입하면 $2-y=-1$ $\therefore y=3$

따라서 처음 수는 23이다.   답 23

0723 처음 수의 십의 자리의 숫자를 x, 일의 자리의 숫자를 y라 하면

$\begin{cases} 10x+y=7(x+y) \\ 10y+x=(10x+y)-18 \end{cases}$, 즉 $\begin{cases} x-2y=0 & \cdots\cdots ㉠ \\ x-y=2 & \cdots\cdots ㉡ \end{cases}$

07 연립일차방정식의 활용 **57**

$\bigcirc - \bigcirc$을 하면 $-y=-2$ $\quad \therefore y=2$

$y=2$를 $\bigcirc$에 대입하면 $x-2=2$ $\quad \therefore x=4$

따라서 처음 수는 42이다. 　　　　　　　　 📋 42

0724 세 자리 자연수의 백의 자리의 숫자를 x, 일의 자리의 숫자를 y라 하면

$$\begin{cases} x+y=5 \\ 100y+50+x=(100x+50+y)-99 \end{cases}, \text{ 즉}$$

$$\begin{cases} x+y=5 & \cdots\cdots \bigcirc \\ x-y=1 & \cdots\cdots \bigcirc \end{cases}$$

$\bigcirc + \bigcirc$을 하면 $2x=6$

$\quad\quad\quad \therefore x=3$

$x=3$을 $\bigcirc$에 대입하면 $3+y=5$

$\quad\quad\quad \therefore y=2$

따라서 사물함의 비밀번호는 352이다. 　　 📋 352

0725 현재 아버지의 나이를 x살, 아들의 나이를 y살이라 하면

$$\begin{cases} x-y=30 \\ x+15=2(y+15) \end{cases}, \text{ 즉} \begin{cases} x-y=30 & \cdots\cdots \bigcirc \\ x-2y=15 & \cdots\cdots \bigcirc \end{cases}$$

$\bigcirc - \bigcirc$을 하면 $y=15$

$y=15$를 $\bigcirc$에 대입하면 $x-15=30$ $\quad \therefore x=45$

따라서 현재 아들의 나이는 15살이다. 　　 📋 ④

0726 현재 어머니의 나이를 x살, 딸의 나이를 y살이라 하면

$$\begin{cases} x+y=45 & \cdots\cdots \bigcirc \\ x-y=27 & \cdots\cdots \bigcirc \end{cases}$$

$\bigcirc + \bigcirc$을 하면 $2x=72$ $\quad \therefore x=36$

$x=36$을 $\bigcirc$에 대입하면 $36+y=45$ $\quad \therefore y=9$

따라서 현재 어머니의 나이는 36살, 딸의 나이는 9살이다.

📋 어머니: 36살, 딸: 9살

0727 현재 삼촌의 나이를 x살, 동호의 나이를 y살이라 하면

$$\begin{cases} x=3y \\ x+8=2(y+8) \end{cases}, \text{ 즉} \begin{cases} x=3y & \cdots\cdots \bigcirc \\ x-2y=8 & \cdots\cdots \bigcirc \end{cases}$$

$\bigcirc$을 $\bigcirc$에 대입하면 $3y-2y=8$ $\quad \therefore y=8$

$y=8$을 $\bigcirc$에 대입하면 $x=3\times8=24$

따라서 현재 삼촌의 나이는 24살이다. 　　 📋 24살

0728 현재 주원이의 나이를 x살, 동생의 나이를 y살이라 하면

$$\begin{cases} x=y+3 & \cdots\cdots \bigcirc \\ x+2y=39 & \cdots\cdots \bigcirc \end{cases}$$

$\bigcirc$을 $\bigcirc$에 대입하면 $(y+3)+2y=39, \quad 3y=36$

$\quad\quad\quad \therefore y=12$

$y=12$를 $\bigcirc$에 대입하면 $x=12+3=15$

따라서 현재 주원이의 나이는 15살이다. 　　 📋 15살

0729 입장한 어른이 x명, 어린이가 y명이라 하면

$$\begin{cases} x+y=20 \\ 1800x+600y=18000 \end{cases}, \text{ 즉} \begin{cases} x+y=20 & \cdots\cdots \bigcirc \\ 3x+y=30 & \cdots\cdots \bigcirc \end{cases}$$

$\bigcirc - \bigcirc$을 하면 $-2x=-10$ $\quad \therefore x=5$

$x=5$를 $\bigcirc$에 대입하면 $5+y=20$ $\quad \therefore y=15$

따라서 입장한 어린이는 15명이다. 　　　　 📋 ②

0730 볼펜 한 자루의 가격을 x원, 공책 한 권의 가격을 y원이라 하면

$$\begin{cases} 4x+2y=4000 \\ 3x+4y=5000 \end{cases}, \text{ 즉} \begin{cases} 2x+y=2000 & \cdots\cdots \bigcirc \\ 3x+4y=5000 & \cdots\cdots \bigcirc \end{cases}$$

$\bigcirc \times 4 - \bigcirc$을 하면 $5x=3000$ $\quad \therefore x=600$

$x=600$을 $\bigcirc$에 대입하면 $2\times600+y=2000$

$\quad\quad\quad \therefore y=800$

따라서 볼펜 한 자루의 가격은 600원이다. 　 📋 600원

0731 처음 은수가 가지고 있던 연필을 x자루, 준희가 가지고 있던 연필을 y자루라 하면

$$\begin{cases} x+y=40 \\ 3(x-3)=y+3 \end{cases}, \text{ 즉} \begin{cases} x+y=40 & \cdots\cdots \bigcirc \\ 3x-y=12 & \cdots\cdots \bigcirc \end{cases}$$

$\bigcirc + \bigcirc$을 하면 $4x=52$ $\quad \therefore x=13$

$x=13$을 $\bigcirc$에 대입하면 $13+y=40$ $\quad \therefore y=27$

따라서 처음 은수가 가지고 있던 연필은 13자루이다.

📋 13자루

0732 만들 수 있는 와플의 개수를 x, 케이크의 개수를 y라 하면

$$\begin{cases} x+3y=13 \\ 2x+4y=20 \end{cases}, \text{ 즉} \begin{cases} x+3y=13 & \cdots\cdots \bigcirc \\ x+2y=10 & \cdots\cdots \bigcirc \end{cases} \quad \text{… 1단계}$$

$\bigcirc - \bigcirc$을 하면 $y=3$

$y=3$을 $\bigcirc$에 대입하면 $x+2\times3=10$ $\quad \therefore x=4$ … 2단계

따라서 만들 수 있는 와플의 개수는 4이다. … 3단계

📋 4

단계	채점 요소	비율
1	연립방정식 세우기	50 %
2	연립방정식 풀기	40 %
3	와플의 개수 구하기	10 %

0733 직사각형의 가로의 길이를 x cm, 세로의 길이를 y cm라 하면

$$\begin{cases} 2(x+y)=46 \\ x=2y-1 \end{cases}, \text{ 즉} \begin{cases} x+y=23 & \cdots\cdots \bigcirc \\ x=2y-1 & \cdots\cdots \bigcirc \end{cases}$$

$\bigcirc$을 $\bigcirc$에 대입하면 $(2y-1)+y=23$

$\quad\quad\quad 3y=24 \quad \therefore y=8$

$y=8$을 $\bigcirc$에 대입하면 $x=2\times8-1=15$

따라서 직사각형의 넓이는 $15\times8=120\ (\text{cm}^2)$

📋 120 cm²

0734 짧은 줄의 길이를 x cm, 긴 줄의 길이를 y cm라 하면

$\begin{cases} x+y=170 \\ x=\dfrac{1}{3}y+10 \end{cases}$, 즉 $\begin{cases} x+y=170 & \cdots\cdots \text{㉠} \\ 3x-y=30 & \cdots\cdots \text{㉡} \end{cases}$

㉠+㉡을 하면 $4x=200$ $\therefore x=50$
$x=50$을 ㉠에 대입하면 $50+y=170$ $\therefore y=120$
따라서 짧은 줄의 길이는 50 cm이다. 답 50 cm

0735 사다리꼴의 윗변의 길이를 x cm, 아랫변의 길이를 y cm라 하면

$\begin{cases} y=x+4 \\ \dfrac{1}{2}\times(x+y)\times4=28 \end{cases}$, 즉 $\begin{cases} y=x+4 & \cdots\cdots \text{㉠} \\ x+y=14 & \cdots\cdots \text{㉡} \end{cases}$

㉠을 ㉡에 대입하면 $x+(x+4)=14$
$2x=10$ $\therefore x=5$
$x=5$를 ㉠에 대입하면 $y=5+4=9$
따라서 아랫변의 길이는 9 cm이다. 답 9 cm

0736 늘인 가로의 길이를 x cm, 세로의 길이를 y cm라 하면

$\begin{cases} x=y+2 \\ 32+4x+8y=32\times2 \end{cases}$, 즉 $\begin{cases} x=y+2 & \cdots\cdots \text{㉠} \\ x+2y=8 & \cdots\cdots \text{㉡} \end{cases}$

㉠을 ㉡에 대입하면
$(y+2)+2y=8$, $3y=6$ $\therefore y=2$
$y=2$를 ㉠에 대입하면 $x=2+2=4$
따라서 가로의 길이는 4 cm 늘였다. 답 ⑤

0737 지민이가 이긴 횟수를 x, 지수가 이긴 횟수를 y라 하면

$\begin{cases} 2x-y=21 & \cdots\cdots \text{㉠} \\ 2y-x=3 & \cdots\cdots \text{㉡} \end{cases}$

㉠+㉡×2를 하면 $3y=27$ $\therefore y=9$
$y=9$를 ㉡에 대입하면 $2\times9-x=3$ $\therefore x=15$
따라서 지민이가 이긴 횟수는 15이다. 답 15

0738 수미가 맞힌 문제의 개수를 x, 틀린 문제의 개수를 y라 하면

$\begin{cases} x+y=20 & \cdots\cdots \text{㉠} \\ 5x-2y=72 & \cdots\cdots \text{㉡} \end{cases}$

㉠×2+㉡을 하면 $7x=112$ $\therefore x=16$
$x=16$을 ㉠에 대입하면 $16+y=20$ $\therefore y=4$
따라서 수미가 맞힌 문제의 개수는 16이다. 답 16

0739 은영이가 세호보다 큰 수를 x번, 작은 수를 y번 뽑았다고 하면

$\begin{cases} 5x+3y=38 & \cdots\cdots \text{㉠} \\ 3x+5y=42 & \cdots\cdots \text{㉡} \end{cases}$

㉠×3-㉡×5를 하면 $-16y=-96$ $\therefore y=6$

$y=6$을 ㉠에 대입하면 $5x+3\times6=38$
$5x=20$ $\therefore x=4$
따라서 은영이가 세호보다 큰 수를 뽑은 것은 4번이다. 답 4번

0740 합격품의 개수를 x, 불량품의 개수를 y라 하면

$\begin{cases} x+y=250 \\ 50x-100y=6500 \end{cases}$, 즉

$\begin{cases} x+y=250 & \cdots\cdots \text{㉠} \\ x-2y=130 & \cdots\cdots \text{㉡} \end{cases}$ … 1단계

㉠-㉡을 하면 $3y=120$ $\therefore y=40$
$y=40$을 ㉠에 대입하면
$x+40=250$ $\therefore x=210$ … 2단계
따라서 합격품의 개수는 210이다. … 3단계
답 210

단계	채점 요소	비율
1	연립방정식 세우기	50 %
2	연립방정식 풀기	40 %
3	합격품의 개수 구하기	10 %

0741 작년의 남학생 수를 x, 여학생 수를 y라 하면

$\begin{cases} x+y=410 \\ -\dfrac{4}{100}x+\dfrac{5}{100}y=-2 \end{cases}$, 즉

$\begin{cases} x+y=410 & \cdots\cdots \text{㉠} \\ -4x+5y=-200 & \cdots\cdots \text{㉡} \end{cases}$

㉠×4+㉡을 하면 $9y=1440$ $\therefore y=160$
$y=160$을 ㉠에 대입하면 $x+160=410$ $\therefore x=250$
따라서 올해의 여학생 수는
$\left(1+\dfrac{5}{100}\right)\times160=168$ 답 168

0742 지난달 남자 회원 수를 x, 여자 회원 수를 y라 하면

$\begin{cases} x+y=1000 \\ -\dfrac{6}{100}x+\dfrac{4}{100}y=-5 \end{cases}$, 즉

$\begin{cases} x+y=1000 & \cdots\cdots \text{㉠} \\ -3x+2y=-250 & \cdots\cdots \text{㉡} \end{cases}$

㉠×2-㉡을 하면 $5x=2250$ $\therefore x=450$
$x=450$을 ㉠에 대입하면 $450+y=1000$ $\therefore y=550$
따라서 이번 달 남자 회원 수는
$\left(1-\dfrac{6}{100}\right)\times450=423$ 답 423

0743 지난달 어머니의 휴대 전화 요금을 x원, 아버지의 휴대 전화 요금을 y원이라 하면

$\begin{cases} x+y=50000 \\ -\dfrac{10}{100}x+\dfrac{15}{100}y=\dfrac{5}{100}\times50000 \end{cases}$, 즉

$\begin{cases} x+y=50000 & \cdots\cdots \text{㉠} \\ -2x+3y=50000 & \cdots\cdots \text{㉡} \end{cases}$ … 1단계

⊙×2+ⓛ을 하면 $5y=150000$ ∴ $y=30000$
$y=30000$을 ⊙에 대입하면 $x+30000=50000$
    ∴ $x=20000$ ··· **2단계**
따라서 이번 달 아버지의 휴대 전화 요금은
$$\left(1+\frac{15}{100}\right)\times 30000=34500 \,(원)$$ ··· **3단계**

답 34500원

단계	채점 요소	비율
1	연립방정식 세우기	50 %
2	연립방정식 풀기	40 %
3	이번 달 아버지의 휴대 전화 요금 구하기	10 %

0744 A 상품의 원가를 x원, B 상품의 원가를 y원이라 하면
$$\begin{cases} x+y=20000 \\ \dfrac{20}{100}x-\dfrac{30}{100}y=3000 \end{cases}, 즉$$
$$\begin{cases} x+y=20000 & \cdots\cdots ⊙ \\ 2x-3y=30000 & \cdots\cdots ⓛ \end{cases}$$
⊙×2-ⓛ을 하면 $5y=10000$ ∴ $y=2000$
$y=2000$을 ⊙에 대입하면 $x+2000=20000$
    ∴ $x=18000$
따라서 B 상품의 원가는 2000원이다.   **답** 2000원

0745 두 종류의 과자의 원가를 각각 x원, y원$(x<y)$이라
하면
$$\begin{cases} \left(1+\dfrac{30}{100}\right)y-\left(1+\dfrac{30}{100}\right)x=650 \\ x+y=1500 \end{cases}, 즉$$
$$\begin{cases} y-x=500 & \cdots\cdots ⊙ \\ x+y=1500 & \cdots\cdots ⓛ \end{cases}$$
⊙+ⓛ을 하면 $2y=2000$ ∴ $y=1000$
$y=1000$을 ⊙에 대입하면 $1000-x=500$ ∴ $x=500$
따라서 더 저렴한 과자의 원가는 500원이므로 정가는
$$\left(1+\frac{30}{100}\right)\times 500=650 \,(원)$$ **답** 650원

0746 수제 사탕의 개수를 x, 수제 초콜릿의 개수를 y라 하면
$$\begin{cases} x+y=500 \\ 400\times\dfrac{20}{100}x+600\times\dfrac{25}{100}y=54000 \end{cases}, 즉$$
$$\begin{cases} x+y=500 & \cdots\cdots ⊙ \\ 8x+15y=5400 & \cdots\cdots ⓛ \end{cases}$$
⊙×8-ⓛ을 하면 $-7y=-1400$ ∴ $y=200$
$y=200$을 ⊙에 대입하면 $x+200=500$ ∴ $x=300$
따라서 수제 사탕은 300개이다.   **답** 300개

0747 전체 일의 양을 1로 놓고, 혜리와 어머니가 하루에 할
수 있는 일의 양을 각각 x, y라 하면
$$\begin{cases} 6x+6y=1 & \cdots\cdots ⊙ \\ 3x+15y=1 & \cdots\cdots ⓛ \end{cases}$$
⊙-ⓛ×2를 하면 $-24y=-1$ ∴ $y=\dfrac{1}{24}$
$y=\dfrac{1}{24}$을 ⊙에 대입하면 $6x+6\times\dfrac{1}{24}=1$
    $6x=\dfrac{3}{4}$ ∴ $x=\dfrac{1}{8}$
따라서 혜리가 혼자 하면 마치는 데 8일이 걸린다.   **답** ②

0748 수조에 물을 가득 채웠을 때의 물의 양을 1로 놓고,
A, B 두 호스로 1시간 동안 빼는 물의 양을 각각 x, y라 하면
$$\begin{cases} 2x+4y=1 & \cdots\cdots ⊙ \\ 3x+2y=1 & \cdots\cdots ⓛ \end{cases}$$
⊙-ⓛ×2를 하면 $-4x=-1$ ∴ $x=\dfrac{1}{4}$
$x=\dfrac{1}{4}$을 ⊙에 대입하면 $2\times\dfrac{1}{4}+4y=1$
    $4y=\dfrac{1}{2}$ ∴ $y=\dfrac{1}{8}$
따라서 A 호스로만 수조의 물을 모두 빼는 데는 4시간이 걸린
다.   **답** 4시간

0749 전체 일의 양을 1로 놓고, 연우와 지수가 1시간 동안
할 수 있는 일의 양을 각각 x, y라 하면
$$\begin{cases} 4x+2y=1 \\ x+2(x+y)+2y=1 \end{cases}, 즉$$
$$\begin{cases} 4x+2y=1 & \cdots\cdots ⊙ \\ 3x+4y=1 & \cdots\cdots ⓛ \end{cases}$$ ··· **1단계**
⊙×2-ⓛ을 하면 $5x=1$ ∴ $x=\dfrac{1}{5}$
$x=\dfrac{1}{5}$을 ⊙에 대입하면 $4\times\dfrac{1}{5}+2y=1$
    $2y=\dfrac{1}{5}$ ∴ $y=\dfrac{1}{10}$ ··· **2단계**
따라서 지수가 혼자 하면 마치는 데 10시간이 걸린다.   ··· **3단계**

답 10시간

단계	채점 요소	비율
1	연립방정식 세우기	50 %
2	연립방정식 풀기	40 %
3	지수가 혼자 하면 마치는 데 걸리는 시간 구하기	10 %

0750 남학생 수를 x, 여학생 수를 y라 하면
$$\begin{cases} x+y=21 \\ \dfrac{3}{4}x+\dfrac{2}{3}y=\dfrac{5}{7}\times 21 \end{cases} 즉 \begin{cases} x+y=21 & \cdots\cdots ⊙ \\ 9x+8y=180 & \cdots\cdots ⓛ \end{cases}$$
⊙×8-ⓛ을 하면 $-x=-12$ ∴ $x=12$
$x=12$를 ⊙에 대입하면 $12+y=21$ ∴ $y=9$
따라서 여학생 수는 9이다.   **답** 9

0751 산악회의 남자 회원 수를 x, 여자 회원 수를 y라 하면

$\begin{cases} x+y=45 \\ \dfrac{75}{100}x+\dfrac{84}{100}y=\dfrac{80}{100}\times 45 \end{cases}$, 즉

$\begin{cases} x+y=45 & \cdots\cdots \text{㉠} \\ 25x+28y=1200 & \cdots\cdots \text{㉡} \end{cases}$

㉠$\times 25-$㉡을 하면　$-3y=-75$　$\therefore y=25$

$y=25$를 ㉠에 대입하면　$x+25=45$　$\therefore x=20$

따라서 산행에 참가한 남자 회원 수는

$\dfrac{75}{100}\times 20=15$　　　　　　답 15

0752 처음 가은이가 가지고 있던 돈을 x원, 시현이가 가지고 있던 돈을 y원이라 하면

$\begin{cases} \dfrac{1}{3}x+\dfrac{1}{2}y=10000 \\ \dfrac{1}{2}y=\dfrac{2}{3}x+1000 \end{cases}$, 즉

$\begin{cases} 2x+3y=60000 & \cdots\cdots \text{㉠} \\ 4x-3y=-6000 & \cdots\cdots \text{㉡} \end{cases}$

㉠$+$㉡을 하면　$6x=54000$　$\therefore x=9000$

$x=9000$을 ㉠에 대입하면　$2\times 9000+3y=60000$

$3y=42000$　$\therefore y=14000$

따라서 시현이가 처음 가지고 있던 돈은 14000원이다.

답 14000원

0753 달려간 거리를 x km, 걸어간 거리를 y km라 하면

$\begin{cases} x+y=5 \\ \dfrac{x}{6}+\dfrac{y}{4}=1 \end{cases}$, 즉 $\begin{cases} x+y=5 & \cdots\cdots \text{㉠} \\ 2x+3y=12 & \cdots\cdots \text{㉡} \end{cases}$

㉠$\times 2-$㉡을 하면　$-y=-2$　$\therefore y=2$

$y=2$를 ㉠에 대입하면　$x+2=5$　$\therefore x=3$

따라서 달려간 거리는 3 km이다.　　　답 3 km

0754 상급자 코스의 거리를 x km, 초급자 코스의 거리를 y km라 하면

$\begin{cases} x=y+1 \\ \dfrac{x}{2}+\dfrac{30}{60}+\dfrac{y}{4}=4 \end{cases}$, 즉 $\begin{cases} x=y+1 & \cdots\cdots \text{㉠} \\ 2x+y=14 & \cdots\cdots \text{㉡} \end{cases}$ … 1단계

㉠을 ㉡에 대입하면　$2(y+1)+y=14,$　$3y=12$

$\therefore y=4$

$y=4$를 ㉠에 대입하면　$x=4+1=5$ … 2단계

따라서 등산한 총거리는　$5+4=9$ (km) … 3단계

답 9 km

단계	채점 요소	비율
1	연립방정식 세우기	50 %
2	연립방정식 풀기	40 %
3	등산한 총거리 구하기	10 %

0755 집에서 서점까지의 거리를 x km, 서점에서 학교까지의 거리를 y km라 하면

$\begin{cases} \dfrac{x}{6}+\dfrac{y}{4}=3\dfrac{20}{60} \\ \dfrac{x}{8}+\dfrac{y}{6}=2\dfrac{15}{60} \end{cases}$, 즉 $\begin{cases} 2x+3y=40 & \cdots\cdots \text{㉠} \\ 3x+4y=54 & \cdots\cdots \text{㉡} \end{cases}$

㉠$\times 3-$㉡$\times 2$를 하면　$y=12$

$y=12$를 ㉠에 대입하면　$2x+3\times 12=40$

$2x=4$　$\therefore x=2$

따라서 집에서 서점을 거쳐 학교까지의 거리는

$2+12=14$ (km)　　　　　답 14 km

0756 형과 동생이 만날 때까지 형이 걸린 시간을 x분, 동생이 걸린 시간을 y분이라 하면

$\begin{cases} y=x+15 \\ 50y=80x \end{cases}$, 즉 $\begin{cases} y=x+15 & \cdots\cdots \text{㉠} \\ 5y=8x & \cdots\cdots \text{㉡} \end{cases}$

㉠을 ㉡에 대입하면

$5(x+15)=8x,$　$-3x=-75$　$\therefore x=25$

$x=25$를 ㉠에 대입하면　$y=25+15=40$

따라서 두 사람이 만나는 것은 형이 떠난 지 25분 후이다.

답 25분

0757 수빈이가 걸은 거리를 x km, 태현이가 걸은 거리를 y km라 하면

$\begin{cases} x+y=18 \\ \dfrac{x}{4}=\dfrac{y}{5} \end{cases}$, 즉 $\begin{cases} x+y=18 & \cdots\cdots \text{㉠} \\ 5x-4y=0 & \cdots\cdots \text{㉡} \end{cases}$

㉠$\times 4+$㉡을 하면　$9x=72$　$\therefore x=8$

$x=8$을 ㉠에 대입하면　$8+y=18$　$\therefore y=10$

따라서 태현이는 수빈이보다 $10-8=2$ (km) 더 걸었다. 답 ②

0758 창민이의 속력을 분속 x m, 현우의 속력을 분속 y m라 하면

$\begin{cases} 10x+10y=1200 \\ x:y=360:120 \end{cases}$, 즉 $\begin{cases} x+y=120 & \cdots\cdots \text{㉠} \\ x=3y & \cdots\cdots \text{㉡} \end{cases}$

㉡을 ㉠에 대입하면　$3y+y=120$　$\therefore y=30$

$y=30$을 ㉡에 대입하면　$x=3\times 30=90$

따라서 창민이가 1분 동안 걸은 거리는 90 m이다.　답 ③

0759 나연이의 속력을 시속 x km, 종혁이의 속력을 시속 y km라 하면

$\begin{cases} x-y=2 \\ \dfrac{20}{60}x+\dfrac{20}{60}y=2 \end{cases}$, 즉 $\begin{cases} x-y=2 & \cdots\cdots \text{㉠} \\ x+y=6 & \cdots\cdots \text{㉡} \end{cases}$

㉠$+$㉡을 하면　$2x=8$　$\therefore x=4$

$x=4$를 ㉠에 대입하면　$4-y=2$　$\therefore y=2$

따라서 나연이의 속력은 시속 4 km, 종혁이의 속력은 시속 2 km이다.　　답 나연: 시속 4 km, 종혁: 시속 2 km

RPM 비법 노트

주어진 속력의 단위와 시간의 단위가 다르므로 단위를 통일한다.

0760 형이 걸은 거리를 x m, 동생이 걸은 거리를 y m라 하면

$$\begin{cases} x+y=450 \\ \dfrac{x}{50}=\dfrac{y}{40} \end{cases}, \ \text{즉} \ \begin{cases} x+y=450 & \cdots\cdots\ \text{㉠} \\ 4x-5y=0 & \cdots\cdots\ \text{㉡} \end{cases}$$

㉠×4−㉡을 하면 $9y=1800$ $\therefore y=200$

$y=200$을 ㉠에 대입하면 $x+200=450$ $\therefore x=250$

따라서 두 사람이 처음 만나는 것은 출발한 지 $\dfrac{250}{50}=5$ (분) 후이다.

답 5분

0761 기환이의 속력을 시속 x km, 지유의 속력을 시속 y km라 하면

$$\begin{cases} \dfrac{30}{60}x+\dfrac{30}{60}y=6 \\ 2x-2y=12 \end{cases}, \ \text{즉} \ \begin{cases} x+y=12 & \cdots\cdots\ \text{㉠} \\ x-y=6 & \cdots\cdots\ \text{㉡} \end{cases}$$

㉠+㉡을 하면 $2x=18$ $\therefore x=9$

$x=9$를 ㉠에 대입하면 $9+y=12$ $\therefore y=3$

따라서 기환이의 속력은 시속 9 km이다. 답 ⑤

0762 정지한 물에서의 배의 속력을 분속 x m, 강물의 속력을 분속 y m라 하면

$$\begin{cases} 20(x-y)=4000 \\ 10(x+y)=4000 \end{cases}, \ \text{즉} \ \begin{cases} x-y=200 & \cdots\cdots\ \text{㉠} \\ x+y=400 & \cdots\cdots\ \text{㉡} \end{cases}$$

㉠+㉡을 하면 $2x=600$ $\therefore x=300$

$x=300$을 ㉠에 대입하면 $300-y=200$ $\therefore y=100$

따라서 강물의 속력은 분속 100 m이다. 답 ②

0763 정지한 물에서의 보트의 속력을 시속 x km, 강물의 속력을 시속 y km라 하면

$$\begin{cases} 3(x-y)=30 \\ 1\dfrac{30}{60}(x+y)=30 \end{cases} \ \text{즉} \ \begin{cases} x-y=10 & \cdots\cdots\ \text{㉠} \\ x+y=20 & \cdots\cdots\ \text{㉡} \end{cases}$$ … 1단계

㉠+㉡을 하면 $2x=30$ $\therefore x=15$

$x=15$를 ㉠에 대입하면 $15-y=10$ $\therefore y=5$ … 2단계

따라서 정지한 물에서의 보트의 속력은 시속 15 km이다.

… 3단계

답 시속 15 km

단계	채점 요소	비율
1	연립방정식 세우기	50 %
2	연립방정식 풀기	40 %
3	정지한 물에서의 보트의 속력 구하기	10 %

0764 A, B 두 선착장 사이의 거리를 x m, 강물의 속력을 분속 y m라 하면

$$\begin{cases} 45(100+y)=x \\ 90(100-y)=x \end{cases} \ \text{즉} \ \begin{cases} x-45y=4500 & \cdots\cdots\ \text{㉠} \\ x+90y=9000 & \cdots\cdots\ \text{㉡} \end{cases}$$

㉠−㉡을 하면 $-135y=-4500$ $\therefore y=\dfrac{100}{3}$

$y=\dfrac{100}{3}$을 ㉠에 대입하면 $x-45\times\dfrac{100}{3}=4500$

$\therefore x=6000$

따라서 A, B 두 선착장 사이의 거리는 6000 m, 즉 6 km이다.

답 ④

0765 3 %의 소금물의 양을 x g, 6 %의 소금물의 양을 y g이라 하면

$$\begin{cases} x+y=300 \\ \dfrac{3}{100}x+\dfrac{6}{100}y=\dfrac{4}{100}\times300 \end{cases}, \ \text{즉}$$

$$\begin{cases} x+y=300 & \cdots\cdots\ \text{㉠} \\ x+2y=400 & \cdots\cdots\ \text{㉡} \end{cases}$$

㉠−㉡을 하면 $-y=-100$ $\therefore y=100$

$y=100$을 ㉠에 대입하면 $x+100=300$ $\therefore x=200$

따라서 6 %의 소금물을 100 g 섞어야 한다. 답 ①

0766 4 %의 소금물의 양을 x g, 더 넣은 소금의 양을 y g이라 하면

$$\begin{cases} x+y=200 \\ \dfrac{4}{100}x+y=\dfrac{16}{100}\times200 \end{cases}, \ \text{즉}$$

$$\begin{cases} x+y=200 & \cdots\cdots\ \text{㉠} \\ x+25y=800 & \cdots\cdots\ \text{㉡} \end{cases}$$

㉠−㉡을 하면 $-24y=-600$ $\therefore y=25$

$y=25$를 ㉠에 대입하면 $x+25=200$ $\therefore x=175$

따라서 더 넣은 소금의 양은 25 g이다. 답 25 g

0767 10 %의 소금물의 양을 x g, 6 %의 소금물의 양을 y g이라 하면

$$\begin{cases} x+y+100=700 \\ \dfrac{10}{100}x+\dfrac{6}{100}y=\dfrac{8}{100}\times700 \end{cases}, \ \text{즉}$$

$$\begin{cases} x+y=600 & \cdots\cdots\ \text{㉠} \\ 5x+3y=2800 & \cdots\cdots\ \text{㉡} \end{cases}$$

㉠×3−㉡을 하면 $-2x=-1000$ $\therefore x=500$

$x=500$을 ㉠에 대입하면 $500+y=600$ $\therefore y=100$

따라서 10 %의 소금물을 500 g 섞었다. 답 ⑤

0768 소금물 A의 농도를 x %, 소금물 B의 농도를 y %라 하면

$$\begin{cases} \dfrac{x}{100}\times100+\dfrac{y}{100}\times200=\dfrac{4}{100}\times300 \\ \dfrac{x}{100}\times200+\dfrac{y}{100}\times100=\dfrac{5}{100}\times300 \end{cases}, \ \text{즉}$$

$$\begin{cases} x+2y=12 & \cdots\cdots\ \text{㉠} \\ 2x+y=15 & \cdots\cdots\ \text{㉡} \end{cases}$$

㉠×2−㉡을 하면 $3y=9$ $\therefore y=3$

$y=3$을 ㉠에 대입하면 $x+2\times3=12$ $\therefore x=6$

따라서 소금물 B의 농도는 3 %이다. 답 ②

0769 소금물 A의 농도를 x %, 소금물 B의 농도를 y %라 하면

$$\begin{cases} \dfrac{x}{100} \times 30 + \dfrac{y}{100} \times 20 = \dfrac{8}{100} \times 50 \\ \dfrac{x}{100} \times 20 + \dfrac{y}{100} \times 30 = \dfrac{9}{100} \times 50 \end{cases}, \ \text{즉}$$

$$\begin{cases} 3x + 2y = 40 & \cdots\cdots ㉠ \\ 2x + 3y = 45 & \cdots\cdots ㉡ \end{cases} \quad \cdots \boxed{1단계}$$

㉠$\times 2 - ㉡ \times 3$을 하면 $-5y = -55$ $\quad \therefore y = 11$

$y = 11$을 ㉠에 대입하면 $3x + 2 \times 11 = 40$

$3x = 18$ $\quad \therefore x = 6$ $\quad \cdots \boxed{2단계}$

따라서 소금물 A의 농도는 6 %, 소금물 B의 농도는 11 %이므로 구하는 농도 차는 $11 - 6 = 5$ (%) $\quad \cdots \boxed{3단계}$

답 5 %

단계	채점 요소	비율
1	연립방정식 세우기	50 %
2	연립방정식 풀기	40 %
3	소금물 A, B의 농도 차 구하기	10 %

0770 설탕물 A의 농도를 x %, 설탕물 B의 농도를 y %라 하면

$$\begin{cases} \dfrac{x}{100} \times 100 + \dfrac{y}{100} \times 500 = \dfrac{7}{100} \times 600 \\ \dfrac{x}{100} \times 500 + \dfrac{y}{100} \times 100 = \dfrac{3}{100} \times 600 \end{cases}, \ \text{즉}$$

$$\begin{cases} x + 5y = 42 & \cdots\cdots ㉠ \\ 5x + y = 18 & \cdots\cdots ㉡ \end{cases}$$

㉠$\times 5 - ㉡$을 하면 $24y = 192$ $\quad \therefore y = 8$

$y = 8$을 ㉠에 대입하면 $x + 5 \times 8 = 42$ $\quad \therefore x = 2$

따라서 설탕물 B의 농도는 8 %이다. **답** ③

0771 기차의 길이를 x m, 기차의 속력을 초속 y m라 하면

$$\begin{cases} x + 1500 = 55y & \cdots\cdots ㉠ \\ x + 2100 = 75y & \cdots\cdots ㉡ \end{cases}$$

㉠$- ㉡$을 하면 $-600 = -20y$ $\quad \therefore y = 30$

$y = 30$을 ㉠에 대입하면 $x + 1500 = 55 \times 30$ $\quad \therefore x = 150$

따라서 기차의 속력은 초속 30 m이다. **답** ①

0772 기차의 길이를 x m, 기차의 속력을 초속 y m라 하면

$$\begin{cases} x + 400 = 30y & \cdots\cdots ㉠ \\ x + 1200 = 70y & \cdots\cdots ㉡ \end{cases} \quad \cdots \boxed{1단계}$$

㉠$- ㉡$을 하면 $-800 = -40y$ $\quad \therefore y = 20$

$y = 20$을 ㉠에 대입하면 $x + 400 = 30 \times 20$

$\therefore x = 200$ $\quad \cdots \boxed{2단계}$

따라서 기차의 길이는 200 m이다. $\quad \cdots \boxed{3단계}$

답 200 m

단계	채점 요소	비율
1	연립방정식 세우기	50 %
2	연립방정식 풀기	40 %
3	기차의 길이 구하기	10 %

0773 화물 열차의 길이를 x m, 화물 열차의 속력을 초속 y m라 하면 KTX의 길이는 $(x-80)$ m, KTX의 속력은 초속 $3y$ m이므로

$$\begin{cases} x + 400 = 56y \\ (x-80) + 400 = 16 \times 3y \end{cases}, \ \text{즉}$$

$$\begin{cases} x + 400 = 56y & \cdots\cdots ㉠ \\ x + 320 = 48y & \cdots\cdots ㉡ \end{cases}$$

㉠$- ㉡$을 하면 $80 = 8y$ $\quad \therefore y = 10$

$y = 10$을 ㉠에 대입하면 $x + 400 = 56 \times 10$ $\quad \therefore x = 160$

따라서 화물 열차의 길이는 160 m이다. **답** ①

0774 섭취해야 하는 A 식품의 양을 x g, B 식품의 양을 y g이라 하면

$$\begin{cases} \dfrac{30}{100}x + \dfrac{20}{100}y = 30 \\ \dfrac{10}{100}x + \dfrac{40}{100}y = 20 \end{cases}, \ \text{즉} \begin{cases} 3x + 2y = 300 & \cdots\cdots ㉠ \\ x + 4y = 200 & \cdots\cdots ㉡ \end{cases}$$

㉠$\times 2 - ㉡$을 하면 $5x = 400$ $\quad \therefore x = 80$

$x = 80$을 ㉡에 대입하면 $80 + 4y = 200$

$4y = 120$ $\quad \therefore y = 30$

따라서 A 식품은 80 g을 섭취해야 한다. **답** ③

0775 필요한 합금 A의 양을 x g, 합금 B의 양을 y g이라 하면

$$\begin{cases} \dfrac{10}{100}x + \dfrac{20}{100}y = 100 \\ \dfrac{60}{100}x + \dfrac{20}{100}y = 300 \end{cases}, \ \text{즉} \begin{cases} x + 2y = 1000 & \cdots\cdots ㉠ \\ 3x + y = 1500 & \cdots\cdots ㉡ \end{cases}$$

㉠$- ㉡ \times 2$를 하면 $-5x = -2000$ $\quad \therefore x = 400$

$x = 400$을 ㉡에 대입하면 $3 \times 400 + y = 1500$ $\quad \therefore y = 300$

따라서 합금 A는 400 g, 합금 B는 300 g이 필요하다.

답 합금 A : 400 g, 합금 B : 300 g

0776 필요한 합금 A의 양을 x g, 합금 B의 양을 y g이라 하면

$$\begin{cases} \dfrac{1}{4}x + \dfrac{3}{5}y = \dfrac{2}{5} \times 280 \\ \dfrac{3}{4}x + \dfrac{2}{5}y = \dfrac{3}{5} \times 280 \end{cases}, \ \text{즉} \begin{cases} 5x + 12y = 2240 & \cdots\cdots ㉠ \\ 15x + 8y = 3360 & \cdots\cdots ㉡ \end{cases}$$

㉠$\times 3 - ㉡$을 하면 $28y = 3360$ $\quad \therefore y = 120$

$y = 120$을 ㉠에 대입하면 $5x + 12 \times 120 = 2240$

$5x = 800$ $\quad \therefore x = 160$

따라서 필요한 합금 B의 양은 120 g이다. **답** 120 g

다른 풀이 필요한 합금 A의 양을 x g, 합금 B의 양을 y g이라 하면

$$\begin{cases} x + y = 280 \\ \dfrac{1}{4}x + \dfrac{3}{5}y = \dfrac{2}{5} \times 280 \end{cases}, \ \text{즉} \begin{cases} x + y = 280 \\ 5x + 12y = 2240 \end{cases}$$

위의 식을 연립하여 풀면 $x = 160$, $y = 120$

0777 전략 a를 b로 나누었을 때의 몫이 p, 나머지가 q
➡ $a=bp+q$
큰 수를 x, 작은 수를 y라 하면
$$\begin{cases} x+y=100 & \cdots\cdots \text{㉠} \\ x=5y+10 & \cdots\cdots \text{㉡} \end{cases}$$
㉡을 ㉠에 대입하면 $(5y+10)+y=100$
$6y=90$ ∴ $y=15$
$y=15$를 ㉡에 대입하면 $x=5\times15+10=85$
따라서 큰 수는 85이다. 답 ③

0778 전략 십의 자리의 숫자가 x, 일의 자리의 숫자가 y인 두 자리 자연수 ➡ $10x+y$
처음 수의 십의 자리의 숫자를 x, 일의 자리의 숫자를 y라 하면
$$\begin{cases} x+y=9 \\ 10y+x=2(10x+y)-9 \end{cases} \text{즉}$$
$$\begin{cases} x+y=9 & \cdots\cdots \text{㉠} \\ 19x-8y=9 & \cdots\cdots \text{㉡} \end{cases}$$
㉠×8+㉡을 하면 $27x=81$ ∴ $x=3$
$x=3$을 ㉠에 대입하면
$3+y=9$ ∴ $y=6$
따라서 처음 수는 36이다. 답 36

0779 전략 현재 나이가 x살일 때 a년 후의 나이 ➡ $(x+a)$살
현재 아버지의 나이를 x살, 아들의 나이를 y살이라 하면
$$\begin{cases} x=y+32 \\ x+8=2(y+8)+14 \end{cases} \text{즉} \begin{cases} x=y+32 & \cdots\cdots \text{㉠} \\ x-2y=22 & \cdots\cdots \text{㉡} \end{cases}$$
㉠을 ㉡에 대입하면
$(y+32)-2y=22$ ∴ $y=10$
$y=10$을 ㉠에 대입하면 $x=10+32=42$
따라서 8년 후의 아버지의 나이는
$42+8=50$ (살) 답 ⑤

0780 전략 구입한 도넛의 개수를 x, 식빵의 개수를 y라 하고 연립방정식을 세운다.
서윤이가 구입한 도넛의 개수를 x, 식빵의 개수를 y라 하면
$$\begin{cases} 2+x+y+3=11 \\ 2400+1500x+2600y+3000=16600 \end{cases} \text{즉}$$
$$\begin{cases} x+y=6 & \cdots\cdots \text{㉠} \\ 15x+26y=112 & \cdots\cdots \text{㉡} \end{cases}$$
㉠×15−㉡을 하면
$-11y=-22$ ∴ $y=2$
$y=2$를 ㉠에 대입하면
$x+2=6$ ∴ $x=4$
따라서 서윤이가 구입한 도넛의 개수는 4이다. 답 4

0781 전략 과녁을 맞힌 화살의 개수를 x, 맞히지 못한 화살의 개수를 y라 하고 연립방정식을 세운다.
선우가 과녁을 맞힌 화살의 개수를 x, 맞히지 못한 화살의 개수를 y라 하면
$$\begin{cases} x+y=30 \\ 10x-5y=120 \end{cases} \text{즉} \begin{cases} x+y=30 & \cdots\cdots \text{㉠} \\ 2x-y=24 & \cdots\cdots \text{㉡} \end{cases}$$
㉠+㉡을 하면 $3x=54$ ∴ $x=18$
$x=18$을 ㉠에 대입하면 $18+y=30$ ∴ $y=12$
따라서 선우가 과녁을 맞힌 화살의 개수는 18이다. 답 18

0782 전략 x에서 $a\,\%$ 증가하였을 때 증가량 ➡ $\dfrac{a}{100}x$
어제 남자 관객 수를 x, 여자 관객 수를 y라 하면
$$\begin{cases} x+y=1200 \\ -\dfrac{1}{100}x+\dfrac{4}{100}y=28 \end{cases} \text{즉}$$
$$\begin{cases} x+y=1200 & \cdots\cdots \text{㉠} \\ -x+4y=2800 & \cdots\cdots \text{㉡} \end{cases}$$
㉠+㉡을 하면 $5y=4000$ ∴ $y=800$
$y=800$을 ㉠에 대입하면 $x+800=1200$
∴ $x=400$
따라서 오늘 여자 관객 수는
$\left(1+\dfrac{4}{100}\right)\times800=832$ 답 832

0783 전략 x원에 $a\,\%$의 이익을 붙인 가격 ➡ $\left(1+\dfrac{a}{100}\right)x$원
두 음악 CD의 원가를 각각 x원, y원 $(x>y)$이라 하면
$$\begin{cases} \left(1+\dfrac{12}{100}\right)(x+y)=25760 \\ x-y=3000 \end{cases} \text{, 즉}$$
$$\begin{cases} x+y=23000 & \cdots\cdots \text{㉠} \\ x-y=3000 & \cdots\cdots \text{㉡} \end{cases}$$
㉠+㉡을 하면 $2x=26000$ ∴ $x=13000$
$x=13000$을 ㉠에 대입하면
$13000+y=23000$ ∴ $y=10000$
따라서 더 비싼 음악 CD의 원가는 13000원이다. 답 13000원

0784 전략 수조에 물을 가득 채웠을 때의 물의 양을 1로 놓고, A 호스와 B 호스로 1시간 동안 채울 수 있는 물의 양을 각각 x, y로 놓는다.
수조에 물을 가득 채웠을 때의 물의 양을 1로 놓고, A, B 두 호스로 1시간 동안 채울 수 있는 물의 양을 각각 x, y라 하면
$$\begin{cases} 9x+2y=1 & \cdots\cdots \text{㉠} \\ 3x+6y=1 & \cdots\cdots \text{㉡} \end{cases}$$
㉠−㉡×3을 하면 $-16y=-2$ ∴ $y=\dfrac{1}{8}$
$y=\dfrac{1}{8}$을 ㉠에 대입하면 $9x+2\times\dfrac{1}{8}=1$ ∴ $x=\dfrac{1}{12}$
따라서 A 호스로만 수조에 물을 가득 채우는 데는 12시간이 걸린다. 답 12시간

0785 (전략) 올라간 거리를 x km, 내려온 거리를 y km라 하고 (시간)$=\dfrac{(거리)}{(속력)}$임을 이용하여 연립방정식을 세운다.

올라간 거리를 x km, 내려온 거리를 y km라 하면

$$\begin{cases} y=x+4 \\ \dfrac{x}{3}+\dfrac{y}{4}=4\dfrac{30}{60} \end{cases}, \ 즉 \begin{cases} y=x+4 & \cdots\cdots ㉠ \\ 4x+3y=54 & \cdots\cdots ㉡ \end{cases}$$

㉠을 ㉡에 대입하면 $\quad 4x+3(x+4)=54$

$\qquad 7x=42 \qquad \therefore x=6$

$x=6$을 ㉠에 대입하면 $\quad y=6+4=10$

따라서 내려온 거리는 10 km이다. **답** 10 km

0786 (전략) 두 사람이 만날 때까지 이동한 거리는 같음을 이용하여 연립방정식을 세운다.

두 사람이 만날 때까지 정원이가 걸린 시간을 x분, 민아가 걸린 시간을 y분이라 하면

$$\begin{cases} x=y+10 \\ 400x=600y \end{cases}, \ 즉 \begin{cases} x=y+10 & \cdots\cdots ㉠ \\ 2x=3y & \cdots\cdots ㉡ \end{cases}$$

㉠을 ㉡에 대입하면 $\quad 2(y+10)=3y \qquad \therefore y=20$

$y=20$을 ㉠에 대입하면 $\quad x=20+10=30$

따라서 두 사람이 만나게 되는 것은 민아가 출발한 지 20분 후이다. **답** ③

0787 (전략) 강을 거슬러 올라갈 때와 내려올 때 경우를 나누어 연립방정식을 세운다.

정지한 물에서의 배의 속력을 시속 x km, 강물의 속력을 시속 y km라 하면

$$\begin{cases} 1\dfrac{10}{60}(x-y)=28 \\ \dfrac{40}{60}(x+y)=28 \end{cases}, \ 즉 \begin{cases} x-y=24 & \cdots\cdots ㉠ \\ x+y=42 & \cdots\cdots ㉡ \end{cases}$$

㉠+㉡을 하면 $\quad 2x=66 \qquad \therefore x=33$

$x=33$을 ㉠에 대입하면 $\quad 33-y=24 \qquad \therefore y=9$

따라서 정지한 물에서의 배의 속력은 시속 33 km이다. **답** ⑤

0788 (전략) 농도가 다른 두 소금물을 섞어도 소금의 양은 변하지 않음을 이용하여 연립방정식을 세운다.

15 %의 소금물의 양을 x g, 13 %의 소금물의 양을 y g이라 하면

$$\begin{cases} 200+x=y \\ \dfrac{8}{100}\times 200+\dfrac{15}{100}x=\dfrac{13}{100}y \end{cases}, \ 즉$$

$$\begin{cases} y=x+200 & \cdots\cdots ㉠ \\ 15x-13y=-1600 & \cdots\cdots ㉡ \end{cases}$$

㉠을 ㉡에 대입하면 $\quad 15x-13(x+200)=-1600$

$\qquad 2x=1000 \qquad \therefore x=500$

$x=500$을 ㉠에 대입하면 $\quad y=500+200=700$

따라서 넣어야 할 15 %의 소금물의 양은 500 g이다. **답** 500 g

0789 (전략) (소금의 양)$=\dfrac{(소금물의 농도)}{100}\times(소금물의 양)$임을 이용하여 연립방정식을 세운다.

소금물 A의 농도를 x %, 소금물 B의 농도를 y %라 하면

$$\begin{cases} \dfrac{x}{100}\times 100+\dfrac{y}{100}\times 200=\dfrac{6}{100}\times 300 \\ \dfrac{x}{100}\times 200+\dfrac{y}{100}\times 100=\dfrac{8}{100}\times 300 \end{cases}, \ 즉$$

$$\begin{cases} x+2y=18 & \cdots\cdots ㉠ \\ 2x+y=24 & \cdots\cdots ㉡ \end{cases}$$

㉠$\times 2-$㉡을 하면 $\quad 3y=12 \qquad \therefore y=4$

$y=4$를 ㉠에 대입하면 $\quad x+2\times 4=18 \qquad \therefore x=10$

따라서 소금물 A의 농도는 10 %이다. **답** ③

0790 (전략) 기차가 다리를 완전히 지나는 데 이동한 거리는 기차의 길이와 다리의 길이의 합과 같다.

다리의 길이를 x m, 기차 A의 속력을 초속 y m라 하면 기차 B의 속력은 초속 $2y$ m이므로

$$\begin{cases} 200+x=30y & \cdots\cdots ㉠ \\ 150+x=14\times 2y & \cdots\cdots ㉡ \end{cases}$$

㉠$-$㉡을 하면 $\quad 50=2y \qquad \therefore y=25$

$y=25$를 ㉠에 대입하면

$\qquad 200+x=30\times 25 \qquad \therefore x=550$

따라서 다리의 길이는 550 m이다. **답** 550 m

0791 (전략) (금속의 양)$=\dfrac{(금속의 비율)}{100}\times(합금의 양)$임을 이용하여 연립방정식을 세운다.

필요한 합금 A의 양을 x kg, 합금 B의 양을 y kg이라 하면

$$\begin{cases} \dfrac{10}{100}x+\dfrac{20}{100}y=5 \\ \dfrac{30}{100}x+\dfrac{10}{100}y=4 \end{cases}, \ 즉 \begin{cases} x+2y=50 & \cdots\cdots ㉠ \\ 3x+y=40 & \cdots\cdots ㉡ \end{cases}$$

㉠$\times 3-$㉡을 하면 $\quad 5y=110 \qquad \therefore y=22$

$y=22$를 ㉠에 대입하면 $\quad x+2\times 22=50 \qquad \therefore x=6$

따라서 합금 A는 6 kg이 필요하다. **답** 6 kg

0792 (전략) 네 자리 비밀번호를 $xyyx$로 놓고 연립방정식을 세운다.

비밀번호를 $xyyx$라 하면

$$\begin{cases} x+y+y+x=22 \\ y-x=5 \end{cases}, \ 즉$$

$$\begin{cases} x+y=11 & \cdots\cdots ㉠ \\ -x+y=5 & \cdots\cdots ㉡ \end{cases} \quad \boxed{1단계}$$

㉠+㉡을 하면 $\quad 2y=16 \qquad \therefore y=8$

$y=8$을 ㉠에 대입하면 $\quad x+8=11 \qquad \therefore x=3 \quad \cdots \boxed{2단계}$

따라서 비밀번호는 3883이다. $\quad \cdots \boxed{3단계}$

답 3883

단계	채점 요소	비율
1	연립방정식 세우기	50 %
2	연립방정식 풀기	40 %
3	비밀번호 구하기	10 %

0793 전략 직사각형 모양의 타일 1장의 가로, 세로의 길이를 각각 x cm, y cm라 하고 큰 직사각형의 가로, 세로의 길이를 x, y를 사용한 식으로 나타내어 본다.

직사각형 모양의 타일 1장의 가로의 길이를 x cm, 세로의 길이를 y cm $(x>y)$라 하면

$$\begin{cases} 2(x+y)+7y+3x=62 \\ 3x=7y \end{cases}, \ 즉$$

$$\begin{cases} 5x+9y=62 & \cdots\cdots \ \text{㉠} \\ 3x-7y=0 & \cdots\cdots \ \text{㉡} \end{cases}$$ **1단계**

㉠$\times3-$㉡$\times5$를 하면 $62y=186$ $\therefore y=3$

$y=3$을 ㉡에 대입하면 $3x-7\times3=0$

  $3x=21$ $\therefore x=7$ **2단계**

따라서 큰 직사각형의 세로의 길이는

  $7+3=10 \ (\text{cm})$ **3단계**

답 10 cm

단계	채점 요소	비율
1	연립방정식 세우기	50 %
2	연립방정식 풀기	40 %
3	큰 직사각형의 세로의 길이 구하기	10 %

0794 전략 두 사람이 공원을 같은 방향으로 돌 때와 반대 방향으로 돌 때의 방정식을 각각 세운다.

A의 속력을 시속 x km, B의 속력을 시속 y km라 하면

$$\begin{cases} x-y=4 \\ \dfrac{10}{60}x+\dfrac{10}{60}y=4 \end{cases}, \ 즉$$

$$\begin{cases} x-y=4 & \cdots\cdots \ \text{㉠} \\ x+y=24 & \cdots\cdots \ \text{㉡} \end{cases}$$ **1단계**

㉠$+$㉡을 하면 $2x=28$ $\therefore x=14$

$x=14$를 ㉠에 대입하면 $14-y=4$ $\therefore y=10$ **2단계**

따라서 A의 속력은 시속 14 km이다. **3단계**

답 시속 14 km

단계	채점 요소	비율
1	연립방정식 세우기	50 %
2	연립방정식 풀기	40 %
3	A의 속력 구하기	10 %

0795 전략 연주 시간이 5분인 곡 x곡과 연주 시간이 8분인 곡 y곡 사이에는 $(x+y-1)$번의 쉬는 시간이 있음을 이용하여 총 공연 시간을 식으로 나타낸다.

5분인 곡 x곡과 8분인 곡 y곡을 연주한다면 쉬는 시간은 모두 $(x+y-1)$분이므로

$$\begin{cases} 5x+8y+(x+y-1)=116 \\ 8x+5y+(x+y-1)=107 \end{cases}, \ 즉$$

$$\begin{cases} 2x+3y=39 & \cdots\cdots \ \text{㉠} \\ 3x+2y=36 & \cdots\cdots \ \text{㉡} \end{cases}$$

㉠$\times3-$㉡$\times2$를 하면 $5y=45$ $\therefore y=9$

$y=9$를 ㉠에 대입하면 $2x+3\times9=39$

  $2x=12$ $\therefore x=6$

  $\therefore 3x-y=3\times6-9=9$

답 ②

0796 전략 자격 시험에 응시한 남학생 수를 x, 여학생 수를 y라 하고 연립방정식을 세운다.

자격 시험에 응시한 남학생과 여학생 수를 각각 x, y라 하면 자격 시험에 응시한 남학생과 여학생 수의 비가 $3:1$이므로

  $x:y=3:1$ $\therefore x=3y$ $\cdots\cdots \ \text{㉠}$

합격자 140명 중 남학생은 $\dfrac{5}{7}\times140=100$ (명), 여학생은 $140-100=40$ (명)이다.

이때 불합격한 남학생과 여학생은 각각 $(x-100)$명, $(y-40)$명이고 그 비가 $10:3$이므로

  $(x-100):(y-40)=10:3$

  $3(x-100)=10(y-40)$

  $\therefore 3x-10y=-100$ $\cdots\cdots \ \text{㉡}$

㉠을 ㉡에 대입하면 $3\times3y-10y=-100$

  $-y=-100$ $\therefore y=100$

$y=100$을 ㉠에 대입하면 $x=3\times100=300$

따라서 자격 시험에 응시한 전체 학생 수는

  $300+100=400$

답 400

0797 전략 집에서 할머니 댁까지의 거리를 x km, 예정 소요 시간을 y시간이라 하고 $(\text{시간})=\dfrac{(\text{거리})}{(\text{속력})}$임을 이용하여 연립방정식을 세운다.

집에서 할머니 댁까지의 거리를 x km, 예정 소요 시간을 y시간이라 하면

$$\begin{cases} \dfrac{x}{90}=y-\dfrac{30}{60} \\ \dfrac{x}{75}=y+\dfrac{6}{60} \end{cases}, \ 즉 \begin{cases} x=90y-45 & \cdots\cdots \ \text{㉠} \\ 2x=150y+15 & \cdots\cdots \ \text{㉡} \end{cases}$$

㉠$\times2-$㉡을 하면 $0=30y-105$

  $30y=105$ $\therefore y=\dfrac{7}{2}$

$y=\dfrac{7}{2}$을 ㉠에 대입하면 $x=90\times\dfrac{7}{2}-45=270$

따라서 집에서 할머니 댁까지의 거리는 270 km이고, 예정 소요 시간은 $\dfrac{7}{2}$시간, 즉 3시간 30분이다.

답 270 km, 3시간 30분

V. 일차함수

08 일차함수와 그 그래프 (1)

교과서문제 **정복하기** ▶ 본문 121, 123쪽

0798 답

x	1	2	3	4	5	$\cdots$
y	200	400	600	800	1000	$\cdots$

0799 x의 값이 변함에 따라 y의 값이 오직 하나씩 정해지므로 y는 x에 대한 함수이다. 답 y는 x에 대한 함수이다.

0800 답

x	1	2	3	4	5	$\cdots$
y	없다.	1	1, 2	1, 2, 3	1, 2, 3, 4	$\cdots$

0801 x의 값이 변함에 따라 y의 값이 오직 하나씩 정해지지 않으므로 y는 x에 대한 함수가 아니다.

답 y는 x에 대한 함수가 아니다.

0802 $f(1)=4\times1=4$ 답 4

0803 $f(-3)=4\times(-3)=-12$ 답 -12

0804 $f\left(\dfrac{1}{2}\right)=4\times\dfrac{1}{2}=2$ 답 2

0805 $f(0)=4\times0=0$ 답 0

0806 $f(2)=-\dfrac{12}{2}=-6$ 답 -6

0807 $f(-4)=-\dfrac{12}{-4}=3$ 답 3

0808 $f(12)=-\dfrac{12}{12}=-1$ 답 -1

0809 $f\left(-\dfrac{1}{3}\right)=-12\div\left(-\dfrac{1}{3}\right)=-12\times(-3)=36$

답 36

0810 ㄴ. $y=(x$에 대한 이차식$)$의 꼴이므로 일차함수가 아니다.

ㄷ. 3은 일차식이 아니므로 일차함수가 아니다.

ㄹ. $xy=10$에서 $y=\dfrac{10}{x}$

x가 분모에 있으므로 일차함수가 아니다.

이상에서 일차함수인 것은 ㄱ, ㅁ이다. 답 ㄱ, ㅁ

0811 답 $y=x^2$, 일차함수가 아니다.

0812 $x+y=24$이므로 $y=-x+24$

답 $y=-x+24$, 일차함수이다.

0813 (삼각형의 넓이)$=\dfrac{1}{2}\times$(밑변의 길이)$\times$(높이)이므로

$10=\dfrac{1}{2}xy$ $\therefore y=\dfrac{20}{x}$

답 $y=\dfrac{20}{x}$, 일차함수가 아니다.

0814 답 ㉡ **0815** 답 ㉣

0816 답 $y=5x+2$ **0817** 답 $y=-3x-4$

0818 답 x절편: 2, y절편: 4

0819 답 x절편: 3, y절편: -2

0820 $y=0$일 때, $0=-x+4$ $\therefore x=4$
$x=0$일 때, $y=4$
따라서 x절편은 4, y절편은 4이다. 답 x절편: 4, y절편: 4

0821 $y=0$일 때, $0=2x-10$
$-2x=-10$ $\therefore x=5$
$x=0$일 때, $y=-10$
따라서 x절편은 5, y절편은 -10이다.
답 x절편: 5, y절편: -10

0822 $y=0$일 때, $0=-3x+9$
$3x=9$ $\therefore x=3$
$x=0$일 때, $y=9$
따라서 x절편은 3, y절편은 9이다. 답 x절편: 3, y절편: 9

0823 $y=0$일 때, $0=x+\dfrac{1}{7}$ $\therefore x=-\dfrac{1}{7}$
$x=0$일 때, $y=\dfrac{1}{7}$
따라서 x절편은 $-\dfrac{1}{7}$, y절편은 $\dfrac{1}{7}$이다.

답 x절편: $-\dfrac{1}{7}$, y절편: $\dfrac{1}{7}$

0824 $y=0$일 때, $0=-\dfrac{1}{6}x-1$
$\dfrac{1}{6}x=-1$ $\therefore x=-6$
$x=0$일 때, $y=-1$
따라서 x절편은 -6, y절편은 -1이다.
답 x절편: -6, y절편: -1

0825 $y=0$일 때, $0=\dfrac{2}{5}x-\dfrac{1}{2}$
$-\dfrac{2}{5}x=-\dfrac{1}{2}$ $\therefore x=\dfrac{5}{4}$
$x=0$일 때, $y=-\dfrac{1}{2}$
따라서 x절편은 $\dfrac{5}{4}$, y절편은 $-\dfrac{1}{2}$이다.

답 x절편: $\dfrac{5}{4}$, y절편: $-\dfrac{1}{2}$

0826 $y=0$일 때, $0=2x-4$
        $-2x=-4$ $\therefore x=2$
$x=0$일 때, $y=-4$
➡ x절편: $\boxed{2}$, y절편: $\boxed{-4}$
따라서 두 점 $(2, 0)$, $(0, -4)$를 지나
는 그래프를 그리면 오른쪽 그림과 같다.

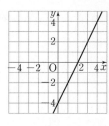

🖹 풀이 참조

0827 $y=0$일 때, $0=-x+3$
        $\therefore x=3$
$x=0$일 때, $y=3$
➡ x절편: $\boxed{3}$, y절편: $\boxed{3}$
따라서 두 점 $(3, 0)$, $(0, 3)$을 지나는
그래프를 그리면 오른쪽 그림과 같다.

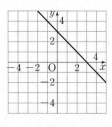

🖹 풀이 참조

0828 🖹

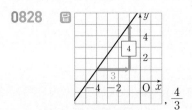

, $\dfrac{4}{3}$

0829 🖹

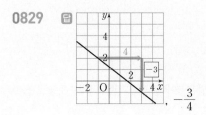

, $-\dfrac{3}{4}$

0830 기울기는 1
$(기울기)=\dfrac{(y의\ 값의\ 증가량)}{2}=1$이므로
    $(y의\ 값의\ 증가량)=2$ 🖹 $1, 2$

0831 기울기는 $-\dfrac{3}{2}$
$(기울기)=\dfrac{(y의\ 값의\ 증가량)}{2}=-\dfrac{3}{2}$이므로
    $(y의\ 값의\ 증가량)=-3$ 🖹 $-\dfrac{3}{2}, -3$

0832 $(기울기)=\dfrac{1-5}{6-2}=\dfrac{-4}{4}=-1$ 🖹 -1

0833 $(기울기)=\dfrac{0-(-7)}{1-(-4)}=\dfrac{7}{5}$ 🖹 $\dfrac{7}{5}$

0834 기울기: $\boxed{-3}$, y절편: $\boxed{-1}$
따라서 점 $(0, -1)$과 점 $(0, -1)$에
서 x의 값이 1만큼 증가할 때 y의 값은
3만큼 감소한 점 $(1, -4)$를 지나는 그
래프를 그리면 오른쪽 그림과 같다.

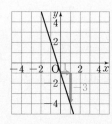

🖹 풀이 참조

0835 기울기: $\boxed{\dfrac{1}{4}}$, y절편: $\boxed{2}$
따라서 점 $(0, 2)$와 점 $(0, 2)$에서 x의
값이 4만큼 증가할 때 y의 값은 1만큼
증가한 점 $(4, 3)$을 지나는 그래프를
그리면 오른쪽 그림과 같다.

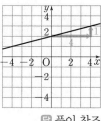

🖹 풀이 참조

 유형 익히기   ▶ 본문 124~130쪽

0836 ② $x=6$일 때, $y=2, 3$
    즉 x의 값이 변함에 따라 y의 값이 오직 하나씩 정해지지
    않으므로 y는 x에 대한 함수가 아니다.
③ 자연수 x를 6으로 나누었을 때의 나머지는 $0, 1, 2, 3, 4, 5$
    중 하나의 값만을 가지므로 y는 x에 대한 함수이다.
따라서 y가 x에 대한 함수가 아닌 것은 ②이다.   🖹 ②

0837 ① $x=1$일 때, y의 값은 없다.
② $x=3$일 때, $y=1, 3$
④ 사람의 키는 같아도 발의 크기는 다를 수 있다.
즉 ①, ②, ④는 x의 값이 변함에 따라 y의 값이 오직 하나씩 정
해지지 않으므로 y는 x에 대한 함수가 아니다.
따라서 y가 x에 대한 함수인 것은 ③, ⑤이다.   🖹 ③, ⑤

0838 ㄴ. $x=2$일 때, $y=1, 3, 5, 7, \cdots$
    ㄹ. $x=5$일 때, $y=2, 3$
즉 ㄴ, ㄹ은 x의 값이 변함에 따라 y의 값이 오직 하나씩 정해지
지 않으므로 y는 x에 대한 함수가 아니다.
이상에서 함수인 것은 ㄱ, ㄷ, ㅁ의 3개이다.   🖹 3

0839 ① $f(-2)=-5\times(-2)=10$
② $f(0)=-5\times0=0$
③ $f(4)=-5\times4=-20$
④ $f\left(\dfrac{7}{10}\right)=-5\times\dfrac{7}{10}=-\dfrac{7}{2}$
⑤ $f\left(-\dfrac{6}{5}\right)=-5\times\left(-\dfrac{6}{5}\right)=6$
따라서 옳지 않은 것은 ⑤이다.   🖹 ⑤

0840 ① $f(-1)=-3\times(-1)=3$
② $f(-1)=-\dfrac{1}{3}$
③ $f(-1)=3\times(-1)=-3$
④ $f(-1)=-\dfrac{3}{-1}=3$

⑤ $f(-1)=\dfrac{3}{-1}=-3$

따라서 $f(-1)=3$을 만족시키는 함수는 ①, ④이다. 답 ①, ④

0841 $f(x)=\dfrac{a}{x}$에서 $f(9)=4$이므로

$\dfrac{a}{9}=4$ ∴ $a=36$ ··· 1단계

따라서 $f(x)=\dfrac{36}{x}$이므로

$f\left(\dfrac{1}{2}\right)=36÷\dfrac{1}{2}=36×2=72,$ ··· 2단계

$f(-4)=\dfrac{36}{-4}=-9$ ··· 3단계

∴ $f\left(\dfrac{1}{2}\right)+f(-4)=72+(-9)=63$ ··· 4단계

답 63

단계	채점 요소	비율
1	a의 값 구하기	30 %
2	$f\left(\dfrac{1}{2}\right)$의 값 구하기	30 %
3	$f(-4)$의 값 구하기	30 %
4	$f\left(\dfrac{1}{2}\right)+f(-4)$의 값 구하기	10 %

0842 26을 7로 나누었을 때의 나머지는 5이므로
$f(26)=5$
57을 7로 나누었을 때의 나머지는 1이므로 $f(57)=1$
91을 7로 나누었을 때의 나머지는 0이므로 $f(91)=0$
∴ $f(26)+f(57)+f(91)=5+1+0=6$ 답 6

0843 ㄴ. $y=\dfrac{1}{2}x+1$ ㄹ. $y=\dfrac{3}{2}x-3$
ㅁ. $y=x^2-x$ ㅂ. $y=6x-1$
이상에서 y가 x에 대한 일차함수인 것은 ㄴ, ㄷ, ㄹ, ㅂ이다.
답 ㄴ, ㄷ, ㄹ, ㅂ

0844 ① $y=-2x-1$ ④ $y=\dfrac{1}{2}x-\dfrac{1}{2}$
⑤ $y=-3x$
따라서 y가 x에 대한 일차함수가 아닌 것은 ②, ③이다.
답 ②, ③

0845 ① $y=300-x$
② $y=\pi x^2$
③ $xy=500$에서 $y=\dfrac{500}{x}$
④ $xy=200$에서 $y=\dfrac{200}{x}$
⑤ $y=\dfrac{x}{100}×100$에서 $y=x$
따라서 일차함수인 것은 ①, ⑤이다. 답 ①, ⑤

0846 $y=ax+6(3-x)$, 즉 $y=(a-6)x+18$이 일차함수가 되기 위해서는 $a-6\neq0$이어야 하므로
$a\neq6$ 답 $a\neq6$

0847 ① $x=-4, y=14$를 $y=-3x+2$에 대입하면
$14=-3×(-4)+2$
② $x=-\dfrac{1}{3}, y=3$을 $y=-3x+2$에 대입하면
$3=-3×\left(-\dfrac{1}{3}\right)+2$
③ $x=\dfrac{1}{6}, y=\dfrac{3}{2}$을 $y=-3x+2$에 대입하면
$\dfrac{3}{2}=-3×\dfrac{1}{6}+2$
④ $x=1, y=-1$을 $y=-3x+2$에 대입하면
$-1=-3×1+2$
⑤ $x=\dfrac{4}{3}, y=-6$을 $y=-3x+2$에 대입하면
$-6\neq-3×\dfrac{4}{3}+2=-2$
따라서 일차함수 $y=-3x+2$의 그래프 위의 점이 아닌 것은 ⑤이다. 답 ⑤

0848 $y=ax-7$의 그래프가 점 $(-6, 5)$를 지나므로
$5=-6a-7$
$6a=-12$ ∴ $a=-2$ 답 -2

0849 $x=-1, y=p$를 $y=\dfrac{5}{2}x+8$에 대입하면
$p=\dfrac{5}{2}×(-1)+8=\dfrac{11}{2}$
$x=q, y=13$을 $y=\dfrac{5}{2}x+8$에 대입하면
$13=\dfrac{5}{2}q+8, -\dfrac{5}{2}q=-5$ ∴ $q=2$
∴ $2p+q=2×\dfrac{11}{2}+2=13$ 답 ③

0850 $y=6x+4$의 그래프가 점 $(2, p)$를 지나므로
$p=6×2+4=16$ ··· 1단계
따라서 $y=ax-4$의 그래프가 점 $(2, 16)$을 지나므로
$16=2a-4, -2a=-20$ ∴ $a=10$ ··· 2단계
∴ $p-a=16-10=6$ ··· 3단계
답 6

단계	채점 요소	비율
1	p의 값 구하기	40 %
2	a의 값 구하기	40 %
3	$p-a$의 값 구하기	20 %

0851 $y=-3x+4$의 그래프를 y축의 방향으로 b만큼 평행이동한 그래프의 식은 $y=-3x+4+b$
이 그래프의 식이 $y=ax+1$과 같으므로
$a=-3, 4+b=1$ ∴ $a=-3, b=-3$
∴ $ab=-3×(-3)=9$ 답 9

0852 ① $y=5x$의 그래프를 y축의 방향으로 $\dfrac{1}{2}$만큼 평행이동하면 $y=5x+\dfrac{1}{2}$의 그래프와 겹쳐진다.

② $y=5x$의 그래프를 y축의 방향으로 $-\dfrac{5}{7}$만큼 평행이동하면

$y=5x-\dfrac{5}{7}$의 그래프와 겹쳐진다.

③ $y=3(x+1)+2x$에서 $y=5x+3$

즉 $y=5x$의 그래프를 y축의 방향으로 3만큼 평행이동하면

$y=5x+3$의 그래프와 겹쳐진다.

④ $y=5(-2+x)$에서 $y=5x-10$

즉 $y=5x$의 그래프를 y축의 방향으로 -10만큼 평행이동하

면 $y=5x-10$의 그래프와 겹쳐진다.

⑤ $y=5(2-x)$에서 $y=-5x+10$

따라서 $y=5x$의 그래프를 평행이동하여 겹쳐지지 않는 것은 ⑤

이다. 답 ⑤

0853 $y=2x-5$의 그래프를 y축의 방향으로 p만큼 평행이

동한 그래프의 식은 $y=2x-5+p$

이 그래프가 점 $(2, -3)$을 지나므로

$-3=2\times2-5+p$ $\quad\therefore p=-2$ 답 -2

0854 $y=a(x-2)$의 그래프를 y축의 방향으로 -3만큼 평

행이동한 그래프의 식은 $y=a(x-2)-3$

이 그래프가 점 $(4, 5)$를 지나므로

$5=2a-3, \quad -2a=-8$

$\therefore a=4$

따라서 $y=4(x-2)-3$, 즉 $y=4x-11$의 그래프가 점

$(b, -3)$을 지나므로

$-3=4b-11, \quad -4b=-8$

$\therefore b=2$

$\therefore a+b=4+2=6$ 답 6

0855 $y=0$일 때, $0=7x+21$

$-7x=21 \quad \therefore x=-3$

$x=0$일 때, $y=21$

따라서 x절편은 -3, y절편은 21이므로

$a=-3, b=21$

$\therefore a+b=-3+21=18$ 답 18

0856 ① $y=0$일 때, $0=-\dfrac{2}{5}x+\dfrac{1}{5}$

$\dfrac{2}{5}x=\dfrac{1}{5} \quad \therefore x=\dfrac{1}{2}$

② $y=0$일 때, $0=-x+\dfrac{1}{2} \quad \therefore x=\dfrac{1}{2}$

③ $y=0$일 때, $0=2x-1$

$-2x=-1 \quad \therefore x=\dfrac{1}{2}$

④ $y=0$일 때, $0=6x-3$

$-6x=-3 \quad \therefore x=\dfrac{1}{2}$

⑤ $y=0$일 때, $0=\dfrac{1}{2}x+\dfrac{1}{4}$

$-\dfrac{1}{2}x=\dfrac{1}{4} \quad \therefore x=-\dfrac{1}{2}$

따라서 x절편이 나머지 넷과 다른 하나는 ⑤이다. 답 ⑤

0857 $y=-\dfrac{3}{2}x+k$의 그래프의 x절편이 4이므로

$0=-\dfrac{3}{2}\times4+k \quad \therefore k=6$

따라서 $y=-\dfrac{3}{2}x+6$이므로 y절편은 6이다. 답 6

0858 $y=-3x+9$에서 $y=0$일 때, $0=-3x+9$

$3x=9 \quad \therefore x=3$

즉 x절편은 3이다. ··· 1단계

$y=2x+k$에서 $y=0$일 때, $0=2x+k$

$-2x=k \quad \therefore x=-\dfrac{k}{2}$

즉 x절편은 $-\dfrac{k}{2}$이다. ··· 2단계

두 일차함수의 그래프가 x축 위에서 만나므로 두 그래프의 x절

편이 같다.

즉 $3=-\dfrac{k}{2}$이므로 $k=-6$ ··· 3단계

답 -6

단계	채점 요소	비율
1	$y=-3x+9$의 그래프의 x절편 구하기	30 %
2	$y=2x+k$의 그래프의 x절편 구하기	30 %
3	k의 값 구하기	40 %

0859 (기울기)$=\dfrac{(y\text{의 값의 증가량})}{(x\text{의 값의 증가량})}=\dfrac{-12}{4}=-3$

따라서 기울기가 -3인 일차함수의 그래프는 ⑤이다. 답 ⑤

0860 (기울기)$=\dfrac{(y\text{의 값의 증가량})}{2-(-1)}=5$이므로

$(y\text{의 값의 증가량})=15$ 답 ③

0861 (기울기)$=\dfrac{10}{-3-2}=-2$이므로 $a=-2$ ··· 1단계

한편 $\dfrac{(y\text{의 값의 증가량})}{4}=-2$이므로

$(y\text{의 값의 증가량})=-8$ ··· 2단계

답 -8

단계	채점 요소	비율
1	a의 값 구하기	50 %
2	x의 값이 4만큼 증가할 때, y의 값의 증가량 구하기	50 %

0862 (기울기)$=\dfrac{a-(-6)}{1-(-3)}=-\dfrac{1}{2}$이므로

$\dfrac{a+6}{4}=-\dfrac{1}{2}, \quad a+6=-2 \quad \therefore a=-8$ 답 -8

0863 (1) 그래프가 두 점 $(-2, 0)$, $(2, -5)$를 지나므로

기울기는 $\dfrac{-5-0}{2-(-2)}=-\dfrac{5}{4}$

(2) 그래프가 두 점 $(-4, -1)$, $(2, 3)$을 지나므로 기울기는

$\dfrac{3-(-1)}{2-(-4)}=\dfrac{4}{6}=\dfrac{2}{3}$ 답 (1) $-\dfrac{5}{4}$ (2) $\dfrac{2}{3}$

0864 그래프가 두 점 $(10, 0)$, $(0, -6)$을 지나므로 기울기는

$$\frac{-6-0}{0-10} = \frac{3}{5}$$

답 ⑤

0865 세 점이 한 직선 위에 있으므로 두 점 $(-1, -4)$, $(4, 6)$을 지나는 직선의 기울기는 두 점 $(4, 6)$, $(2, a)$를 지나는 직선의 기울기와 같다.

즉 $\dfrac{6-(-4)}{4-(-1)} = \dfrac{a-6}{2-4}$이므로 $2 = \dfrac{a-6}{-2}$

$a-6 = -4$ ∴ $a = 2$

답 2

0866 세 점 A, B, C가 한 직선 위에 있으므로 두 점 A, B를 지나는 직선의 기울기는 두 점 B, C를 지나는 직선의 기울기와 같다.

즉 $\dfrac{0-(-5)}{1-(-2)} = \dfrac{3-0}{a-1}$이므로 $\dfrac{5}{3} = \dfrac{3}{a-1}$

$5(a-1) = 9$, $5a = 14$

∴ $a = \dfrac{14}{5}$

답 $\dfrac{14}{5}$

0867 두 점 $(-6, 9)$, $(-2, 5)$를 지나는 직선의 기울기는 두 점 $(-2, 5)$, $(5k-3, k)$를 지나는 직선의 기울기와 같으므로

$$\frac{5-9}{-2-(-6)} = \frac{k-5}{5k-3-(-2)}$$

$-1 = \dfrac{k-5}{5k-1}$, $5k-1 = -k+5$

$6k = 6$ ∴ $k = 1$

답 ②

0868 세 점이 한 직선 위에 있으므로 이 직선의 기울기는 두 점 B, C를 지나는 직선의 기울기와 같다.

두 점 B, C를 지나는 직선의 기울기는

$$\frac{m+6-m}{5-3} = 3$$

∴ $a = 3$ … 1단계

두 점 A, B를 지나는 직선의 기울기도 3이므로

$$\frac{m-(-8)}{3-(-1)} = 3, \quad m+8 = 12$$

∴ $m = 4$ … 2단계

∴ $a+m = 3+4 = 7$ … 3단계

답 7

단계	채점 요소	비율
1	a의 값 구하기	40 %
2	m의 값 구하기	40 %
3	$a+m$의 값 구하기	20 %

0869 $y = 0$일 때, $0 = -\dfrac{3}{5}x - 3$

$\dfrac{3}{5}x = -3$ ∴ $x = -5$

$x = 0$일 때, $y = -3$

즉 x절편은 -5, y절편은 -3이므로 그래프는 ③이다. 답 ③

0870 $y = 0$일 때, $0 = 2x+6$

$-2x = 6$ ∴ $x = -3$

$x = 0$일 때, $y = 6$

즉 $y = 2x+6$의 그래프의 x절편은 -3, y절편은 6이므로 그 그래프는 오른쪽 그림과 같다.

따라서 그래프가 지나지 않는 사분면은 제4사분면이다. 답 ④

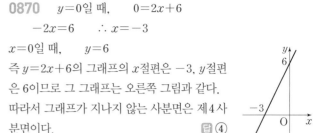

0871 각 함수의 그래프의 x절편, y절편을 구하여 그 그래프를 그리면 다음과 같다.

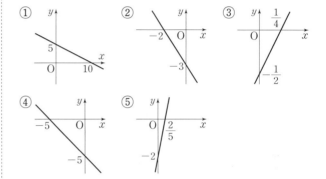

따라서 제3사분면을 지나지 않는 것은 ①이다. 답 ①

0872 $y = 4x-4$의 그래프를 y축의 방향으로 8만큼 평행이동한 그래프의 식은

$y = 4x-4+8$, 즉 $y = 4x+4$

$y = 0$일 때, $0 = 4x+4$

$-4x = 4$ ∴ $x = -1$

$x = 0$일 때, $y = 4$

즉 $y = 4x+4$의 그래프의 x절편은 -1, y절편은 4이므로 그 그래프는 오른쪽 그림과 같다.

따라서 그래프가 지나지 않는 사분면은 제4사분면이다.

답 제4사분면

0873 $y = ax+2$에서 $y = 0$일 때, $0 = ax+2$

$-ax = 2$ ∴ $x = -\dfrac{2}{a}$

x절편이 $-\dfrac{1}{2}$이므로 $-\dfrac{2}{a} = -\dfrac{1}{2}$ ∴ $a = 4$

$y = ax+2$, 즉 $y = 4x+2$의 그래프의 y절편이 2이므로

$b = 2$

따라서 $y = -2x+4$에서 $y = 0$일 때, $0 = -2x+4$

$2x = 4$ ∴ $x = 2$

$x = 0$일 때, $y = 4$

즉 $y = -2x+4$의 그래프의 x절편은 2, y절편은 4이므로 그 그래프는 ④이다. 답 ④

0874 $y = -x+8$에서 $y = 0$일 때,

$0 = -x+8$ ∴ $x = 8$

∴ A$(8, 0)$

$x=0$일 때, $y=8$
  $\therefore$ B$(0, 8)$
따라서 오른쪽 그림에서
  $\triangle$AOB$=\dfrac{1}{2}\times 8\times 8=32$ 답 ④

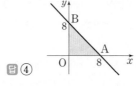

0875 $y=\dfrac{5}{3}x+4$에서 $y=0$일 때, $0=\dfrac{5}{3}x+4$

  $-\dfrac{5}{3}x=4$ $\therefore x=-\dfrac{12}{5}$

$x=0$일 때, $y=4$

즉 x절편은 $-\dfrac{12}{5}$이고 y절편은 4이므로 그

그래프는 오른쪽 그림과 같다.

따라서 구하는 삼각형의 넓이는

  $\dfrac{1}{2}\times\dfrac{12}{5}\times 4=\dfrac{24}{5}$ 답 ③

0876 $y=ax-5$에서 $y=0$일 때,

  $0=ax-5$, $-ax=-5$

  $\therefore x=\dfrac{5}{a}$

$x=0$일 때, $y=-5$

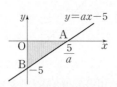

즉 x절편은 $\dfrac{5}{a}$, y절편은 -5이므로

  A$\left(\dfrac{5}{a}, 0\right)$, B$(0, -5)$ ··· 1단계

  $\therefore \overline{\text{OA}}=\dfrac{5}{a}$, $\overline{\text{OB}}=5$ ··· 2단계

$\triangle$AOB의 넓이가 20이므로

  $\dfrac{1}{2}\times\dfrac{5}{a}\times 5=20$ $\therefore a=\dfrac{5}{8}$ ··· 3단계

답 $\dfrac{5}{8}$

단계	채점 요소	비율
1	두 점 A, B의 좌표 구하기	30 %
2	$\overline{\text{OA}}$, $\overline{\text{OB}}$의 길이 구하기	30 %
3	a의 값 구하기	40 %

0877   (기울기)$=\dfrac{(y\text{의 값의 증가량})}{(x\text{의 값의 증가량})}$

  $=\dfrac{f(4)-f(-2)}{4-(-2)}=\dfrac{-12}{6}=-2$ 답 -2

0878   (기울기)$=\dfrac{f(x-1)-f(x+1)}{(x-1)-(x+1)}=\dfrac{-2}{-2}=1$

답 ④

0879   조건 ㈎에서 $\dfrac{f(x+1)-f(x+6)}{3}=5$이므로

  $f(x+1)-f(x+6)=15$

즉 (기울기)$=\dfrac{f(x+1)-f(x+6)}{(x+1)-(x+6)}=\dfrac{15}{-5}=-3$이므로

  $a=-3$

$f(x)=-3x+b$에 대하여 조건 ㈏에서 $f(2)=-5$이므로

  $-3\times 2+b=-5$ $\therefore b=1$

따라서 $f(x)=-3x+1$이므로

  $f(-1)=-3\times(-1)+1=4$ 답 4

0880 $y=x+2$에서 $y=0$일 때, $0=x+2$ $\therefore x=-2$

$x=0$일 때, $y=2$

즉 $y=x+2$의 그래프의 x절편은 -2, y절편은 2이다.

또 $y=-\dfrac{2}{3}x+2$에서 $y=0$일 때, $0=-\dfrac{2}{3}x+2$

  $\dfrac{2}{3}x=2$ $\therefore x=3$

$x=0$일 때, $y=2$

즉 $y=-\dfrac{2}{3}x+2$의 그래프의 x절편은 3, y절편은 2이다.

따라서 두 일차함수의 그래프는 오른
쪽 그림과 같으므로 구하는 넓이는

  $\dfrac{1}{2}\times\{3-(-2)\}\times 2=5$ 답 5

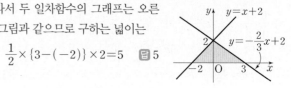

0881 $y=-x+4$에서 $y=0$일 때,

  $0=-x+4$ $\therefore x=4$

$x=0$일 때, $y=4$

즉 $y=-x+4$의 그래프의 x절편은 4, y절편은 4이다.   ··· 1단계

또 $y=\dfrac{3}{2}x-6$에서 $y=0$일 때, $0=\dfrac{3}{2}x-6$

  $-\dfrac{3}{2}x=-6$ $\therefore x=4$

$x=0$일 때, $y=-6$

즉 $y=\dfrac{3}{2}x-6$의 그래프의 x절편은 4, y절편은 -6이다.

··· 2단계

따라서 두 일차함수의 그래프는 오른쪽
그림과 같으므로 구하는 넓이는

  $\dfrac{1}{2}\times\{4-(-6)\}\times 4=20$ ··· 3단계

답 20

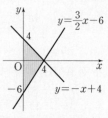

단계	채점 요소	비율
1	$y=-x+4$의 그래프의 x절편, y절편 구하기	20 %
2	$y=\dfrac{3}{2}x-6$의 그래프의 x절편, y절편 구하기	20 %
3	도형의 넓이 구하기	60 %

0882 $y=3x+6$에서 $y=0$일 때, $0=3x+6$

  $-3x=6$ $\therefore x=-2$

$x=0$일 때, $y=6$

즉 $y=3x+6$의 그래프의 x절편은 -2, y절편은 6이다.

$y=ax+6$에서 $y=0$일 때, $0=ax+6$

  $-ax=6$ $\therefore x=-\dfrac{6}{a}$

$x=0$일 때, $y=6$

즉 $y=ax+6$의 그래프의 x절편은 $-\dfrac{6}{a}$, y절편은 6이다.

$$\therefore A(0,6),\ B(-2,0),\ C\left(-\dfrac{6}{a},0\right)$$

이때 △ABC의 넓이가 18이므로

$$\dfrac{1}{2}\times\left\{-\dfrac{6}{a}-(-2)\right\}\times6=18$$

$$-\dfrac{6}{a}+2=6,\quad -\dfrac{6}{a}=4$$

$$\therefore a=-\dfrac{3}{2}$$

답 $-\dfrac{3}{2}$

시험에 꼭 나오는 문제
> 본문 131~133쪽

0883 전략 y가 x에 대한 함수이다. ➡ x의 값이 변함에 따라 y의 값이 오직 하나씩 정해진다.

ㄴ. $x=5$일 때, $y=2,\ 4$

ㄷ. $x=2$일 때, $y=2,\ 4,\ 6,\ \cdots$

즉 ㄴ, ㄷ은 x의 값이 변함에 따라 y의 값이 오직 하나씩 정해지지 않으므로 y는 x에 대한 함수가 아니다.

이상에서 y가 x에 대한 함수인 것은 ㄱ, ㄹ이다.

답 ③

0884 전략 함숫값 $f(a)$ ➡ $f(x)$에 x 대신 a를 대입한다.

$f(x)=-6x+a$에서 $f(1)=-4$이므로

$$-6+a=-4\quad\therefore a=2$$

따라서 $f(x)=-6x+2$이므로

$$f(5)=-6\times5+2=-28,$$

$$f(-3)=-6\times(-3)+2=20$$

$$\therefore f(5)+f(-3)=-28+20=-8$$

답 -8

0885 전략 y가 x에 대한 일차함수 ➡ $y=ax+b\ (a,\ b$는 상수, $a\neq0)$의 꼴

① $xy=9$에서 $y=\dfrac{9}{x}$

③ $y=-(x+5)+x$에서 $y=-5$

④ $x-6y=1$에서 $y=\dfrac{1}{6}x-\dfrac{1}{6}$

따라서 일차함수인 것은 ②, ④이다.

답 ②, ④

0886 전략 점 $(p,\ q)$가 일차함수 $y=ax+b$의 그래프 위의 점이다. ➡ $q=ap+b$

④ $x=3$, $y=-\dfrac{3}{2}$을 $y=\dfrac{1}{2}x-3$에 대입하면

$$-\dfrac{3}{2}=\dfrac{1}{2}\times3-3$$

따라서 일차함수 $y=\dfrac{1}{2}x-3$의 그래프 위의 점인 것은 ④이다.

답 ④

0887 전략 일차함수 $y=ax$의 그래프를 y축의 방향으로 k만큼 평행이동한 그래프의 식 ➡ $y=ax+k$

$y=4x+\dfrac{3}{5}$의 그래프는 $y=4x$의 그래프를 y축의 방향으로 $\dfrac{3}{5}$만큼 평행이동한 것이므로 $m=\dfrac{3}{5}$

$y=4x-15$의 그래프는 $y=4x$의 그래프를 y축의 방향으로 -15만큼 평행이동한 것이므로 $n=-15$

$$\therefore mn=\dfrac{3}{5}\times(-15)=-9$$

답 -9

0888 전략 일차함수 $y=ax+b$의 그래프의 x절편은 $-\dfrac{b}{a}$, y절편은 b이다.

$x=0$일 때, $y=8$

$$\therefore A(0,8)$$

$y=0$일 때, $0=-\dfrac{4}{5}x+8$

$$\dfrac{4}{5}x=8\quad\therefore x=10$$

$$\therefore B(10,0)$$

답 ②

0889 전략 일차함수 $y=ax+b$의 그래프의 기울기는 a, x절편은 $-\dfrac{b}{a}$, y절편은 b이다.

$y=\dfrac{3}{4}x-2$의 그래프의 기울기는 $\dfrac{3}{4}$이므로 $a=\dfrac{3}{4}$

$y=0$일 때, $0=\dfrac{3}{4}x-2$

$$-\dfrac{3}{4}x=-2\quad\therefore x=\dfrac{8}{3}$$

즉 x절편이 $\dfrac{8}{3}$이므로 $b=\dfrac{8}{3}$

$x=0$일 때, $y=-2$

즉 y절편이 -2이므로 $c=-2$

$$\therefore abc=\dfrac{3}{4}\times\dfrac{8}{3}\times(-2)=-4$$

답 ③

0890 전략 두 그래프가 x축 위에서 만나면 x절편이 같고, y축 위에서 만나면 y절편이 같다.

$y=ax+b$의 그래프는 $y=-x+3$의 그래프와 x축 위에서 만나므로 두 그래프의 x절편이 같다.

$y=-x+3$에서 $y=0$일 때, $0=-x+3$

$$\therefore x=3$$

즉 $y=ax+b$의 그래프의 x절편은 3이다.

또 $y=ax+b$의 그래프는 $y=\dfrac{5}{2}x-2$의 그래프와 y축 위에서 만나므로 두 그래프의 y절편이 같다.

$y=\dfrac{5}{2}x-2$에서 $x=0$일 때, $y=-2$

즉 $y=ax+b$의 그래프의 y절편은 -2이다.

따라서 $y=ax+b$의 그래프는 두 점 $(3,0)$, $(0,-2)$를 지나므로

기울기는 $\dfrac{-2-0}{0-3}=\dfrac{2}{3}$

답 $\dfrac{2}{3}$

0891 전략 기울기 $\Rightarrow \dfrac{(y\text{의 값의 증가량})}{(x\text{의 값의 증가량})}$

주어진 그래프는 두 점 $(-4, -1)$, $(4, 3)$을 지나므로

$$(\text{기울기})=\frac{3-(-1)}{4-(-4)}=\frac{4}{8}=\frac{1}{2}$$

따라서 $\dfrac{(y\text{의 값의 증가량})}{4}=\dfrac{1}{2}$이므로

$(y\text{의 값의 증가량})=2$ 답 ②

0892 전략 서로 다른 세 점 A, B, C가 한 직선 위에 있으면 세 직선 AB, BC, CA의 기울기는 모두 같다.

두 점 A, B를 지나는 직선의 기울기는 두 점 B, C를 지나는 직선의 기울기와 같으므로

$$\frac{5-3}{5-(-1)}=\frac{m+2-5}{m-5}$$

$$\frac{1}{3}=\frac{m-3}{m-5}, \qquad m-5=3(m-3)$$

$-2m=-4$ $\therefore m=2$ 답 2

0893 전략 일차함수의 그래프의 x절편, y절편을 각각 구한 후 그래프를 그려 본다.

각 일차함수의 그래프는 다음과 같다.

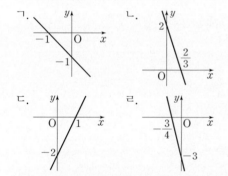

이상에서 그래프가 제1사분면을 지나지 않는 것은 ㄱ, ㄹ이다.

답 ③

0894 전략 주어진 일차함수의 그래프의 x절편, y절편을 각각 구한 후 그래프와 x축, y축으로 둘러싸인 도형을 그려 본다.

$y=-\dfrac{3}{4}x-6$에서 $y=0$일 때, $\qquad 0=-\dfrac{3}{4}x-6$

$$\frac{3}{4}x=-6 \quad \therefore x=-8$$

$x=0$일 때, $\qquad y=-6$

즉 x절편은 -8, y절편은 -6이므로 그
그래프는 오른쪽 그림과 같다.

따라서 구하는 도형의 넓이는

$$\frac{1}{2}\times 8\times 6=24$$ 답 ⑤

0895 전략 주어진 함숫값을 이용하여 먼저 a, b의 값을 구한다.

$f(x)=ax+3$에서 $f(2)=-7$이므로

$2a+3=-7, \qquad 2a=-10$

$\therefore a=-5$

$\therefore f(x)=-5x+3$ $\qquad \cdots$ 1단계

또 $g(x)=-\dfrac{1}{2}x+b$에서 $g(-4)=-3$이므로

$$-\frac{1}{2}\times(-4)+b=-3 \quad \therefore b=-5$$

$\therefore g(x)=-\dfrac{1}{2}x-5$ $\qquad \cdots$ 2단계

따라서 $f(-2)=-5\times(-2)+3=13$,

$g(6)=-\dfrac{1}{2}\times 6-5=-8$이므로

$$f(-2)+g(6)=13+(-8)=5 \qquad \cdots \text{3단계}$$

답 5

단계	채점 요소	비율
1	$f(x)$ 구하기	40 %
2	$g(x)$ 구하기	40 %
3	$f(-2)+g(6)$의 값 구하기	20 %

0896 전략 일차함수 $y=ax+b$의 그래프를 y축의 방향으로 k만큼 평행이동한 그래프의 식 $\Rightarrow y=ax+b+k$

$y=ax-1$의 그래프를 y축의 방향으로 3만큼 평행이동한 그래프의 식은

$y=ax-1+3$, 즉 $y=ax+2$

이 그래프의 x절편이 -5이므로 $\qquad 0=-5a+2$

$5a=2 \quad \therefore a=\dfrac{2}{5}$ $\qquad \cdots$ 1단계

또 y절편이 b이므로 $\qquad b=2$ $\qquad \cdots$ 2단계

$\therefore a+b=\dfrac{2}{5}+2=\dfrac{12}{5}$ $\qquad \cdots$ 3단계

답 $\dfrac{12}{5}$

단계	채점 요소	비율
1	a의 값 구하기	40 %
2	b의 값 구하기	40 %
3	$a+b$의 값 구하기	20 %

0897 전략 $a>0$임을 이용하여 주어진 함수의 그래프의 x절편, y절편을 구한 후 그래프를 그려 본다.

$y=-\dfrac{a}{3}x+2$에서 $y=0$일 때, $\qquad 0=-\dfrac{a}{3}x+2$

$$\frac{a}{3}x=2 \quad \therefore x=\frac{6}{a}$$

$x=0$일 때, $\qquad y=2$

즉 $y=-\dfrac{a}{3}x+2$의 그래프의 x절편은 $\dfrac{6}{a}$,

y절편은 2이고 $a>0$이므로 그 그래프는
오른쪽 그림과 같다. $\qquad \cdots$ 1단계

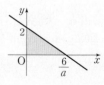

이때 그래프와 x축, y축으로 둘러싸인 도형의 넓이가 3이므로

$$\frac{1}{2}\times\frac{6}{a}\times 2=3 \quad \therefore a=2 \qquad \cdots \text{2단계}$$

답 2

단계	채점 요소	비율
1	그래프 그리기	70 %
2	a의 값 구하기	30 %

0898 전략 점 B의 좌표를 $(a, 0)$, 점 C의 좌표를 $(b, 0)$이라 하고 두 점 A, D의 좌표를 구한 후 사각형 ABCD의 네 변의 길이는 같음을 이용한다.

점 B의 좌표를 $(a, 0)$, 점 C의 좌표를 $(b, 0)$이라 하면
$$A(a, 2a), D(b, -2b+16)$$
이때 사각형 ABCD가 정사각형이므로
$\overline{AB}=\overline{BC}$에서 $2a=b-a$
    $\therefore 3a=b$ …… ㉠
$\overline{AB}=\overline{CD}$에서 $2a=-2b+16$
    $\therefore a+b=8$ …… ㉡
㉠, ㉡을 연립하여 풀면 $a=2, b=6$
따라서 $\overline{AB}=2\times2=4$이므로 사각형 ABCD의 넓이는
$$4\times4=16$$
답 16

0899 전략 $\dfrac{f(b)-f(a)}{b-a}$의 의미를 생각해 본다.

두 점 $(-4, k)$, $(6, k+7)$을 지나므로
$$(기울기)=\frac{k+7-k}{6-(-4)}=\frac{7}{10}$$
이때 $\dfrac{f(50)-f(10)}{50-10}=\dfrac{(y의\ 값의\ 증가량)}{(x의\ 값의\ 증가량)}=(기울기)$이므로
$$\frac{f(50)-f(10)}{50-10}=\frac{7}{10}$$
$$\therefore f(50)-f(10)=\frac{7}{10}\times40=28$$
답 28

0900 전략 주어진 두 일차함수의 그래프를 좌표평면 위에 나타내어 본다.

$y=\dfrac{1}{3}x+2$에서 $y=0$일 때, $0=\dfrac{1}{3}x+2$
    $-\dfrac{1}{3}x=2$ $\therefore x=-6$
$x=0$일 때, $y=2$
즉 $y=\dfrac{1}{3}x+2$의 그래프의 x절편은 -6, y절편은 2이다.

$y=\dfrac{1}{3}x+4$에서 $y=0$일 때, $0=\dfrac{1}{3}x+4$
    $-\dfrac{1}{3}x=4$ $\therefore x=-12$
$x=0$일 때, $y=4$
즉 $y=\dfrac{1}{3}x+4$의 그래프의 x절편은 -12, y절편은 4이다.

따라서 두 일차함수의 그래프는 오른쪽 그림과 같으므로 구하는 넓이는
$$\frac{1}{2}\times12\times4-\frac{1}{2}\times6\times2$$
$$=24-6=18$$
답 18

---

09 일차함수와 그 그래프 (2)

 교과서문제 **정복하기**   ＞본문 135쪽

0901 답 ㄱ, ㄷ, ㄹ, ㅁ

0902 답 ㄴ, ㅂ

0903 답 ㄱ, ㄴ

0904 답 ㄹ

0905 답 $a<0, b<0$

0906 답 $a<0, b>0$

0907 답 $a>0, b>0$

0908 답 $a=-3, b\neq-2$

0909 답 $a=\dfrac{1}{2}, b=7$

0910 답 $y=5x-2$

0911 답 $y=-\dfrac{3}{4}x+1$

0912 기울기가 -6이므로 일차함수의 식을 $y=-6x+b$라 하자.
이 함수의 그래프가 점 $(1, -6)$을 지나므로
$$-6=-6\times1+b\qquad\therefore b=0$$
따라서 구하는 일차함수의 식은 $y=-6x$ 답 $y=-6x$

0913 기울기가 $\dfrac{1}{2}$이므로 일차함수의 식을 $y=\dfrac{1}{2}x+b$라 하자.
이 함수의 그래프가 점 $(2, -2)$를 지나므로
$$-2=\frac{1}{2}\times2+b\qquad\therefore b=-3$$
따라서 구하는 일차함수의 식은 $y=\dfrac{1}{2}x-3$ 답 $y=\dfrac{1}{2}x-3$

0914 기울기가 $\dfrac{-9-7}{3-(-1)}=-4$이므로 일차함수의 식을 $y=-4x+b$라 하자.
이 함수의 그래프가 점 $(-1, 7)$을 지나므로
$$7=-4\times(-1)+b\qquad\therefore b=3$$
따라서 구하는 일차함수의 식은
$$y=-4x+3$$
답 $y=-4x+3$

0915 기울기가 $\dfrac{14-5}{5-2}=3$이므로 일차함수의 식을 $y=3x+b$라 하자.
이 함수의 그래프가 점 $(2, 5)$를 지나므로
$$5=3\times2+b\qquad\therefore b=-1$$
따라서 구하는 일차함수의 식은 $y=3x-1$ 답 $y=3x-1$

0916 두 점 $(-6, 0)$, $(0, 4)$를 지나므로 기울기는

$$\frac{4-0}{0-(-6)}=\frac{2}{3}$$

y절편은 4이므로 구하는 일차함수의 식은

$$y=\frac{2}{3}x+4 \qquad \text{답}\ y=\frac{2}{3}x+4$$

0917 두 점 $(-5, 0)$, $(0, -8)$을 지나므로 기울기는

$$\frac{-8-0}{0-(-5)}=-\frac{8}{5}$$

y절편은 -8이므로 구하는 일차함수의 식은

$$y=-\frac{8}{5}x-8 \qquad \text{답}\ y=-\frac{8}{5}x-8$$

0918 답 $y=2x+15$

0919 $y=2x+15$에 $x=20$을 대입하면

$$y=2\times20+15=55$$

따라서 가열한 지 20분 후의 물의 온도는 55 ℃이다. 답 55 ℃

 유형 익히기 ▶본문 136~143쪽

0920 ① $2\neq-\frac{2}{3}\times(-3)+2=4$이므로 점 $(-3, 2)$를 지나지 않는다.

② x절편은 3이다.

③ (기울기)$=-\frac{2}{3}<0$이므로 오른쪽 아래로 향하는 직선이다.

⑤ 그래프는 오른쪽 그림과 같으므로 제1, 2, 4사분면을 지나는 직선이다.

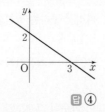

따라서 옳은 것은 ④이다. 답 ④

0921 $\left|\frac{1}{8}\right|<\left|\frac{1}{3}\right|<|-3|<|-5|<|-8|$이므로 그래프가 y축에 가장 가까운 것은 ⑤이다. 답 ⑤

0922 ㄷ. $y=ax+b$의 그래프의 x절편은 $-\frac{b}{a}$, y절편은 b이므로 x축과 점 $\left(-\frac{b}{a}, 0\right)$에서 만나고, y축과 점 $(0, b)$에서 만난다.

이상에서 옳은 것은 ㄱ, ㄴ, ㄹ이다. 답 ㄱ, ㄴ, ㄹ

0923 그래프가 오른쪽 아래로 향하므로 $a<0$

또 그래프가 y축과 양의 부분에서 만나므로 $-b>0$

$\therefore b<0$ 답 ③

0924 그래프가 오른쪽 위로 향하므로 $a>0$

또 그래프가 y축과 음의 부분에서 만나므로 $b<0$

따라서 $y=bx-a$의 그래프는

(기울기)$=b<0$, (y절편)$=-a<0$

이므로 ①과 같다. 답 ①

0925 그래프가 오른쪽 위로 향하므로

$$-\frac{1}{a}>0 \quad \therefore a<0$$

또 그래프가 y축과 양의 부분에서 만나므로 $\dfrac{b}{a}>0$

$\therefore b<0$ 답 $a<0$, $b<0$

0926 주어진 그래프의 기울기는 $\dfrac{-6-0}{0-(-3)}=-2$이므로

$$-a=-2 \quad \therefore a=2$$

즉 $y=-2x+b$의 그래프가 점 $(-2, 0)$을 지나므로

$$0=-2\times(-2)+b \quad \therefore b=-4$$

$\therefore a+b=2+(-4)=-2$ 답 -2

0927 두 그래프가 평행할 때 만나지 않는다.

따라서 $y=\dfrac{3}{2}x-1$의 그래프와 평행한 것은 기울기가 같고 y절편이 다른 ③이다. 답 ③

0928 두 점 $(-6, 10)$, $(-4, 4)$를 지나는 직선의 기울기는

$$\frac{4-10}{-4-(-6)}=-3$$

두 그래프가 평행하므로

$$\frac{a}{4}=-3 \quad \therefore a=-12 \qquad \text{답}\ -12$$

0929 $y=ax-9$와 $y=(3a-1)x$의 그래프가 평행하므로

$$a=3a-1, \quad -2a=-1 \quad \therefore a=\frac{1}{2} \quad \cdots\ \boxed{\text{1단계}}$$

한편 $y=\dfrac{1}{2}x-9$의 그래프는 $y=-x+b$의 그래프와 x축 위에서 만나므로 x절편이 같다.

이때 $y=\dfrac{1}{2}x-9$의 그래프의 x절편이 18이므로 $y=-x+b$의 그래프의 x절편도 18이다.

즉 $0=-18+b$에서 $b=18$ $\cdots\ \boxed{\text{2단계}}$

$$\therefore ab=\frac{1}{2}\times18=9 \quad \cdots\ \boxed{\text{3단계}}$$

답 9

단계	채점 요소	비율
1	a의 값 구하기	40 %
2	b의 값 구하기	50 %
3	ab의 값 구하기	10 %

0930 $y=(2a+b)x+7$과 $y=5x+a+2b$의 그래프가 일치하므로

$$2a+b=5, \quad a+2b=7$$

두 식을 연립하여 풀면 $a=1$, $b=3$

$\therefore ab=1\times3=3$ 답 ②

0931 $y=2ax+3$의 그래프를 y축의 방향으로 -4만큼 평행이동한 그래프의 식은

$$y=2ax+3-4, \text{ 즉 } y=2ax-1$$

이 그래프가 $y=-4x+b$의 그래프와 일치하므로
$$2a=-4,\ -1=b$$
$$\therefore a=-2,\ b=-1$$
$$\therefore a+b=-2+(-1)=-3 \qquad \text{답} \ -3$$

0932 $y=-6x-3a-2$의 그래프가 점 $(-2,\ 4)$를 지나므로
$$4=-6\times(-2)-3a-2, \quad 3a=6 \quad \therefore a=2$$
따라서 $y=-6x-8$과 $y=bx+c$의 그래프가 일치하므로
$$b=-6,\ c=-8$$
$$\therefore a-b+c=2-(-6)+(-8)=0 \qquad \text{답} \ ③$$

0933 기울기가 $\dfrac{1}{2}$이고 y절편이 -4인 직선을 그래프로 하는 일차함수의 식은 $\quad y=\dfrac{1}{2}x-4$

따라서 $a=\dfrac{1}{2},\ b=-4$이므로 $\quad ab=\dfrac{1}{2}\times(-4)=-2$
$$\text{답} \ -2$$

0934 x의 값이 4만큼 증가할 때 y의 값은 3만큼 감소하므로 기울기는 $-\dfrac{3}{4}$이다.

따라서 기울기가 $-\dfrac{3}{4}$이고 y절편이 3인 직선을 그래프로 하는 일차함수의 식은 $\quad y=-\dfrac{3}{4}x+3$
$$\text{답} \ ①$$

0935 기울기가 6이고 y절편이 -5인 직선을 그래프로 하는 일차함수의 식은 $\quad y=6x-5$
이 함수의 그래프가 점 $(a+4,\ 17a-3)$을 지나므로
$$17a-3=6(a+4)-5, \quad 11a=22 \quad \therefore a=2 \qquad \text{답} \ 2$$

0936 $f(x)=ax+b$라 하자.
주어진 그래프의 기울기는 $\dfrac{0-(-7)}{4-0}=\dfrac{7}{4}$이므로 $\quad a=\dfrac{7}{4}$
$f(x)=\dfrac{7}{4}x+b$이고 $f(0)=1$이므로 $\quad b=1$
$$\therefore f(x)=\dfrac{7}{4}x+1 \qquad \cdots \boxed{\text{1단계}}$$
$f(k)=15$에서
$$\dfrac{7}{4}k+1=15, \quad \dfrac{7}{4}k=14 \quad \therefore k=8 \qquad \cdots \boxed{\text{2단계}}$$
$$\text{답} \ 8$$

단계	채점 요소	비율
1	$f(x)$ 구하기	60 %
2	k의 값 구하기	40 %

0937 기울기가 -4이므로 일차함수의 식을 $y=-4x+b$라 하자.
이 함수의 그래프가 점 $(2,\ -4)$를 지나므로
$$-4=-4\times2+b \quad \therefore b=4$$
$$\therefore y=-4x+4$$
따라서 구하는 x절편은 1이다. $\qquad \text{답} \ ③$

0938 기울기가 -5이므로 일차함수의 식을 $y=-5x+b$라 하자.
이 함수의 그래프가 점 $(-3,\ 7)$을 지나므로
$$7=-5\times(-3)+b$$
$$\therefore b=-8$$
따라서 구하는 일차함수의 식은 $\quad y=-5x-8 \qquad \text{답} \ ②$

0939 기울기가 $\dfrac{6}{3}=2$이므로 일차함수의 식을 $y=2x+b$라 하자.
이 함수의 그래프가 $y=4x+12$의 그래프와 x축 위에서 만나므로 x절편이 같다.
이때 $y=4x+12$의 그래프의 x절편은 -3이므로
$$0=2\times(-3)+b \quad \therefore b=6$$
따라서 구하는 일차함수의 식은 $\quad y=2x+6 \qquad \text{답} \ y=2x+6$

0940 기울기가 $\dfrac{-3-5}{3-(-1)}=-2$이므로 일차함수의 식을 $y=-2x+b$라 하자.
이 함수의 그래프가 점 $(-1,\ 5)$를 지나므로
$$5=-2\times(-1)+b \quad \therefore b=3$$
$$\therefore y=-2x+3$$
⑤ $-5=-2\times4+3$
따라서 주어진 일차함수의 그래프 위에 있는 점은 ⑤이다. 답 ⑤

0941 기울기가 $\dfrac{3-(-2)}{1-(-4)}=1$이므로 일차함수의 식을 $y=x+b$라 하자.
이 함수의 그래프가 점 $(1,\ 3)$을 지나므로
$$3=1+b \quad \therefore b=2$$
따라서 구하는 일차함수의 식은 $\quad y=x+2 \qquad \text{답} \ y=x+2$

0942 기울기가 $\dfrac{8-(-1)}{1-(-2)}=3$이므로 일차함수의 식을 $y=3x+b$라 하자.
이 함수의 그래프가 점 $(-2,\ -1)$을 지나므로
$$-1=3\times(-2)+b \quad \therefore b=5$$
따라서 $y=3x+5$이고 이 그래프를 y축의 방향으로 -3만큼 평행이동한 그래프의 식은
$$y=3x+5-3, \ \text{즉} \ y=3x+2$$
이 함수의 그래프가 점 $(-5,\ k)$를 지나므로
$$k=3\times(-5)+2=-13 \qquad \text{답} \ -13$$

0943 기울기가 $\dfrac{5-(-3)}{4-2}=4$이므로 일차함수의 식을 $y=4x+b$라 하자.
이 함수의 그래프가 점 $(2,\ -3)$을 지나므로
$$-3=4\times2+b \quad \therefore b=-11$$
$$\therefore y=4x-11$$
⑤ $-9\neq4\times1-11=-7$
따라서 옳지 않은 것은 ⑤이다. $\qquad \text{답} \ ⑤$

0944 두 점 $(-2, 0)$, $(0, -4)$를 지나므로 기울기는

$$\frac{-4-0}{0-(-2)} = -2$$

y절편이 -4이므로 일차함수의 식은 $\quad y = -2x-4$

이 함수의 그래프가 점 $\left(-\frac{3}{2}, k\right)$를 지나므로

$$k = -2 \times \left(-\frac{3}{2}\right) - 4 = -1 \qquad \qquad \text{답 } ④$$

0945 두 점 $(6, 0)$, $(0, -5)$를 지나므로 기울기는

$$\frac{-5-0}{0-6} = \frac{5}{6}$$

y절편이 -5이므로 일차함수의 식은 $\quad y = \frac{5}{6}x - 5$

이 그래프를 y축의 방향으로 -5만큼 평행이동한 그래프의 식은

$$y = \frac{5}{6}x - 5 - 5, \ \ \text{즉} \ \ y = \frac{5}{6}x - 10$$

따라서 이 그래프의 x절편은 12이다. $\qquad$ 답 12

0946 $y = \frac{1}{2}x + 2$의 그래프와 x축 위에서 만나므로 x절편은 -4이다.

또 $y = -\frac{2}{3}x - 1$의 그래프와 y축 위에서 만나므로 y절편은 -1이다. $\quad$ … 1단계

따라서 두 점 $(-4, 0)$, $(0, -1)$을 지나므로 기울기는

$$\frac{-1-0}{0-(-4)} = -\frac{1}{4}$$

y절편이 -1이므로 일차함수의 식은 $\quad y = -\frac{1}{4}x - 1$ … 2단계

이 함수의 그래프가 점 $(m, 1)$을 지나므로

$$1 = -\frac{1}{4}m - 1, \quad \frac{1}{4}m = -2 \quad \therefore m = -8 \quad \text{… 3단계}$$

답 -8

단계	채점 요소	비율
1	주어진 일차함수의 그래프의 x절편, y절편 구하기	30 %
2	일차함수의 식 구하기	50 %
3	m의 값 구하기	20 %

0947 물의 온도가 10분마다 15 ℃씩 내려가므로 1분마다 $\frac{3}{2}$ ℃씩 내려간다.

$$\therefore y = -\frac{3}{2}x + 100$$

위의 식에 $y = 70$을 대입하면 $\quad 70 = -\frac{3}{2}x + 100$

$$\frac{3}{2}x = 30 \quad \therefore x = 20$$

따라서 물의 온도가 70 ℃가 되는 것은 물을 공기 중에 놓아둔 지 20분 후이다. $\qquad$ 답 $y = -\frac{3}{2}x + 100$, 20분

0948 (1) 물의 온도가 1분마다 4 ℃씩 올라가므로

$$y = 4x + 12$$

(2) $y = 4x + 12$에 $x = 10$을 대입하면 $\quad y = 4 \times 10 + 12 = 52$

따라서 가열한 지 10분 후의 물의 온도는 52 ℃이다.

(3) $y = 4x + 12$에 $y = 100$을 대입하면 $\quad 100 = 4x + 12$

$$-4x = -88 \quad \therefore x = 22$$

따라서 물은 가열한 지 22분 후부터 끓기 시작한다.

답 (1) $y = 4x + 12$ (2) 52 ℃ (3) 22분

0949 100 m, 즉 0.1 km 높아질 때마다 기온은 0.6 ℃씩 내려가므로 1 km 높아질 때마다 기온은 6 ℃씩 내려간다.

지면으로부터 높이가 x km인 지점의 기온을 y ℃라 하면

$$y = -6x + 23$$

위의 식에 $x = 6$을 대입하면 $\quad y = -6 \times 6 + 23 = -13$

따라서 지면으로부터 6 km인 지점의 기온은 -13 ℃이다.

답 ③

0950 양초의 길이는 4분마다 1 cm씩 짧아지므로 1분마다 $\frac{1}{4}$ cm씩 짧아진다.

불을 붙인 지 x분 후의 양초의 길이를 y cm라 하면

$$y = -\frac{1}{4}x + 25$$

위의 식에 $y = 19$를 대입하면 $\quad 19 = -\frac{1}{4}x + 25$

$$\frac{1}{4}x = 6 \quad \therefore x = 24$$

따라서 양초의 길이가 19 cm가 되는 것은 불을 붙인 지 24분 후이다. $\qquad$ 답 ⑤

0951 용수철의 길이는 무게가 10 g인 물건을 달 때마다 8 cm씩 늘어나므로 무게가 1 g인 물건을 달 때마다 0.8 cm씩 늘어난다.

무게가 x g인 물건을 달았을 때의 용수철의 길이를 y cm라 하면 $\quad y = 0.8x + 20$

위의 식에 $x = 35$를 대입하면 $\quad y = 0.8 \times 35 + 20 = 48$

따라서 무게가 35 g인 물건을 달았을 때, 용수철의 길이는 48 cm이다. $\qquad$ 답 48 cm

0952 나무가 1년에 12 cm, 즉 0.12 m씩 자라므로 x년 후의 나무의 높이를 y m라 하면

$$y = 0.12x + 1.8 \qquad \qquad \text{… 1단계}$$

위의 식에 $y = 6$을 대입하면 $\quad 6 = 0.12x + 1.8$

$$-0.12x = -4.2 \quad \therefore x = 35$$

따라서 나무의 높이가 6 m가 되는 것은 35년 후이다. … 2단계

답 35년

단계	채점 요소	비율
1	y를 x에 대한 식으로 나타내기	60 %
2	나무의 높이가 6 m가 되는 것은 몇 년 후인지 구하기	40 %

0953 5분에 10 L씩 물을 넣으므로 1분에 2 L씩 물을 넣을 수 있다.

물을 넣기 시작한 지 x분 후에 수조에 들어 있는 물의 양을 y L라 하면 $\quad y = 2x + 20$

앞의 식에 $y=100$을 대입하면

$100=2x+20$, $-2x=-80$ $\therefore x=40$

따라서 수조에 물을 가득 채우는 데 걸리는 시간은 40분이다.

답 ③

0954 (1) 8 km를 달리는 데 1 L의 휘발유가 필요하므로

1 km를 달리는 데는 $\dfrac{1}{8}$ L의 휘발유가 필요하다.

$\therefore y=-\dfrac{1}{8}x+25$ ··· 1단계

(2) $y=-\dfrac{1}{8}x+25$에 $x=80$을 대입하면

$y=-\dfrac{1}{8}\times80+25=15$

따라서 80 km를 달린 후에 남은 휘발유의 양은 15 L이다.

··· 2단계

답 (1) $y=-\dfrac{1}{8}x+25$ (2) 15 L

단계	채점 요소	비율
1	y를 x에 대한 식으로 나타내기	60 %
2	80 km를 달린 후에 남은 휘발유의 양 구하기	40 %

0955 0.6 L, 즉 600 mL의 포도당을 매분 4 mL씩 투여하므로 x분 후에 남아 있는 포도당의 양을 y mL라 하면

$y=-4x+600$

위의 식에 $y=0$을 대입하면

$0=-4x+600$, $4x=600$ $\therefore x=150$

따라서 포도당을 모두 투여하는 데 150분, 즉 2시간 30분이 걸리므로 포도당을 모두 투여했을 때의 시각은 오후 5시 30분이다.

답 ④

0956 A 지점을 출발한 지 x시간 후에 B 지점까지 남은 거리를 y km라 하면

$y=-90x+380$

위의 식에 $x=4$를 대입하면

$y=-90\times4+380=20$

따라서 출발한 지 4시간 후에 B 지점까지 남은 거리는 20 km이다.

답 20 km

0957 엘리베이터는 x초에 $2x$ m를 내려오므로

$y=100-2x$

답 ④

0958 은서와 승우가 달리기 시작한 지 x초 후에 A 지점으로부터 떨어진 거리를 y m라 하면

은서: $y=3x$

승우: $y=1000-7x$

두 사람이 만나려면 두 사람 모두 A 지점으로부터 떨어진 거리가 같아야 하므로 $3x=1000-7x$

$10x=1000$ $\therefore x=100$

$y=3x$에 $x=100$을 대입하면 $y=3\times100=300$

따라서 은서와 승우는 100초 후에 A 지점으로부터 300 m 떨어진 곳에서 만나게 된다.

답 100초, 300 m

0959 점 P가 점 A를 출발한 지 x초 후의 $\overline{AP}$의 길이는 $2x$ cm이므로 x초 후의 △ABP의 넓이를 y cm^{2}라 하면

$y=\dfrac{1}{2}\times16\times2x=16x$

위의 식에 $y=64$를 대입하면 $64=16x$ $\therefore x=4$

따라서 △ABP의 넓이가 64 cm^{2}가 되는 것은 점 P가 점 A를 출발한 지 4초 후이다.

답 4초

0960 (1) 점 P가 점 B를 출발한 지 x초 후의 $\overline{BP}$의 길이는 $4x$ cm이므로

$y=\dfrac{1}{2}\times4x\times10=20x$ ··· 1단계

(2) $y=20x$에 $x=3$을 대입하면 $y=20\times3=60$

따라서 점 P가 점 B를 출발한 지 3초 후의 △ABP의 넓이는 60 cm^{2}이다.   ··· 2단계

답 (1) $y=20x$ (2) 60 cm^2

단계	채점 요소	비율
1	y를 x에 대한 식으로 나타내기	60 %
2	점 P가 점 B를 출발한 지 3초 후의 △ABP의 넓이 구하기	40 %

0961 점 P가 점 B를 출발한 지 x초 후의 $\overline{BP}$의 길이는 $2x$ cm, $\overline{PC}$의 길이는 $(18-2x)$ cm이므로 x초 후의 △ABP와 △DPC의 넓이의 합을 y cm^{2}라 하면

$y=\dfrac{1}{2}\times2x\times6+\dfrac{1}{2}\times(18-2x)\times10$

$\therefore y=-4x+90$

위의 식에 $y=70$을 대입하면 $70=-4x+90$

$4x=20$ $\therefore x=5$

따라서 △ABP와 △DPC의 넓이의 합이 70 cm^{2}가 되는 것은 점 P가 점 B를 출발한 지 5초 후이다.

답 5초

0962 그래프가 두 점 $(300, 20)$, $(1500, 8)$을 지나므로 기울기는

$\dfrac{8-20}{1500-300}=-\dfrac{1}{100}$

그래프의 식을 $y=-\dfrac{1}{100}x+b$라 하면 이 그래프가 점 $(300, 20)$을 지나므로

$20=-\dfrac{1}{100}\times300+b$ $\therefore b=23$

$\therefore y=-\dfrac{1}{100}x+23$

위의 식에 $y=14$를 대입하면

$14=-\dfrac{1}{100}x+23$, $\dfrac{1}{100}x=9$ $\therefore x=900$

따라서 기온이 14 ℃인 곳의 지상으로부터의 높이는 900 m이다.

답 ③

0963 그래프가 두 점 $(0, 27)$, $(100, 37)$을 지나므로 기울기는 $\dfrac{37-27}{100-0}=\dfrac{1}{10}$

y절편은 27이므로 $\quad y=\dfrac{1}{10}x+27$

위의 식에 $x=20$을 대입하면 $\quad y=\dfrac{1}{10}\times20+27=29$

따라서 온도가 $20\,℃$일 때, 이 기체의 부피는 $29\,L$이다.

답 $29\,L$

0964 그래프가 두 점 $(0, 400)$, $(16, 0)$을 지나므로 기울기는 $\dfrac{0-400}{16-0}=-25$

y절편은 400이므로 $\quad y=-25x+400$

위의 식에 $y=250$을 대입하면 $\quad 250=-25x+400$

$25x=150$ $\quad\therefore x=6$

따라서 물의 양이 $250\,L$가 되는 것은 물이 흘러나오기 시작한 지 6시간 후이다.

답 6시간

0965 $y=\dfrac{1}{3}x+1$과 $y=ax+b$의 그래프가 평행하므로

$a=\dfrac{1}{3}$

$y=\dfrac{1}{3}x+1$의 그래프의 x절편이 -3이므로 $\quad \mathrm{P}(-3, 0)$

$y=\dfrac{1}{3}x+b$의 그래프의 x절편이 $-3b$이므로 $\quad \mathrm{Q}(-3b, 0)$

$\overline{\mathrm{PQ}}=4$이므로 $\quad |-3b-(-3)|=4$

$\therefore -3b+3=-4$ 또는 $-3b+3=4$

(i) $-3b+3=-4$일 때,

$-3b=-7$ $\quad\therefore b=\dfrac{7}{3}$

(ii) $-3b+3=4$일 때,

$-3b=1$ $\quad\therefore b=-\dfrac{1}{3}$

(i), (ii)에서 $\quad b=\dfrac{7}{3}\,(\because b>0)$

$\therefore a-b=\dfrac{1}{3}-\dfrac{7}{3}=-2$

답 -2

0966 $y=\dfrac{1}{2}x-4$의 그래프의 x절편이 8이므로

$\mathrm{P}(8, 0)$ $\qquad\cdots$ 1단계

$y=-x+a$의 그래프의 x절편이 a이므로

$\mathrm{Q}(a, 0)$ $\qquad\cdots$ 2단계

$\overline{\mathrm{PQ}}=6$이므로 $\quad |a-8|=6$

$\therefore a-8=-6$ 또는 $a-8=6$

$\therefore a=2$ 또는 $a=14$ $\qquad\cdots$ 3단계

답 2, 14

단계	채점 요소	비율
1	점 P의 좌표 구하기	20 %
2	점 Q의 좌표 구하기	20 %
3	a의 값 모두 구하기	60 %

0967 $y=\dfrac{1}{4}x-3$의 그래프의 y절편은 -3이므로

$\mathrm{P}(0, -3)$

$y=ax+b$의 그래프의 y절편은 b이므로

$\mathrm{Q}(0, b)$

$\overline{\mathrm{PQ}}=5$이므로

$|b-(-3)|=5$

$\therefore b+3=-5$ 또는 $b+3=5$

$\therefore b=-8$ 또는 $b=2$

한편 $y=\dfrac{1}{4}x-3$의 그래프의 x절편이 12이므로 $y=ax+b$의 그래프의 x절편도 12이어야 한다.

(i) $b=-8$일 때,

$y=ax-8$의 그래프의 x절편이 12이므로

$0=12a-8,\quad -12a=-8\quad\therefore a=\dfrac{2}{3}$

$\therefore ab=\dfrac{2}{3}\times(-8)=-\dfrac{16}{3}$

(ii) $b=2$일 때,

$y=ax+2$의 그래프의 x절편이 12이므로

$0=12a+2,\quad -12a=2\quad\therefore a=-\dfrac{1}{6}$

$\therefore ab=-\dfrac{1}{6}\times2=-\dfrac{1}{3}$

(i), (ii)에서 ab의 값 중 가장 큰 것은 $-\dfrac{1}{3}$이다.

답 $-\dfrac{1}{3}$

0968 정사각형 1개를 만드는 데 필요한 성냥개비의 개수는 4이고, 정사각형 1개를 더 만들 때마다 필요한 성냥개비의 개수는 3씩 늘어나므로 정사각형 x개를 만드는 데 필요한 성냥개비의 개수를 y라 하면

$y=4+3(x-1)$, 즉 $y=3x+1$

위의 식에 $x=12$를 대입하면

$y=3\times12+1=37$

따라서 정사각형 12개를 만드는 데 필요한 성냥개비의 개수는 37이다.

답 ②

0969 기온이 $x\,℃$일 때 소리의 속력을 초속 $y\,m$라 하면

$y=0.6x+331$

위의 식에 $x=20$을 대입하면

$y=0.6\times20+331=343$

따라서 기온이 $20\,℃$일 때, 소리의 속력은 초속 $343\,m$이다.

답 ①

0970 $x\,(x>30)$곡을 내려받을 때 내야 하는 금액을 y원이라 하면

$y=8000+900(x-30)$, 즉 $y=900x-19000$

위의 식에 $y=21500$을 대입하면

$21500=900x-19000,\qquad 900x=40500$

$\therefore x=45$

따라서 45곡을 내려받을 수 있다.

답 45곡

시험에 꼭 **나오는 문제**　▶본문 144~147쪽

0971 [전략] 일차함수의 그래프의 기울기의 절댓값이 클수록 그래프는 y축에 가깝다.

$y=ax-1$의 그래프는 오른쪽 아래로 향하는 직선이므로 $a<0$이다.

이때 $|a|<\left|-\dfrac{7}{3}\right|$, 즉 $|a|<\dfrac{7}{3}$이어야 하므로 a의 값이 될 수 없는 것은 ④이다.　답 ④

0972 [전략] 일차함수의 그래프가 오른쪽 위로 향하면 기울기는 양수, 오른쪽 아래로 향하면 기울기는 음수이다.

①, ② 그래프 ㉠, ㉡, ㉢, ㉣의 x절편은 모두 다르고 y절편은 2이다.

③ 기울기가 가장 큰 그래프는 ㉢이다.

따라서 옳은 것은 ④, ⑤이다.　답 ④, ⑤

0973 [전략] 먼저 주어진 조건을 이용하여 a의 부호를 구한다.

$\dfrac{b}{a}<0$, $b>0$이므로　$a<0$

따라서 $y=ax+b$의 그래프는 오른쪽 아래로 향하고 y축과 양의 부분에서 만나므로 ⑤와 같다.　답 ⑤

0974 [전략] 두 일차함수의 그래프가 평행하다. ➡ 두 그래프의 기울기는 같고 y절편은 다르다.

주어진 그래프의 기울기는　$\dfrac{-6}{2}=-3$

따라서 기울기가 -3이고 y절편이 6이 아닌 일차함수는 ⑤이다.　답 ⑤

0975 [전략] 점 A의 좌표를 $(a,\,0)$으로 놓고 두 그래프의 기울기가 같음을 이용한다.

그래프 ㉠의 기울기가 $\dfrac{4}{3}$이므로 그래프 ㉡의 기울기도 $\dfrac{4}{3}$이다.

이때 점 A의 좌표를 $(a,\,0)$이라 하면

$$\dfrac{8}{a}=\dfrac{4}{3},\quad 4a=24$$
$$\therefore a=6$$

따라서 점 A의 좌표는 $(6,\,0)$이다.　답 ③

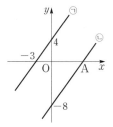

0976 [전략] 두 일차함수의 그래프가 일치한다. ➡ 두 그래프의 기울기와 y절편이 각각 같다.

$y=-\dfrac{1}{2}x-2$의 그래프를 y축의 방향으로 m만큼 평행이동한 그래프의 식은　$y=-\dfrac{1}{2}x-2+m$

이 그래프가 $y=ax+4$의 그래프와 일치하므로

$$-\dfrac{1}{2}=a,\ -2+m=4\quad \therefore a=-\dfrac{1}{2},\ m=6$$
$$\therefore am=-\dfrac{1}{2}\times 6=-3$$
답 -3

0977 [전략] 일차함수의 식을 구한 후 주어진 점의 좌표를 식에 각각 대입해 본다.

기울기가 -3이고 y절편이 10인 일차함수의 식은
$$y=-3x+10$$

① $16=-3\times(-2)+10$
② $7=-3\times 1+10$
③ $4=-3\times 2+10$
④ $1=-3\times 3+10$
⑤ $-3\neq -3\times 4+10=-2$

따라서 주어진 일차함수의 그래프 위의 점이 아닌 것은 ⑤이다.
답 ⑤

0978 [전략] 일차함수의 그래프의 기울기를 먼저 구한다.

일차함수의 그래프의 기울기는　$\dfrac{5}{2-(-6)}=\dfrac{5}{8}$

$$\therefore a=\dfrac{5}{8}$$

$y=\dfrac{5}{8}x+b$의 그래프가 점 $(-8,\,11)$을 지나므로

$$11=\dfrac{5}{8}\times(-8)+b\quad \therefore b=16$$
$$\therefore ab=\dfrac{5}{8}\times 16=10$$
답 10

0979 [전략] 일차함수의 그래프가 지나는 두 점의 좌표를 이용하여 일차함수의 식을 구한다.

기울기가 $\dfrac{-7-2}{8-(-4)}=-\dfrac{3}{4}$이므로 일차함수의 식을 $y=-\dfrac{3}{4}x+b$라 하자.

이 함수의 그래프가 점 $(-4,\,2)$를 지나므로

$$2=-\dfrac{3}{4}\times(-4)+b\quad \therefore b=-1$$

이때 k의 값은 그래프의 y절편과 같으므로

$$k=-1$$
답 ④

0980 [전략] x절편이 m, y절편이 n인 일차함수의 그래프는 두 점 $(m,\,0)$, $(0,\,n)$을 지나는 일차함수의 그래프와 같다.

주어진 직선은 두 점 $(-6,\,0)$, $(0,\,2)$를 지나므로 기울기는

$$\dfrac{2-0}{0-(-6)}=\dfrac{1}{3}$$

y절편이 2이므로 일차함수의 식은
$$y=\dfrac{1}{3}x+2$$

$y=ax+4$의 그래프를 y축의 방향으로 b만큼 평행이동한 그래프의 식은
$$y=ax+4+b$$

이 그래프가 $y=\dfrac{1}{3}x+2$의 그래프와 같으므로
$$a=\dfrac{1}{3},\ 4+b=2$$
$$\therefore a=\dfrac{1}{3},\ b=-2$$
$$\therefore a+b=\dfrac{1}{3}+(-2)=-\dfrac{5}{3}$$
답 $-\dfrac{5}{3}$

0981 〔전략〕 냉동실에 물통을 넣었을 때 1분마다 내려가는 물의 온도를 구한다.

물의 온도가 8분 동안 $75-59=16\,(℃)$ 내려갔으므로 1분마다 $2\,℃$씩 내려간다.

물통을 냉동실에 넣은 지 x분 후의 물의 온도를 $y\,℃$라 하면

$$y=-2x+75$$

위의 식에 $y=15$를 대입하면 $\quad 15=-2x+75$

$$2x=60 \quad \therefore x=30$$

따라서 물의 온도가 $15\,℃$가 되는 것은 물통을 냉동실에 넣은 지 30분 후이다.

답 30분

0982 〔전략〕 주어진 상황을 파악하여 y를 x에 대한 식으로 나타낸다.

ㄱ. 꽃이 5일마다 $10\,cm$씩 자라므로 하루에 $\dfrac{10}{5}=2\,(cm)$씩 자란다.

ㄴ. 현재 땅으로부터의 높이가 $3\,cm$이므로
$$y=2x+3$$

ㄷ. $y=2x+3$에 $x=10$을 대입하면
$$y=2\times10+3=23$$
따라서 10일 후의 꽃의 높이는 $23\,cm$이다.

ㄹ. $y=2x+3$에 $y=33$을 대입하면 $\quad 33=2x+3$
$$-2x=-30 \quad \therefore x=15$$
따라서 꽃의 높이가 $33\,cm$가 되는 것은 15일 후이다.

이상에서 옳은 것은 ㄷ, ㄹ이다.

답 ⑤

0983 〔전략〕 먼저 $1\,km$를 달리는 데 필요한 휘발유의 양을 구한다.

$10\,L$의 휘발유로 $100\,km$를 달릴 수 있으므로 $1\,km$를 달리는 데 $\dfrac{1}{10}\,L$의 휘발유가 필요하다.

$x\,km$를 달린 후에 남은 휘발유의 양을 $y\,L$라 하면

$$y=-\frac{1}{10}x+40$$

위의 식에 $x=180$을 대입하면

$$y=-\frac{1}{10}\times180+40=22$$

따라서 $180\,km$를 달린 후에 남은 휘발유의 양은 $22\,L$이다.

답 $22\,L$

0984 〔전략〕 (거리)$=$(속력)$\times$(시간)임을 이용하여 y를 x에 대한 식으로 나타낸다.

집에서 출발한 지 x분 후 학교까지 남은 거리를 $y\,m$라 하면

$$y=-200x+2400$$

위의 식에 $y=0$을 대입하면 $\quad 0=-200x+2400$

$$200x=2400 \quad \therefore x=12$$

따라서 태영이가 학교에 도착하는 것은 집에서 출발한 지 12분 후이다.

답 ⑤

0985 〔전략〕 사다리꼴의 넓이를 구하는 공식을 이용하여 사각형 ABCP의 넓이를 식으로 나타낸다.

점 P가 점 C를 출발한 지 x초 후의 $\overline{CP}$의 길이는 $3x\,cm$이므로

$$y=\frac{1}{2}\times(18+3x)\times24=36x+216$$

답 ②

0986 〔전략〕 그래프가 지나는 두 점을 이용하여 그래프의 식을 구한다.

① 그래프가 두 점 $(0,\,25)$, $(16,\,5)$를 지나므로 기울기는

$$\frac{5-25}{16-0}=-\frac{5}{4}$$

y절편은 25이므로 $\quad y=-\dfrac{5}{4}x+25$

③ $y=-\dfrac{5}{4}x+25$에 $x=8$을 대입하면

$$y=-\frac{5}{4}\times8+25=15$$

④ $y=-\dfrac{5}{4}x+25$에 $x=12$를 대입하면

$$y=-\frac{5}{4}\times12+25=10$$

즉 불을 붙인 지 12분 후의 양초의 길이는 $10\,cm$이다.

⑤ $y=-\dfrac{5}{4}x+25$에 $y=0$을 대입하면

$$0=-\frac{5}{4}x+25, \quad \frac{5}{4}x=25$$

$$\therefore x=20$$

즉 양초가 완전히 타는 데 걸리는 시간은 20분이다.

따라서 옳지 않은 것은 ⑤이다.

답 ⑤

0987 〔전략〕 수심이 $1\,m$ 깊어질 때마다 압력은 몇 기압씩 높아지는지 구한다.

수심이 $5\,m$ 깊어질 때마다 압력이 0.5기압씩 높아지므로 수심이 $1\,m$ 깊어질 때마다 압력은 $0.5\times\dfrac{1}{5}=0.1\,(기압)$씩 높아진다.

수심이 $x\,m$인 지점의 압력을 y기압이라 하면

$$y=0.1x+1$$

위의 식에 $x=32$를 대입하면

$$y=0.1\times32+1=4.2$$

따라서 수심이 $32\,m$인 지점의 압력은 4.2기압이다.

답 ④

0988 〔전략〕 정오각형이 1개 더 만들어질 때마다 늘어나는 나무젓가락의 개수를 세어 본다.

정오각형 1개를 만드는 데 필요한 나무젓가락의 개수는 5이고, 정오각형 1개를 더 만들 때마다 필요한 나무젓가락의 개수는 4씩 늘어나므로 정오각형 x개를 만드는 데 필요한 나무젓가락의 개수를 y라 하면

$$y=5+4(x-1), \ 즉 \ y=4x+1$$

위의 식에 $y=65$를 대입하면

$$65=4x+1, \quad -4x=-64 \quad \therefore x=16$$

따라서 65개의 나무젓가락으로 만들어지는 정오각형은 모두 16개이다.

답 16개

0989 전략 두 일차함수 $y=mx+n$, $y=px+q$의 그래프가 일치하면 $m=p$, $n=q$, 평행하면 $m=p$, $n≠q$이다.

조건 (개)에서

$$a-1=-5, \quad -4a=b$$

$a=-4$이므로 ··· 1단계

$$b=-4×(-4)=16 \quad ··· 2단계$$

조건 (내)에서 $b+c=4$

$$16+c=4 \quad ∴ c=-12 \quad ··· 3단계$$

$$∴ a+b-c=-4+16-(-12)=24 \quad ··· 4단계$$

답 24

단계	채점 요소	비율
1	a의 값 구하기	30 %
2	b의 값 구하기	30 %
3	c의 값 구하기	30 %
4	$a+b-c$의 값 구하기	10 %

0990 전략 먼저 일차함수의 그래프의 기울기를 구한다.

주어진 그래프의 기울기는 $\dfrac{2}{4}=\dfrac{1}{2}$이고 이 그래프가 $y=ax+b$의 그래프와 평행하므로

$$a=\dfrac{1}{2} \quad ··· 1단계$$

즉 $y=\dfrac{1}{2}x+b$이고 이 그래프가 점 $(-2, 3)$을 지나므로

$$3=\dfrac{1}{2}×(-2)+b \quad ∴ b=4 \quad ··· 2단계$$

$$∴ ab=\dfrac{1}{2}×4=2 \quad ··· 3단계$$

답 2

단계	채점 요소	비율
1	a의 값 구하기	50 %
2	b의 값 구하기	40 %
3	ab의 값 구하기	10 %

0991 전략 처음 온도가 a ℃이고 1분마다 온도가 b ℃씩 내려간다고 할 때, x분 후의 온도 y ℃ ➡ $y=a-bx$

(1) 물의 온도가 3분마다 12 ℃씩 내려가므로 1분마다 4 ℃씩 내려간다.

$$∴ y=-4x+80 \quad ··· 1단계$$

(2) $y=-4x+80$에 $x=10$을 대입하면

$$y=-4×10+80=40$$

따라서 10분 후의 물의 온도는 40 ℃이다. ··· 2단계

답 (1) $y=-4x+80$ (2) 40 ℃

단계	채점 요소	비율
1	y를 x에 대한 식으로 나타내기	60 %
2	10분 후의 물의 온도 구하기	40 %

0992 전략 주어진 일차함수의 그래프의 기울기와 y절편의 부호를 이용하여 $\dfrac{c}{b}$, $-\dfrac{a}{b}$의 부호를 구한다.

주어진 그래프에서 (기울기)>0, (y절편)<0이므로

$$-\dfrac{a}{b}>0, \quad -\dfrac{c}{b}<0 \quad ∴ \dfrac{c}{b}>0$$

따라서 $y=\dfrac{c}{b}x-\dfrac{a}{b}$의 그래프는

(기울기)>0, (y절편)>0이므로 오른쪽 그림과 같고, 그래프가 지나지 않는 사분면은 제4사분면이다.

답 제4사분면

0993 전략 E$(0, b)$라 하고 두 점 P, Q의 좌표를 b를 사용한 식으로 나타낸다.

E$(0, b)$라 하면 두 점 P, Q를 지나는 직선을 그래프로 하는 일차함수의 식은

$$y=\dfrac{1}{4}x+b$$

두 점 P, Q의 좌표는 각각

$$(4, b+1), \quad (8, b+2)$$

사각형 ABCD의 넓이는 $(8-4)×8=32$

사각형 ABQP의 넓이는 $32×\dfrac{3}{5}=\dfrac{96}{5}$

즉 $\dfrac{1}{2}×\{(b+1)+(b+2)\}×4=\dfrac{96}{5}$이므로

$$2b+3=\dfrac{48}{5}, \quad 2b=\dfrac{33}{5} \quad ∴ b=\dfrac{33}{10}$$

따라서 점 E의 좌표는 $\left(0, \dfrac{33}{10}\right)$

답 $\left(0, \dfrac{33}{10}\right)$

0994 전략 두 그래프가 평행함을 이용하여 a의 값을 먼저 구한다.

$y=\dfrac{2}{3}x+6$과 $y=ax+b$의 그래프가 평행하므로 $a=\dfrac{2}{3}$

$y=\dfrac{2}{3}x+6$의 그래프의 x절편이 -9이므로 A$(-9, 0)$

$y=\dfrac{2}{3}x+b$의 그래프의 x절편이 $-\dfrac{3}{2}b$이므로 B$\left(-\dfrac{3}{2}b, 0\right)$

$\overline{AB}=11$이므로 $\left|-\dfrac{3}{2}b-(-9)\right|=11$

$$∴ -\dfrac{3}{2}b+9=-11 \text{ 또는 } -\dfrac{3}{2}b+9=11$$

(i) $-\dfrac{3}{2}b+9=-11$일 때,

$$-\dfrac{3}{2}b=-20 \quad ∴ b=\dfrac{40}{3}$$

(ii) $-\dfrac{3}{2}b+9=11$일 때,

$$-\dfrac{3}{2}b=2 \quad ∴ b=-\dfrac{4}{3}$$

(i), (ii)에서 $b=-\dfrac{4}{3}$ ($∵ b<0$)

$$∴ a-b=\dfrac{2}{3}-\left(-\dfrac{4}{3}\right)=2$$

답 2

10 일차함수와 일차방정식의 관계

 교과서문제 정복하기 ▶ 본문 149, 151쪽

0995 답 $y=-x+5$ **0996** 답 $y=4x+1$

0997 답 $y=\dfrac{1}{3}x-2$ **0998** 답 $y=-4x-\dfrac{3}{2}$

0999 $3x-2y+6=0$에서 $y=\dfrac{3}{2}x+3$

따라서 기울기는 $\dfrac{3}{2}$, x절편은 -2, y절편은 3이다.

답 $\dfrac{3}{2}$, -2, 3

1000 답
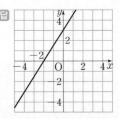

1001 ㄱ. $y=x-2$ ㄴ. $y=2x+4$

ㄷ. $y=-2x+4$ ㄹ. $y=-2x-\dfrac{9}{2}$

기울기가 양수인 그래프는 ㄱ, ㄴ이다. 답 ㄱ, ㄴ

1002 기울기가 음수인 그래프는 ㄷ, ㄹ이다. 답 ㄷ, ㄹ

1003 기울기가 같고 y절편이 다른 그래프는 ㄷ과 ㄹ이다.
답 ㄷ, ㄹ

1004 x절편이 같은 그래프는 ㄱ과 ㄷ이다. 답 ㄱ, ㄷ

1005 y절편이 같은 그래프는 ㄴ과 ㄷ이다. 답 ㄴ, ㄷ

1006 답
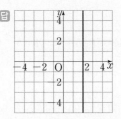

1007 답
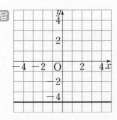

1008 답
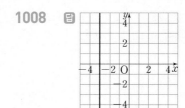

1009 답
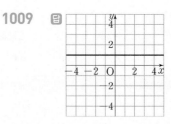

1010 답 $y=-3$ **1011** 답 $x=1$

1012 답 $y=3$ **1013** 답 $x=-6$

1014 답 $y=1$ **1015** 답 $x=\dfrac{1}{5}$

1016 답 $(2, 1)$ **1017** 답 $x=2$, $y=1$

1018 연립방정식 $\begin{cases} x+y=0 \\ 5x-4y=-9 \end{cases}$를 풀면

$x=-1$, $y=1$

$\therefore p=-1$, $q=1$ 답 $p=-1$, $q=1$

1019 연립방정식 $\begin{cases} x+2y=-1 \\ 3x-4y=17 \end{cases}$을 풀면

$x=3$, $y=-2$

$\therefore p=3$, $q=-2$ 답 $p=3$, $q=-2$

1020 연립방정식 $\begin{cases} x-y=-1 \\ x+2y=-10 \end{cases}$을 풀면

$x=-4$, $y=-3$

따라서 주어진 두 일차방정식의 그래프의 교점의 좌표는
$(-4, -3)$이다. 답 $(-4, -3)$

1021 연립방정식 $\begin{cases} x+y=4 \\ 3x-y=-8 \end{cases}$을 풀면

$x=-1$, $y=5$

따라서 주어진 두 일차방정식의 그래프의 교점의 좌표는
$(-1, 5)$이다. 답 $(-1, 5)$

1022 두 일차방정식 $x-y=2$, $2x-2y=4$의 그래프를 그리면 오른쪽 그림과 같다.
즉 두 일차방정식의 그래프가 일치하므로 주어진 연립방정식의 해가 무수히 많다.

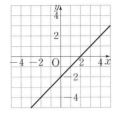

답 풀이 참조

1023 두 일차방정식 $3x+y=-1$, $3x-y=1$의 그래프를 그리면 오른쪽 그림과 같다.
즉 두 일차방정식의 그래프의 교점의 좌표가 $(0,\ -1)$이므로 주어진 연립방정식의 해는
$$x=0,\ y=-1$$

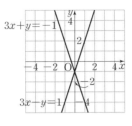

답 풀이 참조

1024 두 일차방정식 $2x+y=3$, $2x+y=-1$의 그래프를 그리면 오른쪽 그림과 같다.
즉 두 일차방정식의 그래프가 평행하므로 주어진 연립방정식의 해가 없다.

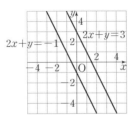

답 풀이 참조

1025 $ax+3y=4$에서 $y=-\dfrac{a}{3}x+\dfrac{4}{3}$
$3x+y=1$에서 $y=-3x+1$
해가 없으려면 두 그래프가 평행해야 하므로
$$-\dfrac{a}{3}=-3 \qquad \therefore a=9$$
답 9

1026 $ax-4y=5$에서 $y=\dfrac{a}{4}x-\dfrac{5}{4}$
$6x+8y=b$에서 $y=-\dfrac{3}{4}x+\dfrac{b}{8}$
해가 무수히 많으려면 두 그래프가 일치해야 하므로
$$\dfrac{a}{4}=-\dfrac{3}{4},\ -\dfrac{5}{4}=\dfrac{b}{8}$$
$$\therefore a=-3,\ b=-10$$
답 $a=-3,\ b=-10$

 유형 익히기 ▶ 본문 152~159쪽

1027 $6x+3y-1=0$에서 $y=-2x+\dfrac{1}{3}$
④ $6x+3y-1=0$의 그래프는 오른쪽 그림과 같으므로 제3사분면을 지나지 않는다.

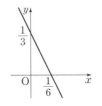

⑤ $4x+2y+5=0$에서 $y=-2x-\dfrac{5}{2}$
즉 $4x+2y+5=0$의 그래프와 평행하다.
따라서 옳지 않은 것은 ④이다.
답 ④

1028 $x-2y-2=0$에서 $y=\dfrac{1}{2}x-1$
$x-2y-2=0$의 그래프는 x절편이 2, y절편이 -1인 직선이므로 그 그래프인 것은 ③이다.
답 ③

1029 $5x-2y+3=0$에서 $y=\dfrac{5}{2}x+\dfrac{3}{2}$
$5x-2y+3=0$의 그래프의 기울기는 $\dfrac{5}{2}$이므로
$$a=\dfrac{5}{2}$$ ⋯ 1단계
x절편은 $-\dfrac{3}{5}$이므로 $b=-\dfrac{3}{5}$ ⋯ 2단계
y절편은 $\dfrac{3}{2}$이므로 $c=\dfrac{3}{2}$ ⋯ 3단계
$$\therefore 4abc=4\times\dfrac{5}{2}\times\left(-\dfrac{3}{5}\right)\times\dfrac{3}{2}=-9$$ ⋯ 4단계
답 -9

단계	채점 요소	비율
1	a의 값 구하기	30 %
2	b의 값 구하기	30 %
3	c의 값 구하기	30 %
4	$4abc$의 값 구하기	10 %

1030 $3x-(a+2)y+1=0$의 그래프가 점 $(-3,\ 2)$를 지나므로
$$3\times(-3)-2(a+2)+1=0, \qquad -2a=12$$
$$\therefore a=-6$$
즉 $3x+4y+1=0$의 그래프가 점 $(b,\ -1)$을 지나므로
$$3b-4+1=0, \qquad 3b=3 \qquad \therefore b=1$$
$$\therefore ab=-6\times1=-6$$
답 -6

1031 $5x+y-2=0$의 그래프가 점 $(a,\ a+8)$을 지나므로
$$5a+(a+8)-2=0, \qquad 6a=-6$$
$$\therefore a=-1$$
답 -1

1032 $x+ky+4=0$의 그래프가 점 $(6,\ -2)$를 지나므로
$$6-2k+4=0, \qquad -2k=-10 \qquad \therefore k=5$$
$$\therefore x+5y+4=0$$
④ $x=1,\ y=-1$을 $x+5y+4=0$에 대입하면
$$1+5\times(-1)+4=0$$
따라서 주어진 그래프 위의 점인 것은 ④이다.
답 ④

1033 $ax+by-12=0$의 그래프가 점 $(-4,\ 0)$을 지나므로
$$-4a-12=0, \qquad -4a=12 \qquad \therefore a=-3$$
또 $ax+by-12=0$의 그래프가 점 $(0,\ 3)$을 지나므로
$$3b-12=0, \qquad 3b=12 \qquad \therefore b=4$$
$$\therefore a+b=-3+4=1$$
답 1

다른 풀이 주어진 그래프에서 일차방정식 $ax+by-12=0$의 그래프의 x절편은 -4, y절편은 3이다.
$ax+by-12=0$에서 $y=-\dfrac{a}{b}x+\dfrac{12}{b}$

이 함수의 그래프의 x절편은 $\dfrac{12}{a}$이므로

$$\dfrac{12}{a}=-4, \qquad -4a=12 \qquad \therefore a=-3$$

이 함수의 그래프의 y절편은 $\dfrac{12}{b}$이므로

$$\dfrac{12}{b}=3, \qquad 3b=12 \qquad \therefore b=4$$

$$\therefore a+b=-3+4=1$$

1034 $ax-y+b=0$에서 $y=ax+b$

주어진 그래프의 기울기는 양수, y절편은 양수이므로

$$a>0, \ b>0 \qquad \qquad \text{답 ①}$$

1035 $ax+by+c=0$에서 $y=-\dfrac{a}{b}x-\dfrac{c}{b}$

$-\dfrac{a}{b}>0$, $-\dfrac{c}{b}>0$이므로 $ax+by+c=0$의

그래프는 오른쪽 그림과 같이 제1, 2, 3사분면을 지난다. 　　　답 제1, 2, 3사분면

1036 $ax-by-c=0$에서 $y=\dfrac{a}{b}x-\dfrac{c}{b}$

이 그래프가 제1, 3, 4 사분면을 지나므로

$$\dfrac{a}{b}>0, \ -\dfrac{c}{b}<0$$

$$\therefore a>0, \ b>0, \ c>0 \ \text{또는} \ a<0, \ b<0, \ c<0$$

답 ①, ⑤

1037 점 (a, b)가 제3사분면 위의 점이므로

$$a<0, \ b<0$$

$ax+by-2=0$에서 $y=-\dfrac{a}{b}x+\dfrac{2}{b}$

이때 $-\dfrac{a}{b}<0$, $\dfrac{2}{b}<0$이므로 $ax+by-2=0$

의 그래프는 오른쪽 그림과 같이 제1사분면을

지나지 않는다. 　　　답 ①

1038 $ax-by+c=0$에서 $y=\dfrac{a}{b}x+\dfrac{c}{b}$

주어진 그래프의 기울기는 음수, y절편은 양수이므로

$$\dfrac{a}{b}<0, \ \dfrac{c}{b}>0$$

$$\therefore a>0, \ b<0, \ c<0 \ \text{또는} \ a<0, \ b>0, \ c>0$$

$cx-ay-b=0$에서 $y=\dfrac{c}{a}x-\dfrac{b}{a}$

이때 $\dfrac{c}{a}<0$, $-\dfrac{b}{a}>0$이므로 $cx-ay-b=0$의 그래프는 ③과

같다. 　　　답 ③

1039 주어진 직선은 두 점 $(0, 2)$, $(4, 0)$을 지나므로 기울

기는 $\dfrac{0-2}{4-0}=-\dfrac{1}{2}$

이 직선과 평행한 직선의 방정식을 $y=-\dfrac{1}{2}x+b$라 하자.

이 직선이 점 $(4, -5)$를 지나므로

$$-5=-\dfrac{1}{2}\times4+b \qquad \therefore b=-3$$

따라서 구하는 직선의 방정식은

$$y=-\dfrac{1}{2}x-3, \ \text{즉} \ x+2y+6=0 \qquad \text{답 ②}$$

1040 $y=3x-6$에서 $3x-y-6=0$ 　　　답 ③

1041 두 점 $(-3, 4)$, $(4, -10)$을 지나는 직선의 기울기는

$$\dfrac{-10-4}{4-(-3)}=-2$$

이 직선의 방정식을 $y=-2x+b$라 하면 이 직선이 점 $(-3, 4)$

를 지나므로

$$4=-2\times(-3)+b \qquad \therefore b=-2$$

$$\therefore y=-2x-2$$

따라서 직선 $y=-2x-2$의 y절편이 -2이므로 주어진 직선 중

y절편이 -2인 것은 ②이다. 　　　답 ②

1042 x축에 수직인 직선은 두 점의 x좌표가 같아야 한다.

즉 $-a+2=11+2a$이므로

$$-3a=9 \qquad \therefore a=-3 \qquad \text{답 ①}$$

1043 ① x축에 평행하다.

② y축에 평행하다.

③ $y=-x+1$에서 기울기가 -1이므로 축에 평행하지 않다.

④ $x=-\dfrac{4}{3}$이므로 y축에 평행하다.

⑤ $y=\dfrac{5}{2}$이므로 x축에 평행하다.

따라서 x축 또는 y축에 평행하지 않은 것은 ③이다. 　　　답 ③

1044 주어진 그래프의 식은 $y=-3$ ··· 1단계

$y=-3$에서 $-\dfrac{1}{3}y=1$

이 식이 $ax+by=1$과 같으므로 $a=0, \ b=-\dfrac{1}{3}$ ··· 2단계

$$\therefore a-b=0-\left(-\dfrac{1}{3}\right)=\dfrac{1}{3}$$ ··· 3단계

답 $\dfrac{1}{3}$

단계	채점 요소	비율
1	그래프의 식 구하기	40 %
2	a, b의 값 구하기	40 %
3	$a-b$의 값 구하기	20 %

1045 $ax+by-4=0$의 그래프가 y축에 평행하므로

$$b=0$$

따라서 $ax-4=0$, 즉 $x=\dfrac{4}{a}$의 그래프가 제1 사분면과 제4 사분

면을 지나야 하므로 $\dfrac{4}{a}>0$ $\qquad \therefore a>0$ 　　　답 ①

1046 $y=0$의 그래프는 x축과 같으므로 주어진 네 방정식의 그래프는 오른쪽 그림과 같다.

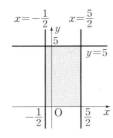

따라서 구하는 도형의 넓이는

$$\left\{\frac{5}{2}-\left(-\frac{1}{2}\right)\right\}\times 5=15$$ **답** 15

1047 $4x-12=0$에서

$x=3$

$2y+4=0$에서 $y=-2$

$5y=20$에서 $y=4$

이때 주어진 네 방정식의 그래프는 오른쪽 그림과 같다.

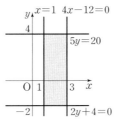

따라서 구하는 도형의 넓이는

$(3-1)\times\{4-(-2)\}=12$ **답** ②

1048 $x+5=0$에서

$x=-5$

$x-a=0$에서 $x=a$

$2y-8=0$에서 $y=4$

$y+1=0$에서 $y=-1$

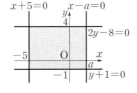

네 방정식의 그래프로 둘러싸인 도형의 넓이가 35이므로

$\{a-(-5)\}\times\{4-(-1)\}=35$

$a+5=7$ $\therefore a=2$ **답** ②

1049 연립방정식 $\begin{cases} x+y-2=0 \\ 3x+y=0 \end{cases}$을 풀면 $x=-1, y=3$

따라서 두 그래프의 교점의 좌표는 $(-1, 3)$이므로

$a=-1, b=3$

$\therefore b-a=3-(-1)=4$ **답** ⑤

1050 연립방정식 $\begin{cases} 6x-5y=16 \\ x+2y=-3 \end{cases}$을 풀면 $x=1, y=-2$

따라서 두 그래프의 교점의 좌표는 $(1, -2)$이다.

$x=1, y=-2$를 $y=ax-5$에 대입하면

$-2=a-5$ $\therefore a=3$ **답** 3

1051 (1) 직선 l은 x절편이 6, y절편이 6이므로 기울기는

$$\frac{6-0}{0-6}=-1$$

따라서 직선 l의 방정식은

$y=-x+6$, 즉 $x+y-6=0$

직선 m은 y절편이 -10이고 점 $(6, 8)$을 지나므로 기울기는

$$\frac{8-(-10)}{6-0}=3$$

따라서 직선 m의 방정식은

$y=3x-10$, 즉 $3x-y-10=0$ … **1단계**

(2) 연립방정식 $\begin{cases} x+y-6=0 \\ 3x-y-10=0 \end{cases}$을 풀면 $x=4, y=2$

따라서 두 직선 l, m의 교점의 좌표는 $(4, 2)$이다. … **2단계**

답 (1) $l: x+y-6=0$, $m: 3x-y-10=0$ (2) $(4, 2)$

단계	채점 요소	비율
1	두 직선 l, m의 방정식 구하기	50 %
2	두 직선 l, m의 교점의 좌표 구하기	50 %

1052 두 일차방정식의 그래프의 교점의 좌표가 $(2, 1)$이므로 $x=2, y=1$을 $x-y=a$에 대입하면

$a=2-1=1$

또 $x=2, y=1$을 $ax+2y=b$에 대입하면

$2a+2=b$ $\therefore b=4$

$\therefore a+b=1+4=5$ **답** 5

1053 두 일차방정식의 그래프의 교점의 x좌표가 3이므로 $x=3$을 $x-y+2=0$에 대입하면 $3-y+2=0$

$\therefore y=5$

따라서 교점의 좌표가 $(3, 5)$이므로 $x=3, y=5$를 $ax-y-1=0$에 대입하면

$3a-5-1=0$, $3a=6$ $\therefore a=2$ **답** ①

1054 일차방정식 $4x-y-6=0$의 그래프의 x절편은 $\frac{3}{2}$이므로 두 그래프의 교점의 좌표는 $\left(\frac{3}{2}, 0\right)$

따라서 일차방정식 $ax+y-12=0$의 그래프가 점 $\left(\frac{3}{2}, 0\right)$을 지나므로

$$\frac{3}{2}a-12=0, \frac{3}{2}a=12$$

$\therefore a=8$ **답** ⑤

1055 연립방정식 $\begin{cases} 3x-2y+5=0 \\ 2x+3y-1=0 \end{cases}$을 풀면

$x=-1, y=1$

즉 두 일차방정식의 그래프의 교점의 좌표는 $(-1, 1)$

한편 직선 $3x+y-6=0$, 즉 $y=-3x+6$과 평행하므로 기울기는 -3이다.

직선의 방정식을 $y=-3x+b$라 하면 이 직선이 점 $(-1, 1)$을 지나므로

$1=-3\times(-1)+b$ $\therefore b=-2$

따라서 구하는 직선의 방정식은

$y=-3x-2$, 즉 $3x+y+2=0$ **답** ③

1056 연립방정식 $\begin{cases} 2x-5y+4=0 \\ x-y+5=0 \end{cases}$을 풀면

$x=-7, y=-2$

즉 두 일차방정식의 그래프의 교점의 좌표는 $(-7, -2)$

따라서 점 $(-7, -2)$를 지나고 x축에 수직인 직선의 방정식은

$x=-7$ **답** $x=-7$

1057 연립방정식 $\begin{cases} 9x-8y-3=0 \\ x-3y+6=0 \end{cases}$ 을 풀면

$x=3,\ y=3$

즉 두 일차방정식의 그래프의 교점의 좌표는 $(3,\ 3)$

한편 두 점 $(3,\ 3),\ (0,\ -9)$를 지나는 직선이므로

$(기울기)=\dfrac{-9-3}{0-3}=4,\ (y절편)=-9$

따라서 구하는 직선의 방정식은

$y=4x-9$, 즉 $4x-y-9=0$ 　　답 $4x-y-9=0$

1058 연립방정식 $\begin{cases} 2x+y+3=0 \\ x-2y+4=0 \end{cases}$ 을 풀면

$x=-2,\ y=1$

즉 두 일차방정식의 그래프의 교점의 좌표는

$(-2,\ 1)$ 　　… 1단계

두 점 $(-2,\ 1),\ (3,\ -4)$를 지나는 직선의 기울기는

$\dfrac{-4-1}{3-(-2)}=-1$

이므로 직선의 방정식을 $y=-x+b$라 하면 이 직선이 점 $(-2,\ 1)$을 지나므로

$1=-(-2)+b \quad \therefore b=-1$

따라서 구하는 직선의 방정식은

$y=-x-1$, 즉 $x+y+1=0$ 　　… 2단계

이므로 $p=1,\ q=1$

$\therefore p+q=1+1=2$ 　　… 3단계

답 2

단계	채점 요소	비율
1	두 일차방정식의 그래프의 교점의 좌표 구하기	30 %
2	직선의 방정식 구하기	60 %
3	$p+q$의 값 구하기	10 %

1059 연립방정식 $\begin{cases} x+y=5 \\ 2x-y-4=0 \end{cases}$ 을 풀면 $x=3,\ y=2$

따라서 두 직선 $x+y=5,\ 2x-y-4=0$의 교점의 좌표는 $(3,\ 2)$

직선 $5x-4y+a=0$은 점 $(3,\ 2)$를 지나므로

$5\times3-4\times2+a=0 \quad \therefore a=-7$ 　　답 -7

1060 두 직선의 교점을 다른 한 직선이 지나므로 세 직선은 한 점에서 만난다.

연립방정식 $\begin{cases} 2x-y=7 \\ x+2y=-4 \end{cases}$ 를 풀면 $x=2,\ y=-3$

따라서 두 직선 $2x-y=7,\ x+2y=-4$의 교점의 좌표는 $(2,\ -3)$

직선 $2ax+y=5a+1$은 점 $(2,\ -3)$을 지나므로

$2a\times2-3=5a+1$

$\therefore a=-4$ 　　답 -4

1061 연립방정식 $\begin{cases} x+3y=5 \\ 9x+y=-7 \end{cases}$ 을 풀면

$x=-1,\ y=2$

따라서 두 직선 $x+3y=5,\ 9x+y=-7$의 교점의 좌표는

$(-1,\ 2)$ 　　… 1단계

직선 $ax-4y=-13$은 점 $(-1,\ 2)$를 지나므로

$-a-4\times2=-13 \quad \therefore a=5$ 　　… 2단계

직선 $2x+by=12$는 점 $(-1,\ 2)$를 지나므로

$2\times(-1)+2b=12, \quad 2b=14$

$\therefore b=7$ 　　… 3단계

$\therefore b-a=7-5=2$ 　　… 4단계

답 2

단계	채점 요소	비율
1	두 직선의 교점의 좌표 구하기	30 %
2	a의 값 구하기	30 %
3	b의 값 구하기	30 %
4	$b-a$의 값 구하기	10 %

1062 세 직선의 기울기가 모두 다르므로 세 직선에 의하여 삼각형이 만들어지지 않으려면 세 직선이 한 점에서 만나야 한다.

연립방정식 $\begin{cases} 2x+y+2=0 \\ x-y+4=0 \end{cases}$ 을 풀면

$x=-2,\ y=2$

따라서 두 직선 $2x+y+2=0,\ x-y+4=0$의 교점의 좌표는 $(-2,\ 2)$

직선 $x+y+a=0$이 점 $(-2,\ 2)$를 지나야 하므로

$-2+2+a=0 \quad \therefore a=0$ 　　답 0

1063 $4x+2y=a$에서 $y=-2x+\dfrac{a}{2}$

$bx-2y=-3$에서 $y=\dfrac{b}{2}x+\dfrac{3}{2}$

해가 무수히 많으려면 두 그래프가 일치해야 하므로

$-2=\dfrac{b}{2},\ \dfrac{a}{2}=\dfrac{3}{2}$

$\therefore a=3,\ b=-4$

$\therefore a+b=3+(-4)=-1$ 　　답 ③

1064 $ax-6y=-3$에서 $y=\dfrac{a}{6}x+\dfrac{1}{2}$

$x-3y=3$에서 $y=\dfrac{1}{3}x-1$

교점이 존재하지 않으려면 두 그래프가 평행해야 하므로

$\dfrac{a}{6}=\dfrac{1}{3}, \quad 3a=6 \quad \therefore a=2$ 　　답 2

1065 $(a+3)x+y=2$에서 $y=-(a+3)x+2$

$4x-2y=b$에서 $y=2x-\dfrac{b}{2}$

이때 점 Q의 x좌표를 k라 하면 $\triangle PAQ=12$에서

$$\frac{1}{2}\times\{k-(-7)\}\times 4=12$$

$$k+7=6 \qquad \therefore k=-1$$

따라서 두 점 $(-1, 0)$, $(1, 4)$를 지나는 직선의 기울기는

$$\frac{4-0}{1-(-1)}=2 \qquad \therefore a=2$$

$y=2x+b$가 점 $(-1, 0)$을 지나므로

$$0=-2+b \qquad \therefore b=2$$

$$\therefore ab=2\times 2=4 \qquad\qquad \text{답} \; 4$$

🐣 시험에 꼭 나오는 문제   ▶ 본문 160~162쪽

1080 [전략] 일차방정식 $ax+by+c=0 \; (a\neq 0, \, b\neq 0)$의 꼴을 일차함수 $y=-\dfrac{a}{b}x-\dfrac{c}{b}$의 꼴로 나타내어 생각한다.

$2x+3y-9=0$에서 $\quad y=-\dfrac{2}{3}x+3$

⑤ 일차함수 $y=-\dfrac{2}{3}x+9$의 그래프와 기울기가 같고 y절편은 다르므로 평행하다.

따라서 옳지 않은 것은 ⑤이다. 답 ⑤

1081 [전략] 그래프 위의 점의 좌표를 일차방정식에 대입한다.

$4x-5y+2=0$의 그래프가 점 $(-3, a)$를 지나므로

$$4\times(-3)-5a+2=0, \qquad -5a=10 \qquad \therefore a=-2$$

또 $4x-5y+2=0$의 그래프가 점 $(b, 2)$를 지나므로

$$4b-5\times 2+2=0, \qquad 4b=8 \qquad \therefore b=2$$

$$\therefore b-a=2-(-2)=4 \qquad\qquad \text{답} \; 4$$

1082 [전략] 일차방정식의 꼴로 주어진 식을 일차함수의 꼴로 변형한 후 기울기와 y절편의 부호를 이용한다.

$ax+by+c=0$에서 $\quad y=-\dfrac{a}{b}x-\dfrac{c}{b}$

주어진 그래프의 기울기는 양수, y절편은 음수이므로

$$-\frac{a}{b}>0, \; -\frac{c}{b}<0, \; \text{즉} \; \frac{a}{b}<0, \; \frac{c}{b}>0$$

$$\therefore a>0, \, b<0, \, c<0 \; \text{또는} \; a<0, \, b>0, \, c>0$$

따라서 옳은 것은 ③이다. 답 ③

1083 [전략] 주어진 조건을 이용하여 직선의 방정식을 $y=mx+n$의 꼴로 나타낸 후 $ax+by+c=0$의 꼴로 나타낸다.

$(\text{기울기})=\dfrac{-(-8)}{2}=4$이므로 $y=4x+b$라 하자.

이 직선이 점 $(2, -1)$을 지나므로

$$-1=4\times 2+b \qquad \therefore b=-9$$

따라서 구하는 직선의 방정식은

$$y=4x-9, \; \text{즉} \; 4x-y-9=0 \qquad\qquad \text{답} \; ③$$

1084 [전략] 먼저 x절편 또는 y절편이 같은 직선의 x절편, y절편을 각각 구한다.

$2x-5y-20=0$의 그래프의 x절편은 10, $x-3y+15=0$의 그래프의 y절편은 5이다.

따라서 직선 $ax+by-10=0$은 점 $(10, 0)$을 지나므로

$$10a-10=0, \qquad 10a=10 \qquad \therefore a=1$$

또 직선 $x+by-10=0$은 점 $(0, 5)$를 지나므로

$$5b-10=0, \qquad 5b=10 \qquad \therefore b=2$$

$$\therefore a+b=1+2=3 \qquad\qquad \text{답} \; 3$$

1085 [전략] x축에 평행한 직선의 방정식

➡ $y=q$의 꼴 (q는 상수)

직선이 x축에 평행하므로 y좌표가 같아야 한다.

즉 $a=3a-2$이므로 $\quad -2a=-2 \qquad \therefore a=1$ 답 1

1086 [전략] 네 방정식의 그래프를 좌표평면 위에 나타낸다.

$3x+9=0$에서 $\quad x=-3$

$y+2=0$에서 $\quad y=-2$

따라서 주어진 네 방정식의 그래프는 오른쪽 그림과 같고, 이 그래프로 둘러싸인 도형의 넓이가 30이므로

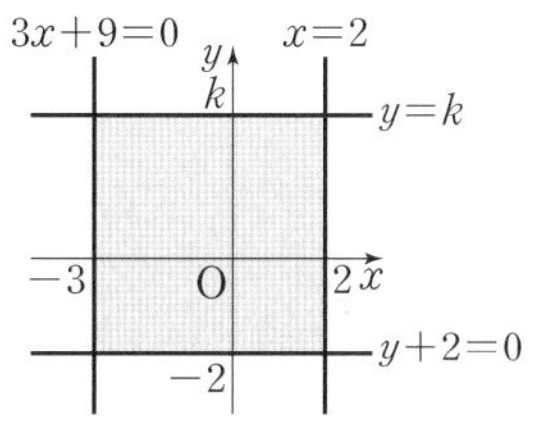

$$\{2-(-3)\}\times\{k-(-2)\}=30$$

$$k+2=6 \qquad \therefore k=4 \qquad\qquad \text{답} \; 4$$

1087 [전략] 두 일차방정식의 그래프의 교점의 좌표는 연립방정식의 해와 같음을 이용한다.

두 일차방정식의 그래프의 교점의 y좌표가 -3이므로 $y=-3$을 $x+2y=-4$에 대입하면

$$x+2\times(-3)=-4 \qquad \therefore x=2$$

따라서 교점의 좌표가 $(2, -3)$이므로 $x=2$, $y=-3$을 $x-y=a$에 대입하면 $\quad a=2-(-3)=5$ 답 5

1088 [전략] 연립방정식의 해를 이용하여 두 일차방정식의 그래프의 교점의 좌표를 구한 후 조건에 맞는 직선의 방정식을 구한다.

연립방정식 $\begin{cases} 3x+y+4=0 \\ 2x+y+2=0 \end{cases}$을 풀면 $\quad x=-2, \, y=2$

따라서 두 일차방정식의 그래프의 교점의 좌표는 $(-2, 2)$

한편 $3x+4y-8=0$에서 $y=-\dfrac{3}{4}x+2$이므로 직선의 기울기는 $-\dfrac{3}{4}$이다.

따라서 구하는 직선의 방정식을 $y=-\dfrac{3}{4}x+b$라 하면 이 직선이 점 $(-2, 2)$를 지나므로

$$2=-\frac{3}{4}\times(-2)+b \qquad \therefore b=\frac{1}{2}$$

$$\therefore y=-\frac{3}{4}x+\frac{1}{2}, \; \text{즉} \; 3x+4y-2=0 \qquad\qquad \text{답} \; ②$$

1089 전략 두 직선의 교점을 나머지 한 직선이 지나는 경우는 세 직선이 한 점에서 만나는 경우와 같다.

연립방정식 $\begin{cases} x-3y=9 \\ 2x+y=4 \end{cases}$ 를 풀면 $x=3,\ y=-2$

따라서 두 직선 $x-3y=9,\ 2x+y=4$의 교점의 좌표는 $(3,\ -2)$

직선 $ax-y=-1$이 점 $(3,\ -2)$를 지나므로

$$3a-(-2)=-1,\qquad 3a=-3$$
$$\therefore a=-1 \qquad \text{답 ③}$$

1090 전략 두 직선의 교점이 무수히 많다. → 두 직선이 일치한다.

$ax+y=5$에서 $y=-ax+5$

$4x-y=2b$에서 $y=4x-2b$

두 직선의 교점이 무수히 많으므로 두 직선은 일치한다.

즉 $-a=4,\ 5=-2b$이므로

$$a=-4,\ b=-\frac{5}{2}$$
$$\therefore ab=-4\times\left(-\frac{5}{2}\right)=10 \qquad \text{답 ④}$$

1091 전략 $\triangle$ABC의 넓이를 이용하여 점 B의 x좌표를 먼저 구한다.

두 일차방정식 $2x-y+4=0,\ ax-y-6=0$의 그래프의 y절편이 각각 $4,\ -6$이므로

$$A(0,\ 4),\ C(0,\ -6)$$

교점 B의 x좌표를 $k\ (k<0)$라 하면 $\triangle$ABC의 넓이가 20이므로

$$\frac{1}{2}\times\{4-(-6)\}\times(-k)=20 \qquad \therefore k=-4$$

$x=-4$를 $2x-y+4=0$에 대입하면

$$2\times(-4)-y+4=0 \qquad \therefore y=-4$$
$$\therefore B(-4,\ -4)$$

따라서 일차방정식 $ax-y-6=0$의 그래프가 점 $B(-4,\ -4)$를 지나므로

$$-4a-(-4)-6=0,\qquad -4a=2$$
$$\therefore a=-\frac{1}{2} \qquad \text{답 } -\frac{1}{2}$$

1092 전략 그래프가 지나는 두 점을 이용하여 각각의 직선의 방정식을 구한 후 교점의 좌표를 구한다.

물통 A를 나타내는 직선은 두 점 $(0,\ 50),\ (5,\ 0)$을 지나므로

기울기는 $\dfrac{0-50}{5-0}=-10$

또 y절편이 50이므로 이 직선의 방정식은

$$y=-10x+50$$

물통 B를 나타내는 직선은 두 점 $(0,\ 30),\ (6,\ 0)$을 지나므로

기울기는 $\dfrac{0-30}{6-0}=-5$

또 y절편이 30이므로 이 직선의 방정식은

$$y=-5x+30$$

두 물통에 남아 있는 물의 양이 같으므로

$$-10x+50=-5x+30,\qquad -5x=-20 \qquad \therefore x=4$$

따라서 물을 빼내기 시작한 지 4분 후에 두 물통에 남아 있는 물의 양이 처음으로 같아진다. 답 4분

1093 전략 주어진 직선을 좌표평면 위에 나타내어 직선과 x축 및 y축으로 둘러싸인 도형의 넓이를 구한다.

직선 $3x+y-6=0$과 y축, x축의 교점을 각각 A, B라 하면

$$A(0,\ 6),\ B(2,\ 0)$$
$$\therefore \triangle AOB=\frac{1}{2}\times 2\times 6=6$$

$\triangle$AOB의 넓이를 이등분하는 직선 $y=ax$와 직선 $3x+y-6=0$의 교점을 C라 하면

$$\triangle COB=\frac{1}{2}\triangle AOB=3$$

이때 점 C의 y좌표를 k라 하면

$$\triangle COB=\frac{1}{2}\times 2\times k=3 \qquad \therefore k=3$$

$3x+y-6=0$에 $y=3$을 대입하면

$$3x+3-6=0 \qquad \therefore x=1$$

따라서 직선 $y=ax$가 점 $C(1,\ 3)$을 지나므로 $a=3$ 답 3

1094 전략 y축에 평행한 직선의 방정식
→ $x=p$의 꼴 (p는 상수)

주어진 그래프의 식은 $x=2$ ··· 1단계

$x=2$에서 $-2x+4=0$

이 식이 $ax+by+4=0$과 같으므로

$$a=-2,\ b=0 \qquad\qquad\qquad \text{··· 2단계}$$
$$\therefore a-b=-2-0=-2 \qquad \text{··· 3단계}$$
$$\text{답 } -2$$

단계	채점 요소	비율
1	그래프의 식 구하기	40 %
2	$a,\ b$의 값 구하기	40 %
3	$a-b$의 값 구하기	20 %

1095 전략 주어진 조건을 이용하여 직선의 방정식을 먼저 구한다.

$x-5y-20=0$에서 $y=\dfrac{1}{5}x-4$

이 그래프와 평행한 직선의 방정식을 $y=\dfrac{1}{5}x+b$라 하자.

이 직선이 점 $(1,\ 2)$를 지나므로

$$2=\frac{1}{5}+b \qquad \therefore b=\frac{9}{5}$$
$$\therefore y=\frac{1}{5}x+\frac{9}{5},\ \text{즉}\ x-5y+9=0 \qquad \text{··· 1단계}$$

연립방정식 $\begin{cases} x-5y+9=0 \\ 3x-2y-12=0 \end{cases}$ 을 풀면

$x=6, y=3$

따라서 구하는 교점의 좌표는 $(6, 3)$이다. ··· **2단계**

답 $(6, 3)$

단계	채점 요소	비율
1	직선의 방정식 구하기	50 %
2	교점의 좌표 구하기	50 %

1096 전략 주어진 두 일차방정식의 그래프가 모두 점 $(1, -2)$를 지남을 이용한다.

두 그래프의 교점의 좌표가 $(1, -2)$이므로 $x=1, y=-2$를 $6x+ay+4=0$에 대입하면

$6-2a+4=0$ $\therefore a=5$ ··· **1단계**

$x=1, y=-2$를 $5x+by-7=0$에 대입하면

$5-2b-7=0$ $\therefore b=-1$ ··· **2단계**

$\therefore a+b=5+(-1)=4,$
$ab=5\times(-1)=-5$

즉 기울기가 4이고 y절편이 -5인 직선의 방정식은

$y=4x-5$ ··· **3단계**

따라서 이 직선의 x절편은 $\dfrac{5}{4}$이다. ··· **4단계**

답 $\dfrac{5}{4}$

단계	채점 요소	비율
1	a의 값 구하기	30 %
2	b의 값 구하기	30 %
3	직선의 방정식 구하기	30 %
4	x절편 구하기	10 %

1097 전략 서로 다른 세 직선에 의하여 삼각형이 만들어지지 않는 경우를 생각한다.

세 직선에 의하여 삼각형이 만들어지지 않는 경우는 다음과 같다.

(i) 세 직선이 한 점에서 만날 때,
두 직선 $x+y-5=0$과 $2x-y-4=0$의 교점을 나머지 직선이 지나야 한다.

연립방정식 $\begin{cases} x+y-5=0 \\ 2x-y-4=0 \end{cases}$ 을 풀면 $x=3, y=2$

즉 두 직선의 교점의 좌표는 $(3, 2)$
직선 $ax-y=0$이 점 $(3, 2)$를 지나므로

$3a-2=0$ $\therefore a=\dfrac{2}{3}$

(ii) 두 직선 $x+y-5=0$, $ax-y=0$이 평행할 때,
$x+y-5=0$에서 $y=-x+5$
$ax-y=0$에서 $y=ax$
$\therefore a=-1$

(iii) 두 직선 $2x-y-4=0$, $ax-y=0$이 평행할 때,
$2x-y-4=0$에서 $y=2x-4$
$\therefore a=2$

이상에서 모든 a의 값의 곱은

$\dfrac{2}{3}\times(-1)\times 2=-\dfrac{4}{3}$

답 $-\dfrac{4}{3}$

RPM 비법 노트

서로 다른 세 직선으로 삼각형을 만들 수 없는 경우는 다음과 같다.
① 세 직선이 모두 평행할 때
② 한 직선이 다른 두 직선 중 하나와 평행할 때
③ 세 직선이 한 점에서 만날 때

1098 전략 평행사변형의 성질을 이용하여 점 C의 좌표를 구한다.

$3x-2y=-1$에서 $y=\dfrac{3}{2}x+\dfrac{1}{2}$

사각형 ABCD는 평행사변형이므로 두 직선 AB, DC는 평행하다.

직선 $mx+2y+n=0$, 즉 $y=-\dfrac{m}{2}x-\dfrac{n}{2}$의 기울기는 $\dfrac{3}{2}$이므로

$-\dfrac{m}{2}=\dfrac{3}{2}$ $\therefore m=-3$

점 B는 두 직선 $3x-2y=-1$과 $y=-1$의 교점이므로

$3x-2\times(-1)=-1$, $3x=-3$
$\therefore x=-1$
$\therefore B(-1, -1)$

점 C의 좌표를 $(k, -1)$이라 하면 사각형 ABCD의 넓이가 6이므로

$\{k-(-1)\}\times\{2-(-1)\}=6$
$k+1=2$ $\therefore k=1$

즉 직선 $-3x+2y+n=0$이 점 C$(1, -1)$을 지나므로

$-3+2\times(-1)+n=0$
$\therefore n=5$
$\therefore n-m=5-(-3)=8$ 답 8

1099 전략 직선과 사각형이 두 점에서 만나기 위해 꼭 지나야 하는 점을 생각한다.

$ax-y+2=0$에서 $y=ax+2$

(i) 직선 $y=ax+2$가 점 A$(2, 6)$을 지날 때,
$6=2a+2$ $\therefore a=2$

(ii) 직선 $y=ax+2$가 점 C$(4, 3)$을 지날 때,
$3=4a+2$ $\therefore a=\dfrac{1}{4}$

(i), (ii)에서 $\dfrac{1}{4}<a<2$ 답 $\dfrac{1}{4}<a<2$

대표문제 다시 풀기

I. 유리수와 순환소수

01 유리수와 순환소수

01 ① $\frac{4}{3}=1.333\cdots$ ② $\frac{3}{5}=0.6$ ③ $\frac{7}{8}=0.875$

④ $\frac{9}{11}=0.8181\cdots$ ⑤ $\frac{13}{40}=0.325$ 답 ①, ④

02 ④ $0.582582582\cdots=0.\dot{5}8\dot{2}$ 답 ④

03 ① $\frac{5}{6}=0.8333\cdots=0.8\dot{3}$

② $\frac{16}{9}=1.777\cdots=1.\dot{7}$

③ $\frac{8}{15}=0.5333\cdots=0.5\dot{3}$

④ $\frac{13}{27}=0.481481481\cdots=0.\dot{4}8\dot{1}$ 답 ⑤

04 $\frac{4}{7}=0.\dot{5}7142\dot{8}$이므로 순환마디를 이루는 숫자는 5, 7, 1, 4, 2, 8의 6개이다.

$100=6\times16+4$이므로 소수점 아래 100번째 자리의 숫자는 순환마디의 4번째 숫자인 4이다. 답 ②

05 $\frac{21}{150}=\frac{7}{50}=\frac{7\times2}{2\times5^2\times2}=\frac{14}{100}=0.14$

따라서 $a=7$, $b=2$, $c=100$, $d=0.14$이므로

$a+b+c+d=7+2+100+0.14=109.14$ 답 109.14

06 ㄱ. $\frac{5}{12}=\frac{5}{2^2\times3}$ ㄴ. $\frac{15}{48}=\frac{5}{16}=\frac{5}{2^4}$

ㄷ. $\frac{21}{140}=\frac{3}{20}=\frac{3}{2^2\times5}$ ㄹ. $\frac{20}{3\times5^2}=\frac{4}{3\times5}$

ㅁ. $\frac{33}{2\times5^2\times11}=\frac{3}{2\times5^2}$

이상에서 유한소수로 나타낼 수 있는 것은 ㄴ, ㄷ, ㅁ이다. 답 ④

07 $\frac{17}{132}\times A$가 유한소수가 되려면 기약분수로 나타내었을 때, 분모의 소인수가 2 또는 5뿐이어야 한다.

이때 $\frac{17}{132}\times A=\frac{17}{2^2\times3\times11}\times A$이므로 A는 $3\times11=33$의 배수이어야 한다.

따라서 A의 값이 될 수 있는 가장 큰 두 자리 자연수는 99이다. 답 99

08 $\frac{3}{56}=\frac{3}{2^3\times7}$이므로 $\frac{3}{56}\times n$이 유한소수가 되려면 n은 7의 배수이어야 한다.

$\frac{6}{135}=\frac{2}{45}=\frac{2}{3^2\times5}$이므로 $\frac{6}{135}\times n$이 유한소수가 되려면 n은 $3^2=9$의 배수이어야 한다.

즉 n은 7과 9의 공배수, 즉 63의 배수이어야 한다.

따라서 n의 값이 될 수 있는 가장 작은 자연수는 63이다. 답 63

09 $\frac{49}{2^2\times7\times x}=\frac{7}{2^2\times x}$

⑤ $x=15$일 때, $\frac{7}{2^2\times15}=\frac{7}{2^2\times3\times5}$이므로 유한소수가 아니다. 답 ⑤

10 $\frac{a}{105}=\frac{a}{3\times5\times7}$가 유한소수가 되려면 a는 $3\times7=21$의 배수이어야 한다.

이때 $40<a<50$이므로 $a=42$

따라서 $\frac{42}{105}=\frac{2}{5}$이므로 $b=5$

$\therefore a-b=42-5=37$ 답 37

11 ③ $x=18$일 때, $\frac{18}{360}=\frac{1}{20}=\frac{1}{2^2\times5}$이므로 유한소수이다. 답 ③

12 $x=1.38\dot{6}=1.38666\cdots$이므로

$1000x=1386.666\cdots$ ······ ㉠

$100x=\ \ 138.666\cdots$ ······ ㉡

㉠-㉡을 하면 $900x=1248$ $\therefore x=\frac{104}{75}$

따라서 가장 편리한 식은 ⑤이다. 답 ⑤

13 ① $1.\dot{7}=\frac{17-1}{9}=\frac{16}{9}$ ③ $3.\dot{1}\dot{4}=\frac{314-3}{99}=\frac{311}{99}$

⑤ $2.0\dot{8}\dot{5}=\frac{2085-20}{990}=\frac{413}{198}$ 답 ②, ④

14 $0.4\dot{1}=\frac{41-4}{90}=\frac{37}{90}=\frac{37}{2\times3^2\times5}$

이때 $0.4\dot{1}\times x$가 유한소수가 되려면 x는 $3^2=9$의 배수이어야 한다. 답 ③

15 경숙이는 분자를 제대로 보았으므로 $1.\dot{4}=\frac{14-1}{9}=\frac{13}{9}$에서 처음 기약분수의 분자는 13이다.

신희는 분모를 제대로 보았으므로 $0.\dot{1}\dot{0}=\frac{10}{99}$에서 처음 기약분수의 분모는 99이다.

따라서 처음 기약분수는 $\frac{13}{99}$이므로 이를 순환소수로 나타내면

$\frac{13}{99}=0.\dot{1}\dot{3}$ 답 $0.\dot{1}\dot{3}$

16 $8.\dot{1}+6.\dot{5}=\dfrac{81-8}{9}+\dfrac{65-6}{9}=\dfrac{73}{9}+\dfrac{59}{9}=\dfrac{132}{9}=\dfrac{44}{3}$

따라서 $a=3$, $b=44$이므로 $a+b=3+44=47$ 답 47

17 ① $0.\dot{3}=\dfrac{3}{9}$이므로 $0.\dot{3}>\dfrac{3}{10}$

② $0.5\dot{7}=\dfrac{57-5}{90}=\dfrac{52}{90}=\dfrac{26}{45}$이므로 $0.5\dot{7}<\dfrac{28}{45}$

④ $3.\dot{2}\dot{1}=3.2121\cdots$, $3.\dot{2}=3.222\cdots$이므로 $3.\dot{2}\dot{1}<3.\dot{2}$

답 ③, ⑤

18 ① 순환소수가 아닌 무한소수는 $\dfrac{(정수)}{(0이\ 아닌\ 정수)}$의 꼴로 나타낼 수 없다.

⑤ 순환소수는 모두 유리수이다.   답 ①, ⑤

19 분모가 35인 분수를 $\dfrac{a}{35}$라 하면 $\dfrac{1}{5}=\dfrac{7}{35}$, $\dfrac{6}{7}=\dfrac{30}{35}$이므로

$$\dfrac{7}{35}<\dfrac{a}{35}<\dfrac{30}{35}$$

이때 $\dfrac{a}{35}=\dfrac{a}{5\times7}$이므로 $\dfrac{a}{35}$가 유한소수가 되려면 a는 7의 배수 이어야 한다.

$$\therefore a=14,\ 21,\ 28$$

따라서 구하는 분수의 개수는 $\dfrac{14}{35}$, $\dfrac{21}{35}$, $\dfrac{28}{35}$의 3이다.   답 ②

20 $0.\dot{a}\dot{b}+0.\dot{b}\dot{a}=0.\dot{5}$에서 $\dfrac{10a+b}{99}+\dfrac{10b+a}{99}=\dfrac{5}{9}$

$$\dfrac{11(a+b)}{99}=\dfrac{5}{9}   \therefore a+b=5$$

이때 $a>b$이고 a, b는 한 자리 소수이므로

$$a=3,\ b=2   \therefore ab=3\times2=6$$ 답 6

Ⅱ. 식의 계산

02 단항식의 계산

01 $512=2^9$이므로 $2^a\times2\times2^3=2^{a+1+3}=2^{a+4}=2^9$

즉 $a+4=9$이므로 $a=5$ 답 ④

02 $(7^x)^2\times7^5=7^{13}$에서 $7^{2x}\times7^5=7^{13}$, $7^{2x+5}=7^{13}$

즉 $2x+5=13$이므로 $2x=8$ $\therefore x=4$ 답 4

03 ⑤ $a^7\div a^2\div a^6=a^{7-2}\div a^6=a^5\div a^6=\dfrac{1}{a^{6-5}}=\dfrac{1}{a}$ 답 ⑤

04 $(-5x^ay^2)^b=(-5)^bx^{ab}y^{2b}=-125x^{12}y^c$이므로

$(-5)^b=-125=(-5)^3$, $ab=12$, $2b=c$

따라서 $a=4$, $b=3$, $c=6$이므로

$$a-b+c=4-3+6=7$$ 답 ③

05 $\left(-\dfrac{3x^3}{y^a}\right)^4=\dfrac{81x^{12}}{y^{4a}}=\dfrac{bx^c}{y^8}$이므로

$$4a=8,\ 81=b,\ 12=c$$

따라서 $a=2$, $b=81$, $c=12$이므로

$$a+b+c=2+81+12=95$$ 답 95

06 $5^{10}+5^{10}+5^{10}+5^{10}+5^{10}=5\times5^{10}=5^{1+10}=5^{11}$ 답 ①

07 $A=2^{x+1}=2^x\times2$이므로 $2^x=\dfrac{A}{2}$

$$\therefore 32^x=(2^5)^x=2^{5x}=(2^x)^5=\left(\dfrac{A}{2}\right)^5=\dfrac{A^5}{32}$$ 답 ⑤

08 $2^{14}\times5^{10}=2^4\times(2^{10}\times5^{10})=2^4\times(2\times5)^{10}=16\times10^{10}$

따라서 $2^{14}\times5^{10}$은 12자리 자연수이므로 $n=12$ 답 ③

09 1시간마다 박테리아의 수가 2배씩 증가하므로 10시간 후의 박테리아의 수는

$$8\times2^{10}=2^3\times2^{10}=2^{3+10}=2^{13}$$

$$\therefore a=13$$ 답 13

10 $\left(-\dfrac{2}{3}x^3y\right)^3\times(-9xy^2)^2\times xy$

$$=\left(-\dfrac{8}{27}x^9y^3\right)\times81x^2y^4\times xy$$

$$=-24x^{12}y^8$$ 답 ②

11 $(-25x^{11}y^8)\div(-5x^2y^3)^2\div\left(-\dfrac{1}{4}x^5y^3\right)$

$$=(-25x^{11}y^8)\div25x^4y^6\div\left(-\dfrac{1}{4}x^5y^3\right)$$

$$=(-25x^{11}y^8)\times\dfrac{1}{25x^4y^6}\times\left(-\dfrac{4}{x^5y^3}\right)$$

$$=\dfrac{4x^2}{y}$$ 답 ④

12 $32ab\times(-a^2b)^5\div\left(-\dfrac{2a}{b}\right)^4$

$$=32ab\times(-a^{10}b^5)\div\dfrac{16a^4}{b^4}$$

$$=32ab\times(-a^{10}b^5)\times\dfrac{b^4}{16a^4}$$

$$=-2a^7b^{10}$$ 답 $-2a^7b^{10}$

13 $(-6x^2y^3)^2\div(-9x^3y)\times\boxed{}=-28x^3y^8$에서

$$36x^4y^6\times\left(-\dfrac{1}{9x^3y}\right)\times\boxed{}=-28x^3y^8$$

$$\therefore \boxed{}=\dfrac{1}{36x^4y^6}\times(-9x^3y)\times(-28x^3y^8)=7x^2y^3$$ 답 ⑤

14 $(\text{원기둥의 부피}) = \pi \times (3x^4y)^2 \times \dfrac{8y^5}{x^2}$

$\qquad\qquad\qquad = \pi \times 9x^8y^2 \times \dfrac{8y^5}{x^2}$

$\qquad\qquad\qquad = 72\pi x^6y^7$　　　　　답 ④

15 $3^x + 3^{x+1} + 3^{x+2} = 3^x + 3^x \times 3 + 3^x \times 3^2$

$\qquad\qquad\qquad\qquad = (1+3+9) \times 3^x$

$\qquad\qquad\qquad\qquad = 13 \times 3^x = 117$

따라서 $3^x = 9 = 3^2$이므로　　$x = 2$　　　답 2

16 $2^{30} \times 4^{30} = 2^{30} \times (2^2)^{30} = 2^{30} \times 2^{60} = 2^{90}$

$2^1 = 2$, $2^2 = 4$, $2^3 = 8$, $2^4 = 16$, $2^5 = 32$, $\cdots$이므로 2의 거듭제곱
의 일의 자리의 숫자는 2, 4, 8, 6의 순서대로 반복된다.

이때 $90 = 4 \times 22 + 2$이므로 2^{90}의 일의 자리의 숫자는 4이다.

답 ③

II. 식의 계산

03 다항식의 계산

01 $\left(\dfrac{1}{3}x + \dfrac{3}{2}y\right) - \left(\dfrac{1}{2}x - \dfrac{2}{3}y\right)$

$= \dfrac{1}{3}x + \dfrac{3}{2}y - \dfrac{1}{2}x + \dfrac{2}{3}y$

$= \dfrac{2}{6}x - \dfrac{3}{6}x + \dfrac{9}{6}y + \dfrac{4}{6}y$

$= -\dfrac{1}{6}x + \dfrac{13}{6}y$

따라서 $a = -\dfrac{1}{6}$, $b = \dfrac{13}{6}$이므로　$a+b = -\dfrac{1}{6} + \dfrac{13}{6} = 2$

답 2

02 $(2x^2 + 5x - 1) - (5x^2 - x + 3)$

$= 2x^2 + 5x - 1 - 5x^2 + x - 3 = -3x^2 + 6x - 4$

따라서 x^2의 계수는 -3, 상수항은 -4이므로 구하는 곱은

$\qquad -3 \times (-4) = 12$　　　　답 ③

03 $5x - [x - 3y - \{2x + y - 3(x + 4y)\}]$

$= 5x - \{x - 3y - (2x + y - 3x - 12y)\}$

$= 5x - (x - 3y + x + 11y)$

$= 5x - 2x - 8y = 3x - 8y$　　　　답 ④

04 어떤 식을 A라 하면

$\qquad A + (-4x^2 + 7x - 1) = x^2 - 2x + 6$

$\qquad \therefore A = x^2 - 2x + 6 - (-4x^2 + 7x - 1)$

$\qquad\qquad = x^2 - 2x + 6 + 4x^2 - 7x + 1$

$\qquad\qquad = 5x^2 - 9x + 7$　　　답 $5x^2 - 9x + 7$

05 어떤 식을 A라 하면

$\qquad A - (x^2 + 6x - 3) = -5x^2 - 8x + 2$

$\qquad \therefore A = -5x^2 - 8x + 2 + (x^2 + 6x - 3) = -4x^2 - 2x - 1$

따라서 바르게 계산한 식은

$\qquad (-4x^2 - 2x - 1) + (x^2 + 6x - 3) = -3x^2 + 4x - 4$

답 ②

06 $-7ab(a - 3b - 5) = -7a^2b + 21ab^2 + 35ab$　　답 ③

07 $(8x^2y^2 + 20xy^2 - 12xy) \div \dfrac{4}{5}xy$

$= (8x^2y^2 + 20xy^2 - 12xy) \times \dfrac{5}{4xy}$

$= 10xy + 25y - 15$　　　　答 ④

08 $3x(5x - 4) - (28x^4 + 49x^3) \div (-7x^2)$

$= 3x(5x - 4) - \dfrac{28x^4 + 49x^3}{-7x^2}$

$= 15x^2 - 12x - (-4x^2 - 7x)$

$= 15x^2 - 12x + 4x^2 + 7x$

$= 19x^2 - 5x$　　　　답 ⑤

09 $5a \times 3b \times (\text{높이}) = 45a^2b - 30ab^2$이므로

$(\text{높이}) = \dfrac{45a^2b - 30ab^2}{15ab} = 3a - 2b$　　답 ④

10 $\dfrac{20x^2 - 32xy}{4x} - \dfrac{35x^2y - 20xy^2}{5xy} = 5x - 8y - (7x - 4y)$

$\qquad\qquad\qquad\qquad\qquad\qquad = 5x - 8y - 7x + 4y$

$\qquad\qquad\qquad\qquad\qquad\qquad = -2x - 4y$

$\qquad\qquad\qquad\qquad\qquad\qquad = -2 \times (-4) - 4 \times 2$

$\qquad\qquad\qquad\qquad\qquad\qquad = 8 - 8 = 0$　　답 ③

11 $7A - 5B - 2(A - 2B) = 7A - 5B - 2A + 4B$

$\qquad\qquad\qquad\qquad = 5A - B$

$\qquad\qquad\qquad\qquad = 5(-x + 3y) - (4x - 5y)$

$\qquad\qquad\qquad\qquad = -5x + 15y - 4x + 5y$

$\qquad\qquad\qquad\qquad = -9x + 20y$　　답 ②

12 세로에 있는 세 다항식의 합은

$\qquad (x^2 - x + 1) + (-2x^2 + 3x) + (-5x + 2) = -x^2 - 3x + 3$

첫 번째 줄 가운데 칸에 들어갈 식을 ㉠이라 하면

$\qquad (x^2 - x + 1) + ㉠ + (-3x^2 + x - 2) = -x^2 - 3x + 3$

$\qquad \therefore ㉠ = -x^2 - 3x + 3 - (-2x^2 - 1)$

$\qquad\qquad = -x^2 - 3x + 3 + 2x^2 + 1 = x^2 - 3x + 4$

$(x^2 - 3x + 4) + ㈎ + (2x^2 - x - 1) = -x^2 - 3x + 3$이므로

$\qquad ㈎ = -x^2 - 3x + 3 - (3x^2 - 4x + 3)$

$\qquad\qquad = -x^2 - 3x + 3 - 3x^2 + 4x - 3 = -4x^2 + x$

답 $-4x^2 + x$

13 $(-2x^a)^b=(-2)^b x^{ab}=-8x^{15}$이므로

$(-2)^b=-8$, $ab=15$ $\therefore a=5$, $b=3$

$3a-[-4a+7b-\{5a-(2a-3b)\}]$

$=3a-\{-4a+7b-(5a-2a+3b)\}$

$=3a-(-4a+7b-3a-3b)$

$=3a+7a-4b=10a-4b$

따라서 $10a-4b$에 $a=5$, $b=3$을 대입하면

$10a-4b=10\times5-4\times3=38$ 답 38

III. 일차부등식

04 일차부등식

01 ①, ④ 등식이다.

③ 부등호가 없으므로 부등식이 아니다. 답 ②, ⑤

02 ⑤ $4x\le10$ 답 ⑤

03 ③ $2\times(-1)-1\ge3\times(-1)$에서 $-3\ge-3$ (참) 답 ③

04 ⑤ $a<b$의 양변을 -5로 나누면 $-\dfrac{a}{5}>-\dfrac{b}{5}$

$-\dfrac{a}{5}>-\dfrac{b}{5}$의 양변에서 8을 빼면 $-\dfrac{a}{5}-8>-\dfrac{b}{5}-8$ 답 ⑤

05 $-1<x<4$의 각 변에 -3을 곱하면 $-12<-3x<3$

$-12<-3x<3$의 각 변에 7을 더하면 $-5<-3x+7<10$

$\therefore -5<A<10$ 답 ④

06 ㄱ. $1-4x\ge x-8$에서 $-5x+9\ge0$이므로 일차부등식이다.

ㄴ. x^2-2x+1이 일차식이 아니므로 일차부등식이 아니다.

ㄷ. $2(x-3)\le1+2x$에서 $-7\le0$이므로 일차부등식이 아니다.

ㄹ. $x^2+4x<x^2-5$에서 $4x+5<0$이므로 일차부등식이다.

이상에서 일차부등식인 것은 ㄱ, ㄹ이다. 답 ②

07 $3x-8<7x+4$에서 $-4x<12$ $\therefore x>-3$ 답 ②

08 $2(x+5)-7\ge5(x-3)$에서 $2x+10-7\ge5x-15$

$-3x\ge-18$ $\therefore x\le6$ 답 ④

09 $\dfrac{x-1}{2}<0.25x+\dfrac{4}{3}$의 양변에 12를 곱하면

$6(x-1)<3x+16$, $6x-6<3x+16$

$3x<22$ $\therefore x<\dfrac{22}{3}=7.333\cdots$

따라서 자연수 x는 $1, 2, \cdots, 7$의 7개이다. 답 ⑤

---

10 $10-ax>3$에서 $-ax>-7$

$a<0$에서 $-a>0$이므로 $x>\dfrac{7}{a}$ 답 ④

11 $6-x\le x+a$에서 $-2x\le a-6$ $\therefore x\ge-\dfrac{a-6}{2}$

부등식의 해가 $x\ge5$이므로

$-\dfrac{a-6}{2}=5$, $a-6=-10$ $\therefore a=-4$ 답 -4

12 $3(x-1)>4x+5$에서 $3x-3>4x+5$ $\therefore x<-8$

$x+a<\dfrac{x-4}{2}$에서 $2x+2a<x-4$ $\therefore x<-2a-4$

두 부등식의 해가 서로 같으므로

$-8=-2a-4$, $2a=4$ $\therefore a=2$ 답 2

13 $ax-4>8x+1$에서 $(a-8)x>5$

그런데 부등식의 해가 $x<-1$이므로 $a-8<0$

따라서 $x<\dfrac{5}{a-8}$이므로 $\dfrac{5}{a-8}=-1$

$a-8=-5$ $\therefore a=3$ 답 3

14 $4x\le a-x$에서 $5x\le a$ $\therefore x\le\dfrac{a}{5}$

이를 만족시키는 자연수 x가 2개이려면 오른쪽 그림과 같아야 하므로

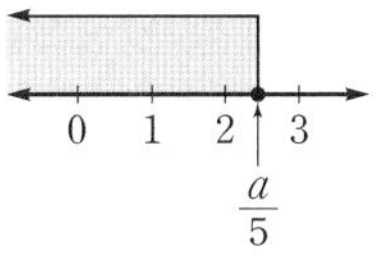

$2\le\dfrac{a}{5}<3$ $\therefore 10\le a<15$ 답 ③

III. 일차부등식

05 일차부등식의 활용

01 연속하는 두 홀수를 x, $x+2$라 하면

$3(x+2)+9\ge4x$, $3x+6+9\ge4x$ $\therefore x\le15$

이때 x의 값 중 가장 큰 홀수는 15이므로 가장 큰 두 홀수는 15, 17이다.

따라서 구하는 합은 $15+17=32$ 답 32

02 x개월 후부터 규리의 예금액이 현진이의 예금액보다 많아진다고 하면

$54000+5000x>72000+3000x$

$2000x>18000$ $\therefore x>9$

따라서 10개월 후부터이다. 답 10개월

03 네 번째 수학 시험에서 x점을 받는다고 하면

$\dfrac{87+96+85+x}{4}\ge90$, $268+x\ge360$ $\therefore x\ge92$

따라서 네 번째 시험에서 92점 이상을 받아야 한다. 답 92점

04 초콜릿을 x개 산다고 하면 사탕은 $(15-x)$개 살 수 있으므로

$$800(15-x)+1200x\leq14000$$
$$12000-800x+1200x\leq14000$$
$$400x\leq2000 \qquad \therefore x\leq5$$

따라서 초콜릿은 최대 5개까지 살 수 있다.   🔒 5개

05 x분 동안 주차한다고 하면

$$5000+50(x-30)\leq10000$$
$$5000+50x-1500\leq10000$$
$$50x\leq6500 \qquad \therefore x\leq130$$

따라서 최대 130분까지 주차할 수 있다.   🔒 ⑤

06 연습장을 x권 산다고 하면

$$1500x>1100x+2400, \qquad 400x>2400 \qquad \therefore x>6$$

따라서 연습장을 7권 이상 사는 경우 할인 매장에서 사는 것이 유리하다.   🔒 7권

07 x명이 입장한다고 하면

$$9000x>9000\times0.8\times40 \qquad \therefore x>32$$

따라서 33명 이상부터 40명의 단체 입장권을 사는 것이 유리하다.   🔒 33명

08 가장 긴 변의 길이가 $x+8$이므로

$$x+8<x+(x+5) \qquad \therefore x>3$$

따라서 x의 값이 될 수 없는 것은 ①이다.   🔒 ①

09 정가를 x원이라 하면

$$\left(1-\frac{20}{100}\right)x-8000\geq\frac{30}{100}\times8000$$
$$\frac{4}{5}x\geq10400 \qquad \therefore x\geq13000$$

따라서 정가는 13000원 이상으로 정하면 된다.   🔒 ③

10 x km 떨어진 지점까지 올라갔다 내려올 수 있다고 하면

$$\frac{x}{2}+\frac{x}{3}\leq3\frac{20}{60}, \qquad 3x+2x\leq20$$
$$5x\leq20 \qquad \therefore x\leq4$$

따라서 최대 4 km 떨어진 지점까지 올라갔다 내려올 수 있다.   🔒 4 km

11 시속 6 km로 뛰어간 거리를 x km라 하면 시속 4 km로 걸어간 거리는 $(11-x)$ km이므로

$$\frac{11-x}{4}+\frac{x}{6}\leq2\frac{30}{60}, \qquad 33-3x+2x\leq30 \qquad \therefore x\geq3$$

따라서 3 km 이상을 시속 6 km로 뛰었다.   🔒 3 km

12 물을 x g 증발시킨다고 하면

$$\frac{9}{100}\times500\geq\frac{12}{100}\times(500-x), \qquad 4500\geq6000-12x$$
$$12x\geq1500 \qquad \therefore x\geq125$$

따라서 최소 125 g의 물을 증발시켜야 한다.   🔒 ②

13 8 %의 소금물의 양을 x g이라 하면 섞은 후의 소금물의 양은 $(200+x)$ g이므로

$$\frac{13}{100}\times200+\frac{8}{100}\times x\leq\frac{10}{100}\times(200+x)$$
$$2600+8x\leq2000+10x$$
$$-2x\leq-600 \qquad \therefore x\geq300$$

따라서 8 %의 소금물을 300 g 이상 섞어야 한다.   🔒 300 g

14 합금 B의 양을 x g이라 하면 합금 A의 양은 $(300-x)$ g이므로

$$\frac{10}{100}\times(300-x)+\frac{20}{100}\times x\geq40$$
$$3000-10x+20x\geq4000$$
$$10x\geq1000 \qquad \therefore x\geq100$$

따라서 합금 B는 최소 100 g이 필요하다.   🔒 100 g

06 연립일차방정식

01 ㄴ. $x^2-4x-y=0$

ㄷ. $6x-\dfrac{5}{y}-3=0$

ㅁ. $x-4y+5=0$

이상에서 미지수가 2개인 일차방정식은 ㄹ, ㅁ이다.   🔒 ③

02 주어진 순서쌍의 x, y의 값을 각 방정식에 대입하면

④ $6\times(-1)-5\times(-3)=9$ 🔒 ④

03 $x=-2, y=4$를 $ax+5y=12$에 대입하면

$$-2a+5\times4=12, \qquad -2a=-8 \qquad \therefore a=4$$ 🔒 4

04 $x=3, y=-1$을 각 방정식에 대입하면

ㄱ. $\begin{cases} 3-2\times(-1)=5 \\ 2\times3+(-1)=5\neq4 \end{cases}$ ㄴ. $\begin{cases} -3+4\times(-1)=-7 \\ 3-3\times(-1)=6 \end{cases}$

ㄷ. $\begin{cases} 2\times3+3\times(-1)=3 \\ 4\times3+7\times(-1)=5 \end{cases}$ ㄹ. $\begin{cases} 2\times3-5\times(-1)=11 \\ 3\times3+8\times(-1)=1 \end{cases}$

이상에서 $x=3, y=-1$을 해로 갖는 것은 ㄴ, ㄷ, ㄹ이다.

🔒 ㄴ, ㄷ, ㄹ

05 $x=5$, $y=2$를 $x-y=a$에 대입하면 $a=5-2=3$

$x=5$, $y=2$를 $2x+by=7$에 대입하면

     $2\times5+2b=7$, $2b=-3$ $\therefore b=-\dfrac{3}{2}$

     $\therefore a+4b=3+4\times\left(-\dfrac{3}{2}\right)=-3$ **답** -3

06 $\begin{cases} x-4y=7 & \cdots\cdots ㉠ \\ x=5y+9 & \cdots\cdots ㉡ \end{cases}$

㉡을 ㉠에 대입하면 $(5y+9)-4y=7$ $\therefore y=-2$

$y=-2$를 ㉡에 대입하면 $x=5\times(-2)+9=-1$

따라서 $p=-1$, $q=-2$이므로

     $p-q=-1-(-2)=1$ **답** 1

07 $\begin{cases} 3x-2y=5 & \cdots\cdots ㉠ \\ 2x+5y=16 & \cdots\cdots ㉡ \end{cases}$

㉠$\times2-$㉡$\times3$을 하면 $-19y=-38$ $\therefore y=2$

$y=2$를 ㉠에 대입하면 $3x-2\times2=5$ $\therefore x=3$

     $\therefore x+y=3+2=5$ **답** 5

08 $\begin{cases} 2(x+5)+3y=-12 & \cdots\cdots ㉠ \\ -(x-y-4)+y=1 & \cdots\cdots ㉡ \end{cases}$

㉠, ㉡을 정리하면 $\begin{cases} 2x+3y=-22 & \cdots\cdots ㉢ \\ -x+2y=-3 & \cdots\cdots ㉣ \end{cases}$

㉢$+$㉣$\times2$를 하면 $7y=-28$ $\therefore y=-4$

$y=-4$를 ㉣에 대입하면 $-x+2\times(-4)=-3$

     $\therefore x=-5$

따라서 $a=-5$, $b=-4$이므로 $a+b=-5+(-4)=-9$

     답 ②

09 $\begin{cases} 0.5x-0.1y=0.4 & \cdots\cdots ㉠ \\ \dfrac{1}{4}x+\dfrac{1}{8}y=\dfrac{5}{4} & \cdots\cdots ㉡ \end{cases}$

㉠$\times10$, ㉡$\times8$을 하면 $\begin{cases} 5x-y=4 & \cdots\cdots ㉢ \\ 2x+y=10 & \cdots\cdots ㉣ \end{cases}$

㉢$+$㉣을 하면 $7x=14$ $\therefore x=2$

$x=2$를 ㉣에 대입하면 $2\times2+y=10$ $\therefore y=6$

따라서 $a=2$, $b=6$이므로 $a-b=2-6=-4$ **답** -4

10 $\begin{cases} (x-1):(x+y)=2:5 & \cdots\cdots ㉠ \\ 3(x-4)-5(y-x)=2 & \cdots\cdots ㉡ \end{cases}$

㉠에서 $5(x-1)=2(x+y)$

     $\therefore 3x-2y=5$ $\cdots\cdots ㉢$

㉡을 정리하면 $8x-5y=14$ $\cdots\cdots ㉣$

㉢$\times5-$㉣$\times2$를 하면 $-x=-3$ $\therefore x=3$

$x=3$을 ㉢에 대입하면 $3\times3-2y=5$ $\therefore y=2$

따라서 $a=3$, $b=2$이므로 $ab=3\times2=6$ **답** 6

11 주어진 방정식에서

$\begin{cases} x+2y=4x-3y+3 \\ x+2y=2x-y+5 \end{cases}$, 즉 $\begin{cases} 3x-5y=-3 & \cdots\cdots ㉠ \\ x-3y=-5 & \cdots\cdots ㉡ \end{cases}$

㉠$-$㉡$\times3$을 하면 $4y=12$ $\therefore y=3$

$y=3$을 ㉡에 대입하면 $x-3\times3=-5$ $\therefore x=4$ **답** ⑤

12 $x=-2$, $y=5$를 주어진 연립방정식에 대입하면

$\begin{cases} -2a+5b=11 \\ -2b+5a=4 \end{cases}$, 즉 $\begin{cases} -2a+5b=11 & \cdots\cdots ㉠ \\ 5a-2b=4 & \cdots\cdots ㉡ \end{cases}$

㉠$\times5+$㉡$\times2$를 하면 $21b=63$ $\therefore b=3$

$b=3$을 ㉡에 대입하면 $5a-2\times3=4$ $\therefore a=2$

     $\therefore 2a-b=2\times2-3=1$ **답** 1

13 $\begin{cases} 3x+y=-4 & \cdots\cdots ㉠ \\ x-3y=2 & \cdots\cdots ㉡ \end{cases}$

㉠$-$㉡$\times3$을 하면 $10y=-10$ $\therefore y=-1$

$y=-1$을 ㉡에 대입하면 $x-3\times(-1)=2$ $\therefore x=-1$

$x=-1$, $y=-1$을 $6x-5y=a$에 대입하면

     $a=6\times(-1)-5\times(-1)=-1$ **답** -1

14 y의 값이 x의 값의 2배이므로 $y=2x$ $\cdots\cdots ㉠$

㉠을 주어진 연립방정식에 대입하면

$\begin{cases} 5x+2\times2x=a \\ 4x+5\times2x=a+5 \end{cases}$, 즉 $\begin{cases} 9x-a=0 & \cdots\cdots ㉡ \\ 14x-a=5 & \cdots\cdots ㉢ \end{cases}$

㉡$-$㉢을 하면 $-5x=-5$ $\therefore x=1$

$x=1$을 ㉡에 대입하면 $9-a=0$ $\therefore a=9$ **답** ④

15 $\begin{cases} x-y=1 & \cdots\cdots ㉠ \\ 2x+y=8 & \cdots\cdots ㉡ \end{cases}$

㉠$+$㉡을 하면 $3x=9$ $\therefore x=3$

$x=3$을 ㉠에 대입하면 $3-y=1$ $\therefore y=2$

$x=3$, $y=2$를 $5x+ay=9$에 대입하면

     $5\times3+2a=9$, $2a=-6$ $\therefore a=-3$

$x=3$, $y=2$를 $bx+5y=-2$에 대입하면

     $3b+5\times2=-2$, $3b=-12$ $\therefore b=-4$

     답 $a=-3$, $b=-4$

16 주어진 연립방정식에서 a와 b를 바꾸어 놓으면

$\begin{cases} bx+ay=-5 \\ ax+by=10 \end{cases}$

이 연립방정식의 해가 $x=4$, $y=1$이므로

$\begin{cases} 4b+a=-5 \\ 4a+b=10 \end{cases}$, 즉 $\begin{cases} a+4b=-5 & \cdots\cdots ㉠ \\ 4a+b=10 & \cdots\cdots ㉡ \end{cases}$

㉠$\times4-$㉡을 하면 $15b=-30$ $\therefore b=-2$

$b=-2$를 ㉠에 대입하면

     $a+4\times(-2)=-5$ $\therefore a=3$

     $\therefore ab=3\times(-2)=-6$ **답** -6

17 $\begin{cases} 5x - 7y = a & \cdots\cdots \ \text{㉠} \\ bx + 21y = -3 & \cdots\cdots \ \text{㉡} \end{cases}$

y의 계수가 같아지도록 ㉠×(−3)을 하면

$\quad -15x + 21y = -3a \qquad \cdots\cdots \ \text{㉢}$

해가 무수히 많으므로 ㉡과 ㉢에서 x, y의 계수, 상수항이 각각 같다.

따라서 $b = -15$, $-3 = -3a$이므로

$\quad a = 1, \ b = -15$ 〖답〗 ②

18 $\begin{cases} 4x - 3y = 3 & \cdots\cdots \ \text{㉠} \\ 8x + ay = -1 & \cdots\cdots \ \text{㉡} \end{cases}$

x의 계수가 같아지도록 ㉠×2를 하면

$\quad 8x - 6y = 6 \qquad \cdots\cdots \ \text{㉢}$

해가 없으므로 ㉡과 ㉢에서 x, y의 계수는 각각 같고 상수항은 다르다. $\quad \therefore a = -6$ 〖답〗 −6

19 $\begin{cases} 0.\dot{4}x - 0.0\dot{7}y = -0.6 & \cdots\cdots \ \text{㉠} \\ 0.\dot{3}x + 0.5\dot{y} = 0.\dot{6} & \cdots\cdots \ \text{㉡} \end{cases}$

㉠에서 $\quad \dfrac{4}{9}x - \dfrac{7}{90}y = -\dfrac{6}{10}$

$\quad \therefore 40x - 7y = -54 \qquad \cdots\cdots \ \text{㉢}$

㉡에서 $\quad \dfrac{3}{9}x + \dfrac{5}{10}y = \dfrac{6}{9}$

$\quad \therefore 2x + 3y = 4 \qquad \cdots\cdots \ \text{㉣}$

㉢−㉣×20을 하면 $\quad -67y = -134 \quad \therefore y = 2$

$y = 2$를 ㉣에 대입하면 $\quad 2x + 3 \times 2 = 4$

$\quad 2x = -2 \quad \therefore x = -1$ 〖답〗 $x = -1, \ y = 2$

20 $\begin{cases} 2^{x+2y} = 2^{x-y} \times 2^{2x-1} & \cdots\cdots \ \text{㉠} \\ 3^x \div 3^y = 9 & \cdots\cdots \ \text{㉡} \end{cases}$

㉠에서 $\quad 2^{x+2y} = 2^{(x-y)+(2x-1)}$

$\quad x + 2y = 3x - y - 1 \quad \therefore 2x - 3y = 1 \qquad \cdots\cdots \ \text{㉢}$

㉡에서 $\quad 3^{x-y} = 3^2$

$\quad \therefore x - y = 2 \qquad \cdots\cdots \ \text{㉣}$

㉢−㉣×2를 하면 $\quad -y = -3 \quad \therefore y = 3$

$y = 3$을 ㉣에 대입하면 $\quad x - 3 = 2 \quad \therefore x = 5$

따라서 $a = 5$, $b = 3$이므로 $\quad a + b = 5 + 3 = 8$ 〖답〗 8

IV. 연립일차방정식

07 연립일차방정식의 활용

01 큰 수를 x, 작은 수를 y라 하면

$\begin{cases} x + y = 70 \\ x = 3y + 2 \end{cases}$

위의 식을 연립하여 풀면 $\quad x = 53, \ y = 17$

따라서 두 수의 차는 $\quad 53 - 17 = 36$ 〖답〗 36

02 처음 수의 십의 자리의 숫자를 x, 일의 자리의 숫자를 y라 하면

$\begin{cases} x + y = 14 \\ 10y + x = (10x + y) - 36 \end{cases}$, 즉 $\begin{cases} x + y = 14 \\ x - y = 4 \end{cases}$

위의 식을 연립하여 풀면 $\quad x = 9, \ y = 5$

따라서 처음 수는 95이다. 〖답〗 95

03 현재 아버지의 나이를 x살, 아들의 나이를 y살이라 하면

$\begin{cases} x - y = 32 \\ x + 18 = 2(y + 18) \end{cases}$, 즉 $\begin{cases} x - y = 32 \\ x - 2y = 18 \end{cases}$

위의 식을 연립하여 풀면 $\quad x = 46, \ y = 14$

따라서 현재 아버지의 나이는 46살이다. 〖답〗 ③

04 입장한 성인이 x명, 청소년이 y명이라 하면

$\begin{cases} x + y = 15 \\ 3000x + 2000y = 36000 \end{cases}$, 즉 $\begin{cases} x + y = 15 \\ 3x + 2y = 36 \end{cases}$

위의 식을 연립하여 풀면 $\quad x = 6, \ y = 9$

따라서 입장한 성인은 6명이다. 〖답〗 6명

05 직사각형의 가로의 길이를 x cm, 세로의 길이를 y cm라 하면

$\begin{cases} 2(x + y) = 58 \\ y = 2x + 2 \end{cases}$, 즉 $\begin{cases} x + y = 29 \\ y = 2x + 2 \end{cases}$

위의 식을 연립하여 풀면 $\quad x = 9, \ y = 20$

따라서 직사각형의 넓이는 $\quad 9 \times 20 = 180 \, (\text{cm}^2)$ 〖답〗 ④

06 수현이가 이긴 횟수를 x, 혜민이가 이긴 횟수를 y라 하면

$\begin{cases} 3x - 2y = 16 \\ 3y - 2x = 6 \end{cases}$

위의 식을 연립하여 풀면 $\quad x = 12, \ y = 10$

따라서 수현이가 이긴 횟수는 12이다. 〖답〗 12

07 작년의 남학생 수를 x, 여학생 수를 y라 하면

$\begin{cases} x + y = 440 \\ \dfrac{5}{100}x - \dfrac{3}{100}y = 6 \end{cases}$, 즉 $\begin{cases} x + y = 440 \\ 5x - 3y = 600 \end{cases}$

위의 식을 연립하여 풀면 $\quad x = 240, \ y = 200$

따라서 올해의 남학생 수는 $\quad \left(1 + \dfrac{5}{100}\right) \times 240 = 252$

〖답〗 252

08 A 상품의 원가를 x원, B 상품의 원가를 y원이라 하면

$\begin{cases} x + y = 38000 \\ \dfrac{30}{100}x - \dfrac{50}{100}y = 1800 \end{cases}$, 즉 $\begin{cases} x + y = 38000 \\ 3x - 5y = 18000 \end{cases}$

위의 식을 연립하여 풀면 $\quad x = 26000, \ y = 12000$

따라서 A 상품의 원가는 26000원이다. 〖답〗 ③

09 전체 일의 양을 1로 놓고, 시하와 어머니가 하루에 할 수 있는 일의 양을 각각 x, y라 하면

$$\begin{cases} 4x+4y=1 \\ 2x+8y=1 \end{cases}$$

위의 식을 연립하여 풀면 $x=\dfrac{1}{6}$, $y=\dfrac{1}{12}$

따라서 시하가 혼자 하면 마치는 데 6일이 걸린다. **답** 6일

10 남학생 수를 x, 여학생 수를 y라 하면

$$\begin{cases} x+y=32 \\ \dfrac{2}{5}x+\dfrac{2}{3}y=32\times\dfrac{1}{2} \end{cases}, 즉 \begin{cases} x+y=32 \\ 3x+5y=120 \end{cases}$$

위의 식을 연립하여 풀면 $x=20$, $y=12$

따라서 남학생 수는 20이다. **답** ②

11 시속 4 km로 걸은 거리를 x km, 시속 5 km로 걸은 거리를 y km라 하면

$$\begin{cases} x+y=7 \\ \dfrac{x}{4}+\dfrac{y}{5}=1\dfrac{30}{60} \end{cases}, 즉 \begin{cases} x+y=7 \\ 5x+4y=30 \end{cases}$$

위의 식을 연립하여 풀면 $x=2$, $y=5$

따라서 시속 4 km로 걸은 거리는 2 km이다. **답** 2 km

12 형과 동생이 만날 때까지 형이 걸린 시간을 x분, 동생이 걸린 시간을 y분이라 하면

$$\begin{cases} y=x+9 \\ 40y=70x \end{cases}, 즉 \begin{cases} y=x+9 \\ 4y=7x \end{cases}$$

위의 식을 연립하여 풀면 $x=12$, $y=21$

따라서 두 사람이 만나는 것은 형이 떠난 지 12분 후이다. **답** 12분

13 유나의 속력을 시속 x km, 재혁이의 속력을 시속 y km라 하면

$$\begin{cases} 2x-2y=4 \\ \dfrac{24}{60}x+\dfrac{24}{60}y=4 \end{cases}, 즉 \begin{cases} x-y=2 \\ x+y=10 \end{cases}$$

위의 식을 연립하여 풀면 $x=6$, $y=4$

따라서 유나의 속력은 시속 6 km, 재혁이의 속력은 시속 4 km이다. **답** 유나: 시속 6 km, 재혁: 시속 4 km

14 정지한 물에서의 배의 속력을 시속 x km, 강물의 속력을 시속 y km라 하면

$$\begin{cases} 4(x-y)=16 \\ 2(x+y)=16 \end{cases}, 즉 \begin{cases} x-y=4 \\ x+y=8 \end{cases}$$

위의 식을 연립하여 풀면 $x=6$, $y=2$

따라서 강물의 속력은 시속 2 km이다. **답** 시속 2 km

15 10 %의 소금물의 양을 x g, 16 %의 소금물의 양을 y g이라 하면

$$\begin{cases} x+y=600 \\ \dfrac{10}{100}x+\dfrac{16}{100}y=\dfrac{14}{100}\times600 \end{cases}, 즉 \begin{cases} x+y=600 \\ 5x+8y=4200 \end{cases}$$

위의 식을 연립하여 풀면 $x=200$, $y=400$

따라서 16 %의 소금물을 400 g 섞어야 한다. **답** ②

16 소금물 A의 농도를 x %, 소금물 B의 농도를 y %라 하면

$$\begin{cases} \dfrac{x}{100}\times300+\dfrac{y}{100}\times200=\dfrac{8}{100}\times500 \\ \dfrac{x}{100}\times200+\dfrac{y}{100}\times300=\dfrac{9}{100}\times500 \end{cases}, 즉$$

$$\begin{cases} 3x+2y=40 \\ 2x+3y=45 \end{cases}$$

위의 식을 연립하여 풀면 $x=6$, $y=11$

따라서 소금물 B의 농도는 11 %이다. **답** ①

17 기차의 길이를 x m, 기차의 속력을 초속 y m라 하면

$$\begin{cases} x+1200=50y \\ x+900=40y \end{cases}$$

위의 식을 연립하여 풀면 $x=300$, $y=30$

따라서 기차의 길이는 300 m이다. **답** 300 m

18 섭취해야 하는 A 식품의 양을 x g, B 식품의 양을 y g이라 하면

$$\begin{cases} \dfrac{8}{100}x+\dfrac{15}{100}y=34 \\ \dfrac{12}{100}x+\dfrac{4}{100}y=14 \end{cases}, 즉 \begin{cases} 8x+15y=3400 \\ 3x+y=350 \end{cases}$$

위의 식을 연립하여 풀면 $x=50$, $y=200$

따라서 B 식품은 200 g을 섭취해야 한다. **답** ③

V. 일차함수

08 일차함수와 그 그래프 (1)

01 ⑤ $x=3$일 때, $y=1$, 2

즉 x의 값이 변함에 따라 y의 값이 오직 하나씩 정해지지 않으므로 y는 x에 대한 함수가 아니다. **답** ⑤

02 ④ $f\left(\dfrac{1}{2}\right)=6\div\dfrac{1}{2}=6\times2=12$ **답** ④

03 ㅁ. $y=7x(1-x)+7x^2$에서 $y=7x$

ㅂ. $y^2-4y=x+8+y^2$에서 $y=-\dfrac{1}{4}x-2$ **답** ㄷ, ㅁ, ㅂ

04 ③ $0\neq-4\times3+16=4$ **답** ③

05 $y=5x-8$의 그래프를 y축의 방향으로 b만큼 평행이동한 그래프의 식은 $y=5x-8+b$
이 그래프의 식이 $y=ax-4$와 같으므로
$$a=5, \quad -8+b=-4$$
따라서 $a=5$, $b=4$이므로 $a-b=5-4=1$ **답 1**

06 $y=0$일 때, $0=-3x+15$ $\therefore x=5$
$x=0$일 때, $y=15$
따라서 $a=5$, $b=15$이므로 $a+b=5+15=20$ **답 20**

07 (기울기)$=\dfrac{-2}{10}=-\dfrac{1}{5}$ **답 ②**

08 (기울기)$=\dfrac{a-3}{1-(-7)}=-\dfrac{3}{4}$이므로
$$\dfrac{a-3}{8}=-\dfrac{3}{4} \quad \therefore a=-3$$
   답 -3

09 $\dfrac{k-(-1)}{1-(-2)}=\dfrac{-11-(-1)}{3-(-2)}$이므로
$$\dfrac{k+1}{3}=-2 \quad \therefore k=-7$$
   답 -7

10 $y=0$일 때, $0=\dfrac{2}{3}x-2$ $\therefore x=3$
$x=0$일 때, $y=-2$
즉 $y=\dfrac{2}{3}x-2$의 그래프의 x절편은 3, y절편은 -2이므로 그래프는 ④이다.   **답 ④**

11 $y=0$일 때, $0=-\dfrac{3}{5}x+6$ $\therefore x=10$
$x=0$일 때, $y=6$
즉 A$(10, 0)$, B$(0, 6)$이므로 오른쪽 그림에서
$$\triangle \text{AOB}=\dfrac{1}{2}\times 10\times 6=30$$

   답 30

12 (기울기)$=\dfrac{(y\text{의 값의 증가량})}{(x\text{의 값의 증가량})}$
$$=\dfrac{f(11)-f(-1)}{11-(-1)}=\dfrac{24}{12}=2$$
   답 2

13 $y=-x-5$의 그래프의 x절편은 -5, y절편은 -5이고,
$y=\dfrac{5}{4}x-5$의 그래프의 x절편은 4, y절편은 -5이다.
따라서 두 일차함수의 그래프는 오른쪽 그림과 같으므로 구하는 넓이는
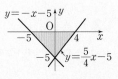
$$\dfrac{1}{2}\times\{4-(-5)\}\times 5=\dfrac{45}{2}$$
   답 $\dfrac{45}{2}$

09 일차함수와 그 그래프 (2)

01 ⑤ 그래프는 오른쪽 그림과 같으므로 제2사분면을 지나지 않는다.

   답 ⑤

02 그래프가 오른쪽 아래로 향하므로 $-a<0$ $\therefore a>0$
또 그래프가 y축과 음의 부분에서 만나므로 $b<0$ **답 ②**

03 주어진 그래프의 기울기는 $\dfrac{4-0}{0-(-2)}=2$이므로 $a=2$
즉 $y=2x+b$의 그래프가 점 $(-5, 0)$을 지나므로
$$0=2\times(-5)+b \quad \therefore b=10$$
$$\therefore b-a=10-2=8$$
   답 8

04 $y=(4a+b)x-7$과 $y=-2x+a-3b$의 그래프가 일치하므로 $4a+b=-2$, $a-3b=-7$
두 식을 연립하여 풀면 $a=-1$, $b=2$
$$\therefore ab=-1\times 2=-2$$
   답 ②

05 기울기가 -3이고 y절편이 7인 직선을 그래프로 하는 일차함수의 식은 $y=-3x+7$
따라서 $a=-3$, $b=7$이므로 $a+b=-3+7=4$ **답 4**

06 기울기가 $-\dfrac{1}{2}$이므로 일차함수의 식을 $y=-\dfrac{1}{2}x+b$라 하자.
이 함수의 그래프가 점 $(8, -5)$를 지나므로
$$-5=-\dfrac{1}{2}\times 8+b \quad \therefore b=-1 \quad \therefore y=-\dfrac{1}{2}x-1$$
따라서 구하는 x절편은 -2이다.   **답 ④**

07 기울기가 $\dfrac{3-(-9)}{2-(-1)}=4$이므로 일차함수의 식을 $y=4x+b$라 하자.
이 함수의 그래프가 점 $(2, 3)$을 지나므로
$$3=4\times 2+b \quad \therefore b=-5 \quad \therefore y=4x-5$$
⑤ $10\neq 4\times 4-5=11$ **답 ⑤**

08 두 점 $(9, 0)$, $(0, 6)$을 지나므로 기울기는
$$\dfrac{6-0}{0-9}=-\dfrac{2}{3}$$
y절편이 6이므로 일차함수의 식은 $y=-\dfrac{2}{3}x+6$
이 함수의 그래프가 점 $(k, -2)$를 지나므로
$$-2=-\dfrac{2}{3}k+6, \quad \dfrac{2}{3}k=8 \quad \therefore k=12$$
   답 ③

09 물의 온도가 10분마다 8 ℃씩 내려가므로 1분마다 $\dfrac{4}{5}$ ℃씩 내려간다. ∴ $y=-\dfrac{4}{5}x+100$

위의 식에 $x=25$를 대입하면 $y=-\dfrac{4}{5}\times25+100=80$

따라서 25분 후의 물의 온도는 80 ℃이다.

답 $y=-\dfrac{4}{5}x+100$, 80 ℃

10 양초의 길이는 6분마다 1 cm씩 짧아지므로 1분마다 $\dfrac{1}{6}$ cm씩 짧아진다.

불을 붙인 지 x분 후의 양초의 길이를 y cm라 하면

$$y=-\dfrac{1}{6}x+20$$

위의 식에 $y=12$를 대입하면

$$12=-\dfrac{1}{6}x+20, \qquad \dfrac{1}{6}x=8 \qquad \therefore x=48$$

따라서 양초의 길이가 12 cm가 되는 것은 불을 붙인 지 48분 후이다.

답 ③

11 4분에 12 L씩 물을 넣으므로 1분에 3 L씩 물을 넣을 수 있다. 물을 넣기 시작한 지 x분 후에 수조에 들어 있는 물의 양을 y L라 하면 $y=3x+15$

위의 식에 $y=120$을 대입하면

$$120=3x+15, \qquad -3x=-105 \qquad \therefore x=35$$

따라서 수조에 물을 가득 채우는 데 걸리는 시간은 35분이다.

답 35분

12 A 지점을 출발한 지 x시간 후에 B 지점까지 남은 거리를 y km라 하면 $y=-80x+460$

위의 식에 $x=5$를 대입하면 $y=-80\times5+460=60$

따라서 5시간 후에 B 지점까지 남은 거리는 60 km이다.

답 60 km

13 점 P가 점 B를 출발한 지 x초 후의 $\overline{BP}$의 길이는 $2x$ cm 이므로 x초 후의 △ABP의 넓이를 y cm²라 하면

$$y=\dfrac{1}{2}\times2x\times18=18x$$

위의 식에 $y=72$를 대입하면 $72=18x$ ∴ $x=4$

따라서 △ABP의 넓이가 72 cm²가 되는 것은 점 P가 점 B를 출발한 지 4초 후이다.

답 ②

14 그래프가 두 점 $(400, 20)$, $(1200, 10)$을 지나므로 기울기 는 $\dfrac{10-20}{1200-400}=-\dfrac{1}{80}$

그래프의 식을 $y=-\dfrac{1}{80}x+b$라 하면 이 그래프가 점 $(400, 20)$ 을 지나므로 $20=-\dfrac{1}{80}\times400+b$ ∴ $b=25$

∴ $y=-\dfrac{1}{80}x+25$

위의 식에 $y=17$을 대입하면

$$17=-\dfrac{1}{80}x+25, \qquad \dfrac{1}{80}x=8 \qquad \therefore x=640$$

따라서 기온이 17 ℃인 곳의 지상으로부터의 높이는 640 m이다.

답 $y=-\dfrac{1}{80}x+25$, 640 m

15 $y=\dfrac{1}{5}x+1$과 $y=ax+b$의 그래프가 평행하므로

$$a=\dfrac{1}{5}$$

$y=\dfrac{1}{5}x+1$의 그래프의 x절편이 -5이므로 P$(-5, 0)$

$y=\dfrac{1}{5}x+b$의 그래프의 x절편이 $-5b$이므로 Q$(-5b, 0)$

$\overline{PQ}=6$이므로 $|-5b-(-5)|=6$

$$-5b+5=-6 \text{ 또는 } -5b+5=6$$

$$\therefore b=\dfrac{11}{5} \ (\because b>0)$$

$$\therefore b-a=\dfrac{11}{5}-\dfrac{1}{5}=2$$

답 2

16 정삼각형 1개를 만드는 데 필요한 성냥개비의 개수는 3이고, 정삼각형 1개를 더 만들 때마다 필요한 성냥개비의 개수는 2씩 늘어나므로 정삼각형 x개를 만드는 데 필요한 성냥개비의 개수를 y라 하면

$$y=3+2(x-1), \ \ \text{즉 } y=2x+1$$

위의 식에 $x=15$를 대입하면 $y=2\times15+1=31$

따라서 정삼각형 15개를 만드는 데 필요한 성냥개비의 개수는 31이다.

답 ①

V. 일차함수

10 일차함수와 일차방정식의 관계

01 $5x-2y+6=0$에서 $y=\dfrac{5}{2}x+3$

④ y절편은 3이다.

답 ④

02 $4x+ay-2=0$의 그래프가 점 $(-1, 2)$를 지나므로

$$4\times(-1)+2a-2=0 \qquad \therefore a=3$$

즉 $4x+3y-2=0$의 그래프가 점 $(5, b)$를 지나므로

$$4\times5+3b-2=0 \qquad \therefore b=-6$$

$$\therefore a+b=3+(-6)=-3$$

답 -3

03 $ax+y-b=0$에서 $y=-ax+b$

주어진 그래프의 기울기는 양수, y절편은 음수이므로

$$-a>0, \ b<0 \qquad \therefore a<0, \ b<0$$

답 ①

04 주어진 직선은 두 점 $(0, -6)$, $(3, 0)$을 지나므로 기울기는 $\dfrac{0-(-6)}{3-0}=2$

이 직선과 평행한 직선의 방정식을 $y=2x+b$라 하자.

이 직선은 점 $(-2, -9)$를 지나므로

$\qquad -9=2\times(-2)+b \qquad \therefore b=-5$

따라서 구하는 직선의 방정식은

$\qquad y=2x-5$, 즉 $2x-y-5=0$ 　　　　답 ③

05 y축에 수직인 직선은 두 점의 y좌표가 같아야 한다.

즉 $2a=a-4$이므로 　　$a=-4$ 　　　　답 -4

06 $2x-18=0$에서 　　$x=9$

$3y=-6$에서 　　$y=-2$

$y-5=0$에서 　　$y=5$

따라서 네 방정식의 그래프는 오른쪽 그림과 같으므로 구하는 도형의 넓이는

$\qquad (9-3)\times\{5-(-2)\}=42$

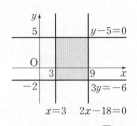

답 42

07 연립방정식 $\begin{cases} 5x+7y+3=0 \\ 2x-y+5=0 \end{cases}$을 풀면 　　$x=-2, y=1$

따라서 교점의 좌표는 $(-2, 1)$이므로 　　$a=-2, b=1$

$\qquad \therefore b-a=1-(-2)=3$ 　　　　답 ④

08 두 일차방정식의 그래프의 교점의 좌표가 $(3, 1)$이므로

$x=3, y=1$을 $x-ay=2$에 대입하면

$\qquad 3-a=2 \qquad \therefore a=1$

또 $x=3, y=1$을 $x-5y=b$에 대입하면 　　$b=3-5=-2$

$\qquad \therefore a+b=1+(-2)=-1$ 　　　　답 -1

09 연립방정식 $\begin{cases} 2x+3y=4 \\ 4x+y=-2 \end{cases}$를 풀면 　　$x=-1, y=2$

한편 직선 $4x-y+1=0$과 평행하므로 기울기는 4이다.

직선의 방정식을 $y=4x+b$라 하면 이 직선이 점 $(-1, 2)$를 지나므로 　　$2=4\times(-1)+b \qquad \therefore b=6$

따라서 구하는 직선의 방정식은

$\qquad y=4x+6$, 즉 $4x-y+6=0$ 　　　　답 $4x-y+6=0$

10 연립방정식 $\begin{cases} x+y-6=0 \\ 4x-3y-3=0 \end{cases}$을 풀면 　　$x=3, y=3$

따라서 직선 $2x+y-a=0$이 점 $(3, 3)$을 지나므로

$\qquad 2\times3+3-a=0 \qquad \therefore a=9$ 　　　　답 9

11 $ax+2y-1=0$에서 　　$y=-\dfrac{a}{2}x+\dfrac{1}{2}$

$8x-4y+b=0$에서 　　$y=2x+\dfrac{b}{4}$

해가 무수히 많으려면 두 그래프가 일치해야 하므로

$\qquad -\dfrac{a}{2}=2, \dfrac{1}{2}=\dfrac{b}{4} \qquad \therefore a=-4, b=2$

$\qquad \therefore a+b=-4+2=-2$ 　　　　답 ②

12 연립방정식 $\begin{cases} x+y-3=0 \\ 2x-y+6=0 \end{cases}$을 풀면 　　$x=-1, y=4$

따라서 두 직선의 교점의 좌표는 $(-1, 4)$이므로 구하는 도형의 넓이는

$\qquad \dfrac{1}{2}\times\{3-(-3)\}\times4=12$

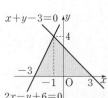

답 12

13 수현이가 간 거리를 나타내는 직선은 두 점 $(0, 0)$, $(120, 600)$을 지나므로 　　$y=5x$

은지가 간 거리를 나타내는 직선은 두 점 $(0, 100)$, $(125, 600)$을 지나므로 　　$y=4x+100$

수현이가 은지를 앞지르기 시작할 때는 두 사람이 간 거리가 같을 때이므로 　　$5x=4x+100 \qquad \therefore x=100$

따라서 100초 후이다. 　　　　답 100초

14 (i) 직선 $y=ax-1$이 점 $A(-2, 5)$를 지날 때,

$\qquad 5=-2a-1 \qquad \therefore a=-3$

(ii) 직선 $y=ax-1$이 점 $B(-5, 3)$을 지날 때,

$\qquad 3=-5a-1 \qquad \therefore a=-\dfrac{4}{5}$

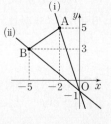

(i), (ii)에서 　　$-3\le a\le-\dfrac{4}{5}$ 　　　　답 $-3\le a\le-\dfrac{4}{5}$

15 일차방정식 $2x-y+10=0$의 그래프와 x축, y축의 교점을 각각 A, B라 하면

$\qquad A(-5, 0), B(0, 10)$

$\qquad \therefore \triangle AOB=\dfrac{1}{2}\times5\times10=25$

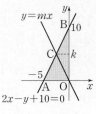

한편 직선 $y=mx$와 일차방정식 $2x-y+10=0$의 그래프의 교점을 C라 하고 점 C의 y좌표를 k라 하자.

$\triangle CAO$의 넓이는 $\dfrac{25}{2}$이므로 　　$\dfrac{1}{2}\times5\times k=\dfrac{25}{2} \qquad \therefore k=5$

$2x-y+10=0$에 $y=5$를 대입하면 　　$x=-\dfrac{5}{2}$

따라서 직선 $y=mx$가 점 $C\left(-\dfrac{5}{2}, 5\right)$를 지나므로

$\qquad 5=-\dfrac{5}{2}m \qquad \therefore m=-2$ 　　　　답 -2

정답 및 풀이

다양한 유형의 문제를 통해 수학의 문제해결력을 높일 수 있는 **RPM**

함께 만드는 개념원리

개념원리는

선생님이
가르치기 쉽고

학생이
배우기 쉬운

**교육 콘텐츠를
만듭니다.**

전국 **360**명 선생님이 교재 개발 참여

총 **2,540**명 학생의 실사용 의견 청취

(2017년도~2023년도 교재 VOC 누적)

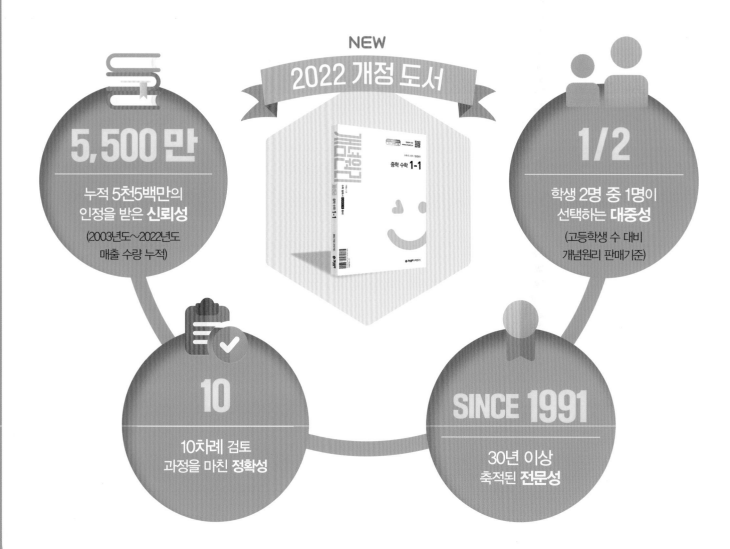

NEW

2022 개정 도서

중학 수학 1-1

5,500 만

누적 5천5백만의
인정을 받은 **신뢰성**

(2003년도~2022년도
매출 수량 누적)

1/2

학생 2명 중 1명이
선택하는 **대중성**

(고등학생 수 대비
개념원리 판매기준)

10

10차례 검토
과정을 마친 **정확성**

SINCE 1991

30년 이상
축적된 **전문성**

2022 개정 더 좋아진 개념원리

2022 개정 교재는 학습자의 학습 편의성을 강화했습니다.
학습 과정에서 필요한 각종 학습자료를 추가해 더욱더 완전한 학습을 지원합니다.

A

2022 개정 교재 + 교재 연계 서비스 (APP)

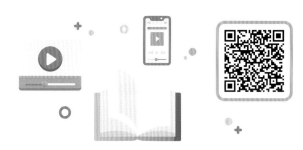

개념원리&RPM + 교재 연계 서비스 제공

- 서비스를 통해 교재의 완전 학습 및 지속적인 학습 성장 지원

2015 개정
- 교재 학습으로 학습종료

B

2022 개정 무료 해설 강의 확대

RPM
영상 0% 제공

RPM 전 문항
해설 강의 100% 제공

- QR 1개당 1년 평균 **3,900명** 이상 인입 (2015 개정 개념원리 수학(상) p.34 기준)
- 완전한 학습을 위해 RPM **전 문항 무료 해설 강의** 제공

2015 개정
- 개념원리 주요 문항만 무료 해설 강의 제공 (RPM 미제공)

학생 모두가 수학을 쉽게 배울 수 있는 환경이 조성될 때까지
개념원리의 노력은 계속됩니다.

개념원리 RPM 중학 수학 2-1